红外硫系玻璃及其光子器件

戴世勋 林常规 沈祥 等 著

科学出版社
北京

内 容 简 介

本书从一种新型红外玻璃材料——硫系玻璃的结构、组成、光学特性、稀土发光、玻璃陶瓷的基本特性入手,深入阐述了其制备技术以及硫系块状玻璃、光纤、薄膜、波导等各类硫系光子器件在红外光学系统、红外激光导能、红外超连续谱、拉曼光纤激光器、集成光波导领域的最新研究进展与发展趋势。

本书可作为高等院校光电信息科学与工程、电子科学与技术、材料科学与工程等专业研究生及高年级本科生的教材或教学参考用书,也可作为其他相关专业科技人员的参考用书。

图书在版编目(CIP)数据

红外硫系玻璃及其光子器件/戴世勋等著. —北京:科学出版社,2017
 ISBN 978-7-03-051822-4

Ⅰ.①红… Ⅱ.①戴… Ⅲ.①硫系玻璃②光子-电子元器件 Ⅳ.①TN213②TN6

中国版本图书馆 CIP 数据核字(2017)第 032958 号

责任编辑:裴 育 纪四稳 / 责任校对:郭瑞芝
责任印制:徐晓晨 / 封面设计:蓝 正

科学出版社 出版
北京东黄城根北街 16 号
邮政编码:100717
http://www.sciencep.com

北京厚诚则铭印刷科技有限公司 印刷
科学出版社发行 各地新华书店经销

*

2017年2月第 一 版 开本:720×1000 1/16
2024年1月第三次印刷 印张:26 1/4 插页:4
字数:513 000
定价:218.00 元
(如有印装质量问题,我社负责调换)

序　　言

　　红外技术在军事、民用和科学研究中具有特别重要的意义。硫系玻璃具有超宽的红外透过区域（>10μm），独占了其他光学玻璃无法进入的中远红外领域。此外，硫系玻璃还具有极高的非线性折射率、可精密模压、组分可调、可拉制成各类红外硫系光纤等优势，更是其他红外晶体材料所不能匹敌的。硫系玻璃的这些特性，使其在红外光学材料及其光电器件领域的应用都自成体系，其性能和用途不会被其他红外晶体材料所取代。近年来，基于硫系玻璃的光子器件也成为国际光子学领域的研究热点之一。

　　宁波大学红外材料及器件研究团队成员撰写的《红外硫系玻璃及其光子器件》一书，其特色是由材料和器件两方面的研究人员合作撰写。众所周知，要使材料得到新的发展，其驱动力主要是科技发展需求。而材料探索中的一些突破，如新的性能或制备方法、新的理论等，也会反过来使器件的应用开发产生新的灵感，从而产生新原理、新技术、新器件。所以，材料制备开发研究人员极其希望能够与器件制作研究人员沟通，了解他们对材料性能的要求，从而进行组成优化、材料制备工艺改进，同时也希望对器件的具体应用特性有所了解；同样，器件制作研究人员也很有必要了解材料的组成、结构、制备与性能方面的基本知识，从而对材料提出更为合理的性能要求。

　　宁波大学红外材料及器件研究团队希望通过该书的出版，为材料和器件两方面的研究人员提供一个研究讨论平台。与过去同类硫系玻璃著作不同，该书摆脱了个人自写自画，是一线的科学工作者结合其具体的相关研究工作成果，对该领域最新研究发展动态的系统总结。

中国科学院院士
中国科学院上海光学精密机械研究所研究员

前　言

硫系玻璃是一种新型的光子器件基质材料，具有优良的中远红外透过性能（依据组成不同，其透过范围从 $0.5\mu m$ 到 $25\mu m$ 不等）、极高的线性折射率 n_0（$n_0 = 2.0\sim 3.5$）、极高的非线性折射率 n_2（$n_2 = 2\times 10^{-18}\sim 20\times 10^{-18} m^2/W$，是石英材料的 $100\sim 1000$ 倍）、较小的双光子吸收系数 α_2（尤其是硫基玻璃，其光学带隙约为 $2.5eV$，远大于光通信波长对应的双光子吸收能量）、超快的非线性响应（响应时间小于 $200fs$）等独特的光学性能，且材料的光学性能可通过玻璃组分调控，并可采用与硅基半导体（CMOS）制造相兼容的制备工艺（光刻和刻蚀等）。因此，基于硫系玻璃光学材料的单元或集成光子功能器件的研究和开发，近年来一直受到人们的极大关注，并成为目前国际上光子器件研究和开发最活跃的前沿领域之一。特别是近年来随着硫系光波导材料在光损耗、折射率调控以及芯片集成等关键技术方面的突破性进展，硫系基质材料与硅材料已并肩成为超快 Tbit/s 速率全光信息处理集成光子器件中最重要的两个基质平台，被誉为下一代因特网数据处理中心。另外，由于其材料本征的极宽红外透过性能优势，硫系光子器件也快速拓展至环境、医疗、生物传感等红外波段领域，呈现出重要的科学研究价值和巨大的市场应用前景。宁波大学红外材料及器件实验室长期从事硫系玻璃及其光子器件的研究与开发，承担并完成多项国家自然科学基金项目，具有十多年的研究经验积累。鉴于此，本书是作者以在此领域的多年研究成果为基础，并结合大量相关最新研究进展撰写而成。本书撰写中力求知识体系的完整性和系统性，注重基本原理和制备技术，内容深入浅出，便于读者理解。

全书共 15 章。第 1 章介绍硫系玻璃结构。第 2 章介绍硫系玻璃体系与组成。第 3 章介绍硫系玻璃光学特性，重点突出其三阶非线性光学特性。第 4 章介绍稀土掺杂硫系玻璃的中红外光谱特性。第 5 章介绍硫系玻璃制备。第 6 章介绍硫系玻璃陶瓷。第 7 章介绍硫系玻璃在红外光学系统的应用。第 8 章介绍硫系玻璃光纤及光纤光栅制备，包括阶跃型和微结构硫系光纤。第 $9\sim 12$ 章分别介绍硫系玻璃光纤在红外激光导能、红外传感、中红外超连续谱输出及拉曼光纤激光器领域的基本原理及最新研究进展。第 13 章介绍硫系薄膜及光波导制备技术。第 14 章介绍硫系集成光子器件。第 15 章介绍硫系微纳光子器件，主要包括硫系微球和硫系光子晶体。各章自成体系，从基本原理入手，系统介绍其基本特性、典型应用以及国内外最新研究现状。

全书由宁波大学红外材料及器件实验室相关研究人员共同撰写，具体参加本书撰写的人员包括：林常规(第1、5、6章)、王国祥(第2章)、陈飞飞(第3章)、刘自军(第4章)、吴越豪(第7章)、许银生(第8章)、张培晴(第8、15章)、戴世勋(第9～12、15章)、沈祥(第13章)、徐培鹏(第14章)、吕业刚(第14章)。各位作者的研究生徐航、王莹莹、严春阳、张潇予、王晓美、王静、王慧、于增辉对书中的图表绘制、文字整理及编辑方面付出了辛勤工作。此外，聂秋华、徐铁峰、王训四、焦清、张巍、宋宝安、李杏、李军提出了许多宝贵意见和建议。在本书的撰写过程中，科学出版社进行了具体的指导和细致的编辑工作。作者在此一并表示衷心的感谢。本书出版还要感谢科学技术部国家重点研发计划(2016YFB0303803)，以及国家自然科学基金委员会国家重大科研仪器研制项目(61627815)、重点项目(61435009)和多项面上项目、青年科学基金项目的支持。

限于作者水平，书中难免存在不足或疏漏之处，敬请各位专家及读者批评指正。

作　者

2016年9月于宁波大学

目 录

序言
前言
第1章 硫系玻璃结构 ··· 1
  1.1 玻璃结构基础 ··· 2
    1.1.1 结构学说 ·· 2
    1.1.2 有序结构尺度 ·· 4
    1.1.3 研究方法 ·· 4
  1.2 玻璃结构理论 ··· 5
    1.2.1 拓扑约束理论 ·· 6
    1.2.2 中间相理论 ·· 7
  1.3 玻璃中程序结构 ··· 10
    1.3.1 均匀成核与结构相似性 ·· 10
    1.3.2 Ge-Sb-S 玻璃结构 ·· 11
    1.3.3 GeS_2-Ga_2S_3 玻璃结构 ······································ 16
  参考文献 ··· 19

第2章 硫系玻璃体系与组成 ··· 24
  2.1 硫系玻璃体系种类 ··· 24
  2.2 硫系玻璃形成区 ··· 25
    2.2.1 硫基玻璃形成区 ·· 25
    2.2.2 硒基玻璃形成区 ·· 31
    2.2.3 碲基玻璃形成区 ·· 36
  2.3 商业化硫系玻璃组成及性能 ··· 40
  参考文献 ··· 43

第3章 硫系玻璃光学特性 ··· 47
  3.1 线性折射率 ··· 47
  3.2 红外透过特性 ··· 48
  3.3 光敏特性 ··· 49

3.3.1　光致暗化与光致漂白 ································· 49
　　3.3.2　光致各向异性 ····································· 50
　　3.3.3　光致膨胀 ······································· 51
　　3.3.4　光致掺杂 ······································· 51
3.4　三阶非线性光学特性 ······································ 51
　　3.4.1　三阶非线性理论基础及其测量 ························· 52
　　3.4.2　硫系玻璃三阶非线性与化学组分的相关性 ················· 59
　　3.4.3　硫系玻璃三阶非线性与入射光波长的相关性 ··············· 63
　　3.4.4　硫系玻璃三阶非线性与入射光强度的相关性 ··············· 68
　　3.4.5　硫系玻璃三阶非线性与后期处理的相关性 ················· 71
参考文献 ··· 82

第4章　稀土掺杂硫系玻璃的中红外光谱特性 ······················ 87
4.1　稀土离子种类及中红外能级跃迁机理 ························· 87
　　4.1.1　稀土元素的电子层构型 ······························ 88
　　4.1.2　产生中红外跃迁的稀土离子及能级跃迁 ·················· 88
4.2　稀土离子在硫系玻璃结构中的局域场特性 ····················· 92
　　4.2.1　多声子弛豫 ····································· 92
　　4.2.2　扩展X射线吸收精细结构光谱 ························· 94
4.3　稀土掺杂的中红外发光特性 ······························· 95
　　4.3.1　掺Dy^{3+}硫系玻璃中红外发光 ······················· 97
　　4.3.2　掺Pr^{3+}硫系玻璃中红外发光 ······················· 105
　　4.3.3　掺Tm^{3+}硫系玻璃中红外发光 ······················· 114
　　4.3.4　掺Er^{3+}硫系玻璃中红外发光 ······················· 117
　　4.3.5　掺Ho^{3+}硫系玻璃中红外发光 ······················· 120
4.4　存在的问题及展望 ····································· 124
参考文献 ··· 125

第5章　硫系玻璃制备 ··· 130
5.1　发展历程 ·· 130
5.2　玻璃制备 ·· 131
　　5.2.1　原料提纯 ······································ 131
　　5.2.2　真空石英安瓿熔制 ································ 133

  5.2.3 提纯和熔炼一体化制备 ································· 134
  5.2.4 开放式熔制技术 ····································· 135
  5.2.5 高能球磨法 ··· 137
 5.3 精密模压 ··· 139
  5.3.1 技术特点 ··· 140
  5.3.2 模压镜片及其应用效果 ······························· 141
 参考文献 ·· 147

第6章 硫系玻璃陶瓷 ··· 150
 6.1 玻璃陶瓷的发明 ··· 150
 6.2 玻璃析晶 ··· 152
  6.2.1 光散射理论 ··· 153
  6.2.2 成核与晶粒生长 ····································· 154
 6.3 晶化改性 ··· 155
  6.3.1 热-机械性能 ·· 156
  6.3.2 二次谐波产生 ······································· 163
  6.3.3 活性离子发光 ······································· 172
 参考文献 ·· 177

第7章 硫系玻璃红外光学系统 ······································· 183
 7.1 红外光学系统用光学材料 ··································· 183
 7.2 硫系玻璃红外光学系统设计 ································· 185
  7.2.1 硫系玻璃材料在红外光学设计中的优点 ················· 185
  7.2.2 红外光学系统无热化设计方法 ························· 187
 7.3 硫系玻璃红外光学系统的应用 ······························· 190
  7.3.1 长焦型长波红外望远镜物镜 ··························· 190
  7.3.2 基于硫系玻璃的模压非球面镜片 ······················· 192
  7.3.3 用于无人机的红外共心大视场环境监测镜头 ············· 194
  7.3.4 模压硫系玻璃镜片在双波段红外成像镜头中的应用 ······· 196
  7.3.5 模压硫系玻璃镜片在变焦红外光学系统中的应用 ········· 198
 参考文献 ·· 201

第8章 硫系玻璃光纤及光纤光栅制备 ································· 203
 8.1 硫系玻璃光纤制备 ··· 204

8.1.1 玻璃制备提纯 ········· 204
8.1.2 光纤制备 ········· 206
8.2 低损耗硫系玻璃光纤 ········· 215
8.2.1 低损耗光纤 ········· 215
8.2.2 商业化硫系玻璃光纤 ········· 221
8.3 硫系玻璃微结构光纤制备 ········· 224
8.3.1 堆拉法 ········· 225
8.3.2 浇铸法 ········· 229
8.3.3 钻孔法 ········· 232
8.3.4 挤压法 ········· 233
8.3.5 卷拉法 ········· 235
8.4 硫系光纤光栅 ········· 236
8.4.1 光纤光栅分类 ········· 238
8.4.2 硫系光纤光栅制备 ········· 242
参考文献 ········· 250

第9章 硫系光纤红外激光导能 ········· 259
9.1 发展历程 ········· 259
9.2 红外激光导能硫系光纤种类和性能 ········· 260
9.3 CO 连续激光导能 ········· 262
9.4 CO_2 连续激光导能 ········· 264
9.5 自由电子激光等脉冲激光导能 ········· 265
9.6 存在的问题 ········· 266
参考文献 ········· 267

第10章 硫系光纤红外传感 ········· 269
10.1 研究历程 ········· 269
10.2 硫系玻璃光纤红外传感工作原理 ········· 270
10.3 硫系玻璃光纤红外传感应用 ········· 271
10.3.1 生物检测 ········· 272
10.3.2 液体监测 ········· 274
10.3.3 气体检测 ········· 276
10.4 存在的问题 ········· 278
参考文献 ········· 278

第 11 章　硫系玻璃光纤的中红外超连续谱输出 … 281
11.1　发展历程 … 281
11.2　硫系光纤非线性效应产生机理 … 282
11.2.1　时域 GNLSE 及其数值解法 … 283
11.2.2　频域 GNLSE … 286
11.2.3　SC 谱产生中的色散和非线性效应 … 287
11.2.4　SC 谱产生的主要机理 … 292
11.3　传统阶跃型硫系光纤红外 SC 谱输出 … 294
11.4　硫系拉锥光纤红外 SC 谱输出 … 301
11.5　硫系微结构光纤红外 SC 谱输出 … 305
11.6　新型硫系光纤结构设计及其 SC 谱仿真 … 309
11.7　存在的问题 … 313
参考文献 … 313

第 12 章　硫系拉曼光纤激光器 … 318
12.1　发展历程 … 318
12.2　受激拉曼散射机制和拉曼增益系数 … 320
12.3　硫系级联拉曼光纤激光器 … 321
12.4　硫系微纳光纤拉曼光纤激光器 … 324
12.5　硫系拉曼光纤激光器的理论研究 … 330
12.6　存在的问题 … 335
参考文献 … 336

第 13 章　硫系薄膜及光波导制备技术 … 339
13.1　硫系薄膜的制备技术 … 339
13.2　硫系光波导制备技术 … 342
13.2.1　光刻和刻蚀技术 … 346
13.2.2　热压印技术 … 355
参考文献 … 360

第 14 章　硫系集成光子器件 … 365
14.1　概述 … 365
14.2　硫系集成光传感器 … 366
14.2.1　硫系光波导微流控传感器 … 367
14.2.2　硫系中红外气体传感器 … 370

14.3 硫系非线性光子器件及其应用 ································· 373
    14.3.1 高速全光信号处理 ································· 374
    14.3.2 中红外超连续谱光源 ································· 377
14.4 硫系全光存储器 ································· 378
参考文献 ································· 385

第15章 硫系微纳光子器件 ································· 388

15.1 硫系微球腔 ································· 388
    15.1.1 微球腔特征参数 ································· 389
    15.1.2 玻璃微球制备方法 ································· 389
    15.1.3 微球腔耦合 ································· 391
    15.1.4 无源硫系微球腔 ································· 392
    15.1.5 有源硫系微球腔 ································· 394
15.2 硫系光子晶体 ································· 398
    15.2.1 硫系光子晶体制备方法 ································· 398
    15.2.2 硫系光子晶体特性 ································· 398
参考文献 ································· 404

第 1 章 硫系玻璃结构

凝聚态材料包括液态和固态材料，也可分成晶态和非晶态材料。晶态材料拥有周期性排列的原子结构，非晶态材料的原子排列则是无序的。地球上绝大多数的石头和岩石都是晶体。除了人们熟知的液晶，一般的液体都是非晶态，当然也存在非晶态的固体，也就是无定形材料[1,2]。Mott 和 Davis 将玻璃定义为"经熔融冷却基本上不结晶的无机固体物质"。他们用下面的数学集合形式来表示非晶态、无定形态和玻璃态三者之间的关系：

$$非晶态 \supset 无定形态 \supset 玻璃态$$

Philips 和 Elliott 对此有不同看法，认为可以用有无玻璃转变作为判据将非晶态固体分为玻璃态和无定形态，也就是说过冷液体要历经玻璃转变才成为玻璃态。这里无定形态与玻璃态之间是无交集的，即无定形态 $\cap$ 玻璃态 $= \varnothing$（空集）。

上述定义之间的区别可由图 1.1 来表示。简言之，Mott-Davis 定义取决于制备方法，而 Philips-Elliott 定义主要看材料属性。例如，对于真空沉积的 As_2S_3 薄膜，根据 Mott-Davis 定义为无定形态，因为不是通过融熔-淬冷制备的；根据 Philips-Elliott 定义则是玻璃态，因为它呈现出玻璃态的属性。可见，对玻璃的定义仍存在着较大分歧。

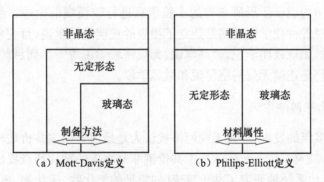

(a) Mott-Davis 定义　　(b) Philips-Elliott 定义

图 1.1　非晶态、无定形态和玻璃态三者之间的归属关系

那么，玻璃是什么呢？尝试提炼材料共性来看：①在人类早期历史中，使用的玻璃都是基于石英（SiO_2）的，那么石英是玻璃的必需组分吗？显然不是，现在早已发现许多种不含石英的无机玻璃。②在原始的认知里，玻璃是通过熔融液体冷却凝固获得的，那么熔融是玻璃形成的必要条件吗？亦非如此，现在还可以通过气相沉积、溶胶-凝胶和高能粒子（中子）辐射等方法获得。③以往一般常见的玻璃都属

于无机非金属,但现在日常生活中也充斥着大量的有机玻璃。近年来,金属玻璃也开始逐渐从实验室进入日常生活中。所以可以看到,人们是无法从材料化学的角度来统一对玻璃的认识的。

到底什么是玻璃的共性问题?迄今发现的玻璃都有两个共性:①所有玻璃的微观结构都缺乏长程、周期性的原子排布;②所有玻璃都有随时间变化的玻璃转变行为,发生这种行为的温度范围,称为玻璃转变温度。从这两点共性出发,玻璃可定义为"一种缺乏长程、周期性原子结构且呈现出玻璃转变行为的无定形固体"。因此,要认识玻璃,特别是硫系玻璃,有必要先了解玻璃有序和无序的结构特征,然后再讨论硫系玻璃结构。

1.1 玻璃结构基础

从上面介绍可以看到,"有序"和"无序"常作为区别晶体和玻璃的标志。但玻璃不是一个完全无序的体系,无序中包含、隐藏有序性的因素(如结构短程序)。玻璃是有序和无序的有机统一。

1.1.1 结构学说

因为不存在长程序,所以很难像研究晶体结构一样用衍射实验得到玻璃的精确结构信息。事实上,非晶物质精确的微观结构和物理图像研究,至今都没有可获得直接结构信息的实验设备和技术。常见的玻璃结构描述方法主要是基于玻璃结构学说,结合结构表征手段所获得的实验信息进行较模糊的论述。经过近一个世纪的发展,针对各种化学键玻璃都建立了相应的玻璃结构学说,目前常用的有连续无规网络学说、无规线团学说、微晶学说、无规密堆学说等[3]。到目前为止,最有影响、最流行的仍是连续无规网络学说和微晶学说。

1. 连续无规网络学说

经过 80 多年的发展,连续无规网络被认为是最适合描述共价玻璃结构的理论模型之一。1932 年,Zachariasen 根据共价键非晶物质的结构特点提出了连续无规网络学说[4]。他系统地研究了共价玻璃(如常见的氧化物、硫化物、氟化物玻璃)结构,根据晶体化学理论以及非晶最近邻原子关系与晶态基本相似性,指出非晶固体中原子排列具有缺乏对称性和周期性的三维空间扩展的网络特点。Zachariasen 发表的论文"The atomic arrangement in glass"[4],如今被视为无规网络学说的起源。实际上早在这篇论文发表的五年前,Rosenhain 就已经引入了"玻璃结构由方向性成键的原子无序排列而成"的概念[5],并且 Warren 在其一年后也提出了"无规网络假说"一词[6]。但只有 Zachariasen 的这篇论文被人们反复提起和引用,成为玻璃科学领域中最重要的工作之一。这里除了历史的变化无常以外,其中一个重要的原因就是论文中绘制的 A_2O_3 晶态和玻璃态的二维网络示意图(图 1.2(a)和(b))[7]。它们很好地展示了该学说的主要思想:非晶固体的结构可与晶体相比拟,都是由多面体组成的,多面体通过顶角连接成三维的空间网络结构;其中最近邻原子间的键长、键角关系与晶态类似,允许在一定范围内的涨落,而长程无序性则表现在"键"的无规排列上。

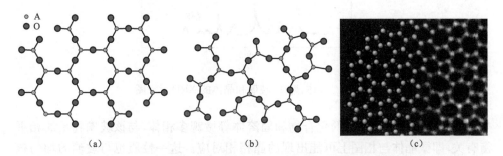

图 1.2　(a)晶态 A_2O_3 二维结构;(b)非晶 A_2O_3 的连续无规网络结构;
(c)二维 SiO_2 玻璃模型(左)与实际显微照片(右)

　　长久以来人们都认为这种 A_2O_3 二维玻璃是无法得到的,是不存在的。直到 2012 年 Huang 等意外地在石墨烯上沉积出了二维 SiO_2 玻璃[7,8],得益于原子级的材料厚度(样品厚度仅由双[SiO_4]四面体层和单原子层石墨烯构成),利用扫描透射电子显微镜技术直接观察到了 SiO_2 玻璃的二维显微结构。从图 1.2(c)可以看到,SiO_2 玻璃结构确是由 Si—O 组成的基本结构单元相互连接形成的连续无规网络,直接验证了 Zachariasen 连续无规网络学说的可靠性。

2. 微晶学说

　　1921 年,列别捷夫(А. А. Лебедев)提出了非晶结构的微晶学说,主要是根据非晶衍射弥散环与某个晶态衍射环的衍射角相近的实验结果(图 1.3),提出非晶是由很多微小的晶粒(晶子)组成的。它的基本思想是:大多数原子与其最近邻原子的相对位置与晶体完全相同,这些原子组成一至几纳米的晶粒。长程序的消失主要是由这些微晶的取向混乱、无规造成的。

　　随着表征技术的发展和对非晶结构认识的深入,微晶学说逐步改变为:玻璃是由微晶体和无定形体两部分构成的,微晶体分散在无定形介质中;从微晶体部分向无定形部分的过渡是逐步完成的,两者无明显界线;微晶体的化学性质取决于玻璃的化学组成;微晶体不同于一般晶体,是极其微小、极度变形的晶体;在微晶体中心,质点排列较有规律,离中心越远,则变形程度越大。该学说强调了玻璃结构的微不均匀性和有序性。其中微晶的化学性质和数量取决于玻璃的化学组成,可以

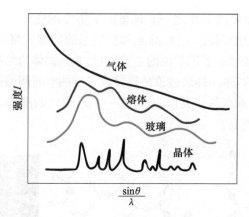

图 1.3 气体、熔体、玻璃和晶体的 XRD 示意图

是独立原子团或一定组成的化合物和固溶体等微观多相体,与该玻璃物系的相平衡有关,即微晶体与相图上可能出现的晶相相对应。这一性质也与玻璃的均匀核化理论相互验证(见 1.3.1 节)。

1.1.2 有序结构尺度

从上述各种玻璃结构学说可以知道,玻璃的结构特点就是短程有序,长程无序。但玻璃中有序的短程结构是如何构建出长程的无序结构?局域有序结构单元是如何相互连接、排布充满整个三维空间,形成无序非晶结构?

Elliott 在尺度上将共价非晶固体的结构划为 3 类:短程序(short-range structural order),尺寸范围为<0.5nm;中程序(medium-range structural order),尺寸范围为 0.5~2nm;尺寸在 2nm 范围以外的长程无序结构[9]。

如图 1.4(a)所示,短程序主要包含原子间的化学键(键长、键角等信息)的多面体单元,通常将其称为构成玻璃网络的基本结构单元[9]。在该尺度内,玻璃的多面体单元与其相应化学组成的晶体结构十分相似。不同的是,玻璃的短程序尺度中还有错键、悬挂键、空洞等缺陷。一般来说,玻璃的短程序结构与其化学组分密切相关。化学计量比或非化学计量比的各种不同玻璃组分直接决定了玻璃结构中原子间的成键方式。中程序是指这些基本结构单元(多面体单元)相互组合的方式(图 1.4(b))。最终,因为键角的扭曲构建出无序的玻璃网络结构。

1.1.3 研究方法

目前,玻璃或非晶固体结构的研究主要从实验表征和理论模拟两方面出发,互相结合以期获得具体清晰的物理图像。

实验表征主要采用的是衍射分析方法,利用波长与原子间距可比拟的光子、电

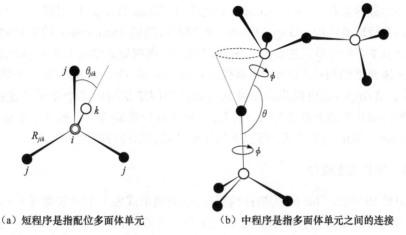

(a) 短程序是指配位多面体单元　　　(b) 中程序是指多面体单元之间的连接

图 1.4　短程序和中程序结构尺度示意图

子、中子等为探测射线照射样品，测定其弹性散射波的动量分布，即衍射图。对测量到的动量分布进行傅里叶变换，可得到以平均径向分布函数 $\text{RDF}(r)=4\pi r^2 \rho(r)$ 形式表示的结构信息，其中 $\rho(r)$ 是距给定原子 r 处的原子数密度。通过测试可以获得足够精确的 RDF，从而给出结构信息。另外，许多固体物理实验方法也被广泛用来研究非晶结构，如扩展 X 射线吸收精细结构（EXAFS）谱、X 射线小角散射（SAXS）、扫描电子显微镜（SEM）、Mossbauer 效应、拉曼光谱（Raman spectroscopy）、核磁共振（NMR）等。

理论上可以依靠静态结构模型的建立来理解非晶固体和液体的结构图像，主要思路是从原子间的相互作用和其他约束条件出发，确定一种可能的原子排布，然后将从模型得到的各种性质如径向分布函数等和实验比较，从而判断模型的可靠性。如果模型的性质与实验结果一致，则模型可能反映了结构的某些特征。最常用的性质是 RDF 和密度。模型的径向分布函数与实验测得的 RDF 一致是模型成立的必要条件。

另外，在建立非晶或液体结构模型的过程中，计算机模拟是常采用的方法。近年来，大型计算机和高通量计算方法的出现，为非晶模型化方法提供了有力的工具。常用的计算机模拟方法包括：经典分子动力学方法、分子动力学方法（MD）、第一性原理方法，逆蒙特卡罗方法（RMC）等。有兴趣的读者可参考综述《非晶态物质的本质和特性》[3] 及相关专著。

1.2　玻璃结构理论

在 Zachariasen 提出连续无规网络学说之后，许多科学家开始尝试构建这类结构模型的数学基础。Gupta-Cooper 模型和 Phillips-Thorpe 模型提供了两种不同的思路看待玻璃结构。Gupta-Cooper 模型严格按照 Zachariasen 的氧化物玻璃体系通过基本多面体单元连接方式来认识玻璃形成规则的学说基础,构建玻璃的刚性多面体网络结构;20 世纪 80 年代起,Phillips 和 Thorpe 从非氧化物共价系统(硫系玻璃)出发,以更微观的角度来考虑玻璃网络结构中单个原子的连接[10,11]。这两种模型在数理上基本等同,可以互补地来认识玻璃结构。本节主要基于 Phillips-Thorpe 理论(拓扑约束理论)来认识硫系玻璃结构的理论基础。

1.2.1 拓扑约束理论

根据 Phillips-Thorpe 的拓扑约束理论,玻璃形成能力取决于原子自由度与原子间力场约束度的比较关系。对于三维空间系统,每个原子有 3 个平移自由度。这些自由度会随着刚性键约束的形成而消失。如果约束的数量少于可用自由度,那么该网络结构是柔性的;相反,如果约束数量大于自由度,那么网络结构变为过约束,或称为应力刚性。由该理论可知,最优的玻璃组成应是其约束数量正好等于自由度的数量,这时玻璃网络是均衡的,否则就会影响玻璃的形成能力。在柔性区,原子会倾向于以最小能量配置方式自主排列形成晶态;而在过约束区,刚性结构容易渗透到整个系统之中,也会导致析晶。

最初的 Phillips-Thorpe 约束理论是为描述共价系统设计的,主要是结合刚性二体(共价键)和三体(键角)两方面的约束条件来考虑玻璃结构。图 1.5 展示了相关的约束条件,如二体约束是指两原子间的刚性键长,三体约束是指刚性键角[12]。基于这些假设,一个系统中平均原子约束 n 可以通过式(1.1)计算得到:

$$n = \frac{\langle r \rangle}{2} + (2\langle r \rangle - 3) \tag{1.1}$$

式中,$\langle r \rangle$ 是指系统中原子的平均配位数,可通过 $\langle r \rangle = \sum_i x_i r_i$ 计算得到,其中 x_i 和 r_i 分别是玻璃中 i 类元素的摩尔分数和配位数。将式(1.1)中系统的平均原子约束 n 设为 3,求解平均配位数 $\langle r \rangle$,就可以得到三维空间中最优玻璃网络的条件为

(a) 两两键构成一个二体约束　　(b) 一个刚性的四面体单元中有5个　　(c) 一个二配位原子(如Se)
　　　　　　　　　　　　　　　　独立的键角约束(即三体约束)　　　　有一个刚性键角

图 1.5　Ge-Se 共价玻璃中基本结构单元及其相关的约束条件

$\langle r \rangle = 2.4$。将$\langle r \rangle = 2.4$称为刚性渗透阈值。玻璃组分处在该值时，刚性结构渗透到整个玻璃网络中，形成均衡网络结构。如果$\langle r \rangle < 2.4$，网络结构是柔性的；$\langle r \rangle > 2.4$，网络结构是过约束、应力刚性的。

Phillips-Thorpe 约束理论在预测硫系玻璃体系在刚性渗透阈值的临界现象方面取得了巨大的成功，并且发现它也能适用于氧化物玻璃、金属玻璃等其他非晶态系统中，是目前玻璃网络结构研究中较为广泛接受的基础理论之一。

1.2.2 中间相理论

Phillips-Thorpe 约束理论预测了单个最优的玻璃组分，指出该组分是位于玻璃微观结构均衡时，也就是网络结构中键约束与原子自由度相同时。但是，在过去的 20 年中，Boolchand 的实验发现随组分的玻璃结构演变存在两个转变点，构成一个具有一定宽度的均衡组成窗口，而不是仅有一个最优组分（图 1.6）[13]。这个发现称为中间相或 Boolchand 相，表明玻璃结构中存在 3 类结构特征区：柔性区、中间相区和刚性区[13]。

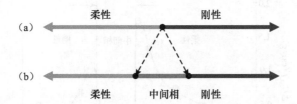

图 1.6　(a)Phillips-Thorpe 约束理论预测的柔性区、刚性区及其相应的单刚性渗透阈值点；
(b)根据 Boolchand 研究结果，将玻璃结构分为柔性区、中间相区和刚性区
中间相区是指一类可以自组织成最优约束配置的组分窗口

中间相的特点可表述为：在各类共价键、离子键和 H 键结合的非晶态固体的无序网络结构中，存在一个较小但固定范围的连接形式，这种特殊的连接形式导致其在宏观上呈现出各种不同寻常的属性。显然，这种中间相结构中化学键自组织聚合，形成一定程度的中程序结构以消除内应力降低自由能。因此，它们是由至少一个以上的基本结构单元组合而成的，类似于在中程序尺度内形成一种分子尺度分相单元。认识玻璃结构中的中间相将十分有利于构建出完整的玻璃中程序网络结构。

Boolchand 实验最初是基于调制示差量热技术（MDSC），在线性升温或降温曲线上加上正弦幅度变化的温度调制，从而分离出样品热学信号中可逆和不可逆的贡献（图 1.7(a)和(b)）[14]，获得在玻璃转变温度 T_g 附近的更为细致的热学信息。在许多氧化物和非氧化物玻璃体系中，都能发现在某一组分范围存在最小不可逆热流信号。这一组分范围称为中间相。中间相对玻璃性质的影响

除了反映在热学信号,还会在分子振动(红外、拉曼光谱)、离子导电性等各类物化属性上体现(图1.7(c))。图1.8展示的是各类实验获得的非氧化物和氧化物玻璃体系中的中间相组分窗口[15]。可见,中间相结构普遍存在于各类化学键的玻璃结构中。

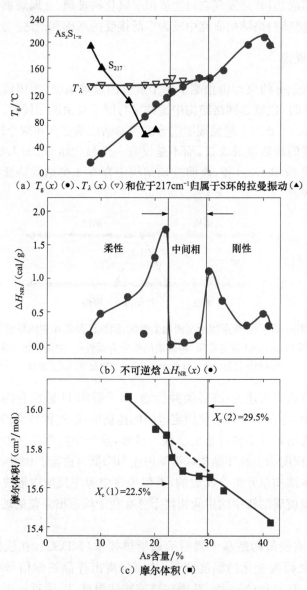

(a) $T_g(x)$(●)、$T_\lambda(x)$(▽)和位于217cm^{-1}归属于S环的拉曼振动(▲)

(b) 不可逆焓 $\Delta H_{NR}(x)$(●)

(c) 摩尔体积(■)

图1.7 As-S玻璃体系中随组分各类属性变化

该体系的中间相窗口位于 22.5%<x<29.5%

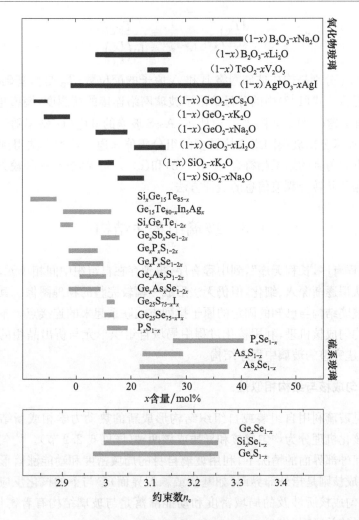

图 1.8　各类玻璃体系的中间相窗口

其中包括 Si-Se、Ge-Se、Ge-S、As-Se、As-S、P-Se、P-S、Ge-Se-I、Ge-S-I、Ge-As-Se、Ge-As-S、Ge-P-Se、Ge-P-S、Ge-Sb-Se、Si-Ge-Te、Ge-Te-In-Ag、SiO_2-M_2O(M=Na,K)、GeO_2-M_2O(M=Li,K,Cs)、GeO_2-Na_2O、$AgPO_3$-AgI、TeO_2-V_2O_5 和 B_2O_3-M_2O(M=Li,Na)

另外，还可以通过热学测试获得组分依赖的 T_g 变化，来认识玻璃网络的连接变化，获得中间相存在的阈值信息。虽然普遍认为 T_g 与熔体冷却的热力学条件有关，但近年来许多实验事实表明玻璃结构对 T_g 的影响要远大于热力学条件所产生的效应。随机集聚理论(stochastic agglomeration theory)对此做了很好的定量分析，能够预测出 T_g 随网络交互程度或化学组成的演变[16,17]。例如，对于 A_xB_{1-x} 形式的二元玻璃体系，该理论指出 T_g 的变化斜率与玻璃组分 x 存在如下关系[14]：

$$\left(\frac{\mathrm{d}T_\mathrm{g}}{\mathrm{d}x}\right)_{x=0,T_\mathrm{g}=T_\mathrm{g0}} = \frac{T_\mathrm{g0}}{\ln\left(\frac{r_\mathrm{B}}{r_\mathrm{A}}\right)} \tag{1.2}$$

式中,r_B 和 r_A 分别是构成玻璃网络 B 和 A 原子的配位数;T_g0 是指基础玻璃 A 的玻璃转变温度。式(1.2)中的分母给出了玻璃网络连接的熵测度,熵值越低,T_g 随 x 变化的斜率越高[18]。如图 1.7(a)所示,As-S 玻璃的 $\mathrm{d}T_\mathrm{g}/\mathrm{d}x$ 斜率随着组分变化而变化,从而区分出玻璃网络连接转变的组分阈值。通过这种方法得到的阈值参数与其他方式得到的结果相符合(图 1.7(b)和(c))。可见,这是一种较方便地获得玻璃中间相及其转变阈值信息的表征方法。

1.3 玻璃中程序结构

从"短程有序,长程无序",到中程有序,再到存在自组织中间相单元,对硫系玻璃结构的认识逐渐深入、细化,但仍无法形成一幅较完整的物理图像。其中缺少一个可以将玻璃结构与已知的固定的原子排列方式联系起来的连接点。本节将尝试基于玻璃均匀成核机理,利用核化过程中局域自组织单元与析出晶相的结构相似性认识,构建完整的玻璃中程序结构。

1.3.1 均匀成核与结构相似性

成核是玻璃利用自组装或自组织结构形成新的热动力学相或新结构的第一步。玻璃核化机理分为均匀成核和异质成核两种(详见 6.2.2 节)。均匀成核是指不存在任何外部界面的情况下,利用玻璃自身的局域密度和动能涨落形成新相的过程;异质成核则是指外部界面(如基质或颗粒界面)参与下的核化反应。可以看到,玻璃均匀成核所涉及的局域密度和动能涨落是与玻璃结构有着密切联系的。但这是怎样的关联呢?

对于化学计量比组成的氧化物玻璃,有一些简单的经验法则可以用来区分玻璃的成核机理[19,20]。有着较小约化玻璃转变温度($T_\mathrm{g}/T_\mathrm{m}<0.6$)且最大核化速率温度 T_max 高于 T_g 的玻璃主要发生均匀成核;相反,如果约化玻璃转变温度较大(>0.6)且计算得到的最大核化速率温度 T_max 低于 T_g,那么该玻璃会发生异质成核。此外,还发现如果玻璃与其相同组分晶相的密度相差较大($>10\%$),玻璃会异质核化;如果这两者之间的密度接近,则会均匀成核。从这些实践经验可以发现,玻璃的均匀成核与其网络结构有关。可以推断,如果玻璃的中程序结构中存在与其相应晶相相似的局域结构(structural similarity),那么该玻璃容易发生均匀成核。

研究发现,在 $\mathrm{Li_2O\text{-}SiO_2}$ 准二元玻璃系统中,如果玻璃中局域 Si—O 配位与析出晶相类似且有一定密度,那么该玻璃将快速核化[21]。Deubener 的研究从玻璃结构的角度更深入地解释了 Li_2O-SiO_2 玻璃的均匀成核机理[22,23]。$Li_2O \cdot 2SiO_2$ 玻璃中主要的基本结构单元为 Q^3-$[SiO_4]$ 四面体(图 1.9(a))[24],它们相互连接构建出硅酸盐层状玻璃网络;这种网络结构与 $Li_2Si_2O_5$ 层状硅酸盐晶体的片状结构(图 1.9(b))十分相似[25,26]。可见基础玻璃和相应晶相的短程序连接上有着明显的结构相似性。在其他玻璃体系,如 CaO-SiO_2、Na_2O-SiO_2、BaO-SiO_2 等,也可以发现类似的结构相似性与成核倾向的联系[27,28]。这些研究结果表明,硅酸盐玻璃中硅氧四面体之间的连接与其相同化学组分晶体的结构相似性决定了玻璃的均匀成核行为。

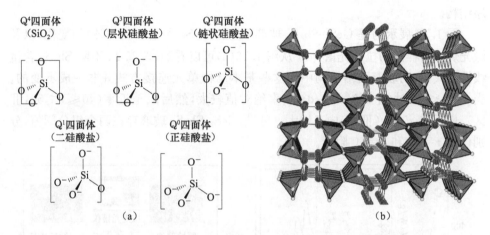

图 1.9 (a)硅酸盐晶体和玻璃中的基本结构单元;(b)$Li_2Si_2O_5$ 晶体的层状结构

另外,$Li_2O \cdot 2B_2O_3$ 和 $Na_2O \cdot 2B_2O_3$ 等碱金属二硼酸盐玻璃和晶体的固态 NMR 研究结果也证实了这类晶体和玻璃在中程序尺度范围存在结构相似性[29,30]。可以确定,即使在硅酸盐玻璃系统之外,仍存在着短、中程序尺度的结构相似性与成核机理之间的关联[31]。下面基于近年来硫系玻璃的结构相似性研究积累,结合上述玻璃结构理论的研究进展,尝试给出一个较完整的硫系玻璃中程序网络结构的物理图像。

1.3.2 Ge-Sb-S 玻璃结构

Ge-Sb-S 玻璃有着硫化物玻璃的优异性能,如宽红外透明窗口(0.6~12μm)、高玻璃转变温度、低声子能量、高光学非线性,尤其是不含有毒元素等优点[32-38],极适合于制作成光纤或薄膜波导实现各类新奇的光子器件[39-42]。Ge-Sb-S 玻璃结构的研究积累较深,不同于 GeS_2-M_2S_3(M=Ga,In)玻璃中存在金属同极键,GeS_2-Sb_2S_3 玻璃结构主要是由$[SbS_3]$三角锥和$[GeS_4]$四面体结构单元连接而成的[43-51]。这种简单的结构单元有助于更加方便地理解该体系玻璃的中程序结构。

1. $(100-x)GeS_2\text{-}xSb_2S_3$ 玻璃体系

根据上述理论基础,宁波大学林常规等利用拉曼光谱和热学测试技术深入研究认识$(100-x)GeS_2\text{-}xSb_2S_3$(mol%)玻璃的结构单元及热学属性随$Sb_2S_3$含量的演变[52,53]。根据偏振拉曼光谱结果,证实$GeS_2\text{-}Sb_2S_3$玻璃是由[SbS_3]三角锥和[GeS_4]四面体等基本结构单元组合而成的。但是,拉曼光谱所能提供的信息仅局限于基本结构单元及其简单连接方式的鉴定上,无法得到最近邻单元以外的更明确的排布信息,因此需要其他手段更深入地认识$GeS_2\text{-}Sb_2S_3$玻璃中程序结构。

图1.10展示的是$GeS_2\text{-}Sb_2S_3$玻璃T_g随Sb_2S_3含量(x mol%)的变化,以及激光烧蚀后样品的拉曼光谱[52]。从图1.10(a)可以看到,玻璃T_g不随Sb_2S_3含量线性增大,表明玻璃网络结构中的这些基本结构单元连接方式并非一成不变的。当$0<x<40$时(Ⅰ区),dT_g/dx斜率绝对值较大,然后减至近零($40 \leqslant x \leqslant 50$,Ⅱ区),最后在$x>50$(Ⅲ区)内又增大。可见,$GeS_2\text{-}Sb_2S_3$玻璃存在两个组分阈值,分别位于$x=40$和$x=50$附近。

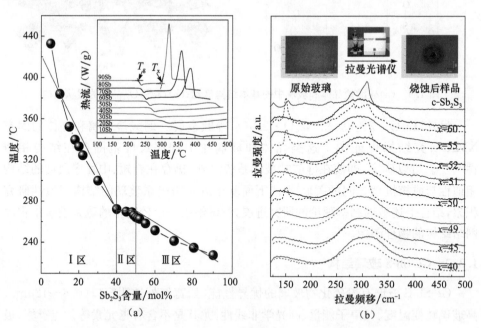

图1.10 (a)$GeS_2\text{-}Sb_2S_3$玻璃T_g随Sb_2S_3量(x mol%)的变化,其中直线是辅助线,插图为玻璃样品在10K/min升温速率下的DSC曲线;(b)激光烧蚀后$GeS_2\text{-}Sb_2S_3$玻璃的拉曼光谱变化,其中实线是0.05mW激光功率辐照后的拉曼光谱,虚线是2.5mW辐照后得到的拉曼光谱,插图展示的是在显微拉曼光谱仪下激光烧蚀实验过程

后者(即 $x=50$)的阈值还可以在图 1.10(b)的激光烧蚀实验得到证实。GeS_2-Sb_2S_3 初始玻璃(0.05mW 辐照)的拉曼光谱(实线)都十分相似,在 290cm^{-1} 有一个归属于[SbS_3]的宽拉曼振动带,在高激光功率烧蚀后则呈现出不同的变化(虚线)。$x>50$ 的样品在烧蚀后的拉曼光谱中有新的位于 150cm^{-1}、280cm^{-1} 和 308cm^{-1} 的拉曼峰出现,而在 $x<50$ 的样品中并没有观察到这个现象。与 Sb_2S_3 标准晶体的拉曼光谱对比可以发现,$x>50$ 的样品在激光烧蚀后析出的是 Sb_2S_3 颗粒。因此,除了一般的基本结构单元,还获得了结构相似性相关的组分阈值、激光诱导产生的晶相等结构相关信息,能够帮助我们在连续无规网络模型的基础上更深入地认识 GeS_2-Sb_2S_3 玻璃的微观结构[4,54]。

根据图 1.10(a)所示的两个组分阈值,GeS_2-Sb_2S_3 玻璃可分为 3 个结构演变区。当 Sb_2S_3 含量较低($x<40$)时,少量的[SbS_3]三角锥体均匀随机地分散在大量的[GeS_4]四面体单元中(图 1.11(a))[52]。在这个均一"溶液"中,[SbS_3]的数量随着 x 的增大而增多,那么玻璃网络结构会随之有怎样的演变?它的拓扑阈值是否会与化学阈值吻合?

首先,当[SbS_3]三角锥体与[GeS_4]四面体正好混溶时出现第一个拓扑阈值点。也就是说,三配位的[SbS_3]三角锥体刚好能被 3 个[GeS_4]四面体隔离,而四配位的[GeS_4]四面体则正好能被 4 个[SbS_3]单元分开。这个点的[GeS_4]与[SbS_3]之间的比值应为 3∶4,即 $x=40$。此刻[GeS_4]与[SbS_3]完全混溶的玻璃结构如图 1.11(b)所示,其阈值点 $x=40$ 也与前面 T_g 变化趋势所得的阈值点(图 1.10(a))完全吻合。

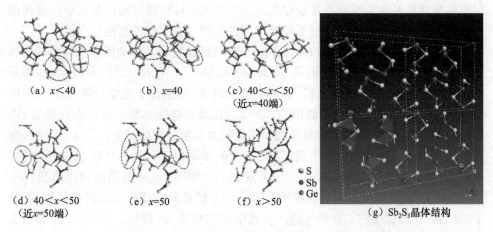

图 1.11 $(100-x)GeS_2$-xSb_2S_3 玻璃的中程序结构示意图(另见文后彩插)

当 Sb_2S_3 含量超过 40mol%($x>40$)时,就会发生如图 1.11(c)所示的[SbS_3]单元团聚现象,形成[S_2-Sb-S-Sb-S_2]单元。接着,来细致分析在 $x=50$ 拓扑阈值附近的结构涨落。除了可以在 T_g 演变上观察到该阈值点，激光诱导析晶行为也在该点附近发生激烈变化(图1.10(a)和(b))。

从晶体学的原子排布角度来看，产生晶粒的玻璃微观结构中 Sb 和 S 原子的结构布局应是随机地分散在一个很小的尺度范围内，才有可能在外部条件(激光)作用下从无序状态转变为 Sb_2S_3 晶体的周期性结构。如图1.11(g)所示，Sb_2S_3 晶体中的重复单元为[Sb_4S_6]，其准确的化学式应写成[Sb_4S_6]$_\infty$[55]。据此假定，GeS_2-Sb_2S_3 玻璃网络的局域结构排布中最近邻的[SbS_3]结构单元数量小于4时，玻璃很难在外部条件作用下析出 Sb_2S_3 晶体。将四配位的[S_2-Sb-S-Sb-S_2]单元作为一个整体，则需要有4个[GeS_4]四面体单元来隔离才能防止它们连接形成[Sb_4S_6]单元(图1.11(e))。此时拓扑阈值为 $x=50$，即[S_2-Sb-S-Sb-S_2]:[GeS_4]=1:1，与 T_g 演变和激光诱导析晶行为的变化阈值一致。同理，当[S_2-Sb-S-Sb-S_2]:[GeS_4]>1:1时，即 $x>50$ 时，2或2个以上的[S_2-Sb-S-Sb-S_2]单元相连接形成小范围的团簇(图1.11(f))。这种 Sb 和 S 的原子团簇单元是激光诱导实验中 Sb_2S_3 晶体析出的局域结构排布基础。若 $40<x<50$，相比 $x=50$ 时玻璃中 Sb_2S_3 含量减少，玻璃网络中[S_2-Sb-S-Sb-S_2]单元将被拆分成[SbS_3]三角锥(图1.11(d))。此时玻璃网络结构也就与图1.11(c)所示的结构相同。

2. $(100-x)GeS_{2.5}$-xSb 玻璃体系

$(100-x)GeS_2$-xSb_2S_3 玻璃中只有[GeS_4]和[SbS_3]单元参加构建整个网络结构，没有金属键(Ge-Ge 或 Sb-Sb)参与其中。但是，硫系玻璃特别是非化学计量比组成的玻璃样品中金属键是普遍存在的。宁波大学林常规等选择非化学计量比的 $(100-x)GeS_{2.5}$-xSb 玻璃探讨了玻璃中程序网络中金属键的连接与作用[56]。

非化学计量比的 $(100-x)GeS_{2.5}$-xSb 玻璃组成随着 x 增加历经富硫和缺硫状态。$x=25$ 为化学计量比组分，即 $75GeS_2 \cdot 25SbS_{1.5}$。如图1.12(a)所示，该体系玻璃的 T_g 变化明显呈现为3段，有两个组分阈值，分别位于化学计量比 $x=25$ 以及 $x=50$ 的位置[56]。第一个阈值点($x=25$)在激光烧蚀实验中得到再次验证(图1.12(b))。显然，玻璃样品的激光诱导晶化行为与组分密切相关。当 $x>25$ 时，激光烧蚀后样品的拉曼光谱中出现了归属于 Sb 金属位于 $110cm^{-1}$ 和 $150cm^{-1}$ 的拉曼峰，而该现象并未在 $x\leqslant25$ 样品中观察到。从图1.12(a)的插图可以看出，$0<x<50$ 样品都是均匀透明，可以推测 $25<x<50$ 段样品的玻璃结构拥有某种 Sb 原子的团簇，从而促使它们在激光烧蚀实验中能够析出 Sb 颗粒。第二个 T_g 阈值点则同样对应于 Sb 金属颗粒的宏观分相行为(图1.12(a)和(c))。在此，Sb 分相随着玻璃样品中 Sb 含量的增多而增大，最终可以团聚成肉眼可见的 Sb 金属小球。根据这些实验现象，可以将 $(100-x)GeS_{2.5}$-xSb 玻璃样品分为均质玻璃、纳米 Sb 分相和宏观 Sb 分相3个组分范围，2个阈值分别位于 $x=25$ 和 $x=50$ 处。

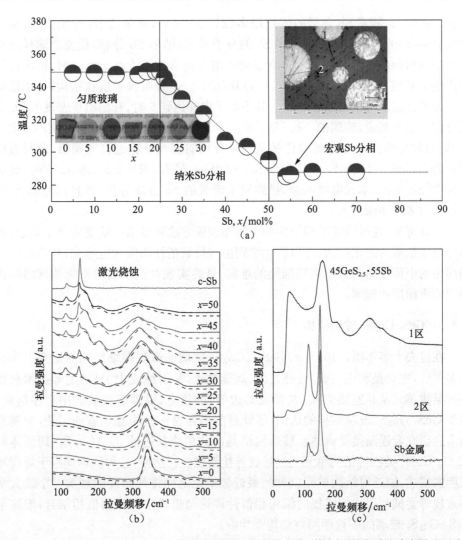

图 1.12 (a)(100−x)GeS$_{2.5}$-xSb 玻璃 T_g 随 Sb 含量的变化,其中插图分别是玻璃样品照片和 45GeS$_{2.5}$·55Sb 样品的显微照片;(b)激光烧蚀后(100−x)GeS$_{2.5}$-xSb 玻璃的拉曼光谱,其中实线为 1mW 高功能激光辐照后的样品,虚线为 0.1mW 辐照后的样品;(c)45GeS$_{2.5}$·55Sb 样品及 Sb 金属颗粒的拉曼光谱,其中区域 1 和区域 2 都已分别在(a)插图中标明

基于上述信息,尝试分析并描绘该体系玻璃的中程序网络结构:富硫(x<25)玻璃结构主要由[GeS$_4$]四面体、[SbS$_3$]三角锥以及由于富硫产生的多硫键连接而成。x 增大到 25 时,玻璃组成为化学计量比 75GeS$_2$·25SbS$_{1.5}$,则其网络结构中的[GeS$_4$]和[SbS$_3$]单元的数量比值为 3:1,此时三配位的[SbS$_3$]三角锥正好可以被[GeS$_4$]四面体完全隔开。将该组分书写为 85.7(6/7)GeS$_2$·14.3(1/7)Sb$_2$S$_3$ 形式,这一阈值与在 GeS$_2$-Ga$_2$S$_3$ 玻璃析晶行为中观察到的实验现象完全一致(详见

1.3.3 节)[57]。随着 Sb 含量的继续增多($25<x<50$),富余的 Sb 开始团聚,形成 $[Sb_n]$($n\leqslant5$)的分子单元。这种多 Sb 的分子单元(纳米 Sb 分相)促使玻璃样品在激光烧蚀后析出 Sb 金属。当 Sb 含量继续增大到第二阈值点 $x=50$ 时,玻璃样品中产生了宏观 Sb 金属分相(图 1.12(a)和(c))。Sb 金属属于层状结构,每层都由锑 6 元环构成。可以推断,当$[Sb_n]$分子单元中 n 达到 6 时,开始出现宏观的 Sb 金属分相。也就是说,玻璃的$[Sb_n]$分子单元中 n 值小于 6,即 $n\leqslant5$ 时,玻璃不发生宏观 Sb 金属分相。$n=5$ 是玻璃样品从纳米分相向宏观分相过渡的阈值,此时玻璃组分为 $50GeS_2 \cdot 10Sb_5S_{2.5}$,即 $50GeS_{2.5} \cdot 50Sb$。最后,当 $x>50$,即 $n>5$ 时,玻璃结构中$[Sb_n]$分子单元继续团聚,最终发生宏观的 Sb 金属分相,并且尺寸随着 Sb 含量的增多而逐渐增大。

至此可见,通过借鉴玻璃结构的中间相表征方法获得结构演变的化学阈值,再结合组成依赖的晶化行为,可以将化学阈值与局域拓扑阈值对应起来,从而突破玻璃网络的中程序结构难以精确描绘的难题,最终实现对整个玻璃系统的网络结构演变的更深层的理解。

1.3.3 GeS_2-Ga_2S_3 玻璃结构

在过去十多年里,$(100-x)GeS_2$-xGa_2S_3 玻璃的微观网络结构的研究工作有很多[58-65],主要是利用拉曼/红外光谱、高能粒子(X 射线或中子)衍射等技术获得各种结构单元及其连接方式(共角或共边等)的信息,以理解玻璃的中程序结构。对于 GeS_2-Ga_2S_3 玻璃结构的认识,尽管目前仍存在一些相互矛盾的说法,但越来越多的研究者逐渐接受该体系玻璃网络是由共角或共边的$[Ge(Ga)S_4]$四面体和$[S_3Ga\text{-}GaS_3]$类乙烷结构单元通过桥硫连接而成。然而,这种认识局限于短程序尺度的描述,缺乏对结构单元以外的最近邻单元之间排列布局的理解。宁波大学林常规等尝试利用均匀成核的结构相似性理论与玻璃中间相阈值相结合,推演了 GeS_2-Ga_2S_3 玻璃的中程序网络结构[57,66,67]。

图 1.13(a)展示了 GeS_2-Ga_2S_3 系统相图[68],并总结了该系统的成玻区以及在不同温度的分相行为。由图可知,只要冷却速率合适,温度 T_1 的熔体在淬冷后能够得到匀质玻璃,而在 T_2 温度下淬冷所得的样品将呈现宏观分相现象。Ga_2S_3 含量低于 14.3mol%的样品将分离出 GeS_2 相,Ga_2S_3 含量高于 14.3mol%的样品则分离出 Ga_2S_3 相。从相图中可以看到,这种分相行为的阈值点位于 14.3mol%。GeS_2-Ga_2S_3 玻璃的晶化行为呈现出十分相似的现象,表现为晶化行为在 Ga_2S_3 含量 14mol%~15mol%发生突变(图 1.13(b))。

如图 1.13(b)所示,$(100-x)GeS_2$-xGa_2S_3 玻璃的晶化行为变化具体情况如下:①当 $x>15$ 时,$84GeS_2 \cdot 16Ga_2S_3$ 玻璃的晶化行为呈现两个阶段,与 $80GeS_2 \cdot 20Ga_2S_3$ 玻璃十分相近。这组样品在热处理后位于 $2\theta=49.5°$ 的衍射峰率先出现,

表明析出了 Ga_2S_3 晶相;继续热处理后,才开始有归属于 GeS_2 相的位于 $2\theta=15.4°$ 和 $26.4°$ 的衍射峰出现。②当 $x=15$ 时,$85GeS_2·15Ga_2S_3$ 玻璃在热处理过程中,GeS_2 和 Ga_2S_3 晶相几乎同时析出,可以观察到分别位于 $15.4°$ 和 $49.5°$ 的衍射峰是同时出现的。③当 $x<15$ 时,$86GeS_2·14Ga_2S_3$ 玻璃尽管与 $84GeS_2·16Ga_2S_3$ 和 $85GeS_2·15Ga_2S_3$ 玻璃的组分仅有 1mol% 或 2mol% 的 Ga_2S_3 含量的区别,其晶相的析出顺序却完全不同。$x<15$ 的玻璃样品在热处理后,玻璃基质中 GeS_2 相要先于 Ga_2S_3 相析出。可见,该体系玻璃的实际晶化行为的阈值点为 14mol%~15mol%,与图 1.13(a)的相图分析几乎一致。从中可以推断,即使熔体是在 T_1 温度下淬冷而得到匀质玻璃样品,没有观察到宏观的分相现象,但在微观网络结构中存在着不同的分子尺度分相(中间相)。这些中间相特点的分子单元正是这种截然不同晶化行为的结构相似性基础[69]。

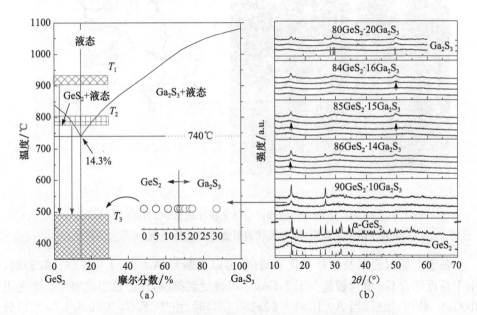

图 1.13 (a)GeS_2-Ga_2S_3 系统的相图、成玻区和不同温度下的分相行为;
(b)GeS_2-Ga_2S_3 玻璃在 T_g 温度以上热处理不同时间后的 XRD 图谱,
以及 Ga_2S_3(No. 45-891)和 GeS_2(No. 26-691)的标准 JCPDF 卡片

从图 1.14(a)可以看到,Ga_2S_3 晶胞由 2 个[GaS_4]构成。所以可以假定,如果玻璃网络中最近邻的含 Ga 结构单元数量少于 2 个,那么 GeS_2-Ga_2S_3 玻璃中很难形成 Ga_2S_3 晶核并持续生长成晶粒[57]。如前所述,GeS_2-Ga_2S_3 玻璃结构中包含[GaS_4]四面体和[S_3Ga-GaS_3]类乙烷结构等单元,因此可以用[S_3Ga-X-GaS_3](X 代表可能存在的桥 S 键)来表示玻璃网络中可能存在的最近邻含 Ga 单元。在玻璃网络中,1 个[S_3Ga-X-GaS_3]单元需要 6 个[GeS_4]才能将其完全隔离,使其不与其他含 Ga 单元连接,形成能促使 Ga_2S_3 晶核形成与生长的结构相似性基础。图 1.14(b)绘制了该拓扑阈值点玻璃结构中结构单元的可能排布。另外,如果用 A 代表[$S_3Ga-X-GaS_3$]单元,B 代表[GeS_4],那么该拓扑阈值点的 A∶B 要小于或等于 1∶6,才能使最近邻含 Ga 单元数量小于 2,抑制 Ga_2S_3 相形成。这个拓扑阈值点所对应的玻璃组成正是 85.7GeS_2 · 14.3Ga_2S_3,与前面相图信息和晶化行为实验所观察到的化学阈值点完全吻合。

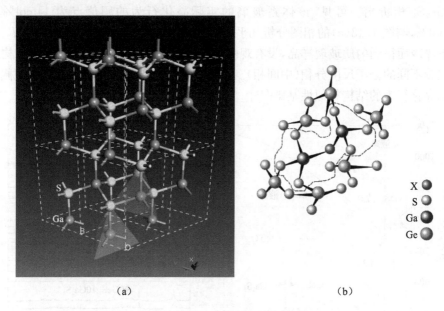

图 1.14 (a)Ga_2S_3 的晶体结构;(b)位于拓扑阈值 85.7GeS_2 · 14.3Ga_2S_3 的中程序结构示意图,其中 X 代表可能存在的桥 S 键(另见文后彩插)

基于上面假设以及拓扑和化学阈值,可以推断当 A∶B≤1∶6(x≤14.3)时,由于最近邻含 Ga 单元数量少于 2,Ga_2S_3 成核受到抑制,所以这组玻璃中会率先析出 GeS_2 晶相;相反,当 A∶B>1∶6(x>14.3)时,由于[$S_3Ga-X-GaS_3$]$_n$(n>1)分子单元的出现使其在热处理过程中优先产生 Ga_2S_3 核化反应,促使 Ga_2S_3 相率先析出。该分子单元(中间相)的存在同时也被玻璃的 T_g 演变证实[57]。该模型的关键结构转变阈值位于 85.7mol%(6/7)GeS_2 · 14.3mol%(1/7)Ga_2S_3,与实验结果都能形成很好的相互验证。

利用这种实验表征与理论分析,可以观察到类似的[$S_3Ga-X-GaS_3$]$_n$(n>1)分子单元还存在于 GeS_2-Ga_2S_3-MX(MX = CsCl, CsI, Sb_2S_3)准三元体系中[70-74]。GeS_2-In_2S_3 基玻璃系统也有相似的组分依赖晶化行为的现象[75-81],但由于该体系的短程序基本结构单元认识仍有很大争议,难以进行更深入的中程序结构描述,还需开展更多更深入的实验研究探索工作。

参 考 文 献

[1] Shelby J E. Introduction to Glass Science and Technology. Cambridge: The Royal Society of Chemistry, 2005
[2] Tanaka K, Shimakawa K. Amorphous Chalcogenide Semiconductors and Related Materials. London: Springer, 2011
[3] 汪卫华. 非晶态物质的本质和特性. 物理学进展, 2013, 33(5): 177-351
[4] Zachariasen W H. The atomic arrangement in glass. Journal of the American Chemical Society, 1932, 54(10): 3841-3851
[5] Rosenhain W. The structure and constitution of glass. Journal of the Society of Glass Technology, 1927, 11: 77-97
[6] Warren B. X-ray diffraction of vitreous silica. Zeitschrift für Kristallographie-Crystalline Materials, 1933, 86(1-6): 349-358
[7] Huang P, Kurasch S, Srivastava A, et al. Direct imaging of a two-dimensional silica glass on graphene. Nano Letters, 2012, 12(2): 1081-1086
[8] Huang P, Kurasch S, Alden J S, et al. Imaging atomic rearrangements in two-dimensional silica glass: Watching silica's dance. Science, 2013, 342(6155): 224-227
[9] Elliott S R. Medium-range structural order in covalent amorphous solids. Nature, 1991, 354: 445-452
[10] Phillips J C. Topology of covalent non-crystalline solids I: Short-range order in chalcogenide alloys. Journal of Non-Crystalline Solids, 1979, 34(2): 153-181
[11] Thorpe M F. Continuous deformations in random networks. Journal of Non-Crystalline Solids, 1983, 57(3): 355-370
[12] Mauro J C. Topological constraint theory of glass. American Ceramic Society Bulletin, 2011, 90(4): 31-37
[13] Micoulaut M, Popescu M A. Rigidity and Boolchand Intermediate Phases in Nanomaterials. Bucharest: INOE Publishing House, 2009
[14] Chen P, Holbrook C, Boolchand P, et al. Intermediate phase, network demixing, boson and floppy modes, and compositional trends in glass transition temperatures of binary As_xS_{1-x} system. Physical Review B, 2008, 78(22): 224208
[15] Bauchy M, Micoulaut M. Densified network glasses and liquids with thermodynamically reversible and structurally adaptive behaviour. Nature Communications, 2015, 6: 6398
[16] Micoulaut M. The slope equations: A universal relationship between local structure and glass transition temperature. The European Physical Journal B—Condensed Matter and Complex Systems, 1998, 1(3): 277-294
[17] Kerner R, Micoulaut M. On the glass transition temperature in covalent glasses. Journal of Non-Crystalline Solids, 1997, 210(2-3): 298-305
[18] Micoulaut M. Network entropy and connectivity: The underlying factors determining com-

positional trends in the glass-transition temperature. Comptes Rendus Chimie, 2002, 5(12): 825-830

[19] Zanotto E D. Glass crystallization research—A 36-year retrospective. Part I. Fundamental studies. International Journal of Applied Glass Science, 2013, 4(2): 105-116

[20] Fokin V M, Zanotto E D, Yuritsyn N S, et al. Homogeneous crystal nucleation in silicate glasses: A 40 years perspective. Journal of Non-Crystalline Solids, 2006, 352(26-27): 2681-2714

[21] de Jong B H W S, Schramm C M, Parziale V E. Silicon-29 magic angle spinning NMR study on local silicon environments in amorphous and crystalline lithium silicates. Journal of the American Chemical Society, 1984, 106(16): 4396-4402

[22] Deubener J. Compositional onset of homogeneous nucleation in (Li, Na) disilicate glasses. Journal of Non-Crystalline Solids, 2000, 274(1-3): 195-201

[23] Deubener J. Structural aspects of volume nucleation in silicate glasses. Journal of Non-Crystalline Solids, 2005, 351(18): 1500-1511

[24] Höland W, Beall G H. Glass Ceramic Technology. New York: John Wiley & Sons, 2012

[25] Mahmoud M M. Crystallization of lithium disilicate glass using variable frequency microwave processing. Montgomery: Virginia Polytechnic Institute and State University, 2007

[26] Huang S, Huang Z, Gao W, et al. Structural response of lithium disilicate in glass crystallization. Crystal Growth & Design, 2014, 14(10): 5144-5151

[27] Schneider J, Mastelaro V R, Panepucci H, et al. ^{29}Si MAS-NMR studies of Q^n structural units in metasilicate glasses and their nucleating ability. Journal of Non-Crystalline Solids, 2000, 273(1-3): 8-18

[28] Muller E, Heide K, Zanotto E D. Molecular structure and nucleation in silicate glasses. Journal of Non-Crystalline Solids, 1993, 155(1): 56-66

[29] Chen B, Werner-Zwanziger U, Nascimento M L F, et al. Structural similarity on multiple length scales and its relation to devitrification mechanism: A solid-state NMR study of alkali diborate glasses and crystals. The Journal of Physical Chemistry C, 2009, 113(48): 20725-20732

[30] Chen B, Werner-Zwanziger U, Zwanziger J W, et al. Correlation of network structure with devitrification mechanism in lithium and sodium diborate glasses. Journal of Non-Crystalline Solids, 2010, 356(44-49): 2641-2644

[31] Zanotto E D, Tsuchida J E, Schneider J F, et al. Thirty-year quest for structure-nucleation relationships in oxide glasses. International Materials Reviews, 2015, 60(7): 376-391

[32] Klikorka J, Frumar M, Cerny V, et al. ESR of defect centers in Ge-Sb-S glasses. Physica Status Solidi (A), 1981, 66(2): 691-696

[33] Mahadevan S, Giridhar A, Singh A K. Elastic properties of Ge-Sb-Se glasses. Journal of Non-Crystalline Solids, 1983, 57(3): 423-430

[34] Tichá H, Tichy L, Rysavá N, et al. Some physical properties of the glassy $(GeS_2)_x$

(Sb_2S_3)$_{1-x}$ system. Journal of Non-Crystalline Solids,1985,74(1):37-46

[35] Baró M D,Clavaguera N,Suriñach S,et al. DSC study of some Ge-Sb-S glasses. Journal of Materials Science,1991,26(13):3680-3684

[36] Savova E,Skordeva E,Vateva E. The topological phase transition in some Ge-Sb-S glasses and thin films. Journal of Physics and Chemistry of Solids,1994,55(7):575-578

[37] Frumarová B,Nemec P,Frumar M,et al. Synthesis and optical properties of the Ge-Sb-S: $PrCl_3$ glass system. Journal of Non-Crystalline Solids,1999,256-257:266-270

[38] Li Y Y,Lin C G,Li Z B,et al. Large tailorable range in optical properties of GeS_2-Sb_2S_3 chalcogenide glasses. Journal of Optoelectronics and Advanced Materials,2012,14(9-10): 717-721

[39] Hu J,Tarasov V,Carlie N,et al. Exploration of waveguide fabrication from thermally evaporated Ge-Sb-S glass films. Optical Materials,2008,30(10):1560-1566

[40] Shiryaev V S,Troles J,Houizot P,et al. Preparation of optical fibers based on Ge-Sb-S glass system. Optical Materials,2009,32(2):362-367

[41] Li L,Lin H T,Qiao S T,et al. Integrated flexible chalcogenide glass photonic devices. Nature Photonics,2014,8(8):643-649

[42] Du Q,Huang Y,Li J,et al. Low-loss photonic device in Ge-Sb-S chalcogenide glass. Optics Letters,2016,41(13):3090-3093

[43] Koudelka L,Frumar M,Pisárcik M. Raman spectra of Ge-Sb-S system glasses in the S-rich region. Journal of Non-Crystalline Solids,1980,41(2):171-178

[44] Zhong B. Raman spectra of Ge-S-Sb film. Journal of Non-Crystalline Solids,1987,95-96 (Part 1):295-301

[45] Cervinka L,Smotlacha O,Tichy L. A study of the structure of(GeS_2)$_{1-x}$(Sb_2S_3)$_x$ glasses. Journal of Non-Crystalline Solids,1987,97-98(Part 1):183-186

[46] Cervinka L,Smotlacha O,Bergerová J,et al. The structure of the glassy Ge-Sb-S system and its connection with the MRO structures of GeS_2 and Sb_2S_3. Journal of Non-Crystalline Solids,1991,137-138(Part 1):123-126

[47] Vateva E,Savova E. New medium-range order features in Ge-Sb-S glasses. Journal of Non-Crystalline Solids,1995,192-193:145-148

[48] Vahalová R,Tichý L,Vlček M,et al. Far infrared spectra and bonding arrangement in some Ge-Sb-S glasses. Physica Status Solidi(A),2000,181(1):199-209

[49] Jayakumar S,Predeep P,Unnithan C H. Topology of chemical ordering in Sb-S-Ge system. Physica Scripta,2006,66(2):180-182

[50] Frumarová B,Bílková M,Frumar M,et al. Thin films of Sb_2S_3 doped by Sm^{3+} ions. Journal of Non-Crystalline Solids,2003,326-327:348-352

[51] Kakinuma F,Fukunaga T,Suzuki K. Structural study of $Ge_xSb_{40-x}S_{60}$ ($x=10,20$ and 30) glasses. Journal of Non-Crystalline Solids,2007,353(32-40):3045-3048

[52] Lin C G,Li Z B,Ying L,et al. Network structure in GeS_2-Sb_2S_3 chalcogenide glasses:Ra-

man spectroscopy and phase transformation study. The Journal of Physical Chemistry C, 2012,116(9):5862-5867

[53] Lin C G,Li Z B,Gu S X,et al. Laser-induced phase transformation in chalcogenide glasses investigated by micro-Raman spectrometer. Journal of Wuhan University of Technology—Materials Science Edition,2014,29(1):9-12

[54] Wright A C,Thorpe M F. Eighty years of random networks. Physica Status Solidi(B), 2013,250(5):931-936

[55] Popescu M A. Non-Crystalline Chalcogenicides. Netherlands:Springer,2006

[56] Li Z B,Lin C G,Qu G S,et al. Phase separation in nonstoichiometry Ge-Sb-S chalcogenide glasses. Journal of the American Ceramic Society,2014,97(3):793-797

[57] Lin C G,Calvez L,Tao H Z,et al. Evidence of network demixing in GeS_2-Ga_2S_3 chalcogenide glasses: A phase transformation study. Journal of Solid State Chemistry, 2011, 184(3):584-588

[58] Guo H T,Zhai Y B,Tao H Z,et al. Structure and properties of GeS_2-Ga_2S_3-CdI_2 chalcohalide glasses. Materials Science and Engineering:B,2007,138(3):235-240

[59] Tao H Z,Zhao X J,Jing C B,et al. Microstructural probing of $(1-x)GeS_2$-xGa_2S_3 system glasses by Raman scattering. Journal of Wuhan University of Technology—Materials Science Edition,2005,20(3):8-10

[60] Ivanova Z G. Local ordering studies of semiconducting $(GeS_2)_{100-x}Ga_x$ glasses. Journal of Molecular Structure,1991,245(3):335-340

[61] Julien C,Barnier S,Massot M,et al. Raman and infrared spectroscopic studies of Ge-Ga-Ag sulphide glasses. Materials Science and Engineering:B,1994,22(2):191-200

[62] Loireau-Lozac'h A M,Keller-Besrest F,Bénazeth S. Short and medium range order in Ga-Ge-S glasses: An X-ray absorption spectroscopy study at room and low temperatures. Journal of Solid State Chemistry,1996,123(1):60-67

[63] Saffarini G. On topological transitions and chemical ordering in network glasses of the Ge-Ga-S system. Solid State Communications,1994,91(7):577-580

[64] Tver'yanovich Y S,Vlček M,Tverjanovich A. Formation of complex structural units and structure of some chalco-halide glasses. Journal of Non-Crystalline Solids,2004,333(1): 85-89

[65] Tverjanovich A,Tver'yanovich Y S,Loheider S. Raman spectra of gallium sulfide based glasses. Journal of Non-Crystalline Solids,1996,208(1):49-55

[66] Lin C G,Calvez L,Rozé M,et al. Crystallization behavior of $80GeS_2 \cdot 20Ga_2S_3$ chalcogenide glass. Applied Physics A:Materials Science & Processing,2009,97:713-720

[67] Lin C G,Calvez L,Ying L,et al. External influence on third-order optical nonlinearity of transparent chalcogenide glass-ceramics. Applied Physics A:Materials Science & Processing,2011,104(2):615-620

[68] Loireau-Lozac'h A M,Guittard M. Systeme GeS_2-Ga_2S_3. Diagramme de phase obtention et

proprietes des verres. Annales de Chimie, 1975, 10(2): 101-104

[69] Jiang Z H, Zhang Q Y. The structure of glass: A phase equilibrium diagram approach. Progress in Materials Science, 2014, 61: 144-215

[70] Ledemi Y, Bureau B, Calvez L, et al. Structural investigations of glass ceramics in the Ga_2S_3-GeS_2-CsCl system. The Journal of Physical Chemistry B, 2009, 113: 14574-14580

[71] Lin C G, Calvez L, Bureau B, et al. Controllability study of crystallization on whole visible-transparent chalcogenide glasses of GeS_2-Ga_2S_3-CsCl system. Journal of Optoelectronics and Advanced Materials, 2010, 12(8): 1684-1691

[72] 林常规,李卓斌,覃海娇,等. GeS_2-Ga_2S_3-CsI 硫系玻璃的析晶行为及其组成依赖研究. 物理学报, 2012, 61(15): 154212

[73] Lin C G, Qu G S, Li Z B, et al. Correlation between crystallization behavior and network structure in GeS_2-Ga_2S_3-CsI chalcogenide glasses. Journal of the American Ceramic Society, 2013, 96(6): 1779-1782

[74] Li Z B, Lin C G, Qu G S, et al. Optical properties and crystallization behavior of $45GeS_2 \cdot 30Ga_2S_3 \cdot 25Sb_2S_3$ chalcogenide glass. Journal of Non-Crystalline Solids, 2014, 383: 112-115

[75] Li Z B, Lin C G, Nie Q H, et al. Competitive phase separation to controllable crystallization in $80GeS_2 \cdot 20In_2S_3$ chalcogenide glass. Journal of the American Ceramic Society, 2013, 96(1): 125-129

[76] Li Z B, Lin C G, Nie Q H, et al. Controlled crystallization of β-In_2S_3 in $65GeS_2 \cdot 25In_2S_3 \cdot 10CsCl$ chalcohalide glass. Applied Physics A: Materials Science & Processing, 2013, 112(4): 939-946

[77] Tao H Z, Lin C G, Chu S S, et al. New chalcohalide glasses from the GeS_2-In_2S_3-CsCl system. Journal of Non-Crystalline Solids, 2008, 354(12-13): 1303-1307

[78] Tao H Z, Lin C G, Gong Y Q, et al. Microstructural studies of GeS_2-In_2S_3-CsI chalcohalide glasses by Raman scattering. Optoelectronics and Advanced Materials—Rapid Communications, 2008, 2(1): 29-32

[79] Ying L, Lin C G, Nie Q H, et al. Mechanical properties and crystallization behavior of GeS_2-Sb_2S_3-In_2S_3 chalcogenide glass. Journal of the American Ceramic Society, 2012, 95(4): 1320-1325

[80] Ying L, Lin C G, Xu Y S, et al. Glass formation and properties of novel GeS_2-Sb_2S_3-In_2S_3 chalcogenide glasses. Optical Materials, 2011, 33(11): 1775-1780

[81] 林常规,翟素敏,李卓斌,等. GeS_2-In_2S_3 硫系玻璃的物化性质与晶化行为研究. 物理学报, 2015, 64(5): 054208

第 2 章 硫系玻璃体系与组成

硫系玻璃(chalcogenide glass)是无机非氧化物玻璃材料中的一大类,是指周期表ⅥA族元素O、S、Se、Te中除O以外,以S、Se、Te为基础成分并引入一定量的其他元素如As、Ga之类电负性较弱的元素而形成的无机玻璃[1],如Ge-Sb-S、Ge-S-Pb、Ge-Sb(As)-Se、Ge-Ga-Te等。硫卤玻璃是在传统硫系玻璃基础上添加适当卤素或卤化物而形成的硫系玻璃[2],如Ge-S-I、$GeSe_2$-Sb_2Se_3-CsCl、$GeSe_2$-Ga_2Se_3-KI、Ge-Te-CuI等。其中卤素单质和金属卤化物的存在可以提高玻璃的密度,避免硫系玻璃析晶,大大提高了玻璃的形成能力。

本章主要简述硫系玻璃体系的种类,总结近年来发展的各类S基、Se基及Te基硫系玻璃的玻璃形成区,最后汇总商业化硫系玻璃组成及相关性能。

2.1 硫系玻璃体系种类

硫系玻璃可按成分进行如下分类:

(1) 纯硫族元素玻璃,如S、Se、Te、S_xSe_{1-x}等。纯S玻璃,玻璃转变温度为-27℃,熔化温度为119℃;Se玻璃熔化温度为45℃。玻璃中以S—S或Se—Se键形成链状,层与层之间以范德瓦耳斯力相连。玻璃质地偏软,难以应用。

(2) Ⅴ族-Ⅵ族元素化合物玻璃,如As_2S_3、As_2Se_3、As_2Te_3等。As_2S_3、As_2Se_3可用作非线性光学玻璃,此外,As_2Se_3玻璃可用于硫系玻璃光纤,其损耗低于0.5dB/km[3]。As_2Te_3玻璃具有宽红外透过范围(1.8~25μm)且稳定性好[4]。由这些组成的多元系统,如As_2S_3-Sb_2S_3、As_2S_3-As_2Se_3、As_2S_3-As_2Te_3、As_2Se_3-Sb_2Se_3、As_2Se_3-As_2Te_3等玻璃可用作红外窗口,透过界限可达15~18μm,也可作为玻璃半导体。

(3) Ⅳ族-Ⅵ族元素化合物玻璃,如GeS_2、$GeSe_2$等。GeS_2玻璃的转变温度为492℃,熔化温度为800℃;$GeSe_2$的转变温度为422℃,熔化温度为707℃。该类玻璃的热学、力学性能较好,一般可用于红外光学元件[5]。由这些组成的多元系统,如$GeSe_2$-Ga_2Se_3、$GeSe_2$-As_2Se_3、$GeSe_2$-As_2Se_3-CdSe、$GeSe_2$-As_2Se_3-As_2Te_3、Ge-As-Te等玻璃也可用作红外窗口,透过界限可达15~20μm。该类玻璃具有较大的玻璃形成区且在波长8~12μm区域均具有较好的透过性[6]。

(4) 金属硫族化合物玻璃,如Ag_2S-GeS_2-AgI玻璃有较高的离子电导率,有可能制成微电子电路中的薄膜电池[7]。Ge-Se-Sn[8]玻璃因具有高折射率而在非线性领域得到关注。Ge-Se-Bi[9]和GeSe$_2$-Ga$_2$Se$_3$-AgI-Ag[10]高离子电导玻璃,因金属Bi和Ag能使得硫系玻璃导电方式由P型向N型转变进而提高了硫系玻璃的热电性能。Ge-Te-Ag[11]、Ge-Ga-Te-Cu[12]玻璃具有宽红外透过范围1.8～25μm,是一种新型透远红外的玻璃材料。

(5) 卤素硫族化合物玻璃,又称硫卤化合物玻璃,是将周期表中Ⅶ族的卤素(Cl、Br、I)和硫族化合物(S、Se、Te)组成的玻璃。硫族化合物与卤化物玻璃是透中、远红外的优良材料,但同时又各自具有不易克服的缺点。硫系玻璃的化学稳定性、力学性能等较好,有较高的转变温度,但本征损耗相对较高。卤化物玻璃有很低的本征损耗,比硫系玻璃低两个数量级以上,但化学稳定性差,转变温度较低。因此,人们开始研制硫卤玻璃,以期获得具有硫系玻璃和卤化物玻璃的共同优点,并在一定程度上抑制两者弱点的新材料。早期研究的硫卤化合物玻璃主要通过单质卤素掺杂进行改性,如Ge-S-Br[13]、Cu-As-Se-I[14]、TeCl$_4$[15]等。此外还有金属卤化物硫系玻璃,如GeS$_2$-Ga$_2$S$_3$-CdI$_2$[16]、GeS$_2$-GaS$_2$-MX(M=K,Na,Cs,Ag,X=Cl,Br,I)[17]等,具有较高的转变温度和玻璃形成能力,透光范围为0.48～11.5μm,但易吸潮。GeSe$_2$-Ga$_2$Se$_3$-KI[18]玻璃具有较高的热稳定性及良好的透光范围0.59～14.2μm。Ge-Te-BiI$_3$[19]和Ge-Te-AgI[20]玻璃具有良好的玻璃形成能力及宽红外透过范围1.8～25μm。

2.2 硫系玻璃形成区

玻璃形成区是研究硫系玻璃组成的重要内容,通常都是处在玻璃形成体化合物较多的低共熔点区域内。由于各类硫系玻璃物理化学性能不同,其形成过程的复杂性对硫系玻璃形成能力存在一定的影响。本节主要通过玻璃组分优化改善玻璃形成能力,并获得玻璃形成范围。

2.2.1 硫基玻璃形成区

1. Ge-S-Sb玻璃体系

宁波大学林常规等[21]研究了Ge-S-Sb玻璃体系的形成区,如图2.1所示。研究发现,在Ge-S二元系统中有组分可以形成玻璃,当Ge含量为44mol%、S含量为56mol%时,Ge和S的含量比例高达11:14。在Sb-S二元系统中也可以形成玻璃,当Sb含量为40mol%、S含量为60mol%时,Sb和S的含量比例达到2:3。对于Ge-S-Sb三元系统,玻璃形成区正如阴影部分所示,可以分成两个部分组成,一部分主要位于沿GeS$_2$-Sb$_2$S$_3$线左下方的部分,即富S的区域,而另一部分位于沿着其右上方的部分,即缺S的区域。该成玻区的范围与美国中佛罗里达大学

Petit 等[22]报道的基本一致。

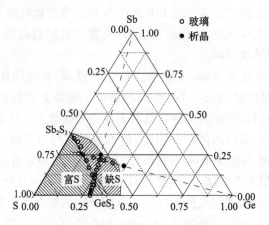

图 2.1　Ge-S-Sb 玻璃体系的成玻区

2. Ge-S-I 玻璃体系

乌日霍罗德国立大学 Bletskan 等[23]研究了 Ge-S-I 玻璃体系的形成区,如图 2.2 所示。研究发现,该三元系统形成范围靠近 Ge-S 一边。在 Ge-S 玻璃中 I 的加入逐渐取代 S,一些 S 释放出来自组装成 S8 环[13],高电负性 I 可以与 S 形成共价键来俘获自由电子,减少 Ge-S 玻璃中的结构缺陷,改善 Ge-S 玻璃的成玻能力,形成性能稳定的结构,扩大了玻璃的成玻区。

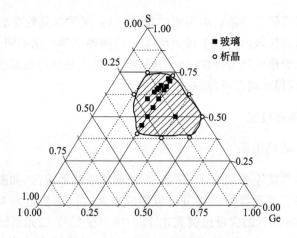

图 2.2　Ge-S-I 玻璃体系的成玻区

3. GeS_2-Ga_2S_3-Sb_2S_3 玻璃体系

日本京都理工学院 Ichikawa 等[24]和宁波大学林常规等分别研究了 GeS_2-

Ga_2S_3-Sb_2S_3 玻璃体系的形成区,如图 2.3 所示[25]。正方形标记是 Ichikawa 等[24]研究的结果,圆形标记是林常规等研究的结果[25]。研究发现,该三元系统有较大的玻璃形成区,靠近 GeS_2-Sb_2S_3 一边。其中二元 GeS_2-Sb_2S_3 系统形成能力明显优于 Ga_2S_3-Sb_2S_3 和 Ga_2S_3-GeS_2 系统。在 GeS_2-Ga_2S_3-Sb_2S_3 三元体系中,大部分玻璃富集在 GeS_2 含量较大的区域,其形成范围主要集中在 GeS_2 含量为 17mol%～100mol%、Sb_2S_3 含量为 6.25mol%～81.5mol%、Ga_2S_3 含量为 6.25mol%～30mol%的区域。

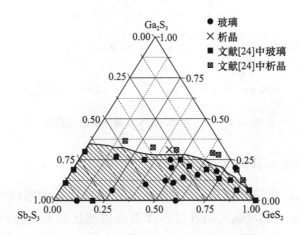

图 2.3 GeS_2-Ga_2S_3-Sb_2S_3 玻璃体系的成玻区

4. GeS_2-In_2S_3-CdS 玻璃体系

武汉理工大学刘启明等[26]研究了 GeS_2-In_2S_3-CdS 玻璃体系的形成区,如图 2.4 所示。研究发现,GeS_2-CdS 和 In_2S_3-CdS 二元体系不能形成玻璃,GeS_2-In_2S_3 二元体系也仅在 In_2S_3 含量小于 30mol%时才能形成玻璃。对于 GeS_2-In_2S_3-CdS 三元体系,玻璃的形成区主要是在富含 GeS_2 区域,说明 GeS_2 是玻璃形成体。该体系的玻璃形成区较小,这主要在于虽然 Ge-S 二元体系玻璃的形成能力较好,而 In-S 和 Cd-S 二元体系却不能形成玻璃。一旦在 Ge-S 二元体系中引入 In、Cd 以后,它们能够夺取四面体[$GeS_{4/2}$]中的桥 S,形成离子键,起到断网的作用,降低了四面体[$GeS_{4/2}$]的聚合程度,从而使熔体在冷却过程中容易规则排列而析出晶体,降低玻璃形成能力。从化学键的极性来考虑,当引入少量 In、Cd 时,由于 In-S 和 Cd-S 离子键的形成,降低了 Ge-S 共价键的强共价键性,有利于玻璃的形成。但是,当引入 In、Cd 的量较多时,极性共价键数目减少,而离子键数目增多,从而降低了玻璃的形成能力。在 GeS_2-In_2S_3-CdS 三元体系中,单键强度 Ge-S>In-S>Cd-S,因此可以认为在 GeS_2-In_2S_3-CdS 体系玻璃中,GeS_2 是玻璃形成体,In_2S_3 是玻璃中间体,

CdS 则为网络修饰体。

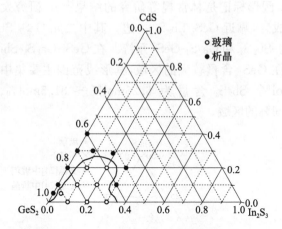

图 2.4　GeS_2-In_2S_3-CdS 玻璃体系的成玻区

5. GeS_2-Sb_2S_3-AgI 玻璃体系

宁波大学林常规等研究了 GeS_2-Sb_2S_3-AgI 玻璃体系的形成区,如图 2.5 所示[27]。研究发现,GeS_2-Sb_2S_3-AgI 玻璃体系的成玻区较大,主要分布在富 GeS_2 区域,在 Sb_2S_3-AgI 一侧没有玻璃形成,主要原因是所选取的三元体系中 GeS_2 是网络形成体,Sb_2S_3 不能单独形成玻璃的网络中间体,AgI 是打破玻璃网络连接的终端。在该三元体系中,当 GeS_2 与 Sb_2S_3 的摩尔比为 6∶4 时,AgI 的引入最大达到 55mol%;当 GeS_2 的含量保持在 10mol% 时,AgI 的最大引入量高达 60mol%。

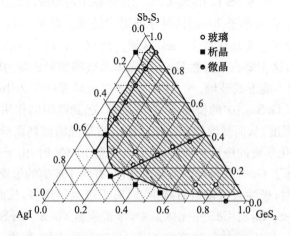

图 2.5　GeS_2-Sb_2S_3-AgI 准三元体系的成玻区

6. 其他硫基玻璃

图 2.6～图 2.10 分别给出了其他硫基玻璃形成区,包括 GeS_2-Ga_2S_3-PbI_2[28]、GeS_2-In_2S_3-KCl[29]、GeS_2-In_2S_3-CsI[30]、GeS_2-In_2S_3-$CsCl$[31]、GeS_2-In_2S_3-KI[32] 玻璃体系。它们相似之处在于,卤化物的存在对 GeS_2-Ga_2S_3 和 GeS_2-In_2S_3 玻璃的成玻能力有着明显的改善作用,使得其扩大了玻璃形成区,且形成范围位于 GeS_2 富集区域。

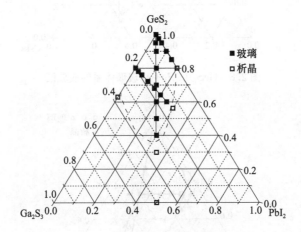

图 2.6　GeS_2-Ga_2S_3-PbI_2 玻璃体系的成玻区

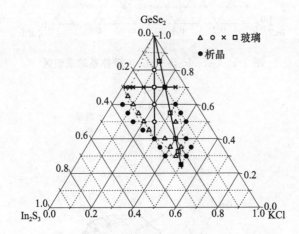

图 2.7　$GeSe_2$-In_2S_3-KCl 玻璃体系的成玻区

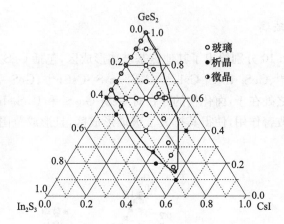

图 2.8　GeS_2-In_2S_3-CsI 玻璃体系的成玻区

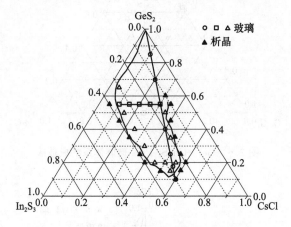

图 2.9　GeS_2-In_2S_3-CsCl 玻璃体系的成玻区

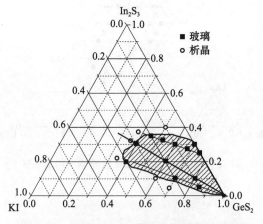

图 2.10　GeS_2-In_2S_3-KI 玻璃体系的成玻区

2.2.2 硒基玻璃形成区

1. Ge-As(Sb)-Se 玻璃体系

法国雷恩第一大学 Bureau 等[33]研究了 Ge-As-Se 玻璃体系的形成区,如图 2.11 所示。研究发现,Ge-As-Se 玻璃系统形成区较大,包含 As-Se 和 Ge-Se 二元系统,且 As-Se 形成玻璃比 Ge-Se 形成玻璃范围大,引入 As 比 Ge 含量高。在 Ge-As-Se 三元系统中,玻璃形成区位于 Se 富集区域,呈梯形且略偏向 As-Se 一边,其中最易于成玻的组分是 $Ge_{22}As_{20}Se_{58}$。鉴于 Sb 与 As 位于化学元素周期表的同一主族,具有相似的性能,宁波大学沈祥[34]等用 Sb 替代 As 研究了 Ge-Sb-Se 玻璃体系的形成区,如图 2.12 所示。研究发现,Ge-Sb-Se 玻璃成玻范围相较于 Ge-As-Se 的形成区较窄,呈三角形略偏向 Ge-Se 一边,主要位于 Se 富集区域,Se 的含量为 60mol%~80mol%,Sb 的含量为 5mol%~25mol%,Ge 的含量为 10mol%~35mol%。

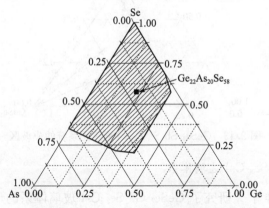

图 2.11 Ge-As-Se 玻璃体系的成玻区

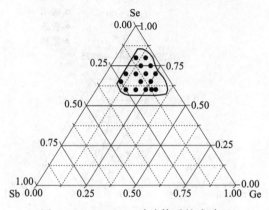

图 2.12 Ge-Sb-Se 玻璃体系的成玻区

2. $GeSe_2$-Sb_2Se_3-$CsCl$ 玻璃体系

宁波大学聂秋华等研究了 $GeSe_2$-Sb_2Se_3-$CsCl$ 体系的玻璃形成区,如图 2.13 所示[34]。研究发现,在 $GeSe_2$-Sb_2Se_3 体系中,$GeSe_2$-Sb_2Se_3 可以形成玻璃,但 Sb_2Se_3 的含量超过 40mol% 时,所得样品开始析晶。而 Sb_2Se_3-$CsCl$ 和 $GeSe_2$-$CsCl$ 准二元体系均不能形成玻璃。在 $GeSe_2$-Sb_2Se_3-$CsCl$ 三元系统中,$CsCl$ 的引入改善了 $GeSe_2$-Sb_2Se_3 玻璃的形成能力,扩大了形成范围,呈半圆形,靠近 $GeSe_2$-Sb_2Se_3 一边。随着 $CsCl$ 含量的增加,此玻璃体系靠着 $GeSe_2$-Sb_2Se_3 准二元边稍向外延伸使得玻璃形成区逐渐扩大,并且使得系统的玻璃形成区向 Sb_2Se_3 方向偏移。

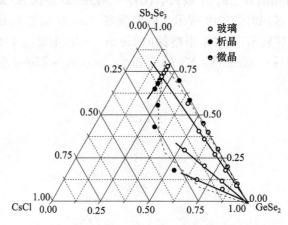

图 2.13 $GeSe_2$-Sb_2Se_3-$CsCl$ 准三元系统的成玻区

3. $GeSe_2$-Ga_2Se_3-CsI 玻璃体系

宁波大学沈祥等[35]研究了 $GeSe_2$-Ga_2Se_3-CsI 玻璃体系的形成区,如图 2.14

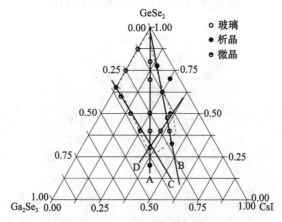

图 2.14 $GeSe_2$-Ga_2Se_3-CsI 准三元系统的成玻区

所示。研究发现,在 $GeSe_2$-Ga_2Se_3 体系,Ga_2Se_3 的含量少于 25mol% 时可以形成玻璃,当达到 35mol% 时,制备样品呈现部分析晶。而 $GeSe_2$-CsI、Ga_2Se_3-CsI 准二元体系均不能形成玻璃。对于 $GeSe_2$-Ga_2Se_3-CsI 三元系统,其玻璃形成区主要集中在富 $GeSe_2$ 区,并延伸到中部富 CsI 区,CsI 含量可以高达 40mol%。

在研究的 $GeSe_2$-Sb_2Se_3-CsCl 和 $GeSe_2$-Ga_2Se_3-CsI 玻璃体系中,$GeSe_2$ 晶体具有变形的四面体结构,构成了三维空间网络结构,可形成玻璃。Ge^{4+} 的配位数为 4,Se^{2-} 的配位数为 2,当各个原子处于完整配位状态时,$GeSe_2$ 玻璃中不存在 Ge-Ge 同极键,但实际制备中,Ge-Ge 同极键还是难以避免的,影响着玻璃的形成能力。引入 Ga_2Se_3 后,Ga 与 Se 同样也形成变形的四面体结构,需要平均配位数为 2。而引入的 Ga_2Se_3 的 Ga 和 Se 的比例为 1∶1.5,所以 Se^{2-} 缺量。因此,在玻璃系统中不可避免地造成了 Ge-Ga、Ga-Ga、Ge-Ge 等多种同极键的产生,影响了玻璃的稳定性。另外,Ga 的离子半径大于 Ge 的离子半径,大量的 Ga 四面体使网络的空隙增大,从而使熔体冷却过程中容易析出晶体,降低了玻璃形成能力。Sb_2Se_3 属斜方晶系,晶格由 $(Sb_2Se_3)_\infty$ 链组成,链间以微弱的结合形成层,难以形成玻璃,但由于 Sb_2Se_3 中 Sb^{3+} 配位数为 3,当将其引入玻璃中时,Sb 和 Se 的比例也为 1∶1.5,所以 Se^{2-} 缺量。因此,Sb_2Se_3 的引入同样也使得多种同极键的形成,但[$SbSe_3$]三角锥数目的增加使网络的连接度下降,同样也会降低玻璃的形成能力。因此,$GeSe_2$ 可以单独形成玻璃,但是 Ga_2Se_3 和 Sb_2Se_3 含量到达一定程度后,将不会形成玻璃。

CsX(X=Cl,I)在玻璃结构中起到修饰网络的作用。I^- 和 Cl^- 都属于卤素离子,在玻璃网络中与 Ge 或 Ga(Sb)结合形成非桥接离子。CsI 的形成范围一般比 CsCl 大,研究表明,这是由 I 离子具有小的电负性、大的离子半径决定的。而 Cs^+ 一般游离在 Se 的非桥接离子附近,碱金属离子的离子半径也决定了其对应玻璃形成范围的大小。一般来说,离子半径越大其玻璃的形成范围越大,如按照玻璃的形成范围 NaI<KI<CsI。从这两点考虑,CsI 在硫系玻璃的形成能力可能最大,实验证明,CsI 含量可以高达 40mol%,而 CsCl 只在 20mol% 以内。

总之,在玻璃系统中,$GeSe_2$ 可以单独形成玻璃,是玻璃形成体。Ga_2Se_3 和 Sb_2Se_3 本身不能形成玻璃,但可以与 $GeSe_2$ 一起形成玻璃,是网络中间体。而 CsX(X=Cl,I)游离于网络之外,为网络修饰体。

4. $GeSe_2$-Ga_2Se_3-NaI/KBr 玻璃体系

宁波大学林常规等研究了 $GeSe_2$-Ga_2Se_3-NaI 体系玻璃的形成区,如图 2.15 所示[36]。研究发现,$GeSe_2$-Ga_2Se_3-NaI 系列玻璃的成玻区比 $GeSe_2$-Ga_2Se_3-CsI(图 2.14)[35]系列的成玻区要小,并且主要集中在 Ge 含量比较大的区域,主要原因可能是当阴离子相同时,阳离子 Na^+、K^+、Cs^+ 半径不同和电负性不同。但是,NaI 引入量比早前研究报道[37]的引入量要高,达到 35mol%。

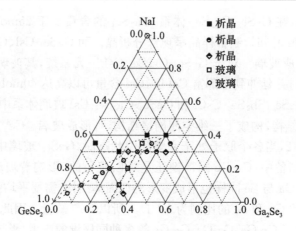

图 2.15　$GeSe_2$-Ga_2Se_3-NaI 玻璃体系的成玻区

此外，由于 Br 和 Se 位于元素周期表同一周期近邻位置，相比于 I 更易于进入 Se 基玻璃结构，中国科学院上海硅酸盐研究所唐高等[38]研究了 $GeSe_2$-Ga_2Se_3-KBr 玻璃体系形成区，如图 2.16 所示。研究发现，相比于 $GeSe_2$-Ga_2Se_3-NaI[36]，该三元硫卤系统有较大的玻璃形成区，主要位于 Ga_2Se_3/KBr＝1 区域。其中 Ga_2Se_3 和 KBr 的最高含量可达到 35mol％以上。在 $GeSe_2$-Ga_2Se_3 二元系统中，当 Ga_2Se_3 的含量小于 25mol％能够形成玻璃。$GeSe_2$-KBr 二元系统不能成玻，这是由 Ge-Se 和 K-Br 键的共价性和键能相差太大所致。在三元玻璃系统中，当 Ga_2Se_3/KBr≈1 时，随着 Ga_2Se_3 和 KBr 含量的增加，玻璃形成区向着 Ga_2Se_3-KBr 一边偏移，并逐渐扩大，直至 $GeSe_2$ 含量减少到 12.5mol％，开始析晶。

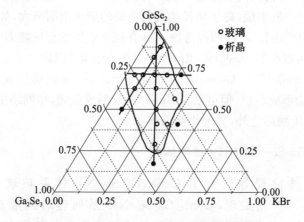

图 2.16　$GeSe_2$-Ga_2Se_3-KBr 玻璃体系的成玻区

5. $GeSe_2$-In_2Se_3-$CsI/KBr/KI$ 玻璃体系

鉴于 In 与 Ga 位于化学元素周期表同一主族,具有相似的物理化学性能,$GeSe_2$-In_2Se_3-CsI 有望表现出较好的玻璃形成能力。在 $GeSe_2$ 中,Ge 的最外层电子构型为 $4s^24p^2$,Se 的最外层电子构型为 $4s^24p^4$,$GeSe_2$ 中 p 电子总数为 10,原子总数为 3,p 电子数与分子中的原子数之比为 3.3,说明 $GeSe_2$ 有良好的玻璃形成能力。对于 In_2Se_3,In 的最外层电子构型为 $5s^25p^1$,In_2Se_3 中 p 电子总数为 14,原子总数为 5,p 电子数与分子中的原子数之比为 2.8,说明 In_2Se_3 也有良好的成玻能力。对于 CsI,Cs 的最外层电子构型为 $6s^1$,I 的最外层电子为 $5s^35p^5$,CsI 中的 p 电子总数为 5,原子总数为 2,p 电子数与分子中的原子数之比为 2.5,说明 CsI 可以参与形成玻璃。华东理工大学陈国荣等研究的 $GeSe_2$-In_2Se_3-CsI 准三元系统的玻璃形成区,如图 2.17 所示[39]。

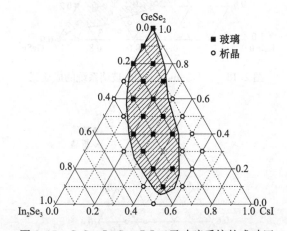

图 2.17　$GeSe_2$-In_2Se_3-CsI 三元玻璃系统的成玻区

研究发现,该系统有非常大的玻璃形成区(阴影部分),主要在集中 In_2Se_3/CsI=1∶1 的区域,其中传统网络形成体 $GeSe_2$ 和调整体 In_2Se_3 的引入量分别为 45mol%~100mol% 和 0~45mol%,CsI 的最高引入量也可达 55mol%。在 In_2Se_3-CsI 和 $GeSe_2$-CsI 二元系统中,不能形成玻璃。在 $GeSe_2$-In_2Se_3 二元系统中有少量组分形成玻璃,如 $GeSe_2$ 含量为 80mol%~100mol%、In_2Se_3 含量为 0~20mol%。

宁波大学王国祥等[40,41]通过用碱金属卤化物 KBr、KI 代替 CsI 研究了 $GeSe_2$-In_2Se_3-KBr[40]、$GeSe_2$-In_2Se_3-KI[41] 体系玻璃的形成区,分别如图 2.18 和图 2.19 所示。这两个体系的玻璃形成区大小接近,均位于 $GeSe_2$ 富集区域。KI 和 KBr 不能单独形成玻璃。在 $GeSe_2$-KI、In_2Se_3-KI、$GeSe_2$-KBr、In_2Se_3-KBr 二元体系中也不能形成玻璃,而在 $GeSe_2$-In_2Se_3-KBr、$GeSe_2$-In_2Se_3-KI 三元玻璃体系

中,随着卤化物的增多,玻璃形成范围逐渐扩大,KI 和 KBr 含量分别高达 30mol%和 35mol%。这是因为当碱金属卤化物参与玻璃网络形成时,卤素离子起着断网的作用,降低了玻璃网络的连接程度,抑制了玻璃的析晶,从而增大了玻璃的形成能力[42]。

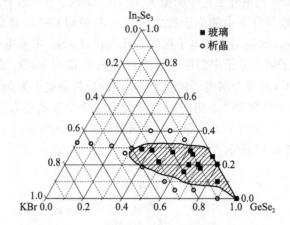

图 2.18 $GeSe_2$-In_2Se_3-KBr 玻璃系统的成玻区

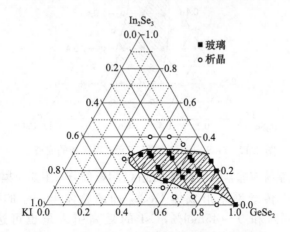

图 2.19 $GeSe_2$-In_2Se_3-KI 玻璃系统的成玻区

2.2.3 碲基玻璃形成区

1. Ge-Ga-Te 和 Ga_2Te_3-$GeTe_4$-Cu 玻璃体系

法国雷恩第一大学 Danto 等[43]研究了 Ge-Ga-Te 三元玻璃系统的成玻区,如图 2.20 所示。研究发现,二元 Ga-Te 和 Ge-Ga 都不能形成玻璃,二元 Ge-Te 系统仅在 Ge/Te=1∶4 时才能形成玻璃。对于三元 Ge-Ga-Te 玻璃系统,形成玻璃组分主要集中在 GaTe$_3$-GeTe$_4$ 线上,其中沿着 GaTe$_3$-GeTe$_4$ 线最优组分是 Ge$_{15}$Ga$_{10}$Te$_{75}$ 样品。

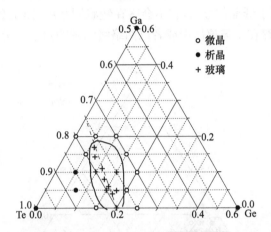

图 2.20　Ge-Ga-Te 玻璃系统的成玻区

随后,宁波大学聂秋华等[12]研究了 Ga$_2$Te$_3$-GeTe$_4$-Cu 玻璃系统的成玻区,如图 2.21 所示。很明显,Cu 的引入使得玻璃稳定性更弱,更易于结晶,导致玻璃形成区变得很窄,仅获得 (GeTe$_4$)$_{59}$(Ga$_2$Te$_3$)$_{41}$、(GeTe$_4$)$_{62}$(Ga$_2$Te$_3$)$_{36}$Cu$_2$、(GeTe$_4$)$_{65}$(Ga$_2$Te$_3$)$_{31}$Cu$_4$、(GeTe$_4$)$_{68}$(Ga$_2$Te$_3$)$_{26}$Cu$_6$ 玻璃。

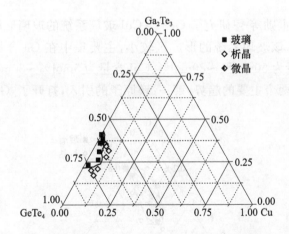

图 2.21　Ga$_2$Te$_3$-GeTe$_4$-Cu 玻璃系统的成玻区

2. Ge-Te-Ag 玻璃体系

宁波大学聂秋华等[11]研究了 Ge-Te-Ag 玻璃系统的成玻区,如图 2.22 所示。研究发现,该玻璃系统有较小的玻璃形成区,呈现梯形,靠近 Ge-Te 一边,位于 Te

富集的区域,而金属 Ag 的引入很难改善玻璃的形成能力。玻璃系统中引入 Ag 的含量最高仅 15mol%,且当 Ge 的含量小于 10mol% 时,很难形成稳定的玻璃。这主要是因为 Ag 属于低配位金属,它不会嵌在链状网络中,而是会打断原来链状网络,以颗粒的形式存在于玻璃体中或者以网络终结者的角色位于长链的尾端。

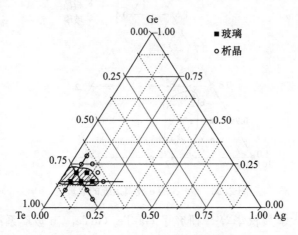

图 2.22　Ge-Te-Ag 玻璃系统的成玻区

3. Ge-Te-CuI 玻璃体系

宁波大学戴世勋等[44]研究了 Ge-Te-CuI 玻璃系统的玻璃形成区,如图 2.23 所示。研究发现,该玻璃系统的形成区较小,主要集中在 Ge 含量为 14mol%～20mol%、Te 含量为 50mol%～80mol%、CuI 含量为 5mol%～30mol% 的区域。其中 CuI 的引入有两个主要的趋势:第一,碘原子的引入,打开了[$GeTe_4$]等玻璃网

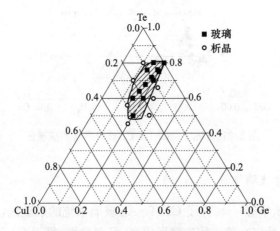

图 2.23　Ge-Te-CuI 玻璃系统的成玻区

络体,形成了电子阱,进而构成非桥氧原子,改善了玻璃的黏度,从而改善了玻璃网络结构,增加 Te 基玻璃的抗析晶性,提高了 Te 基玻璃的形成能力;第二,从玻璃形成区中可以发现,玻璃的形成主要集中在 Ge 含量为 20mol% 左右,且在该玻璃中引入 CuI 含量达到 30mol%。

4. $GeTe_4$-Ga_2Te_3(In_2Te_6)-AgI 玻璃体系

宁波大学聂秋华等[45]研究了 $GeTe_4$-Ga_2Te_3-AgI 玻璃体系的成玻区,如图 2.24 所示。研究发现,AgI 的引入扩宽了 Ge-Ga-Te 玻璃的形成区,如图 2.25 所示,与含 AgBr、AgCl 的玻璃系统的形成区相比,$GeTe_4$-Ga_2Te_3-AgI 玻璃形成区更大。一方面,碘离子的离子半径大于溴离子和氯离子,离子半径越大,越容易形成共价键,越有易于提高玻璃形成能力。另一方面,在化学元素周期表中,碘的原

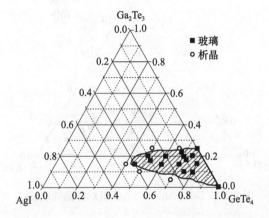

图 2.24　$GeTe_4$-Ga_2Te_3-AgI 玻璃系统的成玻区

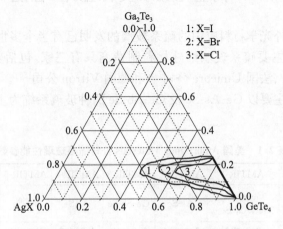

图 2.25　$GeTe_4$-Ga_2Te_3-AgX 玻璃系统的成玻区

子量接近于碲,碘和碲相连,处于同一周期,碘原子与溴、氯原子相比,更易于进入 Te 基硫系玻璃网络。因此,重金属卤化物 AgI 的引入,对 Te 基硫系玻璃网络结构的影响更为显著。基于 Ga 和 In 在化学元素周期表中位于同一主族,有着相似的物理化学性质,美国亚利桑那大学杨志勇等[46]研究了 Ge-In-Te 玻璃,发现单质 In 的金属性比 Ga 强,仅 10mol% In 能够进入玻璃的网络中形成玻璃,且热稳定性较差。随后宁波大学王国祥等[47]研究了 GeTe$_4$-In$_2$Te$_6$-AgI 玻璃体系的形成区,如图 2.26 所示。相比于 Ge-In-Te 玻璃[46],GeTe$_4$-In$_2$Te$_6$-AgI 具有较大的玻璃形成范围,主要集中在 GeTe$_4$ 富集区域,且最高 45mol% AgI 能溶于玻璃结构中,表现出更好的成玻能力。

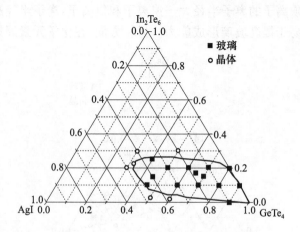

图 2.26　GeTe$_4$-In$_2$Te$_6$-AgI 玻璃样品的成玻区

2.3　商业化硫系玻璃组成及性能

虽然作为红外光学材料应用的硫系玻璃的发明已有半个多世纪的时间,但目前世界范围内的主要硫系玻璃红外材料制造商只有三家,包括美国 Amorphous Materials 公司[48]、法国 Umicore 公司[49]和德国 Vitron 公司[50]。这三家公司生产的商业硫系产品主要以 Ge-As-Se 及 Ge-Sb-Se 两种玻璃系统为主,相关参数分别见表 2.1~表 2.3。

表 2.1　美国 Amorphous Materials 公司硫系玻璃性能参数

牌号	AMTIR-1	AMTIR-2	AMTIR-3	AMTIR-4	AMTIR-5	AMTIR-6	C1
玻璃组成/mol%	Ge-As-Se (Ge$_{33}$As$_{12}$Se$_{55}$)	As-Se	Ge-Sb-Se	As-Se	As-Se	As-S (As$_{40}$S$_{60}$)	As-Se-Te
透过范围/μm	0.7~12	1.0~14	1.0~12	1.0~12	1.0~12	0.6~8	1.2~14

续表

牌号	AMTIR-1	AMTIR-2	AMTIR-3	AMTIR-4	AMTIR-5	AMTIR-6	C1
密度/(g/cm^3)	4.4	4.66	4.67	4.49	4.51	3.2	4.69
膨胀系数/(10^{-6}℃$^{-1}$)	12	22.4	14	27	23.7	21.6	23
热导率/(10^{-4}cal/(cm·s·℃))	6	5.3	5.3	5.3	5.7	4	5.2
比热容/(cal/(g·℃))	0.072	0.068	0.066	0.086	0.076	0.109	0.062
抗弯强度/MPa	18.62	17.24	17.24	16.26	16.55	16.55	17.24
杨氏模量/GPa	22.1	38.6	12.1	15.2	17.7	15.9	12.4
剪切模量/GPa	9.0	7.1	8.3	5.9	6.0	6.1	7.1
泊松比	0.27	0.29	0.26	0.297	0.279	0.24	0.29
软化温度/℃	405	188	295	131	170	210	154
转变温度/℃	368	167	278	103	143	187	133
最高工作温度/℃	300	150	250	90	130	150	120
折射率@10μm	2.4981	2.7703	2.6027	2.646	2.7423	2.3807	2.8051
色散@10μm	109	149	110	235	172	—	196
25℃时折射率温度系数@10.6μm/(10^{-6}K^{-1})	72	30.7	91	−19	20	<1	31

表 2.2 法国 Umicore 公司硫系玻璃性能参数

牌号	GASIR1	GASIR2	GASIR3
玻璃组成/mol%	Ge$_{22}$As$_{20}$Se$_{58}$	Ge$_{20}$Sb$_{15}$Se$_{65}$	—
透过范围/μm	0.8~14	1~14	1~12
密度/(g/cm^3)	4.40	4.70	4.79
膨胀系数/(10^{-6}℃$^{-1}$)	17	16	17
热导率/(W/(m·K))	0.28	0.23	0.17
比热容/(J/(g·K))	0.36	0.34	—
杨氏模量/GPa	17.89	19.11	19
扭转模量/GPa	6.98	—	—
维氏硬度/HV	170	—	140
泊松比	0.28	0.27	0.27
转变温度/℃	292	263	—
最高工作温度/℃	250	200	167
折射率@10μm	2.4944	2.58415	2.6115
透过率@10μm	68.5%	—	—
25℃时折射率温度系数@10.6μm/(10^{-6}K^{-1})	55	58	53

表 2.3　德国 Vitron 公司硫系玻璃性能参数

牌号	IG2	IG3	IG4	IG5	IG6
玻璃组成/mol%	$Ge_{33}As_{12}Se_{55}$	$Ge_{30}As_{13}Se_{32}Te_{25}$	$Ge_{10}As_{40}Se_{50}$	$Ge_{28}Sb_{12}Se_{60}$	$As_{40}Sb_{60}$
密度/(g/cm³)	4.41	4.84	4.47	4.66	4.63
膨胀系数/($10^{-6}K^{-1}$)	12.1	13.4	20.4	14.0	20.7
热导率/(W/(m·K))	0.24	0.22	0.18	0.25	0.24
比热容/(J/(g·K))	0.33	0.32	0.37	0.33	0.36
努氏硬度/GPa	1.41	1.36	1.12	1.13	1.04
抗弯强度/MPa	19	18	18	18	17
杨氏模量/GPa	21.5	22.0	20.5	22.1	18.3
剪切模量/GPa	8.9	8.9	8.5	8.5	8.0
转变温度/℃	368	275	225	285	185
折射率@10μm	2.4968	2.7870	2.6091	2.6032	2.7781
透过率@10μm	68.7%	63.1%	65.9%	66.1%	63.4%
色散@10μm	111	164	179	108	159
25℃时折射率温度系数@10.6μm/($10^{-6}K^{-1}$)	67.2	102.7	19.9	60.4	32.2

宁波大学红外材料及器件实验室通过近 10 年努力发明了硫系玻璃的原料整体蒸馏提纯和熔制为一体的制备技术，设计了双炉膛分区温控非对称摇摆熔制设备，解决了 100～140mm 大口径 Ge-Sb-Se 硫系玻璃高光学均匀性制备难题，硫系玻璃产品在 9μm 的光学透过率（$T>67\%$）和不同批次折射率偏差（$\Delta n \leqslant 3\times 10^{-4}$），各项性能指标均达到国际一流商业公司同类产品。目前主要提供四种无砷环保型 Ge-Sb-Se 中试硫系玻璃产品的性能参数[51]，见表 2.4。

表 2.4　宁波大学硫系玻璃性能参数

牌号	NBU-IR1	NBU-IR2	NBU-IR3	NBU-IR4
组成/mol%	$Ge_{20}Sb_{15}Se_{65}$	$Ge_{28}Sb_{12}Se_{60}$	Ge-Sb-Se	Ge-Sb-Se
密度/(g/cm³)	4.72	4.67	4.72	4.70
膨胀系数/($10^{-6}K^{-1}$)	15.5	15.0	23.3	13.4
热导率/(W/(m·K))	0.23	0.26	0.232	0.324
比热容/(J/(g·K))	0.34	0.35	0.320	0.348
杨氏模量/GPa	19.11	29.6	21.75	35.4
扭转模量/MPa	7.52	18	8.4	13.8
泊松比	0.27	0.26	0.29	0.28
转变温度/℃	285	300	187.2	262.7
折射率@10μm	2.5858	2.6026	2.4046	2.4014
透过率@10μm	67.6%	66.9%	59.83%	70.1%

牌号	NBU-IR1	NBU-IR2	NBU-IR3	NBU-IR4
色散@10μm	99.1	102.2	124.3	125.4
25℃时折射率温度系数@10.6μm/(10^{-6}K^{-1})	58	87	—	—

参 考 文 献

[1] Lima S M, Catunda T, Baesso M L. Thermal and optical properties of chalcogenide glass. Journal of Non-Crystalline Solids, 2001, 284(1-3): 203-205

[2] Lucas J, Zhang X H. The tellurium halide glass. Journal of Non-Crystalline Solids, 1990, 125(125): 1-16

[3] 王承遇, 陶瑛. 玻璃成分设计与调整. 北京: 化学工业出版社, 2006

[4] Loehman R E, Aemstrong A J. Crystallization of As_2Se_3-As_2Te_3 glasses. Journal of the American Ceramic Society, 2006, 60(1-2): 71-75

[5] Seki M, Hachiya K, Yoshida K. Photoluminescense and states in the bandgap of germanium sulfide glasses. Journal of Non-Crystalline Solids, 2003, 315(1-2): 107-113

[6] Popescu M A. Non-Crystalline Chalcogenides. New York: Kluwer Academic Publishers, 2000

[7] Nagel A, Range K J. Compound formation in the system Ag_2S-GeS_2-AgI. Journal of Chemical Science, 1978, 33(12): 1461-1464

[8] Qiao B J, Chen F F, Huang Y C, et al. Investigation of mid-infrared optical nonlinearity of $Ge_{20}Sn_xSe_{80-x}$ ternary chalcogenide glasses. Materials Letters, 2016, 162: 17-19

[9] Liu Y, Yuan S, Xie J, et al. A Study on crystallization kinetics of thermoelectric Bi_2Se_3 crystals in Ge-Se-Bi chalcogenide glasses by differential scanning calorimeter. Journal of the American Ceramic Society, 2013, 96(7): 2141-2146

[10] 刘银垚. 若干新型硒基硫系玻璃(薄膜)性能与结构的基础研究. 上海: 华东理工大学博士学位论文, 2014

[11] 何钰钜, 聂秋华, 王训四, 等. 远红外 Ge-Te-Ag 硫系玻璃的光学性能研究. 光电子·激光, 2012, 6(23): 1109-1113

[12] 徐会娟, 聂秋华, 王训四, 等. 远红外 Ge-Ga-Te-Cu 硫系玻璃光学性能研究. 光电子·激光, 2013, 24(1): 93-98

[13] Heo J, Mackenzie J D. Chalcohalide glasses: II. Vibrational spectra of Ge-S-Br glasses. Journal of Non-Crystalline Solids, 1989, 113(1): 1-13

[14] Lukic S R, Petrovic D M, Turyanitsa I I, et al. Softening temperature of the amorphous Cu-As-Se-I system. Journal of Thermal Analysis and Calorimetry, 1998, 52(2): 553-558

[15] Zhang X H, Fonteneau G, Lucas J. Tellurium halide glasses: New materials for transmission in the 8-12μm range. Journal of Non-Crystalline Solids, 1988, 104(1): 38-44

[16] 翟延波,赵修建,陶海征. GeS$_2$-Ga$_2$S$_3$-CdI$_2$ 硫卤玻璃的制备及性质. 硅酸盐学报,2004, 32(11):1445-1447

[17] Tver'yanovich Y S, Aleksandrov V V, Murin I V, et al. Glass-forming ability and cationic transport in gallium containing chalcohalide glasses. Journal of Non-Crystalline Solids, 1999,256(357):237-241

[18] 王华,杨光,许银生,等. 新型 GeSe$_2$-Ga$_2$Se$_3$-KI 系统硫卤玻璃形成的研究. 硅酸盐学报, 2007,35(7):922-925

[19] Sun J, Nie Q H, Wang X S, et al. Glass formation and properties of Ge-Te-BiI$_3$ far infrared transmitting chalcohalide glasses. Spectrochimica Acta Part A,2011,79(5):904-908

[20] Wang X S, Nie Q H, Wang G X, et al. Investigation of Ge-Te-AgI chalcogenide glass for far-infrared application. Spectrochimica Acta Part A,2012,86(4):586-589

[21] Li Z B, Lin C G, Qu G S, et al. Phase separation in nonstoichiometry Ge-Sb-Se chalcogenide glasses. Journal of the American Ceramic Society,2014,97(3):793-797

[22] Petit L, Carlie N, Adamietz F, et al. Correlation between physical, optical and structural properties of sulfide glasses in the system Ge-Sb-S. Materials Chemistry and Physics, 2006,97(1):64-70

[23] Bletskan D I. Glass formation in binary and ternary chalcogenide systems. Chalcogenide Letters,2006,3(11):81-119

[24] Ichikawa M, Wakasugi T, Kadono K. Glass formation, physico-chemical properties, and structure of glasses based on Ga$_2$S$_3$-GeS$_2$-Sb$_2$S$_3$ system. Journal of Non-Crystalline Solids, 2010,356(43):2235-2240

[25] 李卓斌. 硫系玻璃的微观结构、纳米相分离与晶化行为关系及微晶化可控研究. 宁波:中国科学院宁波材料技术与工程研究所博士学位论文,2013

[26] 刘启明,赵修建,干福熹. GeS$_2$-In$_2$S$_3$-CdS 体系玻璃的形成与性能. 硅酸盐学报,2000, 28(5):450-453

[27] 翟素敏. 全固态电池用硫系玻璃电解质研究. 宁波:宁波大学硕士学位论文,2016

[28] Guo H T, Zhai Y B, Tao H Z, et al. Synthesis and properties of GeS$_2$-Ga$_2$S$_3$-PbI$_2$ chalcohalide glasses. Materials Research Bulletin,2007,42(6):1111-1118

[29] Tao H Z, Mao S, Tong W, et al. Formation and properties of GeS$_2$-In$_2$S$_3$-KCl new chalcohalide glassy system. Materials Letters,2006,60(6):741-745

[30] Mao S, Tao Z H, Zhao X J, et al. Microstructure and thermal properties of the GeS$_2$-In$_2$S$_3$-CsI glassy system. Journal of Non-Crystalline Solids,2008,354(12-13):1298-1302

[31] Tao H Z, Lin C G, Chu S S, et al. New chalcohalide glasses from the GeS$_2$-In$_2$S$_3$-CsCl system. Journal of Non-Crystalline Solids,2008,354(12-13):1303-1307

[32] Wang G X, Nie Q H, Wang X S, et al. Effect of KI/AgI on the thermal and optical properties of the GeS$_2$-In$_2$S$_3$ chalcogenide glasses. Spectrochimica Acta Part A,2010,77(4):821-824

[33] Bureau B, Boussard-Pledel C, Lucas P, et al. Forming glasses from Se and Te. Molecules,

2009,14(11):4337-4350

[34] 沈祥. 透红外硫系玻璃的制备及微晶化处理. 上海:中国科学院上海技术物理研究所博士学位论文,2009

[35] 沈祥,聂秋华,徐铁峰,等. $GeSe_2$-Ga_2Se_3-CsI 玻璃的制备与析晶动力学研究. 光子学报,2008,37(1):111-114

[36] Zhai S M,Li L G,Chen F F,et al. Glass formation and ionic conduction behavior in $GeSe_2$-Ga_2Se_3-NaI chalcogenide system. Journal of the American Ceramic Society,2015,98(12):3770-3774

[37] Calvez L,Lucas P,Rozé M,et al. Influence of gallium and alkali halide addition on the optical and thermo-mechanical properties of $GeSe_2$-Ga_2Se_3 glass. Applied Physics A,2007,89(1):183-188

[38] 唐高,杨志勇,罗澜,等. $GeSe_2$-Ga_2Se_3-KBr 系统硫卤玻璃的制备与性能研究. 武汉理工大学学报,2007,29(I):206-209

[39] Xu Y S,Yang G,Wang W,et al. Formation and properties of the novel $GeSe_2$-In_2Se_3-CsI chalcohalide glasses. Journal of the American Ceramic Society,2008,91(3):902-905

[40] Wang G X,Nie Q H,Wang X S,et al. Research on the novel $GeSe_2$-In_2Se_3-KBr chalcohalide optic glasses. Materials Research Bulletin,2010,45(9):1141-1144

[41] Wang G X,Nie Q H,Wang X S,et al. Research on optical band gap of the novel $GeSe_2$-In_2Se_3-KI chalcohalide glasses. Spectrochimica Acta Part A,2010,75(3):1125-1129

[42] Gao T,Liu C,Yang Z,et al. Micro-structural studies of $GeSe_2$-Ga_2Se_3-MX(MX=CsI and PbI_2) glasses using Raman spectra. Journal of Non-Crystalline Solids,2009,355(31):1585-1589

[43] Danto S,Houizot P,Boussard-Pledel C,et al. A family of far-infrared-transmitting glasses in the Ga-Ge-Te system for space applications. Advanced Functional Materials,2006,16(14):1847-1852

[44] Dai S X,Wang G X,Nie Q H,et al. Effect of CuI on the formation and properties of Te-based far infrared transmitting chalcogenide glasses. Infrared Physics & Technology,2010,53(5):392-395

[45] Nie Q H,Wang G X,Wang X S,et al. Glass formation and properties of $GeTe_4$-Ga_2Te_3-AgX(X=I/Br/Cl)far infrared transmitting chalcohalide glasses. Optics Communications,2010,283(20):4004-4007

[46] Yang Z Y,Lucas P. Tellurim-based far-infrared transmitting glasses. Journal of the American Ceramic Society,2009,92(12):2920-2923

[47] Wang G X,Nie Q H,Wang X S,et al. New far-infrared transmitting Te-based chalcogenide glasses. Journal of Applied Physics,2011,110(4):043536

[48] Amorphous Materials Inc. Comparison of IR Materials. http://www.amorphousmaterials.com/products/. [2016-9-1]

[49] Umicore IR Optics. Blank Materials for Infrared Optics. http://eom.umicore.com/en/

infrared-optics/blanks/. [2016-9-1]
[50] VITRON-Ihr Spezialist für Infrarot-Materialien. Infrarotdurchlässiges Chalkogenidglas. http://www.vitron.de/IR-Glaeser/Daten-Infrarotglaeser.php#IG2. [2016-9-1]
[51] 宁波大学红外材料及器件实验室. 硫系玻璃. http://www.ir-glass.com/product.php. [2016-9-1]

第 3 章 硫系玻璃光学特性

玻璃的光学特性是指在入射光照射到玻璃表面后,光与玻璃介质相互作用而表征出的一系列可以量化的特性参数,如光折射、反射、散射、吸收等。玻璃是一种重要的光学材料,因此对其光学性质的研究在理论与应用上都有着重要的意义。

硫系玻璃是一种新型光子器件基质材料,是以元素周期表ⅥA族元素中除氧和钋以外的硫(S)、硒(Se)、碲(Te)三种元素为主,和其他元素(砷、锑、锗等)相互组合构成的无机玻璃。硫系玻璃有着超宽的红外透过范围(最高可达 $25\mu m$)、高线性折射率 n_0 $(2.0\sim 3.5)$、极高的非线性折射率 n_2 (为石英材料的 $100\sim 1000$ 倍)、超快的非线性响应($<100fs$)、无自由载流子效应、无定形的特性(可无需晶格匹配兼容目前的半导体工艺而且性能可通过组分调整)等。这些优秀的品质决定了硫系玻璃在红外光子器件应用中的重要地位。

3.1 线性折射率

玻璃的线性折射率取决于组成玻璃网络基团的极化率(polarizability)以及玻璃的密度。前者表现为玻璃网络基团在受到光辐照后产生形变的能力,后者是表征玻璃阻碍光在其网络中传输的能力。玻璃的极化率和密度越高,光在玻璃中传输速度越慢,表现出的线性折射率 n_0 也越高。对于由共价键组成的硫系玻璃,其线性折射率主要与组成网络主体的硫族元素以及与之形成的共价型网络单元的极化率及密度有关。

与其他玻璃体系(氧化物、氟化物玻璃)相比,硫系玻璃有着更高的线性折射率 n_0。其原因一方面在于组成玻璃主网络结构的硫族原子(S、Se 和 Te)元素质量大、半径大、场强小,本身具有很高的极化度。另一方面,在硫族元素与其他阳离子基团形成共价键时,其外层电子的可移动程度较其他玻璃体系的更大,导致玻璃的网络基团也呈现出很高的极化率。硫系玻璃中具有高极化率基团的存在,使玻璃的三阶非线性极化率($\chi^{(3)}$)表现出与线性折射率 n_0 类似于正比的关系[1],如图 3.1 所示。并且随着硫系玻璃组分的改变,玻璃的 n_0 值也随之改变,且变化幅度很大。其中,S 基系统玻璃的 n_0 值较低,一般为 $2.0\sim 2.3$,而 Te 基玻璃的 n_0 值则可以达到 3.5 以上。另外,在硫系玻璃中引入大半径、高质量、高极化度的金属离子(如 Bi、Pb、Sn 等)也能一定程度地提高玻璃的 n_0 值。

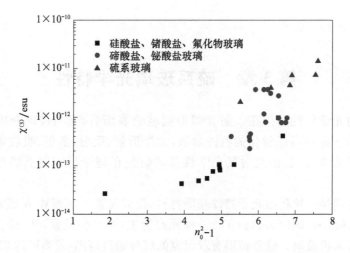

图 3.1　几种玻璃体系的线性折射率 n_0 以及三阶非线性极化率 $\chi^{(3)}$ 的对比

3.2　红外透过特性

玻璃中的分子(如溶解水、杂质)或者与分子体积相当的基团(如大半径原子、晶格、偶极子)的本征振动频率较低,它们在光辐照下引起的共振吸收一般位于红外波段,从而引起玻璃在红外波段的吸收截止。根据物质的本身振动频率 v 的定义

$$v = \frac{1}{2\pi}\sqrt{\frac{f}{M}} \tag{3.1}$$

式中,f 为力学常数(与化学键键强有关),M 为有效质量。对于硫系玻璃,组成玻璃网络主框架的硫族元素(S、Se 和 Te)的有效质量 M 较其他玻璃体系(氧化物、氟化物)大,而且硫族元素与其他元素(如 As、Ge 等)所构成的化学键较弱,导致力学常数 f 较小,因此硫系玻璃有着很宽的红外透过范围,是所有光学玻璃中唯一具有中远红外透过特性的玻璃体系。

已有研究表明[2],硫系玻璃红外本征吸收尾主要与声子振动有关,而且波长大于 $8\mu m$ 后硫系玻璃中的光吸收主要来源于材料的多声子吸收。三大体系(Te 基、Se 基、S 基)的硫系玻璃中,力学常数为 Te<Se<S,而有效质量为 Te>Se>S。因此,随着组分的变化,硫系玻璃的本征振动频率 v(即红外透过截止波长)也会表现出不同。如图 3.2 所示,S 基硫系玻璃的透过范围最小,最高能达到 $12\mu m$;Se 基硫系玻璃的透过范围覆盖整个中红外窗口,可达到 $16\mu m$;Te 基硫系玻璃是唯一具有远红外透过特性的玻璃体系,其最大透过范围可达到 $25\mu m$。另外,硫系玻璃中的杂质(氧化物、氢化物等)会在硫系玻璃的红外透过区域产生非本征的振动吸收峰,在一定程度上影响玻璃的红外透过性能。其中,典型的杂质吸收峰包括:在 2.78~

2.92μm 的羟基(—OH);在 2.77μm、6.32μm 的水(H₂O);在 2.55～4.03μm 以及 4.57μm 的 S—H 和 Se—H 键;在 4.99μm 的 C—O 键;在 7.8μm、12.5μm 的 Ge—O 键。

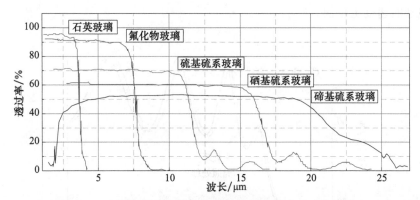

图 3.2　三大体系硫系玻璃与石英、氟化物玻璃透过范围对比

3.3　光敏特性

玻璃长程无序,其本质是一种处于亚稳态的物质。在热、光、电等外部作用足够强烈的条件下,玻璃内部的原子排序可能发生一定的改变以保证其网络结构处于相对稳定的状态,由此导致玻璃各种性质的改变。根据玻璃的这项性质,可通过热处理、光辐照、电极化等手段对玻璃的性质进行调控。

与传统的具有刚性网络结构的氧化物玻璃不同,硫系玻璃由于具有较低的空间平均坐标配位数,而具有更高的玻璃网络自由度和灵活的结构特性,结构容易发生变化;硫族原子均是二重配位结构,具有两个孤对电子,对光响应灵敏[3]。一般情况下,这两个孤对电子在光照条件下,会变为三重配位或一重配位而形成结构缺陷。在受到激光照射后,位于价带的顶端未成键的电子非常容易被激活从而导致结构变化。这些结构变化常常伴随着宏观特性的改变,如光学带隙和折射率的变化等。除了导致带隙和折射率变化的光致暗化与漂白效应,目前已发现的光致效应还有:光致结晶、光致聚合、光致收缩或膨胀、光致溶解等。下面将介绍几类硫系玻璃中常见的光敏特性。

3.3.1　光致暗化与光致漂白

硫系玻璃的光致暗化(漂白),即玻璃在受到光辐照后,其短波吸收截止边向长(短)波长移动的现象。20 世纪 70 年代,首次在 As₂S₃ 硫系玻璃薄膜上发现了光致暗化现象。通过对 As₂S₃ 薄膜在玻璃转变温度附近进行热处理,可以部分恢复玻璃的光致暗化现象。如果进一步对热处理后的薄膜进行光照处理,会产生光致漂白效应,使 As_2S_3 薄膜恢复原样。对 Ge-Sb-Se 基硫系薄膜进行光辐照处理则首先观察到的是光致漂白现象(图 3.3),即薄膜的短波吸收边蓝移[4]。光致暗化和漂白现象与光照的波长以及强度无关,但是越强的光使硫系玻璃达到光致暗化(漂白)饱和的速度也越快。

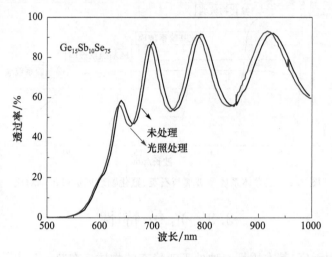

图 3.3 光照前后 $Ge_{15}Sb_{10}Se_{75}$ 薄膜的透过光谱

对 Ge-As-Se 薄膜的光照实验中也发现薄膜样品的光敏特性随着样品组分的变化而不同,随着 Ge 含量的增加和 As 含量的不断减少,薄膜先后呈现出光致漂白-无变化-光致暗化的过程。对这一现象的解释是薄膜样品的光致暗化和光致漂白现象随着组分的变化逐渐达到一种平衡态,最终在一个平衡点两种不同的光致变化相互抵消从而出现无变化的情况。其理论基础是基于传统的 Ge 基二元玻璃在受到激光照射后均出现光致漂白,而 As 的二元玻璃在受到激光照射后均出现光致暗化。在用热蒸发沉积的三元 Ge-As-Se 薄膜中,Ge-Se 和 As-Se 主要基团和大量的同极错键如 Ge-Ge 和 As-As 共存于薄膜中。在受到激光照射之后,这些同极键会断裂并转变成异极键,而在这个过程中随着 Ge-Se 和 As-Se 基团的比例变化光致漂白和光致暗化会达到一个平衡,而这最终决定透过谱的吸收截止边变得蓝移或红移。然而,在 $Ge_xSb_{10}Se_{90-x}$ 薄膜样品的光照实验中,随着 Ge 含量的增加只有光致漂白和无变化两种现象,而没有出现光致暗化现象,这可能和薄膜组分不同有关。

3.3.2 光致各向异性

在带隙光的辐照条件下,硫系玻璃除了会表现出光致暗化(漂白)现象,还会表现出双折射、二向色性(光吸收随光的偏振态的不同而不同),硫系玻璃的这一现象称为光致各向异性。与光致暗化(漂白)一样,光致各向异性也可以通过热退火的方法恢复至各向同性,但后者的有效退火温度较前者低很多。与光致暗化(漂白)不同的是,光致各向异性比前者更容易达到饱和而且稳定性较弱,在室温下其强度会自动减弱。

对于硫系玻璃光致各向异性的解释,学术界还尚存在争论。有人认为位于硫系玻璃的这一现象来自于位于价带顶端的孤对电子,原因是其容易受到禁带光的激发使共价键的取向形成各向异性。另外,获得较多认可的解释是硫系玻璃中的层状网络结构以及类微晶结构体的存在。这些结构单元在本质上是各向异性的,但由于它们无规则地堆积在硫系玻璃网络中而在宏观上只表征出各向同性。在高强度偏振光的照射下,平行与偏振方向的结构单元优先得到激发,使玻璃产生各向异性的现象,在光照减弱或者停止以后,这些结构单元重新恢复到基态使光致各向异性现象减弱。

3.3.3 光致膨胀

硫系玻璃的体积会在光照下增加的现象称为光致膨胀,该现象于20世纪70年代在 As_2S_3 硫系玻璃薄膜中首次发现。一般来说,硫系玻璃的光致膨胀现象总是伴随着光致暗化现象,可能来源于玻璃网络的无序性的增加或者网络中层状结构之间距离的增大。与光致暗化现象有所不同的是,光致膨胀与辐照光的波长有一定的联系。当光波长为带隙光时,光致膨胀现象的出现时间比光致暗化现象早,而当光波长为亚带隙光时,光致膨胀现象的出现时间则晚于光致暗化现象。因此,可以利用这一现象来制备硫系玻璃微透镜或者起伏性光栅。

3.3.4 光致掺杂

能够以离子形式存在于硫系玻璃中的金属元素(Ag、Cd、Zn等),可以通过光辐照的形式进入硫系玻璃的网络结构中,这个现象称为硫系玻璃的光致掺杂。造成这一现象的主要原因是光辐照产生的光致膨胀效应扩大了玻璃网络基团相互之间的距离,降低了金属离子进入的势垒,加速了硫系玻璃与金属元素之间的化学反应速率,因此该效应又称光致扩散。对于光致银(Ag)掺杂,As_2S_3 硫系玻璃的最高掺杂浓度可以达到39%[5],能够极大地改变硫系玻璃本身的性能,如提高密度、转变温度等,更重要的是,金属元素的引入能够降低硫系玻璃在碱性溶液中的反应速度,因此该现象被广泛地用于硫系光波导的光刻实验中。

3.4 三阶非线性光学特性

非线性光学研究中的一个关键工作是寻找有着优良非线性性能的光学材料。随着当今信息技术飞速发展,光电技术越来越展现出其核心地位,而发展新型的非线性光学材料更是光电子技术发展的一个重要组成部分。玻璃在大部分波长上透明并且光学各向同性,因此一般只表征出三阶非线性;而且玻璃有着较高的热、化学稳定性,更重要的是玻璃易于制备、加工,因此将其作为一种非线性光学材料是非常吸引人的。在众多玻璃体系中,硫系玻璃中硫族元素(S、Se、Te)的最外层电子云在强光场诱导下易发生非谐畸变,因此其三阶非线性性能较一般氧化物玻璃优越,而且具有飞秒(fs)到亚皮秒(ps)量级的非线性响应时间。在过去的近三十年时间里,众多国际著名的光学研究机构(如美国中佛罗里达大学、美国海军实验室、贝尔实验室、美国麻省理工学院、美国康奈尔大学、美国克莱姆森大学、法国雷恩第一大学、澳大利亚国立大学、英国诺丁汉大学、日本 NTT 光电实验室、日本三重大学、日本静冈大学、法国昂热大学、捷克巴尔杜比采大学等)都涉及了硫系玻璃在近红外波段三阶非线性光学特性的研究,研究人员从玻璃化学组分、网络结构、激发源类型、测试方法等不同方面取得了丰富的研究成果。与此同时,国内的武汉理工大学、华东理工大学、中国科学院西安光学精密机械研究所、北京大学、复旦大学、宁波大学、哈尔滨工业大学等科研单位在硫系玻璃的组分创新、二阶非线性、超快时域特性等方面也获得了一大批重要的研究成果。以下将从几方面对硫系玻璃三阶非线性的测量方法及其研究进展进行介绍,此外在本章最后(表 3.1)汇总了目前已有报道的硫系玻璃在不同波长下的三阶非线性光学参数。

3.4.1 三阶非线性理论基础及其测量

早期麦克斯韦方程组对电磁波的描述认为,电极化率 P 的大小只与电场强度 E 的一次项有关。但是随着 20 世纪 60 年代首台红宝石激光器的发明与之后各种相关非线性效应的发现,打破了人们这一传统的观念。当强激光照射到介质时,介质表面的电子云能产生畸变,所以其电极化率 P 不仅与电场强度 E 的一次项有关,而且和它的二次及更高次项有关[6]:

$$P = \varepsilon_0(\chi^{(1)}E + \chi^{(2)}E^2 + \chi^{(3)}E^3 + \cdots) \tag{3.2}$$

式中,ε_0 是真空中的介电常数,$\chi^{(1)}$、$\chi^{(2)}$ 和 $\chi^{(3)}$ 分别是一阶、二阶和三阶电极化率。由于玻璃是各向同性的,所以理论上不存在二阶的非线性效应,可以认为玻璃中最低阶的非线性效应主要来源于三阶电极化率 $\chi^{(3)}$,它所引起的非线性效应有三次谐波产生(THG)、四波混频(FWM)以及非线性折射(n_2)等。在大多数情况下,三阶非线性极化率 $\chi^{(3)}$ 为一个正值,它包含一个实部和一个虚部,如式(3.3)所示:

$$\chi^{(3)} = \mathrm{Re}(\chi^{(3)}) + i\mathrm{Im}(\chi^{(3)}) \tag{3.3}$$

式中,$\mathrm{Re}(\chi^{(3)})$ 与非线性折射率 n_2 有关,而 $\mathrm{Im}(\chi^{(3)})$ 和非线性吸收系数 β 有关。因此,材料总的折射率 n 以及总的吸收系数 α 都可以简单表述为线性部分以及非线性部分的相加,如下所示:

$$n = n_0 + \delta n = n_0 + n_2 I \tag{3.4}$$

$$\alpha = \alpha_0 + \delta\alpha = \alpha_0 + \beta I \tag{3.5}$$

式中,n_0 和 α_0 分别为材料的线性折射率和吸收系数,I 为光强度。在光纤或者固体材料中,要产生三次谐波和四波混频的条件极为苛刻,因此对光纤或者固体材料的非线性效应的研究主要集中于非线性折射,而非线性折射率 n_2 的大小基本代表了一种介质非线性性能的好坏。

目前对于三阶非线性参数,包括三阶非线性极化率 $\chi^{(3)}$、非线性折射率 n_2、非线性吸收系数 β、非线性响应时间 τ,其测量主要有两个方法:①光混频法,其中包括四波混频法以及三次谐波产生法等;②利用克尔(Kerr)效应法,其中包括光克尔闸法、Z 扫描法。这几种方法各有优缺点,例如,光混频法以及光克尔闸法能够直接测量出三阶非线性极化率 $\chi^{(3)}$ 的绝对大小,而且可以测量单脉冲激光下非线性效应的响应时间,而 Z 扫描法能够通过开孔和闭孔法分别测量出 $\chi^{(3)}$ 的实部以及虚部的大小,得到非线性吸收的具体参数更加详细。因此,要全面测量一种材料的非线性性能,需要这些测量手段进行相互配合,下面简单介绍这些测量方法的原理。

1. 四波混频法

四波混频(FWM)是指 2~3 个频率的光在一定条件下发生相互作用而产生新频率光的过程。在四波混频的过程中,一般有两种现象产生:①三种不同频率的光(ω_1、ω_2、ω_3)将它们的能量转换成单一频率的光波($\omega_4 = \omega_1 + \omega_2 + \omega_3$),这种现象由于受相位匹配条件的限制,所以在实际应用中其实现的效率非常低;②两束频率为 ω_1 和 ω_2 的光波泯灭并同时产生出两束新的光波,其频率为 ω_3 和 ω_4,与原光束频率存在如下关系:

$$\omega_3 + \omega_4 = \omega_1 + \omega_2 \tag{3.6}$$
$$\omega_3 = 2\omega_1 - \omega_2 \tag{3.7}$$
$$\omega_4 = 2\omega_2 - \omega_1 \tag{3.8}$$

这类混频的发生效率较第一类高出很多,而且当满足 $\omega_1 = \omega_2$ 时,其实现效率达到最高,因此这种被称为简并四波混频(DFWM)的方法[7]被广泛地运用到测量材料三阶非线性极化率 $\chi^{(3)}$。

如图 3.4 所示,从脉冲激光器发出的激光被分为两束波长相位都一样的泵浦(pump)光,与另一束信号较弱的探测(probe)光通过一个凸透镜耦合到样品上,在样品的另一侧产生一个频率相同的但是由前三者混频而来的信号光。由于同样波长相位的探测光的引入,能够将信号光进行调整,通过在探测光前加入一个延时线,可以得到信号光相对于泵浦光的延时,从而推算出三阶非线性的响应时间 τ。

另外,要得到非线性折射率的值,一般用标样 CS_2 或者 SiO_2 的信号光与所测量材料的信号光进行比对,如下所示:

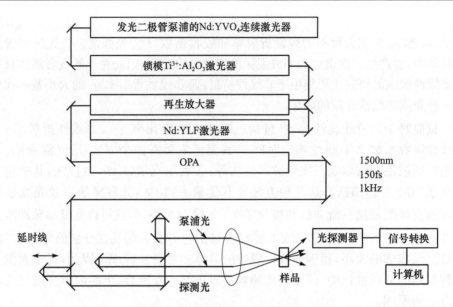

图 3.4 简并四波混频实验装置简图

$$\frac{|n_2(\text{sample})|}{|n_2(\text{ref})|} = \sqrt{\frac{I_{\text{DFWN(sample)}}}{I_{\text{DFWN(ref)}}}} \times \frac{L(\text{ref})}{L(\text{sample})} \left(\frac{1-R(\text{ref})}{1-R(\text{sample})}\right)^2 \quad (3.9)$$

式中,I_{DFWN} 为简并四波混频的最高信号强度,L 为样品的厚度,R 为样品的摩尔折射度。

2. 三次谐波产生法

当电极化率 P 如式(3.2)所示时,其三次项 $\chi^{(3)}E^3$ 中将出现项:

$$\frac{1}{8}\varepsilon_0 \chi^{(3)} A^3 e^{-i[3\omega t - 3k(\omega)r]} \quad (3.10)$$

从此极化项的出现可以看出,介质存在着频率为 3ω 的振荡电偶极矩,因此由此能够向外产生频率为 3ω 的三倍频光。根据这一性质,可以用材料产生的三次谐波强度推算出其三阶非线性极化率 $\chi^{(3)}$。

如图 3.5 所示,三次谐波产生测量材料 $\chi^{(3)}$ 值的基本原理是将样品放入旋转台(rotator),通过不同角度(θ)入射光对样品产生的三次谐波进行测量,通过样品的光经过单色仪(monochromator)最终得到三次谐波(3ω)光,然后由后面的光探测器(PMT)进行分析。

一般地,使用三次谐波产生(THG)测量三阶电极化率 $\chi^{(3)}$ 的值同样使用的是比对的方法,即将测量的样品和标样熔融石英进行比对,具体公式为

$$\chi^{(3)} = \left(\frac{n_0+1}{n_s+1}\right)^4 \left(\frac{I}{I_s}\right)^{1/2} \chi_s^{(3)} \frac{l_{\text{ch,s}}}{l_{\text{ch}}} \quad (3.11)$$

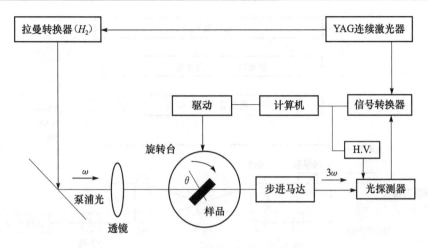

图 3.5　三次谐波产生装置原理图

式中，l_{ch} 和 $l_{ch,s}$ 分别为样品和熔融石英的相干长度；I 和 I_s 分别为样品和熔融石英的三次谐波的测量峰值强度；n_0 和 n_s 分别为样品和熔融石英的线性折射率；$\chi_s^{(3)}$ 是标准熔融石英的三阶电极化率，约为 2.8×10^{-14} esu。

3. 光克尔闸法

根据式(3.2)中 P 的三次项 $\chi^{(3)}E^3$，将其展开除了会出现式(3.10)，还将出现项 $[(1/2)\varepsilon_0\chi^{(3)}|A|^2]E$，因此材料的线性极化率 $\chi^{(1)}$ 在经历强激光照射以后将新增加项 $(1/2)\chi^{(3)}|A|^2$，则材料的折射率将会随着入射光的增强而改变，这就是人们熟知的克尔效应。如果是玻璃这种各向同性(不存在或者存在可忽略的二阶非线性)的介质，可以由此推导出式(3.4)，即玻璃的折射率随着入射光强的增加能够线性增加或者减小，取决于 n_2 的符号。

由于材料折射率的改变，那么在激光经过介质以后，其出射光的相位将会相对于入射光有所改变。利用这个性质，可以通过非线性相移的大小来推算出样品的 $\chi^{(3)}$ 值。光克尔闸装置的具体原理图如图 3.6 所示。可以看到，从脉冲激光器出来的激光被分为闸(gate)信号与探测信号，分别用来产生能够实现非线性相移的阈值激光和探测非线性相移。同时，在探测光通道中加入一个延时线，可以用来测量非线性效应的响应时间 τ。

用光克尔闸对介质 $\chi^{(3)}$ 的计算同样采用比对法，即将样品的克尔信号与标样(一般为 CS_2)进行对比，具体公式为

$$\chi^{(3)} = \chi_{CS_2}^{(3)}\left(\frac{I}{I_{CS_2}}\right)^{1/2}\left(\frac{n_0}{n_{CS_2}}\right)^2\left(\frac{L_{CS_2}}{L}\right) \tag{3.12}$$

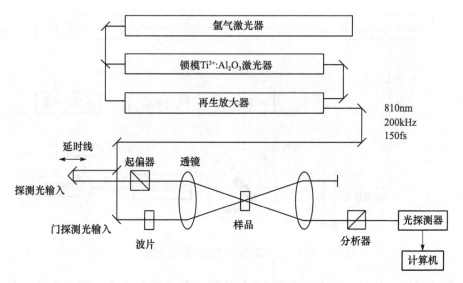

图 3.6 光克尔闸实验的装置简图

式中,I 为克尔信号的强度,L 为样品的厚度,$\chi_{CS_2}^{(3)}$ 和 n_{CS_2} 分别为二硫化碳的三阶非线性极化率(1.3×10^{-13} esu)和折射率(1.62)。

4. Z 扫描法

1989 年美国中佛罗里达大学 von Stryland 等提出了 Z 扫描(Z-scan)技术[8],此方法只需要单光束进行测量,实验装置简单,灵敏度很高,而且直接从实验数据就可以对非线性折射率系数的符号及大小进行判断和估算,最后的处理也不复杂,因此已经发展成为三阶非线性光学特性研究的一种具有重要实际应用价值的实验方法和手段。可以毫不夸张地说,Z 扫描技术的出现是光学非线性测量领域的里程碑,它体现了新的测量思想——利用光束的横向效应测量光学非线性;换言之,光束的横向分布特性(图 3.7)得到了充分的利用。如式(3.3)所述,三阶非线性极化率 $\chi^{(3)}$ 为一个复数,而上述三种方法测量得到的只是一个相对值,即 $|\chi^{(3)}|$。Sheik-Bahae 等[9]利用材料自聚焦或者自散焦的特性,成功实现了材料 $\chi^{(3)}$ 实部以及虚部的测量。

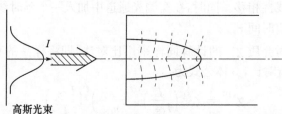

图 3.7 高斯光束入射至介质后波前方向所产生的变化

所谓自散焦和自聚焦,即当高斯形的激光波前平面经过介质时,由于光与介质接触表面的方向不同,所以激光能够被汇聚或者发散。如果介质的非线性折射率 n_2 为正,则发生自散焦的现象,反之则发生自聚焦的效应。由此可以通过测量自散焦或者自聚焦的强度来推算出 n_2 的大小从而得到 $\chi^{(3)}$ 的实部。另外,根据式(3.5)中所描述的,在强激光照射下,介质的吸收系数是与光强成正比的线性函数,因此改变入射光强以得到材料在不同光密度下的透过率即可得到材料的非线性吸收系数 β,从而得到 $\chi^{(3)}$ 的虚部。

将上面两个方面结合起来,可以通过如下的实验装置(图3.8)实现两个参数的测量:从脉冲激光器发出的激光经过一个半透半反镜后,其中一束被探测器1接收,另一束光通过凸透镜聚焦后照射到样品上,随着样品在线性系统平台上从正 Z 向负 Z 方向的平移,激光在样品上的光密度逐渐增加,当过焦点($Z=0$)后激光强度逐渐减弱。由于自聚焦或者自散焦效应的产生,经过样品的透射光斑在后面的小孔上呈现出一个有规律的扩散或者聚拢,而这个趋势被探测器2接收,将每个 Z 点上探测器2的透过率除以探测器1的功率值,即得到一条完整的闭孔 Z 扫描曲线。

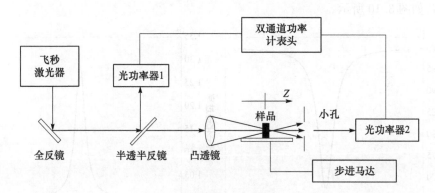

图3.8 Z扫描实验的装置简图

图3.9(a)是自聚焦($n_2<0$)材料的闭孔 Z 扫描曲线,图3.9(b)为自散焦($n_2>0$)材料的闭孔 Z 扫描曲线,将上面的归一化曲线用式(3.13)进行拟合:

$$T = 1 + \frac{4x}{(x^2+9)(x^2+1)}\Delta\Phi_0 \tag{3.13}$$

式中,$x=Z/Z_0$,Z_0 为波长在 λ 的激光束的衍射长度,定义为 $Z_0=\pi\omega_0^2/\lambda$。从拟合的公式中,可以得到拟合曲线的峰谷差 $\Delta T_{p\text{-}v}$,根据这个参数可以得到非线性折射度 n_2 的精确值

$$\Delta T_{p\text{-}v} \approx 0.406(1-S)^{0.25}|\Delta\Phi_0|, \quad \Delta\Phi_0 = \kappa n_2 I_0 L_{eff} \tag{3.14}$$

式中,S 是小孔的透过率;$\kappa=2\pi/\lambda$ 为波数;$L_{eff}=[1-\exp(-\alpha L)]/\alpha$,定义为样品的有效长度,其中 L 和 α 分别为样品的厚度以及在波长 λ 下的线性吸收系数。

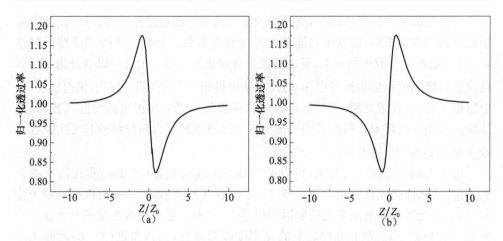

图3.9 自聚焦(a)和自散焦(b)产生的闭孔Z扫描曲线

另外,除去小孔将透过光全部入射到探测器2中,可以得到透过光随着入射光密度 I 变化的曲线,I 在 $Z=0$ 处达到最大值,可以预知透过率曲线在焦点处达到极值,如图3.10所示。

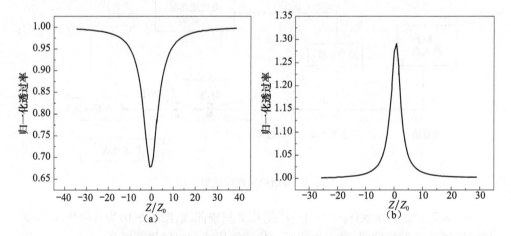

图3.10 双光子吸收(a)和饱和吸收(b)产生的闭孔Z扫描曲线

其中,图3.10(a)是一个正的非线性吸收,一般由双光子吸收(two-photon absorption,TPA)所引起,而图3.10(b)中焦点处吸收减小表明的是一种饱和吸收(saturated absorption,SA),即由禁带到导带的电子跃迁饱和所引起的一种非线性吸收形式,其非线性吸收系数为负。以上的曲线可以用式(3.15)和式(3.16)进行拟合以得到双光子吸收系数与饱和吸收系数:

$$T = 1 - \frac{1}{\sqrt{2}(x^2+1)} \Delta \Psi_0 \tag{3.15}$$

$$\Delta\Psi_0 = \beta I_0 L_{\text{eff}}/2 \tag{3.16}$$

式中，β 为非线性吸收系数，I_0 为激光束在焦点处的光强。

此外，在材料存在双光子吸收且吸收效应较大时，可以通过一次闭孔的 Z 扫描曲线同时拟合出非线性折射率 n_2 以及非线性吸收系数 β。当满足 $|\beta/(2kn_2)|<0.58$ 时，即认为非线性吸收可以在闭孔 Z 扫描曲线中体现，则其可以用下列公式进行拟合：

$$T(x) = 1 + \frac{4x}{(x^2+9)(x^2+1)}\Delta\phi - \frac{2(x^2+3)}{(x^2+9)(x^2+1)}\Delta\psi \tag{3.17}$$

$$x = \frac{Z}{Z_0} = \frac{2Z}{k\omega_0^2} \tag{3.18}$$

式中，$\Delta\phi = kn_2 I_0 L_{\text{eff}}$，$\Delta\psi = \beta I_0 L_{\text{eff}}/2$，其中 $L_{\text{eff}} = (1-e^{-\alpha L})/\alpha$，$L$ 是样品厚度，α 是线性吸收系数；$k=2\pi/\lambda$，k 是波矢；ω_0 是激光的束腰半径。

3.4.2 硫系玻璃三阶非线性与化学组分的相关性

玻璃材料最大的优点是其性质可以根据玻璃的组分进行调整。根据 Miller 的经验公式，可以认为玻璃的三阶非线性性能与其线性折射率 n_0 成正比，因此硫系玻璃的高 n_0 值从侧面反映了其拥有较好的三阶非线性性能。硫系玻璃是一种非晶半导体材料，具有与晶态半导体材料类似的能带特性，但是由于玻璃网络晶格的无规则性以及大量缺陷（如错键、悬挂键等）的存在，电子在能级之间的跃迁以直接与间接跃迁同时存在的形式进行，且与玻璃的组分呈现相关性，所以硫系玻璃的三阶非线性的产生机理及其随组分的关系较传统的氧化物玻璃复杂。在过去的近三十年时间里，国内外众多光学材料研究机构都涉及了硫系玻璃在近红外波段三阶非线性光学特性的研究，研究人员从玻璃化学组分、网络结构、激发源类型、测试方法等不同方面取得了丰富的研究成果。以下进行详细的展开说明。

1989 年，日本三重大学 Nasu 等用三次谐波产生的方法首次报道了组分为 As_2S_3 的硫系玻璃在红外波段的三阶非线性光学特性[10]。研究结果表明，As_2S_3 玻璃的光学非线性性能与小分子掺杂的有机聚合物材料相当，三阶非线性极化率 $\chi^{(3)}$ 在 1.9μm 波长下高达 2.2×10^{-12} esu，是纯石英玻璃的 100 倍。接着，他们又用同样的方法对 Ge-As-S-Se 系统硫系玻璃的三阶非线性光学特性进行了研究，结果表明玻璃的组分对其 $\chi^{(3)}$ 值有着很大的影响，随着玻璃密度以及线性折射率的增加，$\chi^{(3)}$ 也逐渐增加。其中，Se 的引入能够显著增强玻璃的三阶非线性性能，As-S-Se 玻璃的最大 $\chi^{(3)}$ 值能达到 1.41×10^{-11} esu。

20 世纪末，意大利巴里理工大学 Marchese 等首次用 Z 扫描的方法对基于 Ge-Ga-S-CsI 系统的硫系玻璃的非线性折射率 n_2 以及双光子吸收系数 β 特性进行了报道[11]。结果发现，玻璃组分的变化会对 n_2 和 β 同时产生影响，而且引入 Ag 可以极大地提高玻璃的三阶非线性性能，其 n_2 值可以由原来的 2.2×10^{-18} m²/W 增

加到 $7.5×10^{-18} m^2/W$。接着,日本三重大学 Zhou 等用同样的方法对基于 Ga-La-S 玻璃的三阶非线性性能进行了研究[12],发现该玻璃系统较 Ge-Ga-S-CsI 系统的 n_2 值高了一个数量级,而且 Ag 的引入同样会对玻璃的 n_2 和 β 值产生影响,n_2 值的极值出现在 Ag 含量最高的玻璃中,高达 $61×10^{-18} m^2/W$。另外,他们的研究发现,玻璃 $\chi^{(3)}$ 的实部 $Re(\chi^{(3)})$(与 n_2 值有关)与玻璃的线性折射率 n_0 和光学带隙 E_g 分别呈正比和反比关系(图 3.11),为之后的研究工作提供了一定的指导依据。

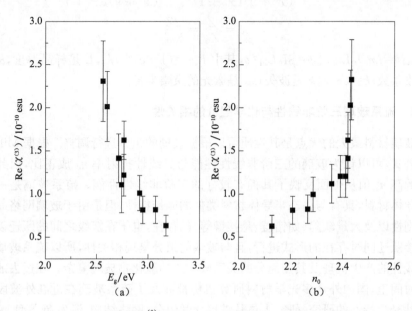

图 3.11 La_2S_3-Ga_2S_3 硫系玻璃 $\chi^{(3)}$ 的实部与光学带隙 E_g(a)和线性折射率 n_0(b)的关系图

接着,美国中佛罗里达大学 Cardinal 等以 As-Se-S 硫系玻璃为对象[13],详细描述了组分以及玻璃结构对其三阶非线性性能的影响。研究的结果同样支持玻璃的非线性折射率 n_2 与线性折射率 n_0 成正比的规律,但 As-Se-S 玻璃样品的最高 n_2 值却来自于 n_0 相对较低的样品(摩尔组分为 24As-38Se-38S),其 n_2 值为 As_2Se_3 玻璃的 1.4 倍,SiO_2 玻璃的 406 倍。玻璃拉曼光谱的测量表明,在 24As-38Se-38S 玻璃样品中存在大量的极化率较高的 S-S、Se-S、Se-S 链键以及环键,可能对玻璃的三阶非线性特性产生增强作用。此研究表明,除了从玻璃线性光学参数的角度对其三阶非线性性能进行分析,对玻璃网络结构与其三阶非线性光学特性之间的关联也成为研究所要关注的重要方面。

2000 年,美国贝尔实验室 Lenz 等对纯 Se 基(Ge-Se、As-Se 系统)硫系玻璃的三阶非线性进行了研究[14]。他们首次以 Kramers-Kronig 转换公式为理论指导,通过在硒基硫系玻璃中加入少量 Sb 或者 Te 等重元素来进行光学带隙 E_g 的调节,进而对玻璃的三阶非线性性能进行调控,实验结果基本与理论相吻合,硒基硫

系玻璃的 n_2 值随着光学带隙的减小而增大。接着,法国雷恩第一大学 Troles 等[15]在增加玻璃整体极化率可以增强玻璃的三阶非线性性能的理论基础上,将具有高极化率的重金属化合物 PbI_2 和 Bi_2S_3 引入 As-Sb-S 硫系玻璃中,获得了玻璃 n_2 值的增强。n_2 值在具有最高 PbI_2 和 Bi_2S_3 含量的玻璃样品中达到极值,高达 $16×10^{-18} m^2/W$,是 SiO_2 玻璃的 600 倍。

2004 年,法国昂热大学 Cherukulappurath 首次对 Te 基硫系玻璃的三阶非线性性能进行了研究[16]。在组分为 Ge-As-Se-Te 的玻璃中,随着 Te 逐渐替代 Se,玻璃的折射率显著增加,从 2.58 增加至 2.9。同时,玻璃的 n_2 值也随着 Te 含量的增加而增加,最高的 n_2 值高达 $20×10^{-18} m^2/W$,几乎是 As_2Se_3 玻璃的 2 倍。但值得注意的是,由于 Te 基硫系玻璃的短波截止边已位于近红外波段,在具有超高 n_2 值的同时还表征出很高的来源于双光子吸收的非线性吸收系数 β(在 $1.064\mu m$ 波长下高达 $8×10^{-11} m/W$),严重影响了其三阶非线性性能。同年,麻省理工学院 Gopinath 等对高 Ge 含量的 Ge-As-Se 系统的硒硫系玻璃的三阶非线性性能进行了研究[17],实验结果表明,Ge 含量同样会对玻璃的三阶非线性性能产生很大的影响,在最高 Ge 含量的玻璃组分中(35Ge-15As-50Se),玻璃的 n_2 值最高,达到 $24.6×10^{-18} m^2/W$,而且其双光子吸收系数也保持在较低的水平,$1.55\mu m$ 波长下的 β 为 $0.5×10^{-11} m/W$。

2004 年以后,对环保型(不含 As)的新组分硫系玻璃及其三阶非线性特性的研究开始成为热点。以武汉理工大学和美国克莱姆森大学为代表的研究人员对基于 Ge-Ga-S 和 Ge-Sb-S 三元系统的硫系玻璃的三阶非线性特性进行了大量的研究和报道[18]。武汉理工大学的研究人员主要关注过渡金属以及金属卤化物的引入对 Ge-Ga-S 玻璃结构以及三阶非线性性能的影响,结果表明,可见光透明的 Ge-Ga-S 硫系玻璃的非线性折射率 n_2 比含 As 的硒基硫系玻璃略小(在 $10^{-18} m^2/W$ 量级),但其在近红外有着超快的非线性响应时间(<200fs,如图 3.12 所示),而且玻璃组分的改变并不会引起非线性响应时间的变化。但是,不同金属化合物的引入对玻璃三阶非线性性能的影响各不相同,例如,In_2S_3[19]、CdS[20]、CdI_2[21]等极化率较低金属的引入会一定程度降低玻璃的 n_2 值,而引入 PbI_2[22]、$AgCl$[23]等极化率高的金属卤化物则会提高玻璃的 n_2 值。美国克莱姆森大学 Petit 等则从孤对电子数量以及光学带隙 E_g 的角度对 Ge-Sb-S(Se)的组分进行优化,并建立了玻璃网络结构与其三阶非线性光学特性的联系[24]。研究发现,玻璃中 Sb(含一个孤对电子)以及 S 和 Se(含两个孤对电子)的含量越高,玻璃中孤对电子的数量也就越多,对玻璃的 n_2 也能提供一定的贡献。另外,他们的研究结果也与先前的研究结论一致,即光学带隙 E_g 的减小也会显著增加玻璃的 n_2 值,而 Ge-Sb-S 玻璃的 E_g 值与 Sb 含量成反比[25]。因此,n_2 的最大值来源于具有高 Sb 和 Se 含量的玻璃样品中,达到了 $15×10^{-18} m^2/W$,约是石英玻璃的 500 倍。

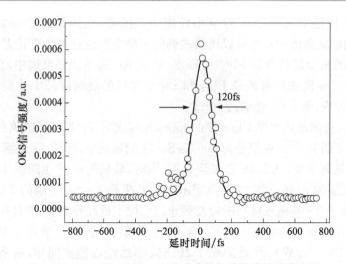

图 3.12 GeS$_2$-In$_2$S$_3$-CsI 硫系玻璃的超快非线性响应时间

2008 年，对于硫系玻璃在光通信波段的三阶非线性特性引起了相关领域的广泛关注。华东理工大学陈国荣教授课题组对 GeSe$_2$-In$_2$Se$_3$-CsI 的硒基硫系玻璃在通信波段的三阶非线性特性进行了研究[26]，结果表明，CsI 的引入会降低玻璃的非线性折射率 n_2，该玻璃体系的最大 n_2 值为 $6.5\times10^{-18}\,\mathrm{m^2/W}$，较以前报道的硒基硫系玻璃的最高值要小很多，但研究还发现，该玻璃系统在近红外波段下仍保持超快的响应时间，是硫系全光开关的理想选材。同年，澳大利亚国立大学 Prasad 等再次对 Ge-As-Se 硒基硫系玻璃在通信波段的三阶非线性特性进行了研究[27]。他们首次从平均配位数的理论出发，对玻璃的非线性折射率 n_2 的变化规律进行了解释。他们认为，由于硫系玻璃的网络存在层状结构，所以在平均配位数达到 2.4 或者 2.6 左右时，玻璃的网络结构将发生转变，由此导致玻璃线性折射率 n_0 以及 n_2 值的跳变，如图 3.13 所示。研究最终在具有较低 Ge 含量的 Ge-As-Se 硫系玻璃中得到了较高的 n_2 值，约为 $9\times10^{-18}\,\mathrm{m^2/W}$，并且在平均配位数为 2.4～2.5 的玻璃中获得了综合性能优良的玻璃样品，为以后的研究工作提出了一定指导性的意见。接着，静冈大学 Ogusu 等研究了掺杂 Cu 和 Ag 的 As$_2$Se$_3$ 玻璃的三阶非线性特性[28]。结果表明，贵金属的掺入能够显著增加玻璃的 n_2 值，并且 Cu 的引入能够抑制硫系玻璃本身的光致暗化（光照透过率降低）的特性。

2014 年，英国诺丁汉大学 Barney 等以组分为化学计量比的 As$_2$S$_3$-As$_2$Se$_3$ 玻璃作为对象[29]，细致研究了玻璃组分以及局域网络结构对其三阶非线性特性的影响。结果表明，As$_2$S$_3$-As$_2$Se$_3$ 玻璃的非线性折射率 n_2 随着 As$_2$Se$_3$ 含量的增加而增加，但其二者之间并不呈现线性关系。利用中子、X 射线衍射谱分析得到 As$_2$S$_3$-As$_2$Se$_3$ 玻璃中 Se 与其他元素成键并不具有随机性，相反 Se 的成键具有很强的选择性，在缺 Se 的玻璃环境中，Se 更容易与 S 成键而在玻璃的局部网络形成团簇结

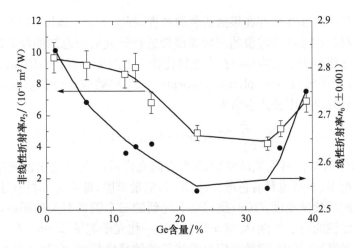

图 3.13　Ge-As-Se 硫系玻璃的线性与非线性折射率随 Ge 含量的变化趋势

构,改变了玻璃的三阶非线性特性。该工作的亮点在于利用更加先进的中子、X 射线衍射谱分析 As_2S_3-As_2Se_3 玻璃的成键特性以及局部网络特性,由此分析玻璃的三阶非线性光学特性是非常准确而具有新意的,为今后的相关研究工作提供了新的思路。

2016 年,宁波大学陈飞飞等对 Ge-Sn-Se 玻璃在中红外波长下的三阶非线性特性及其随玻璃组分的变化规律进行了研究[30]。研究结果表明,Ge-Sn-Se 硒基硫系玻璃同样表现出具有层状结构的玻璃网络体系,因此其非线性光学特性也会在特定的平均配位数值下产生突变。根据实验结果,这个特定值出现在 MCN=2.63 处,玻璃的非线性折射率 n_2 产生了跳变,在 3.5μm 波长下达到了 $2.43×10^{-17}$ m^2/W,是 As_2Se_3 玻璃在相同波长下的 2 倍。利用拉曼光谱可以获得玻璃在产生性能跳变时网络结构的变化。在 Sn 含量逐渐增高的情况下,Ge-Sn-Se 玻璃产生网络结构跳变的主要原因是玻璃中 Sn-Sn 同极性键的形成,这种具有高极化率的网络基团能够显著增加玻璃的三阶非线性性能。江苏师范大学 Yang 课题组对不含锗的环保型 Ga-Sb-S 硫系玻璃体系进行了研究[31],发现该玻璃体系除了具有优秀的稀土发光性能,还表现出优良的三阶非线性性能,并且在摩尔组分为 $Ga_8Sb_{32}S_{60}$ 获得了较高的 n_2 值,在 1.55μm 波长下约为 $1.24×10^{-17}$ m^2/W,与 As_2Se_3 玻璃相当。

3.4.3　硫系玻璃三阶非线性与入射光波长的相关性

随着入射光波长的变化,玻璃的光学特性也会发生一定的变化。对于硫系玻璃的三阶非线性特性,其强度会受到多光子吸收、斯塔克效应、拉曼效应以及玻璃自身线性折射率的影响而产生变化,而上述影响因素均存在对光波长的依赖性,因此硫系玻璃的三阶非线性存在很强的色散特性，根据 Sheik-Bahae 和 Dinu 对电介质与半导体材料在近红外波段的三阶非线性进行研究后所总结的经典理论[25,26]，引起材料的非线性折射效应(n_2)在光电极化作用下产生色散特性的原因主要有以下三方面：双光子吸收(two-photon absorption, 2PA)效应、斯塔克(Stark)效应和拉曼(Raman)效应。用公式表示为

$$n_2 = K \frac{hc}{n_0^2 E_g^4}\sqrt{E_p}[G_{2PA}(x) + G_{Raman}(x) + G_{Stark}(x)] \quad (3.19)$$

式中，K 和 E_p 为与材料无关的常数；h 为普朗克常量；c 为真空中的光速；n_0 为材料的线性折射率，本身也具有色散特性；E_g 为能量带隙，即半导体材料导带底部与价带顶部之间的禁带宽度；$G(x)$ 是与以上提到的三个因素有关的函数，直接体现材料三阶非线性的色散特性，变量 x 定义为归一化光子能量($x=hv/E_g$，hv 是入射光的单光子能量)。其中，拉曼效应对光波长的敏感性较弱，它对材料的三阶非线性色散的贡献远不及其他两个因素。斯塔克效应对非线性折射的贡献来自于材料本征吸收区域吸收单光子后能级跃迁所引起的电子云极化，尽管该效应会引起半导体材料极大的自聚焦型非线性折射(n_2 为负数)，但是由本征吸收所造成的自由载流子效应会极大地提高材料的光损耗，所以半导体器件的激发源波长应远离其本征吸收带以避免斯塔克效应的出现。双光子吸收效应是影响半导体材料在近红外透明波段三阶非线性性能的主要因素，其机理是电子同时吸收两个光子后在导带与价带之间跃迁而作用产生的原子外层电子云极化效应。双光子吸收的强度(以双光子吸收系数 β 表示)与归一化光子能量(hv/E_g)紧密相关：半导体材料的双光子吸收均起始于 $hv/E_g=0.5$，直接跃迁型半导体的 β 值在 $hv/E_g=0.7$ 时达到最高，并在随后趋于稳定，间接跃迁型半导体 β 值则随着 hv/E_g 单调递增；两类半导体的非线性折射受到双光子吸收影响后随 hv/E_g 的变化均滞后于双光子吸收本身随 hv/E_g 的变化，直接与间接跃迁型半导体的 n_2 分别在 $hv/E_g=0.54$ 与 $hv/E_g=0.65$ 时达到最高，随后逐渐减小并趋于稳定。本节将主要介绍硫系玻璃三阶非线性与入射光波长的关系。

1993 年，日本 NTT 光电实验室 Kobayashi 等用差频产生技术首次获得了 As_2S_3 玻璃的三阶非线性极化率 $\chi^{(3)}$ 在红外随入射光波长(1.55~2.20μm)的变化曲线[32]。如图 3.14 所示，可以看到玻璃的 $\chi^{(3)}$ 随波长的逐渐增加而降低，在 1.7μm 左右呈现突然下降的趋势，虽然论文中并没有给出直接的实验来解释这一现象，但作者认为双光子吸收产生的谐振效应是产生这一现象的根本原因。另外，由于激光源以及测试手段的缺乏，一直没能展开对硫系玻璃三阶非线性产生色散的机理的研究。随着对光通信材料研究的深入，对硫系玻璃在近红外通信波段三阶非线性特性也逐渐引起人们的关注。法国雷恩第一大学 Quémard 等首次用 Z 扫描方法对 As_2Se_3 以及 Ge-As-Se 硫系玻璃在 1.064μm 和 1.43μm 两个近红外波

段的非线性折射率 n_2 以及双光子吸收系数 β 进行了测量[33]，得到这两个非线性光学参数随波长增加而同时下降的色散趋势，其中 β 的下降幅度比 n_2 值要快很多，表明硫系玻璃在长波长下有着更好的光学非线性表现。接着，英国诺丁汉大学 Tikhomirov 等用 Z 扫描方法对 As_2S_3 玻璃在两个光通信波段（$1.3\mu m$ 和 $1.55\mu m$）下的三阶非线性的产生机理进行了研究[34]，并且通过实验验证了非线性吸收（光损耗）是玻璃的非线性折射率在不同波长下产生色散的根本原因。

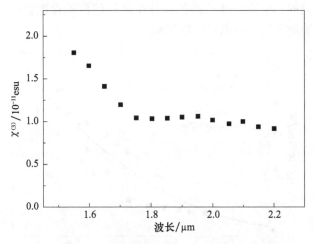

图 3.14 As_2S_3 玻璃 $\chi^{(3)}$ 值的近红外谱线

2002 年，美国康奈尔大学 Harbold 等对 As-Se-S 和 Ge-As-Se-S 玻璃系统在通信波段 $1.25\mu m$ 和 $1.55\mu m$ 两个波长下的三阶非线性性能进行了研究[35]，发现上述硫系玻璃的非线性折射率 n_2 以及双光子吸收系数 β 总体上随着波长的增加而减小，表现出明显的色散特性。以常见的 $As_{40}Se_{60}$ 硫系玻璃为例，其 n_2 值在 $1.25\mu m$ 和 $1.55\mu m$ 处分别为 $3.0\times10^{-17}m^2/W$ 和 $2.3\times10^{-17}m^2/W$，而 β 值在两个波长下分别为 $2.8\times10^{-11}m/W$ 和 $0.14\times10^{-11}m/W$。根据硫系玻璃三阶非线性的色散特性，研究者定义了材料的三阶非线性光学品质因子 $F(F=n_2/(\beta\lambda))$ 来评估不同波长下其非线性性能，结果表明，当玻璃的归一化光子能量（$h\nu/E_g$）达到 0.45 时，材料的品质因子 F 达到了一个极值，这是由于匀质材料在吸收边沿处有着多余的尾沿，导致其在半带隙以下时也能发生双光子吸收以及双光子谐振（two-photon resonance）对 n_2 的加强，使得 n_2 的增加速度快于双光子吸收 β，从而使 F 在 $h\nu/E_g=0.45$ 处产生了一个极值，所测得 $As_{40}Se_{60}$ 在 $1.55\mu m$ 处的品质因子 F 为 11，这个值比实际应用所需的 $F=5$ 要大，因此研究人员认为该玻璃 $As_{40}Se_{60}$ 在将来有着很大的应用潜力。

为精确获得硫系玻璃三阶非线性特性的色散分布以及找到相应的理论模型，澳大利亚国立大学 Wang 等对 51 个基于 Ge-As-Se 和 Ge-Sb-Se 系统硫系玻璃样品在6个近红外波长(1.15~1.686μm)下的三阶非线性进行了测试[36]。研究的结果基本与之前的报道一致,即各个玻璃的非线性折射率 n_2、双光子吸收系数 β 均表现出明显的色散特性,其值随着波长的逐渐增加而减小。根据半导体的双带理论,将归一化光子能量 $h\nu/E_g$ 与玻璃的参数合集 $n_2 E_g^4 n_0^2$、$\beta^2 E_g^5 n_0^2$ 进行曲线绘制(图3.15),可以发现硫系玻璃的三阶非线性特性符合一个普适性的理论模型,即Dulin的基于间接半导体三阶非线性的理论模型,且误差约为±12%。这一研究结果是对硫系玻璃的三阶非线性及其色散分布进行建模的首次尝试,并且考虑了双光子吸收对玻璃的非线性色散产生的影响。

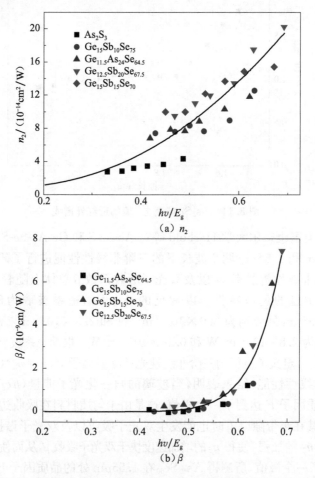

图3.15 硫系玻璃非线性折射率 n_2、双光子吸收系数 β 与归一化光子能量 $h\nu/E_g$ 之间的关系
实线是间接跃迁型半导体的理论曲线

在更长波长下(中远红外),硫系玻璃三阶非线性特性的色散分布却因相应激光源的缺乏而很少得到报道。对于工作在远红外的硫系非线性光子器件(如超连

续谱光源、红外空间通信等),获得对应波段下硫系玻璃的非线性折射率 n_2 以及非线性吸收系数 β 是非常重要的,而相关工作则在光学参量放大(OPA)技术的推动下在近几年有所展开。宁波大学戴世勋等首先对 Ge-Sb-Se 三元系统的硫系玻璃在 $2\mu m$ 以上的中红外波段的三阶非线性特性进行了研究[37]。在中红外波长下,Ge-Sb-Se 硫系玻璃的非线性折射率 n_2 仍然表现出明显的色散特性(图 3.16),但是与在近红外的色散有所不同的是,当波长从 $1.55\mu m$ 增大至 $2\mu m$ 时,玻璃的 n_2 值发生了明显的提高,而当波长继续增加至更远的 $2.5\mu m$ 时,玻璃的 n_2 值又表现出一定程度的下降。通过对硫系玻璃在中红外波段的非线性吸收特性可以初步解释其 n_2 值先增加后减小的原因:Ge-Sb-Se 硫系玻璃的光学带隙 E_g 在 $1.5\sim 1.7\mathrm{eV}$ 时随组分产生浮动,接近于 3 倍的 $2\mu m$ 波长的入射光子能(0.6eV),因此在 $2\mu m$ 波长下产生的三光子谐振效应显著增加了其非线性折射率;$1.55\mu m$ 和 $2.5\mu m$ 波长的光子能量由于与大部分 Ge-Sb-Se 硫系玻璃的 E_g 值不匹配,而不能表征出明显的多光子吸收现象,所以对玻璃 n_2 值的谐振增强作用也相对于 $2\mu m$ 波长要小很多。

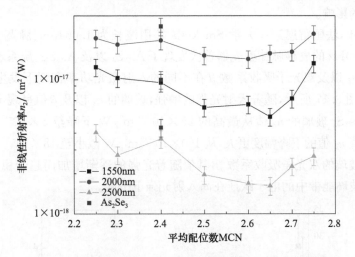

图 3.16 Ge-Sb-Se 和 As_2Se_3 硫系玻璃在红外波段的非线性折射率与平均配位数之间的关系

当入射光的波长达到中红外时,能够引起硫系玻璃内部杂质基团的振动吸收,由此可能对硫系玻璃在中红外的三阶非线性光学特性产生影响。宁波大学陈飞飞等对 Ge-Sn-Se 硒基硫系玻璃在中红外窗口波段($3\mu m$ 和 $3.5\mu m$)的三阶非线性进行了研究[30],验证了在 $3\mu m$ 附近羟基(—OH 键)的振动对其非线性折射率 n_2 的影响。在 $3\mu m$ 和 $3.5\mu m$ 的中红外波长下,由于入射的光子能量较小,已经无法使 Ge-Sn-Se 硫系玻璃产生多光子吸收,所以其 n_2 值的贡献完全来源于玻璃网络中各种基团的极化效应。$3\mu m$ 是羟基振动的位置,因此入射光的一部分能量被其吸收转化为振动能,使入射到具有高极化率的硫系网络基团的能量减小,因此在较短的 $3\mu m$ 波长下玻璃的 n_2 值要明显小于 $3.5\mu m$ 波长下的 n_2 值。另外,在对经过去羟基处理的 As_2Se_3 玻璃进行同波段的测试可以发现,在两个波长下 As_2Se_3 玻璃的 n_2 值非常接近,说明去羟基过程对硫系玻璃在对应波长下的三阶非线性性能有一定的增强作用。由此可以认为,在选择硫系中红外非线性光子器件的泵浦源波长时,应尽量避免有杂质振动的波段,一方面可以减小入射光的损耗,另一方面能够减小杂质振动对其非线性性能的影响。

3.4.4 硫系玻璃三阶非线性与入射光强度的相关性

硫系玻璃网络中存在大量未成键的孤对电子,在光照射的条件下容易互相成键,形成玻璃网络缺陷,对玻璃的各种属性产生影响。这个硫系玻璃特有的光敏属性也同样会对其三阶非线性特性产生影响,并且主要随着激光强度以及激光脉宽、重复频率的改变发生相应的变化。以下将主要介绍入射光强度对硫系玻璃三阶非线性性能的影响。

2000 年,法国雷恩第一大学 Smektala 等用波长为 $1.064\mu m$、脉宽为 45ps、重复频率为 10Hz 的皮秒脉冲激光器首次发现了 As_2S_3 以及 As_2Se_3 硫系玻璃的非线性折射率 n_2 以及双光子吸收系数 β 在不同的入射激光功率密度下发生变化的现象[38]。如图 3.17 所示,随着入射光强的增强,玻璃的 n_2 以及 β 值呈现出下降的趋势,其中 As_2S_3 玻璃的 n_2 值从最高的 $25\times10^{-18}\,m^2/W$ 下降至 $5\times10^{-18}\,m^2/W$,而 As_2Se_3 玻璃 n_2 值的下降幅度更大,从 $160\times10^{-18}\,m^2/W$ 减小至 $18\times10^{-18}\,m^2/W$。对于 As_2S_3 玻璃的双光子吸收系数 β,其值随着光强的逐渐增加而趋于稳定,这一现象主要由玻璃能带中的电子跃迁在高入射光强下引起。

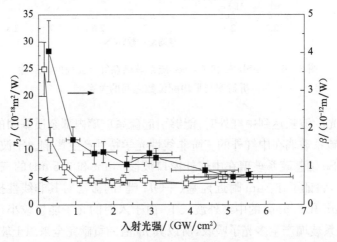

图 3.17 As_2S_3 玻璃的非线性折射率与非线性吸收系数与入射光强的关系

据此,对于非线性折射率 n_2 随入射光强 I 的变化趋势也可以套用饱和非线性吸收的经验公式来进行拟合,即

$$n_2(I) = n_2 + \frac{n_{2S}}{1+I/I_S} \quad (3.20)$$

式中,$n_{2S} \gg n_2$;I_S 为饱和光强度,约为 $10^{10}\,\mathrm{W/m^2}$ 量级。这一经验公式虽然能够很好地对 n_2 值变化趋势进行拟合,但尚不能解释 n_2 值随光强变化的本质原因。

法国昂热大学 Boudebs 等对 As_2S_3 和 As_2Se_3 硫系玻璃非线性随光强的变化现象进行了进一步的研究[39],他们认为具有高三阶非线性的硫系玻璃有着与甲苯磺酸(p-toluene sulfonate)单晶类似的非线性光学效应,即高于三阶的非线性光学效应是玻璃 n_2 值产生光强依赖性的主要原因。对于处于无定形态的硫系玻璃,五阶非线性是引起 n_2 值产生变化的原因,用简单的线性关系式可以表示为

$$n_2^{\mathrm{eff}} = n_2 + n_4 I \quad (3.21)$$

式中,n_4 为五阶非线性折射率,I 为入射光密度。根据实验所获得的 As_2S_3 和 As_2Se_3 硫系玻璃的 n_2^{eff} 与 I 的关系曲线(图 3.18),可以通过简单的线性拟合来获得这两个硫系玻璃的三阶非线性折射率 n_2 以及五阶非线性折射率 n_4。在 1.064 μm 波长下,As_2Se_3 和 As_2S_3 硫系玻璃的 n_2 和 n_4 值分别为 $2.20\times10^{-17}\,\mathrm{m^2/W}$ 和 $-7.9\times10^{-31}\,\mathrm{m^4/W^2}$、$5.8\times10^{-18}\,\mathrm{m^2/W}$ 和 $-6.3\times10^{-32}\,\mathrm{m^4/W^2}$。式(3.21)是一种简单的计算玻璃三阶与高阶非线性折射率的计算方法,但是它只考虑了双光子吸收对非线性折射率的影响,对于更远的波段,多光子吸收也可能对玻璃的非线性折射率产生影响,而这需要对式(3.21)进行进一步的修正。另外,高阶非线性折射率的理论模型尚不能解释 n_2 随入射光强 I 呈指数型的变化趋势。

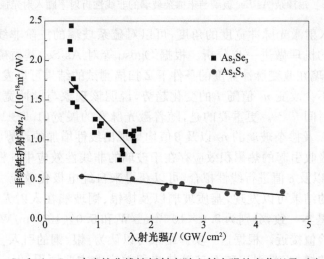

图 3.18 As_2S_3 和 As_2Se_3 玻璃的非线性折射率随入射光强的变化以及对应的线性拟合

日本静冈大学 Ogusu 等在银掺杂的 As_2Se_3 玻璃中得到类似的 n_2 值光强依赖性[40]，并且这个现象会随着银的引入及其含量的增加而增强。如图 3.19 所示，银掺杂样品的非线性折射率 n_2 能够达到纯基质 As_2Se_2 玻璃的 2~4 倍。另外，As_2Se_2 基质玻璃以及银掺杂玻璃在 1.05μm 波长下的双光子吸收也表现出对功率的依赖性，但是银的引入会显著减弱其 β 值对光强依赖性的程度，对于 20at% 银含量的样品，其 β 值只在较低的入射光强（<0.15GW/m²）时才表现出一定程度的功率依赖性，使玻璃的非线性品质因子 F 有一定程度的增加。因此可以认为，硫系玻璃三阶非线性对光强依赖性与玻璃的组分也有一定程度的关联，引入合适的金属单质及其化合物能够降低这一现象，从而提高硫系玻璃的三阶非线性性能。

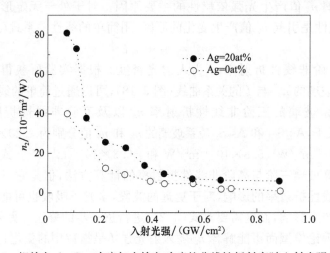

图 3.19　银掺杂 As_2Se_3 玻璃与未掺杂玻璃的非线性折射率随入射光强的变化

从改变入射激光脉冲宽度的角度，可以对硫系玻璃的三阶非线性与光强依赖性所产生的机理做进一步分析。根据 Ogusu 等对 As_2Se_3 基质硫系玻璃以及银、铜掺杂玻璃在改变脉冲宽度的条件下 Z 扫描测试的结果可以发现，脉冲宽度的增加基本不会改变 n_2 值随 I 的变化趋势，说明该现象与脉冲宽度无关，具有瞬态的响应时间[21,36]。更重要的是，随着激光脉宽的展宽（1.6~11.5ns），基质 As_2Se_3 玻璃以及掺杂玻璃的 n_2 以及 β 值均呈现出线性增加的趋势（图 3.20），说明由单光子吸收引起的热累积效应存在于玻璃的非线性效应中。根据对图中不同脉宽下 n_2 以及 β 值进行线性拟合，可以获得来自纯电极化效应引起的 n_2 和 β 值。由拟合的结果可以发现，基质玻璃以及掺银、铜玻璃在入射光脉宽为 0s 时的 n_2 和 β 值基本一致，分别为 3.0×10^{-17} m²/W 和 5.0×10^{-11} m/W，与用飞秒激光获得的实验值接近。根据这一实验结果可以认为，银、铜的引入会造成玻璃的光吸收系数的增加，是引起硫系玻璃热累积效应的主要原因，但它并不会提高 As_2Se_3 玻璃本身的电极化非线性效应；而且银、铜由于在玻璃中的配位数不同，对玻璃产生热累积效应的强度不同，四配位的铜比二配位的银更容易引起光致损耗，从而引起更强的热累积效应。

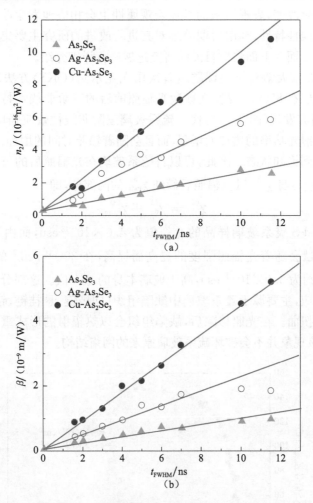

图 3.20　Cu、Ag 掺杂 As_2Se_3 硫系玻璃的非线性折射率(a)与非线性吸收系数(b)和入射光脉冲宽度之间的关系

根据目前的研究进展，对硫系玻璃的三阶非线性随光强的研究还比较有限，并且主要集中在 As_2Se_3 和 As_2S_3 两个系统的玻璃中。光强变化引起的三阶非线性的变化与入射光波长、激光脉冲频率、玻璃的组分有关，其机理比较复杂，但是对于光子器件的设计以及制备，对这一现象的深入研究以及理论建模是非常关键的。

3.4.5　硫系玻璃三阶非线性与后期处理的相关性

硫系玻璃与其他玻璃体系一样，是处于亚稳态的网络结构，而且组成硫系玻璃主网络框架结构的硫族原子(S、Se 和 Te)与其他金属原子(As、Ge、Sb 等)形成共价键的键强较其他玻璃体系的弱。因此,在外界条件的刺激下,硫系玻璃的网络结构也更容易发生改变,表现出来的具体宏观属性也会相应地发生改变。对于硫系玻璃的三阶非线性特性,利用后期处理对其进行改进的研究主要集中在光照处理以及热处理两方面。下面将对目前的研究进展进行详细介绍。

2006 年,北京大学龚旗煌课题组首次用光克尔闸(OKS)方法对 Ge-Ga-Cd-S 系统的硫系玻璃在 830nm 波长飞秒激光辐照前后的三阶非线性特性进行了测量与对比[41]。研究发现(图 3.21),代表硫系玻璃三阶非线性效应强度的 OKS 信号不仅会随着入射光功率的增加而增强,而且会随着辐照时间的增加而增强,并且在一段时间后达到饱和状态。因此,可以将硫系玻璃在光辐照后的三阶非线性极化率 $\chi^{(3)}$ 分成玻璃自身 $\chi_0^{(3)}$ 以及辐照后额外 $\chi_{extra}^{(3)}$ 的两部分,即

$$\chi^{(3)} = \chi_0^{(3)} + \chi_{extra}^{(3)} \tag{3.22}$$

式中,Ge-Ga-Cd-S 硫系玻璃样品的 $\chi_0^{(3)}$ 值为 4.0×10^{-13} esu,而由光辐照产生的 $\chi_{extra}^{(3)}$ 部分的贡献会随着光辐照强度的提高而提高,在 $30GW/cm^2$ 的光照强度下,$\chi_{extra}^{(3)}$ 值的大小约为 5.0×10^{-13} esu,高于玻璃本身的 $\chi_0^{(3)}$ 值。这部分来自光辐照的三阶非线性效应,主要源于硫系玻璃中缺陷组织(同极键、悬挂键、错键等)在光照条件下的定向扭曲。在光照移除后,缺陷组织会以热辐射的形式重新恢复至无序的状态,因此该现象并不会破坏硫系玻璃原来的网络结构。

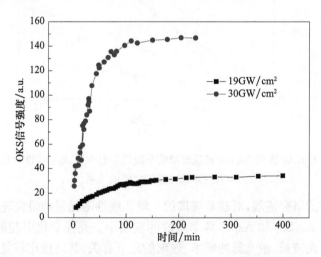

图 3.21　Ge-Ga-Cd-S 硫系玻璃的峰值 OKS 信号随时间的变化

复旦大学张启明等分别用飞秒激光(波长为 780nm)以及连续激光(波长为 579nm)对 As_2S_3 硫系玻璃进行激光直写实验[42],并对比了直写前后玻璃的光学以及三阶非线性光学特性。实验发现,无论是飞秒激光还是连续激光,均能引起玻璃

光学特性,如线性折射率 n_0、光学带隙 E_g 的变化。最重要的是,飞秒激光直写可以使 As_2S_3 硫系玻璃的非线性折射率 n_2 提高至未直写前的 1.5 倍,而用连续激光直写却会造成 n_2 值 60% 的下降。造成玻璃非线性折射率增加的原因是飞秒激光在直写时主要引起的是双光子吸收,因此只表现出光致暗化效应(短波截止边红移,光学带隙 E_g 减小,线性折射率 n_0 增大);而在连续激光直写时,除了光致暗化效应,还伴随着光致体积膨胀,导致玻璃整体密度下降。由此可以认为,用飞秒激光直写是一种可以增加硫系玻璃三阶非线性特性的有效方法,但是该方法也存在一定的缺点,即该现象有可能会随着玻璃的自退火效应(常温下的结构弛豫现象)而消失,研究人员发现在直写的 9 个月后,其对 n_2 的增强效应几乎消失。

相比于光辐照处理,热处理虽然灵活性不如前者,但却是一种能够更加稳定地调节块体硫系玻璃各种性能的方法。在已有的文献报道中,利用热处理使硫系玻璃在其网络中析出微米级以下的晶体颗粒可以增强玻璃的硬度、稀土发光强度、非线性光学性能等。其中,宁波大学红外材料及器件实验室对热处理增强硫系玻璃三阶非线性光学特性方面进行了大量的研究工作。2011 年,宁波大学林常规等首次报道了热处理后 Ge-Ga-S 系统硫系微晶玻璃的三阶非线性特性[43],研究结果表明,热处理后 Ge-Ga-S 硫系玻璃中析出了晶相为 β-GeS_2 的纳米级(尺寸约 100nm)晶粒,并且随着热处理时间的增加,玻璃的短波截止边向长波长方向移动,使光学带隙 E_g 逐渐下降,并由此导致微晶玻璃的非线性折射率 n_2 以及双光子吸收系数 β 值同时增加,并且在热处理 40h 后样品中获得了最高非线性品质因子 F(图 3.22)。

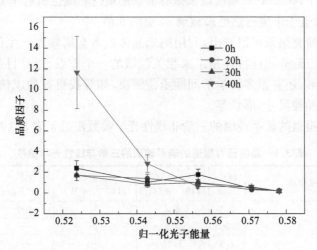

图 3.22 466℃热处理的 Ge-Ga-S 硫系玻璃的非线性品质因子 F
与热处理时间以及归一化光子能量 $h\nu/E_g$ 之间的关系

在硫系玻璃中引入成核剂可以使玻璃在热处理后析出更加均匀且尺寸更小的晶体颗粒。在众多成核剂中,卤化物由于与硫系玻璃的化学成分匹配而经常被用于硫系微晶玻璃的制备。宁波大学沈祥等通过对 CsCl 掺杂的 Ge-Ga-S 硫系玻璃进行热处理,获得了尺寸为 2~5nm 的 Ge_2S_3 纳米晶体颗粒[44]。这些具有量子尺寸效应的纳米晶体颗粒能够显著增加玻璃的三阶非线性极化率 $\chi^{(3)}$,其中热处理 10h 后样品的 $\chi^{(3)}$ 是未进行热处理样品的 5 倍,三阶非线性性能得到了极大的提升。另外,陈飞飞等发现,具有高质量、大半径的金(Au)同样能够作为 Ge-Ga-S 硫系玻璃的成核剂[45],金掺杂 Ge-Ga-S 硫系玻璃在热处理后的析晶行为与未掺杂玻璃不同,从原来的无规则的自由析晶变为具有选择性的单向析晶,其析出的晶相主要为 $\alpha\text{-}Ga_2S_3$ 晶体,并且晶粒分布均匀,尺寸为 30~50nm。这些纳米级晶体颗粒团聚在引入的金原子周围,形成准量子点。其数量会随着热处理时间的延长而增加,但其尺寸却始终保持不变直至饱和,因此量子点的形成不会对硫系玻璃的红外透过特性产生影响,而且其形成对玻璃的硬度会有一定的增强。更重要的是,热处理后在玻璃体系中形成的 $\alpha\text{-}Ga_2S_3$ 量子点由于具有量子局限效应而能够在一定程度上增加玻璃的三阶非线性性能。研究结果表明,6h 热处理后样品的非线性折射率 n_2 值达到了 $2.4\times10^{-17}\,m^2/W$,是基质玻璃的 2 倍。

另外,宁波大学陈飞飞等最近对热处理后的 Ge-Sn-Se 系统的硒基硫系玻璃的三阶非线性光学特性进行了系统研究[46],发现在 Ge-Se 二元硫系玻璃中引入具有高配位大半径的 Sn 元素同样能够起到成核剂的作用,并且在热处理后能够使玻璃中析出尺寸小于 10nm 的 $GeSe_2$ 和 $SnSe_2$ 纳米晶粒。在 $1.55\mu m$ 光通信波段的飞秒激光的激发下,Ge-Sn-Se 系统硫系微晶玻璃的最高非线性折射率 n_2 达到了 $53\times10^{-17}\,m^2/W$,接近于未进行热处理玻璃 n_2 值的 9 倍。

从上述的研究结果可以看出,利用纳米晶体或者金属颗粒产生的尺寸效应来提高硫系玻璃三阶非线性特性是未来相关领域的一个重点,但是目前对相关研究的关注度还不够,还有很多科学的问题亟待解决,如寻找更好的成核剂、合理的析出晶相及优化晶粒尺寸、形状等。

目前已有报道的硫系玻璃的三阶非线性光学参数汇总于表 3.1 中。

表 3.1 目前已有报道的硫系玻璃的三阶非线性光学参数

玻璃的化学组成	波长/μm	n_2/$(10^{-18}\,m^2/W)$	β/$(10^{-11}\,m/W)$	$\chi^{(3)}$/$(10^{-13}\,esu)$	测试方法	参考文献
As_2S_3	2.1	6.8	—	100	THG	[32]
	1.064	2.5	2	—	Z-scan	[47]
	1.6	1.61	—	—	Z-scan	[13]
	1.064	4.5	0.1	—	Z-scan	[48]
	1.06	5.2	0.2	—	Z-scan	[16]
	1.55	2.6	0.1	—	NIT	[49]
	1.064	2.4	—	—	OKS	[50]
	1.55	2.3±0.5	0.53±0.2	—	Z-scan	[29]

第 3 章 硫系玻璃光学特性

续表

玻璃的化学组成	波长 /μm	n_2 /(10^{-18} m²/W)	β /(10^{-11} m/W)	$\chi^{(3)}$ /(10^{-13} esu)	测试方法	参考文献
As₂S₃	1.25	6.5	0.16	—	SRTBC	[35]
	1.55	5.4	<0.030	—	SRTBC	[35]
	1.15	4.33	<0.01	—	Z-scan	[36]
	1.25	3.67	<0.01	—	Z-scan	[36]
	1.35	3.50	<0.01	—	Z-scan	[36]
	1.45	3.23	<0.01	—	Z-scan	[36]
	1.55	2.85	<0.01	—	Z-scan	[36]
	1.686	2.79	<0.01	—	Z-scan	[36]
As₂Se₃	1.6	6.49	—	—	Z-scan	[13]
	1.064	18	4.5	—	Z-scan	[33]
	1.55	14	1	—	NIT	[49]
	1.06	12.6	6.5	—	Z-scan	[16]
	1.55	12.72	—	—	Z-scan	[36]
	1.55	10.5±0.5	2.8±0.2	—	Z-scan	[29]
	1.5	13	—	—	Z-scan	[14]
	1.25	30	2.8	—	SRTBC	[35]
	1.55	23	0.14	—	SRTBC	[35]
	1.064	19±3	19.0±3	—	Z-scan	[51]
GeSe₄	1.064	8	0.5	—	Z-scan	[47]
	1.064	13	1.8	—	Z-scan	[38]
	1.064	13	1.7	—	Z-scan	[48]
	1.064	13	1.5	—	Z-scan	[33]
	1.55	9	0.5	—	NIT	[49]
GeS₂	0.82	—	—	5.33	OKS	[52]
	0.82	—	—	5.3±0.56	OKS	[53]
	0.8	0.493	9.93	—	Z-scan	[54]
Ge₁₀Se₉₀	1.064	15	1.8	—	Z-scan	[38]
	1.064	16	2	—	Z-scan	[33]
Ge₃₀Se₇₀	1.064	21	1.1	—	Z-scan	[38]
GeSe₆	1.064	17	1.5	—	Z-scan	[48]
Ge₅Se₉₅	1.064	17	1.3	—	Z-scan	[33]
Ge₁₅Se₈₅	1.064	17	1.5	—	Z-scan	[33]
Ge₂₅Se₇₅	1.064	10	1.1	—	Z-scan	[33]
GeS₁.₈	0.82	—	—	14.1	OKS	[52]
GeS₂.₅	0.82	—	—	7.08	OKS	[52]
As₃₉Se₆₁	1.55	16.3	0.28	—	SRTBC	[35]

续表

玻璃的化学组成	波长 /μm	n_2 /(10^{-18}m²/W)	β /(10^{-11}m/W)	$\chi^{(3)}$ /(10^{-13}esu)	测试方法	参考文献
85GeS$_2$-11Ga$_2$S$_3$-4CsI	0.8	3.1	1.45	—	Z-scan	[11]
85GeS$_2$-15Ga$_2$S$_3$	0.8	2.2	0.60	—	Z-scan	[11]
74GeS$_2$-20Ga$_2$S$_3$-6CsI	0.8	2.5	0.8	—	Z-scan	[11]
80GeS$_2$-10Ga$_2$S$_3$-10CsI	0.8	2.25	0.95	—	Z-scan	[11]
75GeS$_2$-15Ga$_2$S$_3$-10CsI	0.8	1.65	0.4	—	Z-scan	[11]
75GeS$_2$-10Ga$_2$S$_3$-10CsI-5Ag$_2$S	0.8	7.5	2.2	—	Z-scan	[11]
Ge$_{10}$As$_{10}$Se$_{80}$	1.064	10.2	10	—	Z-scan	[47]
40La$_2$S$_3$-60Ga$_2$S$_3$	0.53	32.4	41.3	—	Z-scan	[12]
As$_{40}$S$_{15}$Se$_{45}$	1.6	1.65	—	—	Z-scan	[13]
As$_{40}$S$_{30}$Se$_{30}$	1.6	2.31	—	—	Z-scan	[13]
As$_{40}$S$_{45}$Se$_{15}$	1.6	4.18	—	—	Z-scan	[13]
As$_{24}$S$_{38}$Se$_{38}$	1.6	8.93	—	—	Z-scan	[13]
Ge$_{0.25}$Se$_{0.75}$	1.5	3.12	—	—	Z-scan	[14]
Ge$_{0.25}$Se$_{0.65}$Te$_{0.10}$	1.5	5.72	—	—	Z-scan	[14]
Ge$_{0.28}$Se$_{0.60}$Sb$_{0.12}$	1.5	9.36	—	—	Z-scan	[14]
Ge$_{10}$As$_{10}$Se$_{80}$	1.064	22	2.7	—	Z-scan	[38]
Ge$_{10}$As$_{20}$Se$_{70}$	1.064	14	3.1	—	Z-scan	[38]
Ge$_{15}$As$_{10}$Se$_{75}$	1.064	12	2.6	—	Z-scan	[38]
Ge$_{11}$As$_{11}$Se$_{78}$	1.064	22	2.1	—	Z-scan	[48]
Ge$_{10}$As$_{10}$Se$_{80}$	1.064	22	2.7	—	Z-scan	[33]
Ge$_5$As$_{30}$Se$_{65}$	1.064	24	3.6	—	Z-scan	[33]
Ge$_{10}$As$_{20}$Se$_{70}$	1.064	14	3.1	—	Z-scan	[33]
Ge$_{15}$As$_{10}$Se$_{75}$	1.064	12	2.6	—	Z-scan	[33]
Ge$_{27}$As$_{13}$Se$_6$	1.064	20	1.5	—	Z-scan	[33]
Ge$_{20}$As$_{40}$Se$_{40}$	1.064	18.5	5.9	—	Z-scan	[33]
As$_{40}$S$_{50}$Se$_{10}$	1.25	10	0.14	—	SRTBC	[35]
As$_{40}$S$_{50}$Se$_{10}$	1.55	9.4	0.16	—	SRTBC	[35]
As$_{40}$S$_{40}$Se$_{20}$	1.25	9	0.22	—	SRTBC	[35]
As$_{40}$S$_{40}$Se$_{20}$	1.55	7.4	0.060	—	SRTBC	[35]
As$_{40}$S$_{30}$Se$_{30}$	1.25	14.5	0.38	—	SRTBC	[35]
As$_{40}$S$_{30}$Se$_{30}$	1.55	10.6	0.15	—	SRTBC	[35]
As$_{40}$S$_{20}$Se$_{40}$	1.25	23	1.04	—	SRTBC	[35]
As$_{40}$S$_{20}$Se$_{40}$	1.55	11.4	0.25	—	SRTBC	[35]
As$_{40}$S$_{10}$Se$_{50}$	1.25	25	1.4	—	SRTBC	[35]
As$_{40}$S$_{10}$Se$_{50}$	1.55	13.8	0.14	—	SRTBC	[35]
As$_{40}$Se$_{55}$Cu$_5$	1.55	21.0	0.29	—	SRTBC	[35]

第 3 章 硫系玻璃光学特性

续表

玻璃的化学组成	波长 /μm	n_2 /(10^{-18}m^2/W)	β /(10^{-11}m/W)	$\chi^{(3)}$ /(10^{-13}esu)	测试方法	参考文献
As$_{25}$S$_{55}$Te$_{20}$	1.55	11.6	0.15	—	SRTBC	[35]
Ge$_{11.11}$As$_{22.22}$Se$_{66.67}$	1.55	13	0.030	—	SRTBC	[55]
Ge$_{12.5}$As$_{25}$Se$_{62.5}$	1.55	11	0.040	—	SRTBC	[55]
Ge$_{20}$As$_{40}$Se$_{40}$	1.55	15	0.24	—	SRTBC	[55]
Ge$_{15.38}$As$_{30.77}$S$_{10.77}$Se$_{43.08}$	1.55	9.6	0.060	—	SRTBC	[55]
Ge$_{15.38}$As$_{30.77}$S$_{32.31}$Se$_{21.54}$	1.55	6.1	<0.050	—	SRTBC	[55]
Ge$_{15.38}$As$_{30.77}$S$_{53.85}$	1.55	3.2	<0.010	—	SRTBC	[55]
65Ga$_2$S$_3$-32La$_2$S$_3$-3La$_2$O$_3$	1.52	2.16	<0.01	—	Z-scan	[56]
70Ga$_2$S$_3$-30La$_2$O$_3$	1.52	1.77	<0.01	—	Z-scan	[56]
70Ga$_2$S$_3$-15La$_2$O$_3$-15LaF$_3$	1.52	1.39	<0.01	—	Z-scan	[56]
68Ga$_2$S$_3$-32Na$_2$S	1.52	1.01	<0.01	—	Z-scan	[56]
Ge$_{10}$As$_{10}$Se$_{80}$	1.06	16.5	1.8	—	Z-scan	[16]
Ge$_{10}$As$_{10}$Se$_{70}$Te$_{10}$	1.06	19	5.0	—	Z-scan	[16]
Ge$_{10}$As$_{10}$Se$_{65}$Te$_{15}$	1.06	19	6.8	—	Z-scan	[16]
Ge$_{10}$As$_{10}$Se$_{60}$Te$_{20}$	1.06	20	8	—	Z-scan	[16]
Ge$_{10}$As$_{10}$Se$_{80}$	1.55	6.8	0.4	—	NIT	[49]
Ge$_{10}$As$_{10}$Se$_{70}$Te$_{10}$	1.55	8.4	0.5	—	NIT	[49]
Ge$_{10}$As$_{10}$Se$_{65}$Te$_{15}$	1.55	11.8	0.5	—	NIT	[49]
Ge$_{10}$As$_{10}$Se$_{60}$Te$_{20}$	1.55	13.4	0.9	—	NIT	[49]
Ge$_{35}$As$_{15}$Se$_{50}$	1.54	24.6	0.5	—	Z-scan	[17]
Ge$_{33}$As$_{12}$Se$_{55}$	1.54	15	0.4	—	Z-scan	[17]
Ge$_{22}$As$_{20}$Se$_{58}$	1.54	9.2	0.4	—	Z-scan	[17]
Ge$_{25}$As$_{10}$Se$_{65}$	1.54	6.0	0.4	—	Z-scan	[17]
90GeS$_2$-5Ga$_2$S$_3$-5CdS	0.82	—	—	10±0.8	OKS	[20]
70GeS$_2$-15Ga$_2$S$_3$-15CdS	0.82	—	—	2.4±0.5	OKS	[20]
60GeS$_2$-20Ga$_2$S$_3$-20CdS	0.82	—	—	1.8±0.5	OKS	[20]
0.90GeS$_2$-0.10Sb$_2$S$_3$	1.064	1.84	0.15	—	Z-scan	[24]
0.85GeS$_2$-0.15Sb$_2$S$_3$	1.064	1.9	<0.1	—	Z-scan	[24]
0.60GeS$_2$-0.40Sb$_2$S$_3$	1.064	7.42	1.17	—	Z-scan	[24]
Ge$_{0.23}$Sb$_{0.07}$S$_{0.70}$	1.064	1.66	<0.1	—	Z-scan	[24]
Ge$_{0.23}$Sb$_{0.12}$S$_{0.65}$	1.064	2	<0.1	—	Z-scan	[24]
Ge$_{0.23}$Sb$_{0.07}$S$_{0.60}$Se$_{0.10}$	1.064	1.93	<0.1	—	Z-scan	[24]
Ge$_{0.18}$Ga$_{0.05}$Sb$_{0.07}$S$_{0.7}$	1.064	1.96	<0.1	—	Z-scan	[24]
0.8GeS$_2$-0.1Ga$_2$S$_3$-0.1CdI$_2$	0.82	0.75	—	2.0	OKS	[21]
Ge$_{0.23}$Sb$_{0.07}$S$_{0.70}$	1.064	1.66	<0.1	—	Z-scan	[25]
Ge$_{0.23}$Sb$_{0.07}$S$_{0.65}$Se$_{0.05}$	1.064	1.9	<0.1	—	Z-scan	[25]

续表

玻璃的化学组成	波长 /μm	n_2 /(10^{-18}m^2/W)	β /(10^{-11}m/W)	$\chi^{(3)}$ /(10^{-13}esu)	测试方法	参考文献
Ge$_{0.23}$Sb$_{0.07}$S$_{0.6}$Se$_{0.1}$	1.064	1.9	<0.1	—	Z-scan	[25]
Ge$_{0.23}$Sb$_{0.07}$S$_{0.5}$Se$_{0.2}$	1.064	2.7	0.12	—	Z-scan	[25]
Ge$_{0.23}$Sb$_{0.07}$S$_{0.2}$Se$_{0.5}$	1.064	6.8	0.6	—	Z-scan	[25]
Ge$_{0.23}$Sb$_{0.07}$Se$_{0.7}$	1.064	10.3	2.4	—	Z-scan	[25]
60GeS$_2$·30In$_2$S$_3$·10CsI	0.82	—	—	5.12	OKS	[57]
60GeS$_2$·20In$_2$S$_3$·20CsI	0.82	—	—	2.17	OKS	[57]
60GeS$_2$·15In$_2$S$_3$·25CsI	0.82	—	—	1.90	OKS	[57]
0.95GeS$_2$-0.05In$_2$S$_3$	0.82	—	—	2.7	OKS	[19]
0.85GeS$_2$-0.15In$_2$S$_3$	0.82	—	—	2.1	OKS	[19]
0.8GeS$_2$-0.2In$_2$S$_3$	0.82	—	—	1.9	OKS	[19]
0.75GeS$_2$-0.25In$_2$S$_3$	0.82	—	—	1.6	OKS	[19]
90GeS$_2$-5Ga$_2$S$_3$-5PbI$_2$	0.82	0.721	—	2.07	OKS	[22]
80GeS$_2$-10Ga$_2$S$_3$-10PbI$_2$	0.82	0.681	—	2.01	OKS	[22]
70GeS$_2$-15Ga$_2$S$_3$-15PbI$_2$	0.82	0.643	—	1.91	OKS	[22]
60GeS$_2$-20Ga$_2$S$_3$-20PbI$_2$	0.82	0.514	—	1.67	OKS	[22]
97.5(0.8GeS$_2$-0.2Ga$_2$S$_3$)-2.5PbI$_2$	0.82	0.598	—	1.68	OKS	[22]
95(0.8GeS$_2$-0.2Ga$_2$S$_3$)-5PbI$_2$	0.82	0.586	—	1.68	OKS	[22]
90(0.8GeS$_2$-0.2Ga$_2$S$_3$)-10PbI$_2$	0.82	0.561	—	1.67	OKS	[22]
85(0.8GeS$_2$-0.2Ga$_2$S$_3$)-15PbI$_2$	0.82	0.361	—	1.09	OKS	[22]
0.70GeS$_2$-0.30Sb$_2$S$_3$	0.82	—	—	18±2.3	OKS	[53]
0.56GeS$_2$-0.24Sb$_2$S$_3$-0.20CdS	0.82	—	—	14.1±2.7	OKS	[53]
72.25GeSe$_2$-23.75In$_2$Se$_3$-5CsI	1.064	6.5	—	100.7	OKS	[50]
72.25GeSe$_2$-23.75In$_2$Se$_3$-5CsI	1.064	3.8	—	56.9	OKS	[50]
63.75GeSe$_2$-21.25In$_2$Se$_3$-15CsI	1.064	2.9	—	41.4	OKS	[50]
60GeSe$_2$-20In$_2$Se$_3$-20CsI	1.064	2.5	—	29	OKS	[50]
Ag-As$_2$Se$_3$	1.064	~30	~5	—	Z-scan	[28]
Cu-As$_2$Se$_3$	1.064	~30	~5	—	Z-scan	[28]
Ge$_{16}$Sb$_{14}$S$_{70}$	1.064	2.1±0.6	<0.1	—	Z-scan	[58]
Ge$_{31}$Sb$_9$S$_{60}$	1.064	2.6±0.7	<0.1	—	Z-scan	[58]
Ge$_{16}$Sb$_{14}$Se$_{70}$	1.064	15±5	3.4±0.7	—	Z-scan	[58]
Ge$_{13}$Sb$_7$Se$_{80}$	1.064	7.2±0.3	1.6±0.2	—	Z-scan	[58]
Ge$_{28}$Sb$_7$Se$_{65}$	1.064	11.5±3	4.9±0.6	—	Z-scan	[58]
Ge$_{35}$Sb$_7$Se$_{58}$	1.064	9±2.7	3.3±0.5	—	Z-scan	[58]
0.56GeS$_2$-0.24Ga$_2$S$_3$-0.2KCl	0.8	—	—	1.82	OKS	[59]
0.56GeS$_2$-0.24Ga$_2$S$_3$-0.2KBr	0.8	—	—	1.24	OKS	[59]
0.56GeS$_2$-0.24Ga$_2$S$_3$-0.2KI	0.8	—	—	1.65	OKS	[59]

续表

玻璃的化学组成	波长/μm	n_2/$(10^{-18}\mathrm{m}^2/\mathrm{W})$	β/$(10^{-11}\mathrm{m/W})$	$\chi^{(3)}$/$(10^{-13}\mathrm{esu})$	测试方法	参考文献
90GeS$_2$-10Sb$_2$S$_3$	1.064	0.2±0.04	<0.2(×10^{-2})	—	Z-scan	[60]
75GeS$_2$-10Sb$_2$S$_3$-15CsI	1.064	0.36±0.09	1.0±0.4(×10^{-2})	—	Z-scan	[60]
51.25GeS$_2$-26.25Sb$_2$S$_3$-22.5CsI	1.064	0.39±0.06	2.0±0.4(×10^{-2})	—	Z-scan	[60]
66.25GeS$_2$-26.25Sb$_2$S$_3$-7.5CsI	1.064	0.39±0.06	1.0±0.3(×10^{-2})	—	Z-scan	[60]
35GeS$_2$-35Sb$_2$S$_3$-30CsI	1.064	0.47±0.07	3.0±0.7(×10^{-2})	—	Z-scan	[60]
42.5GeS$_2$-42.5Sb$_2$S$_3$-15CsI	1.064	0.56±0.18	3.0±1.0(×10^{-2})	—	Z-scan	[60]
26.25GeS$_2$-51.25Sb$_2$S$_3$-22.5CsI	1.064	0.75±0.22	10±1(×10^{-2})	—	Z-scan	[60]
10GeS$_2$-60Sb$_2$S$_3$-30CsI	1.064	0.90±0.2	19±2(×10^{-2})	—	Z-scan	[60]
26.25GeS$_2$-66.25Sb$_2$S$_3$-7.5CsI	1.064	0.97±0.19	20±2(×10^{-2})	—	Z-scan	[60]
10GeS$_2$-75Sb$_2$S$_3$-15CsI	1.064	1.08±0.3	16±5(×10^{-2})	—	Z-scan	[60]
76GeS$_2$-19Sb$_2$S$_3$-5CdS	0.8	5.63	0.88	6.06	Z-scan	[61]
90GeS$_2$-10Sb$_2$S$_3$	0.8	3.97	0.80	4.17	Z-scan	[61]
80GeS$_2$-20Sb$_2$S$_3$	0.8	5.68	0.98	6.21	Z-scan	[61]
70GeS$_2$-30Sb$_2$S$_3$	0.8	6.20	1.43	6.97	Z-scan	[61]
60GeS$_2$-40Sb$_2$S$_3$	0.8	6.65	1.71	7.77	Z-scan	[61]
0.7GeS$_2$·0.3Sb$_2$S$_3$	0.8	6.20	1.43	6.97	Z-scan	[61]
90(0.7GeS$_2$·0.3Sb$_2$S$_3$)·10CdS	0.8	4.84	1.14	5.42	Z-scan	[61]
80(0.7GeS$_2$·0.3Sb$_2$S$_3$)·20CdS	0.8	2.95	1.08	3.31	Z-scan	[61]
70(0.7GeS$_2$·0.3Sb$_2$S$_3$)·30CdS	0.8	2.93	0.97	3.22	Z-scan	[61]
60GeS$_2$·40Sb$_2$S$_3$	0.8	6.65	1.71	7.77	Z-scan	[61]
60GeS$_2$·35Sb$_2$S$_3$·5CdS	0.8	5.40	1.31	6.22	Z-scan	[61]
60GeS$_2$·30Sb$_2$S$_3$·10CdS	0.8	3.36	1.21	3.79	Z-scan	[61]
60GeS$_2$·25Sb$_2$S$_3$·15CdS	0.8	3.20	1.08	3.53	Z-scan	[61]
0.76GeS$_2$-0.19Ga$_2$S$_3$-0.05CdS	0.8	—	—	1.40	OKS	[62]
0.72GeS$_2$-0.18Ga$_2$S$_3$-0.1CdS	0.8	—	—	1.65	OKS	[62]
0.68GeS$_2$-0.17Ga$_2$S$_3$-0.15CdS	0.8	—	—	1.60	OKS	[62]
Ge$_5$As$_{10}$Se$_{85}$	1.55	7.28	—	—	Z-scan	[36]
Ge$_{7.5}$As$_{10}$Se$_{82.5}$	1.55	7.28	—	—	Z-scan	[36]
Ge$_{10}$As$_{10}$Se$_{80}$	1.55	7.24	—	—	Z-scan	[36]
Ge$_{12.5}$As$_{10}$Se$_{77.5}$	1.55	7.29	—	—	Z-scan	[36]
Ge$_{15}$As$_{10}$Se$_{75}$	1.55	6.62	—	—	Z-scan	[36]
Ge$_{17.5}$As$_{10}$Se$_{72.5}$	1.55	6.41	—	—	Z-scan	[36]
Ge$_{20}$As$_{10}$Se$_{70}$	1.55	5.08	—	—	Z-scan	[36]
Ge$_{22.5}$As$_{10}$Se$_{67.5}$	1.55	5.80	—	—	Z-scan	[36]
Ge$_{25}$As$_{10}$Se$_{65}$	1.55	5.42	—	—	Z-scan	[36]
Ge$_{27.5}$As$_{10}$Se$_{62.5}$	1.55	5.92	—	—	Z-scan	[36]

续表

玻璃的化学组成	波长 /μm	n_2 /(10^{-18}m^2/W)	β /(10^{-11}m/W)	$\chi^{(3)}$ /(10^{-13}esu)	测试方法	参考文献
Ge$_{30}$As$_{10}$Se$_{60}$	1.55	5.12	—	—	Z-scan	[36]
Ge$_{32.5}$As$_{10}$Se$_{57.5}$	1.55	6.26	—	—	Z-scan	[36]
Ge$_{35}$As$_{10}$Se$_{55}$	1.55	5.90	—	—	Z-scan	[36]
Ge$_{10}$As$_{20}$Se$_{70}$	1.55	8.58	—	—	Z-scan	[36]
Ge$_{15}$As$_{20}$Se$_{65}$	1.55	7.48	—	—	Z-scan	[36]
Ge$_{16.67}$As$_{20}$Se$_{63.33}$	1.55	6.84	—	—	Z-scan	[36]
Ge$_{20}$As$_{20}$Se$_{60}$	1.55	4.88	—	—	Z-scan	[36]
Ge$_{22}$As$_{20}$Se$_{58}$	1.55	5.62	—	—	Z-scan	[36]
Ge$_{22.5}$As$_{20}$Se$_{57.5}$	1.55	6.52	—	—	Z-scan	[36]
Ge$_{25}$As$_{20}$Se$_{55}$	1.55	6.90	—	—	Z-scan	[36]
Ge$_{30}$As$_{20}$Se$_{50}$	1.55	7.31	—	—	Z-scan	[36]
Ge$_{7.5}$Sb$_{10}$Se$_{82.5}$	1.55	10.16	—	—	Z-scan	[36]
Ge$_{10}$Sb$_{10}$Se$_{80}$	1.55	9.03	—	—	Z-scan	[36]
Ge$_{12.5}$Sb$_{10}$Se$_{77.5}$	1.55	8.00	—	—	Z-scan	[36]
Ge$_{15}$Sb$_{10}$Se$_{75}$	1.55	8.16	—	—	Z-scan	[36]
Ge$_{17.5}$Sb$_{10}$Se$_{72.5}$	1.55	9.69	—	—	Z-scan	[36]
Ge$_{20}$Sb$_{10}$Se$_{70}$	1.55	6.65	—	—	Z-scan	[36]
Ge$_{22.5}$Sb$_{10}$Se$_{67.5}$	1.55	5.95	—	—	Z-scan	[36]
Ge$_{25}$Sb$_{10}$Se$_{65}$	1.55	7.17	—	—	Z-scan	[36]
Ge$_{27.5}$Sb$_{10}$Se$_{62.5}$	1.55	6.13	—	—	Z-scan	[36]
Ge$_{30}$Sb$_{10}$Se$_{60}$	1.55	7.05	—	—	Z-scan	[36]
Ge$_{17.5}$Sb$_{15}$Se$_{67.5}$	1.55	8.00	—	—	Z-scan	[36]
Ge$_{20}$Sb$_{15}$Se$_{65}$	1.55	7.51	—	—	Z-scan	[36]
Ge$_{20.83}$Sb$_{15}$Se$_{64.17}$	1.55	7.12	—	—	Z-scan	[36]
Ge$_{22.5}$Sb$_{15}$Se$_{62.5}$	1.55	7.95	—	—	Z-scan	[36]
Ge$_{25}$Sb$_{15}$Se$_{60}$	1.55	8.92	—	—	Z-scan	[36]
Ge$_{10}$Sb$_{20}$Se$_{70}$	1.55	14.29	—	—	Z-scan	[36]
Ge$_{15}$Sb$_{20}$Se$_{65}$	1.55	9.79	—	—	Z-scan	[36]
Ge$_{16.67}$Sb$_{20}$Se$_{63.33}$	1.55	10.73	—	—	Z-scan	[36]
Ge$_{17.5}$Sb$_{20}$Se$_{62.5}$	1.55	10.82	—	—	Z-scan	[36]
Ge$_{20}$Sb$_{20}$Se$_{60}$	1.55	13.42	—	—	Z-scan	[36]
Ge$_{22.5}$Sb$_{20}$Se$_{57.5}$	1.55	14.89	—	—	Z-scan	[36]
Ge$_{11.5}$As$_{24}$S$_{64.5}$	1.55	2.08	—	—	Z-scan	[36]
Ge$_{11.5}$As$_{24}$S$_{48.375}$Se$_{16.125}$	1.55	2.82	—	—	Z-scan	[36]
Ge$_{11.5}$As$_{24}$S$_{32.25}$Se$_{32.25}$	1.55	3.73	—	—	Z-scan	[36]
Ge$_{11.5}$As$_{24}$S$_{16.125}$Se$_{48.375}$	1.55	5.46	—	—	Z-scan	[36]

续表

玻璃的化学组成	波长 /μm	n_2 /(10^{-18}m^2/W)	β /(10^{-11}m/W)	$\chi^{(3)}$ /(10^{-13}esu)	测试 方法	参考 文献
Ge$_{11.5}$As$_{24}$Se$_{64.5}$	1.15	11.8	1.20	—	Z-scan	[36]
	1.25	10.4	0.35	—	Z-scan	[36]
	1.35	8.83	0.11	—	Z-scan	[36]
	1.45	7.67	<0.01	—	Z-scan	[36]
	1.55	7.90	<0.01	—	Z-scan	[36]
	1.686	6.83	0.10	—	Z-scan	[36]
Ge$_{15}$Sb$_{10}$Se$_{75}$	1.15	12.5	1.27	—	Z-scan	[36]
	1.25	9.00	0.35	—	Z-scan	[36]
	1.35	7.67	0.12	—	Z-scan	[36]
	1.45	8.30	0.05	—	Z-scan	[36]
	1.55	7.50	<0.01	—	Z-scan	[36]
	1.686	7.33	<0.01	—	Z-scan	[36]
Ge$_{15}$Sb$_{15}$Se$_{70}$	1.15	15.5	5.94	—	Z-scan	[36]
	1.25	14.9	2.78	—	Z-scan	[36]
	1.35	13.7	0.81	—	Z-scan	[36]
	1.45	12.2	0.49	—	Z-scan	[36]
	1.55	10.0	0.35	—	Z-scan	[36]
	1.686	10.0	0.27	—	Z-scan	[36]
Ge$_{12.5}$Sb$_{20}$Se$_{67.5}$	1.15	20.3	7.44	—	Z-scan	[36]
	1.25	17.5	3.05	—	Z-scan	[36]
	1.35	13.5	0.94	—	Z-scan	[36]
	1.45	12.0	0.45	—	Z-scan	[36]
	1.55	11.4	0.37	—	Z-scan	[36]
	1.686	9.40	0.22	—	Z-scan	[36]
80GeS$_2$-20Ga$_2$S$_3$	0.8	0.562	8.75	—	Z-scan	[54]
60GeS$_2$-20Ga$_2$S$_3$-20AgCl	0.8	0.720	11.10	—	Z-scan	[54]
60GeS$_2$-20Ga$_2$S$_3$-20AgBr	0.8	0.632	10.19	—	Z-scan	[54]
60GeS$_2$-20Ga$_2$S$_3$-20AgI	0.8	0.683	14.01	—	Z-scan	[54]
70GeS$_2$-15Ga$_2$S$_3$-15AgI	0.8	0.602	13.83	—	Z-scan	[54]
60GeS$_2$-20Ga$_2$S$_3$-20AgI	0.8	0.683	14.01	—	Z-scan	[54]
50GeS$_2$-25Ga$_2$S$_3$-25AgI	0.8	0.702	15.24	—	Z-scan	[54]
60GeS$_2$-20Ga$_2$S$_3$-20AgI	0.8	0.683	14.01	—	Z-scan	[54]
(60GeS$_2$-20Ga$_2$S$_3$-20AgI)$_{99}$-Ag$_1$	0.8	0.692	22.05	—	Z-scan	[54]
(60GeS$_2$-20Ga$_2$S$_3$-20AgI)$_{95}$-Ag$_5$	0.8	0.771	22.85	—	Z-scan	[54]
Ge$_{31.0}$Sb$_{3.4}$Se$_{65.6}$	1.064	7.0±1.2	1.9±0.5	—	Z-scan	[51]
Ge$_{28.3}$Sb$_{6.8}$Se$_{64.9}$	1.064	8.9±2.7	<0.7	—	Z-scan	[51]

续表

玻璃的化学组成	波长 /μm	n_2 /(10^{-18}m^2/W)	β /(10^{-11}m/W)	$\chi^{(3)}$ /(10^{-13}esu)	测试方法	参考文献
Ge$_{23.1}$Sb$_{13.0}$Se$_{63.9}$	1.064	9.1±1.8	2.3±0.5	—	Z-scan	[51]
Ge$_{19.5}$Sb$_{17.8}$Se$_{62.7}$	1.064	14.1±2.9	10.5±1.4	—	Z-scan	[51]
Ge$_{14.9}$Sb$_{22.3}$Se$_{62.8}$	1.064	14.8±2.9	12.4±1.8	—	Z-scan	[51]
Ge$_{12.1}$Sb$_{25.5}$Se$_{62.5}$	1.064	17.7±5.9	21.4±4.1	—	Z-scan	[51]
Ge$_{10.4}$Sb$_{29.1}$Se$_{60.5}$	1.064	21.2±4.6	21.5±2.3	—	Z-scan	[51]
Ge$_{28}$Sb$_{12}$Se$_{60}$	1.064	13.7±2.2	7.5±0.95	—	Z-scan	[51]
Ga$_8$Sb$_{32}$S$_{60}$	1.55	12.4	—	—	Z-scan	[31]
As$_{40}$S$_{45}$Se$_{15}$	1.55	2.3±0.5	1.0±0.2	—	Z-scan	[29]
As$_{40}$S$_{40}$Se$_{20}$	1.55	3.4±0.5	2.7±0.2	—	Z-scan	[29]
As$_{40}$S$_{30}$Se$_{30}$	1.55	4.5±0.5	2.0±0.2	—	Z-scan	[29]
As$_{40}$S$_{20}$Se$_{40}$	1.55	6.0±0.5	3.7±0.2	—	Z-scan	[29]
As$_{40}$S$_{15}$Se$_{45}$	1.55	6.1±0.5	2.8±0.2	—	Z-scan	[29]

注:测试方法栏中 THG 为三次谐波产生法;Z-scan 为 Z 扫描法;OKS 为光克尔闸法;NIT 为非线性成像法[49];SRTBC 为频率分辨双光束耦合法[63]。

参 考 文 献

[1] Asobe M, Kanamori T, Kubodera K I. Applications of highly nonlinear chalcogenide glass fibers in ultrafast all-optical switches. IEEE Journal of Quantum Electronics, 1993, 29(8): 2325-2333

[2] Hahn D V, Thomas M E, Blodgett D W. Modeling of the frequency- and temperature-dependent absorption coefficient of long-wave-infrared (2-25 micron) transmitting materials. Applied Optics, 2005, 44(32): 6913-6920

[3] 张启明. 硫系玻璃的光致改性与微光子学器件研究. 上海:复旦大学博士学位论文, 2010

[4] 宗双飞, 沈祥, 徐铁峰, 等. Ge$_{20}$Sb$_{15}$Se$_{65}$薄膜的热致光学特性变化研究. 物理学报, 2013, 62(9): 096801

[5] Kolobov A V, Elliott S R. Photodoping of amorphous chalcogenides by metals. Advances in Physics, 2006, 40(40): 625-684

[6] Agrawal G. Applications of Nonlinear Fiber Optics. New York: Academic Press, 2008

[7] Sugimoto N. Ultrafast optical switches and wavelength division multiplexing (WDM) amplifiers based on bismuth oxide glasses. Journal of the American Ceramic Society, 2002, 85(5): 1083-1088

[8] Sheik-Bahae M, Said A A, van Stryland E W. High-sensitivity, single-beam $n(2)$ measurements. Optics Letters, 1989, 14(17): 955-957

[9] Sheik-Bahae M, Said A A, Wei T H, et al. Sensitive measurement of optical nonlinearities using a single beam. IEEE Journal of Quantum Electronics, 1990, 26(4): 760-769

[10] Nasu H, Ibara Y, Kubodera K I. Optical third-harmonic generation from some high-index glasses. Journal of Non-Crystalline Solids, 1989, 110(2-3): 229-234

[11] Marchese D, Sario M D, Jha A, et al. Highly nonlinear GeS$_2$-based chalcohalide glass for all-optical twin-core-fiber switching. Journal of the Optical Society of America B, 1998, 15(15): 2361-2370

[12] Zhou Z H, Hashimoto T, Nasu H, et al. Two-photon absorption and nonlinear refraction of lanthanum sulfide-gallium sulfide glasses. Journal of Applied Physics, 1998, 84(5): 2380-2384

[13] Cardinal T, Richardson K A, Shim H, et al. Non-linear optical properties of chalcogenide glasses in the system As-S-Se. Journal of Non-Crystalline Solids, 1999, 256-257(99): 353-360

[14] Lenz G, Zimmermann J, Katsufuji T, et al. Large Kerr effect in bulk Se-based chalcogenide glasses. Optics Letters, 2000, 25(4): 254-256

[15] Troles J, Smektala F, Boudebs G, et al. Third order nonlinear optical characterization of new chalcohalogenide glasses containing lead iodine. Optical Materials, 2003, 22(4): 335-343

[16] Cherukulappurath S, Guignard M, Marchand C, et al. Linear and nonlinear optical characterization of tellurium based chalcogenide glasses. Optics Communications, 2004, 242(1-3): 313-319

[17] Gopinath J T, Soljacic M, Ippen E P, et al. Third order nonlinearities in Ge-As-Se-based glasses for telecommunications applications. Journal of Applied Physics, 2004, 96(11): 6931-6933

[18] 许彦涛,郭海涛,陆敏,等. 高非线性硫系玻璃的研究进展. 材料导报, 2010, 24(19): 49-53

[19] Dong G P, Tao H Z, Chu S S, et al. Study on the structure dependent ultrafast third-order optical nonlinearity of GeS$_2$-In$_2$S$_3$ chalcogenide glasses. Optics Communications, 2007, 270(2): 373-378

[20] Wang X F, Wang Z W, Yu J G, et al. Large and ultrafast third-order optical nonlinearity of GeS$_2$-Ga$_2$S$_3$-CdS chalcogenide glass. Chemical Physics Letters, 2004, 399(1-3): 230-233

[21] Tao H Z, Dong G P, Zhai Y B, et al. Femtosecond third-order optical nonlinearity of the GeS$_2$-Ga$_2$S$_3$-CdI$_2$ new chalcohalide glasses. Solid State Communications, 2006, 138(10-11): 485-488

[22] Guo H T, Tao H Z, Gu S X, et al. Third- and second-order optical nonlinearity of Ge-Ga-S-PbI$_2$ chalcohalide glasses. Journal of Solid State Chemistry, 2007, 180(1): 240-248

[23] Dong G P, Tao H Z, Xiao X D, et al. Study on the third and second-order nonlinear optical properties of GeS$_2$-Ga$_2$S$_3$-AgCl chalcohalide glasses. Optics Express, 2007, 15(5): 2398-2408

[24] Petit L, Carlie N, Richardson K, et al. Nonlinear optical properties of glasses in the system Ge/Ga-Sb-S/Se. Optics Letters, 2006, 31(10): 1495-1497

[25] Petit L, Carlie N, Humeau A, et al. Correlation between the nonlinear refractive index and structure of germanium-based chalcogenide glasses. Materials Research Bulletin, 2007, 42(12):2107-2116

[26] Xu Y S, Zeng H D, Yang G, et al. Third-order nonlinearities in $GeSe_2$-In_2Se_3-CsI glasses for telecommunications applications. Optical Materials, 2008, 31(1):75-78

[27] Prasad A, Zha C J, Wang R P, et al. Properties of $Ge_xAs_ySe_{1-x-y}$ glasses for all-optical signal processing. Optics Express, 2008, 16(4):2804-2815

[28] Ogusu K, Shinkawa K. Optical nonlinearities in As_2Se_3 chalcogenide glasses doped with Cu and Ag for pulse durations on the order of nanoseconds. Optics Express, 2009, 17(10):8165-8172

[29] Barney E R, Abdelmoneim N S, Towey J J, et al. Correlating structure with non-linear optical properties in $xAs_{40}Se_{60}\cdot(1-x)As_{40}S_{60}$ glasses. Physical Chemistry Chemical Physics, 2015, 17(9):6314-6327

[30] Qiao B J, Dai S X, Xu Y S, et al. Third-order optical nonlinearities of chalcogenide glasses within Ge-Sn-Se ternary system at a mid-infrared window. Optical Materials Express, 2015, 5(10):2359-2365

[31] Yang A P, Zhang M J, Lei L, et al. Ga-Sb-S chalcogenide glasses for mid-infrared applications. Journal of the American Ceramic Society, 2015, 99(1):12-15

[32] Kobayashi H, Kanbara H, Koga M, et al. Third-order nonlinear optical properties of As_2S_3 chalcogenide glass. Journal of Applied Physics, 1993, 74(6):3683-3687

[33] Quémard C, Smektala F, Couderc V, et al. Chalcogenide glasses with high non linear optical properties for telecommunications. Journal of Physics & Chemistry of Solids, 2001, 62(8):1435-1440

[34] Tikhomirov V K, Tikhomirova S A. On the mechanism of non-linear optical attenuation at 1.3-1.5μm in arsenic sulfide and tellurium oxide glasses. Journal of Non-Crystalline Solids, 2001, 284(1):193-197

[35] Harbold J M, Ilday F O, Wise F W, et al. Highly nonlinear As-S-Se glasses for all-optical switching. Optics Letters, 2002, 27(2):119-121

[36] Wang T, Gai X, Wei W H, et al. Systematic Z-scan measurements of the third order nonlinearity of chalcogenide glasses. Optical Materials Express, 2014, 4(5):1011-1022

[37] Dai S X, Chen F F, Xu Y S, et al. Mid-infrared optical nonlinearities of chalcogenide glasses in Ge-Sb-Se ternary system. Optics Express, 2015, 23(2):1300-1307

[38] Smektala F, Quemard C, Couderc V, et al. Non-linear optical properties of chalcogenide glasses measured by Z-scan. Journal of Non-Crystalline Solids, 2000, 274(1-3):232-237

[39] Boudebs G, Cherukulappurath S, Leblond H, et al. Experimental and theoretical study of higher-order nonlinearities in chalcogenide glasses. Optics Communications, 2003, 219(1-6):427-433

[40] Ogusu K, Yamasaki J, Maeda S, et al. Linear and nonlinear optical properties of Ag-As-Se

chalcogenide glasses for all-optical switching. Optics Letters,2004,29(3):265-267

[41] Xiang H,Wang S F,Wang Z W,et al. Laser irradiation induced enhancement on the ultrafast third-order optical nonlinearity of chalcogenide glass. Optical Materials, 2006, 28(8-9):1020-1024

[42] Zhang Q M,Liu W,Liu L Y,et al. Large and opposite changes of the third-order optical nonlinearities of chalcogenide glasses by femtosecond and continuous-wave laser irradiation. Applied Physics Letters,2007,91(18):181917

[43] Lin C G,Calvez L,Ying L,et al. External influence on third-order optical nonlinearity of transparent chalcogenide glass-ceramics. Applied Physics A,2011,104(2):615-620

[44] Shen X,Chen F F,Lv X,et al. Preparation and third-order optical nonlinearity of glass ceramics based on GeS_2-Ga_2S_3-CsCl pseudo-ternary system. Journal of Non-Crystalline Solids,2011,357(11):2316-2319

[45] Chen F F,Dai S X,Lin C G,et al. Performance improvement of transparent germanium-gallium-sulfur glass ceramic by gold doping for third-order optical nonlinearities. Optics Express,2013,21(21):24847-24855

[46] Huang Y C,Chen F F,Qiao B J,et al. Improved nonlinear optical properties of chalcogenide glasses in Ge-Sn-Se ternary system by thermal treatment. Optical Materials Express,2016,6(5):1644-1652

[47] Smektala F,Quemard C,Leneindre L,et al. Chalcogenide glasses with large non-linear refractive indices. Journal of Non-Crystalline Solids,1998,239(1-3):139-142

[48] Boudebs G,Sanchez F,Troles J,et al. Nonlinear optical properties of chalcogenide glasses: Comparison between Mach-Zehnder interferometry and Z-scan techniques. Optics Communications,2001,199(5-6):425-433

[49] Boudebs G,Berlatier W,Cherukulappurath S,et al. Nonlinear optical properties of chalcogenide glasses at telecommunication wavelength using nonlinear imaging technique. Proceedings of the International Conference on Transparent Optical Networks,2004:145-150

[50] Xu Y S,Zhang Q M,Wang W,et al. Large optical Kerr effect in bulk $GeSe_2$-In_2Se_3-CsI chalcohalide glasses. Chemical Physics Letters,2008,462(1):69-71

[51] Olivier M,Tchahame J C,Němec P,et al. Structure,nonlinear properties,and photosensitivity of $(GeSe_2)_{100-x}(Sb_2Se_3)_x$ glasses. Optical Materials Express,2014,4(3):525-540

[52] Chu S S,Wang S F,Tao H Z,et al. Large and ultrafast third-order nonlinear optical properties of Ge-S based chalcogenide glasses. Chinese Physics Letters,2007,24(3):727-729

[53] Chu S S,Li F M,Tao H Z,et al. SbS_3 enhanced ultrafast third-order optical nonlinearities of Ge-S chalcogenide glasses at 820nm. Optical Materials,2008,31(2):193-195

[54] Ren J,Li B,Wagner T,et al. Third-order optical nonlinearities of silver doped and/or silver-halide modified Ge-Ga-S glasses. Optical Materials,2014,36(5):911-915

[55] Harbold J M,Ilday F,Wise F W,et al. Highly nonlinear Ge-As-Se and Ge-As-S-Se glasses for all-optical switching. IEEE Journal of Quantum Electronics,2002,14(6):822-824

[56] Requejo-Isidro J, Mairaj A K, Pruneri V, et al. Self refractive non-linearities in chalcogenide based glasses. Journal of Non-Crystalline Solids, 2003, 317(3): 241-246

[57] Mao S, Tao H Z, Zhao X J, et al. Structure dependence of ultrafast third-order optical non-linearity for GeS_2-In_2S_3-CsI chalcohalide glasses. Solid State Communications, 2007, 142(8): 453-456

[58] Petit L, Carlie N, Chen H, et al. Compositional dependence of the nonlinear refractive index of new germanium-based chalcogenide glasses. Journal of Solid State Chemistry, 2009, 182(10): 2756-2761

[59] Liu Q M, Gao C, Zhou H, et al. Ultrafast third-order optical non-linearity of 0.56GeS_2-0.24Ga_2S_3-0.2KX(X=Cl, Br, I) chalcohalide glasses by femtosecond optical Kerr effect. Optical Materials, 2009, 32(1): 26-29

[60] Fedus K, Boudebs G, Coulombier Q, et al. Nonlinear characterization of GeS_2-Sb_2S_3-CsI glass system. Journal of Applied Physics, 2010, 107(2): 023108

[61] Guo H T, Hou C Q, Gao F, et al. Third-order nonlinear optical properties of GeS_2-Sb_2S_3-CdS chalcogenide glasses. Optics Express, 2010, 18(22): 23275-23284

[62] Hou Y N, Liu Q M, Zhou H, et al. Ultrafast non-resonant third-order optical nonlinearity of GeS-GaS-CdS chalcogenide glass. Solid State Communications, 2010, 150(17-18): 875-878

[63] Kang I, Krauss T, Wise F. Sensitive measurement of nonlinear refraction and two-photon absorption by spectrally resolved two-beam coupling. Optics Letters, 1997, 22(14): 1077-1079

第 4 章 稀土掺杂硫系玻璃的中红外光谱特性

硫系玻璃具有较低的声子能量、优异的红外透过率、良好的化学稳定性和热稳定性,被认为是具有广泛应用前景的红外激光基质材料。稀土离子拥有许多特征电子能级,在适当能量的激光泵浦下,电子会被激发到高能级,并随之衰减到较低能级,产生许多特异的光学性能。迄今,镧系离子掺杂的透明光学材料如光纤放大器和激光玻璃等得到了广泛应用。目前这些光电功能材料的基质大多为氧化物或氟化物。镧系离子在基质中的中红外发光效率与基质的声子能量有关。与氧化物、氟化物玻璃相比,硫系玻璃由于其声子能量($200\sim350\mathrm{cm}^{-1}$)低,多声子弛豫概率小,具有高辐射跃迁率,是一种很好的稀土掺杂基质材料。特别是由于其宽的红外透过窗口,稀土掺杂硫系玻璃的中红外发光开始受到极大关注。此外,硫系玻璃具有高的折射率($n>2.3$),根据 Judd-Ofelt 理论可知其具有较大的偶极子振荡强度,使硫系玻璃中稀土离子的周围产生强局域电场,从而诱发较大的受激发射截面。

在中红外光应用方面,光纤激光器及放大器产生的相干光源具有更大的潜力,如遥感、测距、环境检测、生物工程、医疗及军事等[1]。目前已获得波长大于 $1.5\mu\mathrm{m}$ 的光纤激光主要以石英和氟化物基质稀土掺杂光纤为主,且输出波长均未达到 $4\mu\mathrm{m}$;已报道的光纤激光最长波长为 $3.95\mu\mathrm{m}$,是在低温冷却工作环境的 ZBLAN 光纤中获得的。而光纤激光工作波长继续向长波方向发展:首先,要研究新型低声子能量的增益光纤介质材料,减小无辐射跃迁概率;其次,要改善基质材料的配位环境,提高稀土离子的掺杂浓度和量子效率。稀土掺杂硫系光纤被认为是制备中红外光纤激光器的最佳光纤材料之一。

4.1 稀土离子种类及中红外能级跃迁机理

稀土因其特殊的电子层结构,而具有一般元素所无法比拟的光谱性质,稀土发光几乎覆盖了整个固体发光的范畴,只要谈到发光,几乎离不开稀土。稀土元素的原子具有未充满的受到外层屏蔽的 4f 电子组态,因此有丰富的电子能级和长寿命激发态,能级跃迁通道多达 20 余万个,可以产生多种多样的辐射吸收和发射,其光谱大约有 30000 条可观察到的谱线,它们可发射从紫外光、可见光到红外光区的各种波长的电磁辐射[2]。稀土离子丰富的能级和 4f 电子的跃迁特性,使其成为巨大的发光宝库,从中可发掘出许多新型的发光材料。

稀土离子某些激发态的平均寿命长达 $10^{-2}\sim10^{-6}\mathrm{s}$(亚稳态)[3],这是由于 4f-

4f 之间的自发跃迁是禁阻跃迁,跃迁概率很小,所以激发态寿命很长。这是稀土可以作为激光和荧光材料的依据。稀土离子的这种特殊光谱特性,使其可以用作荧光材料和激光材料,目前 90% 以上的激光材料都和稀土离子有关;目前已发现了 3 个二价稀土离子和 11 个三价稀土离子可作为激光材料,激光波长从紫外到中红外都有覆盖。

4.1.1 稀土元素的电子层构型

稀土元素是周期表中ⅢB族钪、钇和镧系元素的总称,如图 4.1 所示。镧系稀土元素电子层结构的特点是电子在外数第三层的 4f 轨道上填充,4f 轨道的角量子数 $l=3$,磁量子数 m 可取 0、± 1、± 2、± 3 等 7 个值,故 4f 亚层具有 7 个轨道。根据 Pauli 不相容原理,在同一原子中不存在 4 个量子数完全相同的两个电子,即一个原子轨道上只能容纳自旋相反的两个电子,4f 亚层只能容纳 14 个电子,从 La 到 Lu,4f 电子依次从 0 增加到 14。

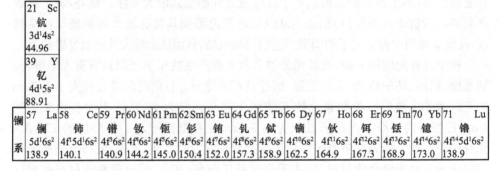

图 4.1 稀土离子种类

钪和钇的电子层构型分别为:

Sc $1s^2 2s^2 2p^6 3s^2 3p^6 3d^1 4s^2$;

Y $1s^2 2s^2 2p^6 3s^2 3p^6 3d^{10} 4s^2 4p^6 5s^2$。

镧系原子的电子层构型为:

$[Xe] 4f^n 5d^{n'} 6s^2$,$n=0 \sim 14$,$n'=0$ 或 1。

其中,$[Xe]$ 为氙原子的电子层结构,即 $1s^2 2s^2 2p^6 3s^2 3p^6 3d^{10} 4s^2 4p^6 4d^{10} 5s^2 5p^6$。

形成三价稀土离子时首先失去的是 6s 和 5d 电子,使三价稀土离子具有顺序增加的 $4f^n$ 电子结构,$n=0,1,\cdots,14$,分别对应于 La^{3+}、Ce^{3+}、$\cdots$、Lu^{3+}。没有 4f 电子的 Y^{3+} 和 La^{3+} 及 4f 电子全充满的 Lu^{3+}($4f^{14}$)都具有密闭的壳层,因此它们都是无色的离子,具有光学惰性,很适合作为发光材料的基质。

4.1.2 产生中红外跃迁的稀土离子及能级跃迁

镧系元素具有相同的外层电子结构 $4f^n 5s^2 5p^6 6s^2$,通常情况下失去 2 个 6s 电子和一个 4f 电子形成三价离子，而 5s 和 5p 电子并不参与成键。剩余的 4f 电子受到外电子层 5s 和 5p 的屏蔽作用，配位场对其影响较小。光学吸收和发射引起的跃迁均发生在 4f 层内，由于 f-f 组态之内有 1639 个跃迁能级，能级对之间的可能跃迁数高达 199177，可观察到的谱线高达 30000 多条，再加上 f-d 组态之间存在的跃迁等，则数目就更多了。但是要想实现 3~5μm 跃迁，上下跃迁能级能量间隔则需要处于 2000~3300 cm^{-1}。根据经典光谱理论，稀土离子在某个激发态产生总跃迁概率(W)等于辐射跃迁概率(A_{rad})与无辐射跃迁概率(W_{nr})之和。因此，稀土离子能级间产生中红外辐射跃迁概率往往受基质材料影响，即稀土离子和基质间的相互作用。这种无辐射跃迁的过程一般被看成一种多声子弛豫过程。多声子弛豫引起的无辐射跃迁概率 W_{nr} 可由 Miyakawa-Dexter 方程来描述[4]：

$$W_{nr} = W_0 \exp\left(-\alpha \frac{\Delta E}{h\nu}\right) \tag{4.1}$$

式中，W_0 是带隙为零且没有声子发射时的转移速率，为常数；$\alpha = \ln(P/g) - 1$，其中 g 为电子-声子耦合强度，P 为声子阶数，$P = \Delta E/(h\nu)$；ΔE 为能级间的能量间隔，$h\nu$ 为声子能量。可知，多声子过程的无辐射跃迁概率首先取决于声子阶数，即能级间的能量间隔和声子能量，前者取决于稀土离子的能级结构，而后者取决于基质本身。从式(4.1)可以得出，当两能级能量间隔 ΔE 固定不变时，多声子弛豫率主要是由材料晶格振动中的高能声子决定的，声子频率越高，多声子无辐射弛豫概率也越大。不同玻璃基质材料中稀土离子多声子弛豫速率 W_{nr} 与跃迁的两能级能量间隔 ΔE 的关系如图 4.2 所示[5]。

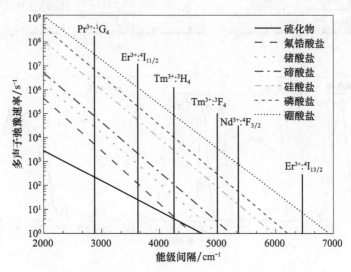

图 4.2　不同玻璃基质中多声子弛豫速率与能级间隔的关系

按照玻璃基质声子能量大小可以看出，氧化物玻璃（硼酸盐、磷酸盐、硅酸盐）由于其声子能量较高，多声子弛豫速率最大；硫系玻璃由于其声子能量（200～350cm^{-1}）最低，多声子弛豫速率最小。常见的氧化物玻璃由于基质材料声子能量普遍较高，稀土离子在其中的多声子弛豫概率很高，导致中红外波段跃迁对应的上下能级辐射跃迁概率十分微小，很难获得中红外波段范围的荧光。

在稀土掺杂的玻璃材料中实现 3μm 以上的荧光，必须满足两个条件：一是材料的声子能量必须很小，尽可能降低多声子弛豫速率来提高中红外跃迁的量子效率；二是材料本身需要对泵浦光和中红外波段具有良好的透过特性来确保稀土离子掺杂其中能被激发到较高的能级。硫系玻璃正好满足这两个条件。另外，硫系玻璃较大的折射率和低声子能量使稀土离子的振子强度和量子跃迁效率都比氟化物玻璃中的高。迄今为止在室温条件下，稀土离子掺杂的无机玻璃基质材料中能获得大于 3μm 中红外荧光以硫系玻璃为主，所涉及的稀土离子目前只有 Er^{3+}、Ho^{3+}、Dy^{3+}、Pr^{3+}、Tm^{3+}、Tb^{3+} 六种稀土离子。图 4.3 给出了这六种稀土离子的能级图，并在图中标出了 3～5μm 荧光所对应的跃迁能级位置。

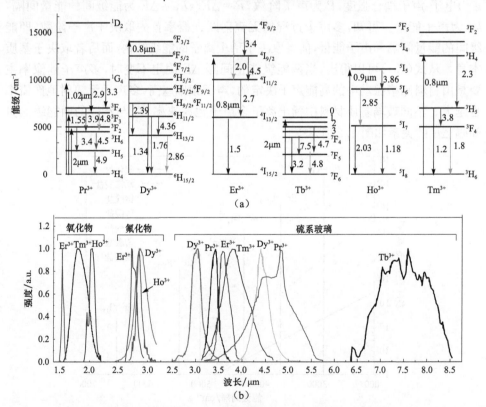

图 4.3 (a)发射 3～5μm 荧光的稀土离子能级结构图；(b)不同基质玻璃中发射光谱对比图

经典的稀土离子电偶极跃迁 Judd-Ofelt 理论中跃迁分支比 β 是衡量跃迁发射荧光强弱的重要理论参数,它是指从某一高能级态向所有低能级自发辐射跃迁概率的比值。研究者根据稀土离子在硫系玻璃中的吸收光谱并结合 Judd-Ofelt 理论计算了上述六种稀土离子中产生 $3\sim5\mu m$ 跃迁的跃迁分支比大小,现将数据汇总于表 4.1 中[4,6-10]。可以看出,$Dy^{3+}:{}^6H_{11/2}\to{}^6H_{13/2}$ 跃迁和 $Pr^{3+}:{}^3H_6\to{}^3H_5$ 跃迁的分支比较大,说明最容易产生中红外荧光,这也是后来研究者对 Dy^{3+} 和 Pr^{3+} 掺杂硫系玻璃研究较为集中的原因之一。

表 4.1 不同稀土离子中红外荧光跃迁特性

稀土离子	能级跃迁	泵源 $\lambda_{ex}/\mu m$	荧光 $\lambda_{em}/\mu m$	自发辐射概率 A/s^{-1}	荧光分支比 $\beta/\%$	受激发射截面 $\sigma_e/(10^{-20}cm^2)$	荧光寿命 τ/ms	$\sigma_e\tau/(10^{-23}cm^2\cdot s)$
Pr^{3+}	${}^3H_5\to{}^3H_4$	2.02	4.815	54.5	100	8.56	18.34	156.99
	${}^3H_6\to{}^3H_5$		4.619	66.8	45.5	8.89	14.97	133.08
	${}^3F_2\to{}^3H_5$		3.537	139.5	87.3	6.39	7.17	45.82
Er^{3+}	${}^4I_{9/2}\to{}^4I_{11/2}$	0.804	4.53	8	0.8	0.88	125	110
	${}^4F_{9/2}\to{}^4I_{9/2}$		3.452	—	—	—	—	—
Ho^{3+}	${}^5I_6\to{}^5I_7$	0.9	2.815	104	17.4	1.93	9.62	18.57
	${}^5I_5\to{}^5I_6$		3.867	43	10.5	2.84	23.25	66.03
Tb^{3+}	${}^7F_4\to{}^7F_5$	2.950	7.5	169.5	8.76	7.59	5.9	44.78
	${}^7F_5\to{}^7F_6$		5.01	84.7	—	10.80	11.8	127.44
Tm^{3+}	${}^3H_5\to{}^3F_4$	0.8	3.8	32	0.04	1.97	31.25	61.56
Dy^{3+}	${}^6H_{11/2}\to{}^6H_{13/2}$	0.81	4.38	29.8	9.3	3.24	33.5	108.54
	${}^6H_{13/2}\to{}^6H_{15/2}$		2.86	113.8	100	2.25	8.79	19.78

稀土掺杂硫系玻璃研究的最大潜力在于制备中红外光纤激光器和放大器,因此需要研究其增益特性或激光特性。在光纤中三能级和四能级稀土离子的受激跃迁增益可以用式(4.2)来表示[11],从中可以看出,增益 $g(L)$ 正比于受激发射截面与荧光寿命的乘积($\sigma_e\tau$)。因此,可以将这个乘积作为评价稀土掺杂硫系光纤激光性能的参数——激光品质因子。表 4.1 中给出了在硫系玻璃中发光波长在 $3\mu m$ 附近及以上的稀土离子跃迁特性,计算了各稀土离子不同波长对应的激光品质因子($\sigma_e\tau$)。在石英光纤中,Yb^{3+} 激光品质因子只有 $0.6\times10^{-23}cm^2\cdot s$,是硫系玻璃中各稀土离子的几十分之一甚至上百分之一。因此,硫系稀土掺杂光纤没有实现激光输出主要受限于光纤损耗太大;理论模拟显示,在光纤损耗小于 $1dB/m$ 时 Dy^{3+} 掺杂的硫系光纤能够获得 $4.5\mu m$ 的激光输出,斜率效率为 0.16。

$$g(L)=-\sigma_a N_0 \eta_s L+(1+\gamma_s)\frac{\sigma_e\tau}{h\upsilon_p}\frac{P_{abs}}{A}\frac{F}{\eta_p}\xi \qquad (4.2)$$

通过对表 4.1 中统计和计算的参数比较,很容易发现稀土 Pr^{3+} 和 Dy^{3+} 具有最大的激光品质因子,因而根据式(4.2)可知具有最大的增益系数,最有可能实现中红外激光输出,特别是 Pr^{3+} 的 $^3H_5 \to {}^3H_4$ 跃迁具有最大的理论荧光分支比(100%)。另外,激光上下能级的寿命也是影响激光产生的重要因素。上能级寿命太长会得到较大的 $\sigma_e\tau$,但上能级的辐射概率会很小;而较短的上能级寿命意味着材料不能存储较大的能量,甚至不能形成有效的粒子数反转。激光下能级的寿命越短越好,以便及时清空下能级粒子数,保持较大的反转粒子数(Δn)。对于 Dy^{3+} 的 $^6H_{11/2} \to {}^6H_{13/2}$ 跃迁,下能级荧光寿命较长,为 8.79ms,不能及时排空影响激光的运转,必须采用级联激光的形式将下能级 $^6H_{13/2}$ 的粒子数抽空。对于 Pr^{3+} 的 $^3H_5 \to {}^3H_4$ 跃迁,激光下能级靠近基态形成准四能级系统不存在下能级粒子数积累的瓶颈。

4.2 稀土离子在硫系玻璃结构中的局域场特性

4.2.1 多声子弛豫

多声子弛豫是影响荧光寿命和量子效率的重要因素。多声子弛豫速率 W_{mp} 可以由测试的荧光寿命 τ_m 和计算的理论荧光寿命 τ_R 得出,计算公式为[12]

$$W_{mp} = \frac{1}{\tau_m} - \frac{1}{\tau_R} \tag{4.3}$$

Yong 等[13]研究了卤化物引入 Ge-Ga-S 玻璃前后稀土离子的多声子弛豫变化,图 4.4 给出了两种掺杂离子(Nd^{3+}、Dy^{3+})在 $Ge_{0.25}Ga_{0.1}S_{0.65}$ 和 $0.9[Ge_{0.25}Ga_{0.1}S_{0.65}]$-$0.1CsBr$ 两种基质玻璃中多声子弛豫速率大小(单个点)以及拟合的能级差与多声子弛豫大小关系曲线(实线),发现 CsBr 引入会大大降低多声子弛豫速率。例如,对于 Dy^{3+}:$^6F_{11/2}$,$^6H_{9/2}$ 能级是 1.31μm 荧光的上能级,引入 CsBr 后多声子弛豫速率降低了 4 个数量级。

为了理解局域声子模式的定量变化,对 Dy^{3+} 激发态的多声子弛豫率温度依赖性进行了研究(图 4.5)[14]。从低温开始一直到 150K,多声子弛豫速率缓慢升高,继续升高温度多声子弛豫速率快速升高。式(4.4)精确地拟合了多声子弛豫随温度的变化规律,对不掺杂 CsBr 的玻璃假定单个振动模式声子能量为 375cm^{-1},有五个声子参与跃迁过程。

$$W_{mp}(T) = W_{mp}(0) \prod_i (n_i + 1)^{p_i} \tag{4.4}$$

式中,$W_{mp}(0)$ 和 n_i 分别表示温度为 0K 时的多声子弛豫速率和玻色-爱因斯坦占据数,p_i 是达到能级差 ΔE 的能量所需要的声子数,375cm^{-1} 的振动是由 GeS_4 四面体的非对称伸缩振动产生的[15]。但是这些参数对含有 CsBr 的玻璃不适用,如图 4.5 中虚线所示。使用 245cm^{-1} 振动声子能量和六个声子拟合的实线是符合要求的。

这个结果有力地表明了含 CsBr 的玻璃具有不同的声子能量，Ga-Br 键的拉伸振动是弛豫过程中参与作用的主要声子模式。

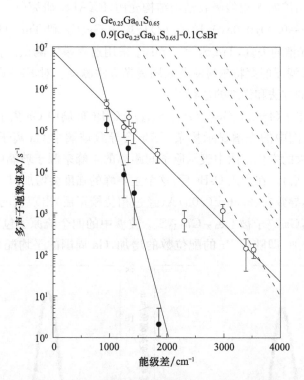

图 4.4　多声子弛豫速率随能级差和基质种类的变化

图中两条实线为 $Ge_{0.25}Ga_{0.1}S_{0.65}$ 和 $0.9[Ge_{0.25}Ga_{0.1}S_{0.65}]$-$0.1CsBr$ 玻璃的拟合曲线

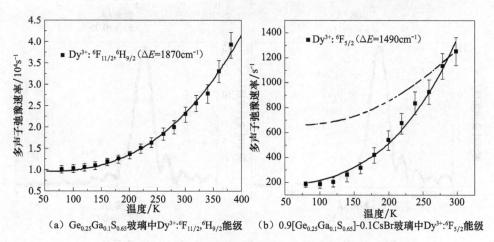

（a）$Ge_{0.25}Ga_{0.1}S_{0.65}$ 玻璃中 Dy^{3+}: $^6F_{11/2}, ^6H_{9/2}$ 能级　（b）$0.9[Ge_{0.25}Ga_{0.1}S_{0.65}]$-$0.1CsBr$ 玻璃中 Dy^{3+}: $^6F_{5/2}$ 能级

图 4.5　多声子弛豫速率随温度的变化关系

4.2.2 扩展 X 射线吸收精细结构光谱

研究者利用扩展 X 射线吸收精细结构光谱(EXAFS)研究$(1-x)$($Ge_{0.25}Ga_{0.10}S_{0.65}$)-$x$CsBr($x=0.00,0.05,0.10,0.12$)玻璃中 Ge、Ga 和 Tm^{3+} 的局域结构。为防止 EXAFS 光谱的失真,Tm_2S_3 和 $TmBr_3$ 采用透射模式测试。含 Tm^{3+} 的玻璃利用配有 Co 过滤器的莱特尔检测器采用荧光方法测试。对 EXAFS 数据的分析,文献中有标准的方法和详细的过程[16]。

图 4.6 给出了$(1-x)$($Ge_{0.25}Ga_{0.10}S_{0.65}$)-$x$CsBr 玻璃中 Ga 离子测试数据傅里叶变换的光谱,图中的光谱显示掺杂 CsBr 会导致玻璃中 Ga 离子径向分布函数(RDF)发生较大的变化。图中表示原子间距离的主峰来源于玻璃中的 Ga-S 键[17](经过相位校正后)。在加入 CsBr 后,这个主要峰的强度会增加,与此同时,由于形成了 Ga-Br 键,导致在(2.36 ± 0.03)Å(经过相位校正后)出现新的峰值[18]。曲线拟合结果表明,Ga 离子被 $Ge_{0.25}Ga_{0.10}S_{0.65}$ 玻璃中的四个硫原子包围。另外,随着 CsBr 浓度的增加,即随着 Br 的配位数的增加,Ga 周围的平均配位硫相应减少。

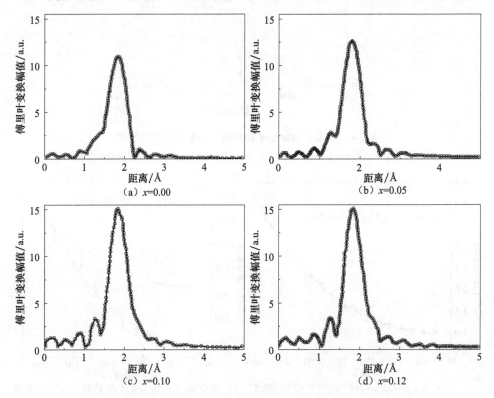

图 4.6 $(1-x)$($Ge_{0.25}Ga_{0.10}S_{0.65}$)-$x$CsBr 玻璃中 Ga 离子的径向分布函数(RDF)曲线(未经过相位矫正)

特别地,在 $0.90(Ge_{0.25}Ga_{0.10}S_{0.65})$-$0.10CsBr$ 玻璃中,与 Ga 紧邻的第一配位层 S 离子数量减少到 3 个,其第四个配位离子变为 Br。加入 CsBr 后,玻璃中 Ga 的 RDF 曲线中的主峰发生改变,并且变得与 $TmBr_3$ 的 RDF 曲线类似。这些结果表明,在 $0.90(Ge_{0.25}Ga_{0.10}S_{0.65})$-$0.10CsBr$ 玻璃中,Tm^{3+} 主要被 Br 离子包围。表 4.2 中的拟合结果表明,在 $Ge_{0.25}Ga_{0.10}S_{0.65}$ 玻璃中,Tm^{3+} 被 $6.77(\pm 0.85)$ 个 S 离子包围。加入 CsBr 后,围绕 Tm^{3+} 周围的第一配位壳层由 $5.86(\pm 1.58)$ 个 Br 离子组成。这一结果再次支持了 $0.90(Ge_{0.25}Ga_{0.10}S_{0.65})$-$0.1CsBr$ 玻璃中 Tm^{3+} 主要被 Br 离子包围的理论[19]。

表 4.2 玻璃及晶体中 Tm-S 和 Tm-Br 成键的配位数(N)、键长(R)、德拜-沃勒因子以及键长 R 拟合偏差

化学键	组分	$R/Å$	N	$\sigma^2/Å^2$	R 因子
Tm-S	Tm_2S_3 晶体	2.74(0.01)	6.50	0.0115(0.0015)	0.013
	$Ge_{0.25}Ga_{0.1}S_{0.65}$ 玻璃	2.77(0.01)	6.77(0.85)	0.0107(0.0014)	0.015
Tm-Br	$TmBr_3$ 晶体	2.79(0.01)	6.00	0.0066(0.0013)	0.001
	$0.9(Ge_{0.25}Ga_{0.1}S_{0.65})$-$0.1CsBr$ 玻璃	2.79(0.01)	5.86(1.58)	0.0083(0.0018)	0.020

4.3 稀土掺杂的中红外发光特性

中红外(MIR)波长范围为 $3\sim 5\mu m$,对应于大多数气体、液体和固体相的特征分子吸收或振动能量带,而且位于大气传输窗口内,这进一步强调了 MIR 光谱范围的重要性。目标分子的特征吸收,使人们能够检测特定气体,对检测空气中的有害气体或制造过程中的化学反应气体非常有用。生物组织在中红外光谱范围内也具有典型的指纹光谱,用中红外光源可进行生物检测和修饰。另外,大气传输窗口保证了军事目的的主要需求,如安全通信、导弹制导、物体检测等[1]。但是,高功率中红外光源如激光器仍没有可靠的解决途径,阻碍了 MIR 的规模化发展及应用。

基于锑化物(如 AlGaAsSb、InGaAsSb 和 InAsSbP)的 Ⅲ-Ⅴ 二极管激光器或基于铅盐(如 PbSSe 或 PbSnTe)的 Ⅳ-Ⅵ 二极管激光器已获得中红外激光输出,但是其输出功率(小于 1mW)和量子效率都很低。量子级联(QC)结构也可以在 MIR 范围输出激光,但需要低温且输出功率仅为几毫瓦[20,21]。使用光参量振荡器(OPO)和差频振荡(DFG)的近红外频率变换可以产生可调谐中红外激光,但这需要复杂的光子器件,得到的输出功率低[21]。掺杂 Ho^{3+}、Er^{3+} 和 Dy^{3+} 的 ZBLAN 玻璃在 $3\mu m$ 以下可以获得大于 1W 的激光[22-24],而在 $3\mu m$ 以上虽然可以通过提高泵浦源功率来实现激光振荡[25-27],但很难获得并且输出功率相当低。因此,以传统的氟化物玻璃光纤制备结构紧凑、高功率和经济性全光纤激光器变得非常困难。

与氟化物玻璃相比,硫系玻璃拥有更低的声子能量($<350cm^{-1}$),以及更宽的红外透过窗口(达 $10\mu m$ 以上)。稀土离子中红外跃迁的量子效率和辐射寿命很大程度上依赖于能隙宽度和玻璃基质的声子能量[28]。在氧化物和氟化物玻璃中很难观察到的中红外辐射,在硫系玻璃中都有报道[29-34]。近年来在环保、生物医学和军事应用中日益增加的需求和兴趣,进一步促进了硫系玻璃作为中红外增益介质的研究。

美国、俄罗斯、英国、德国、法国、日本、韩国及我国等均开展了这方面的研究。1995 年韩国浦项科技大学 Shin 等[35]首先报道了在 Ho^{3+}:Ge-As-S 玻璃中获得了 $2.9\mu m$ 荧光输出。随后 Heo 等[4]也在 Dy^{3+}:Ge-As(Ga)-S 玻璃中观察到了 $2.9\mu m$ 的荧光输出。1997 年英国南安普敦大学 Schweizer 等[36]在 Pr^{3+} 和 Er^{3+} 掺杂的 Ga-La-S 玻璃中获得了 $3.4\mu m$、$3.6\mu m$ 和 $4.3\mu m$ 的处于 $3\sim5\mu m$ 中红外波段的三处荧光。接着 1999 年,Shin 等[37]在 Dy^{3+}:Ge-Ga-S 硫系玻璃中观察到了 Dy^{3+}:$^6H_{11/2}\to^6H_{13/2}$ 跃迁的 $4.4\mu m$ 荧光。随后相继出现很多稀土离子掺杂的硫系玻璃实现了 $3\sim5\mu m$ 荧光输出的报道。掺 Pr^{3+} 硒基硫系玻璃光纤中首次在理论上实现了 $4.0\mu m$、$4.5\mu m$、$5.0\mu m$ 信号的光纤放大输出,采用 $2\mu m$ 反向泵浦方式在 $4.5\mu m$ 处泵浦光信号光转化效率达到 45%[38]。表 4.3 总结了已报道的部分在稀土掺杂硫系玻璃中获得 $3\sim5\mu m$ 中红外荧光的相关数据。从表中可以看出,稀土离子掺杂的硫系玻璃基质以硫族玻璃为主,主要包括 Ga-Ga-S、Ga-Ga-Sb-S、Ge-As-S、Ga-La-S、Ge-As-Se、Ge-Ga-As-Se、Ga-As-S 玻璃体系。下面针对不同掺杂稀土离子,逐一阐述其研究进展。

表 4.3 稀土掺杂硫系玻璃中红外输出总结

玻璃组成	掺杂离子	掺杂离子浓度 /mol%	转变温度 /℃	输出波长 /μm	荧光寿命 /ms	备注	时间	参考文献
GeAsGaSe	Pr^{3+}	0.1	—	4.0/4.5/5.0	—	放大模拟	2015	[38]
$Ge_{16.5}Ga_3$-$As_{16}Se_{64.5}$	Pr^{3+}	0.05	226	3.5~6.0	7.80	荧光光谱	2015	[39]
$Ga_{0.8}As_{39.2}$-S_{60}	Tm^{3+}	1	193	1.2 1.4 1.8	0.68 0.12	荧光光谱	2015	[40]
GeAsInSe	Pr^{3+}	0.05		3.5~6.0	—	光纤损耗谱	2014	[41]
GeGaAsSe	Pr^{3+}	0.05		1.70 4.5~5.0	0.27 11.5	荧光光谱	2014	[42]
GeAsInSe	Pr^{3+}	0.05 0.1		4.7	10.1 9.0	荧光光谱	2014	[43]
$Ge_{20}Ga_5$-$Sb_{10}S_{65}$	Dy^{3+} Pr^{3+}	0.05~1 0.05~1		4.20~4.5 3.50~5.5	2.30	荧光光谱	2013	[44]

续表

玻璃组成	掺杂离子	掺杂离子浓度/mol%	转变温度/℃	输出波长/μm	荧光寿命/ms	备注	时间	参考文献
$Ge_{16.5}Ga_3\text{-}As_{16}Se_{64.5}$	Dy^{3+}	0.1~0.2		4.60	2.20	荧光光谱	2012	[10]
	Pr^{3+}	0.05~0.15	—	4.89	2.70			
	Tb^{3+}	0.05~0.15		7.50	5.90			
GeGaAsSe	Dy^{3+}	(3×10^{19}ion/cm³)	—	4.60	—	模拟	2010	[45]
$Ga_5Ge_{20}\text{-}Sb_{10}S_{65}$	Er^{3+}	1	—	4.5~4.65	—	模拟	2009	[46]
GeGaAsSe	Dy^{3+}	(7×10^{19}ion/cm³)	—	4.2~4.7	—	模拟	2008	[47]
$Ga_5Ge_{20}\text{-}Sb_{10}S_{65}$	Er^{3+}	0.1	300	4.50	0.72	荧光光谱	2008	[7]
GeGaAsSe	Pr^{3+}	0.02	—	—	—	光纤损耗谱	2000	[48]
	Dy^{3+}	0.02						
硒基玻璃	Dy^{3+}	—		~4.50		光纤损耗谱	2000	[32]
硒基玻璃	Pr^{3+}	0.075		3.5~5.5		荧光光谱	1999	[33]
$70Ga_2S_3:30La_2S_3(O_3)$	Er^{3+}	1.57		3.62	0.10	荧光光谱	1997	[49]
				4.53	0.59			

4.3.1 掺Dy^{3+}硫系玻璃中红外发光

镝离子(Dy^{3+})能级结构及相应的能级跃迁如图4.7所示,Dy^{3+}能产生 1.34μm、1.76μm、2.86μm、4.36μm 的近红外及中红外跃迁。Dy^{3+}产生的1.76μm 跃迁正好位于通信的L波段。另外,Dy^{3+}的基态$^6H_{15/2}$能级到激发态$^6H_{5/2}$能级跃迁正好处于800nm附近,非常适合采用常见的商用固体激光器(如GaAlAs)进行泵浦。从图中可以看出,Dy^{3+}包含多种中红外荧光跃迁,其中$^6H_{11/2} \rightarrow {}^6H_{15/2}$、$^6H_{13/2} \rightarrow {}^6H_{15/2}$跃迁对应于2.86μm和4.36μm荧光;当粒子被泵浦到$^6H_{11/2}$能级

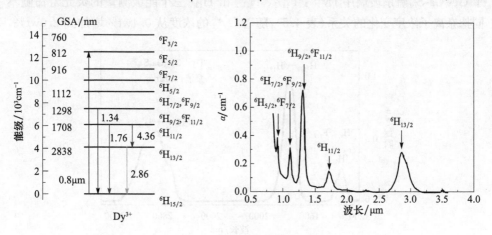

图4.7 Dy^{3+}能级及相关跃迁吸收

时，$2.86\mu m$ 的跃迁属于激光三能级系统；当泵浦到更高能级如 $^6H_{9/2}$，$^6F_{11/2}$ 时，$4.36\mu m$ 的荧光辐射满足激光四能级系统，但是激光下能级 $^6H_{13/2}$ 的寿命远大于激光上能级 $^6H_{11/2}$ 的寿命，导致激光自终止效应；要实现 $4.36\mu m$ 激光输出必须利用级联激光输出模式，解决激光下能级粒子数的积累效应。Dy^{3+} 能级的合理分布形成了三能级或四能级系统，更有利于反转粒子数的积累和激光振荡输出。

稀土掺杂硫系玻璃中红外发光研究中，Dy^{3+} 掺杂的研究最为集中。对 Dy^{3+} 掺杂的硫系玻璃研究可追溯到 20 世纪 90 年代对 $1.3\mu m$ 波段的光纤放大器基质材料的研究，能实现 $1.3\mu m$ 光放大的稀土离子主要包括：Nd^{3+} 的 $^4F_{3/2} \to ^4I_{13/2}$ 跃迁荧光中心波长在 1300nm；Pr^{3+} 的 $^1G_4 \to ^3H_5$ 跃迁荧光波长在 1300nm 附近；Dy^{3+} 的 $^6F_{11/2}$，$^6H_{9/2} \to ^6H_{13/2}$ 能级跃迁荧光中心波长为 1320nm 附近。1994 年新泽西州立罗格斯大学 Wei 等和 1995 年日本京都大学 Tanabe 等提出了将 Dy^{3+} 掺杂的硫系玻璃应用于 $1.3\mu m$ 窗口光纤放大器[50,51]。他们的研究表明，Dy^{3+} 的 ($^6F_{11/2}$，$^6H_{9/2}$) $\to ^6H_{15/2}$ 的受激发射截面比 Pr^{3+} 要大 4 倍，跃迁的荧光分支比超过 90%。但是，用硫化物作为基质玻璃时，Dy^{3+} 在 $1.31\mu m$ 处发光的寿命只有 $35\mu s$，仅仅是 Pr^{3+} 的 1/10，量子效率也非常低，约为 17%[51]。从 2000 年开始，Yong 等[14]研究报道了掺 Dy^{3+} 的添加碱性卤化物的 Ge-Ga-S 硫系玻璃，此玻璃系统在 $1.3\mu m$ 处的发光寿命和量子效率都明显增大。因此，关于 Dy^{3+} 掺杂的硫系玻璃发光性能的研究越来也受到人们的关注。

1994 年，Wei[8] 等研究了 Dy^{3+}：$Ge_{25}Ga_5S_{70}$ 硫系玻璃光谱特性，在 810nm 激光泵浦下获得的近红外及中红外荧光如图 4.8 所示。Dy^{3+}：($^6H_{9/2}$，$^6F_{11/2}$) $\to$ $^6H_{15/2}$，$^6H_{11/2} \to ^6H_{15/2}$，$^6H_{13/2} \to ^6H_{15/2}$ 三处荧光跃迁特性如表 4.4 所示。他们还研究了 $Ge_{25}Ga_5S_{70}$ 硫系玻璃中 Dy^{3+}：$^6F_{11/2}$、$^6H_{11/2}$ 和 $^6H_{13/2}$ 三个能级测量的荧光寿命随不同掺杂离子浓度变化的关系（表 4.5），随着 Dy^{3+} 的浓度从 0.4wt% 增加到 2.0wt%，

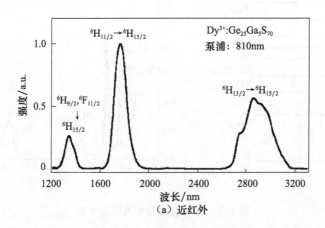

(a) 近红外

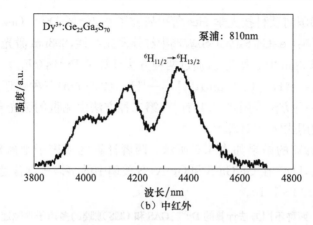

图 4.8　810nm 激光泵浦 0.4wt‰ Dy^{3+}:$Ge_{25}Ga_5S_{70}$ 硫系玻璃的荧光光谱

三个能级寿命明显呈现递减的变化,其中$^6H_{11/2}$和$^6H_{13/2}$能级寿命降低速度非常明显,这主要归结于掺杂离子浓度的增加,离子间由于相互间距的减少,从而其能量传递效应明显,导致无辐射跃迁增加,从而寿命降低。他们认为,Dy^{3+}在 Ge-Ga-S 玻璃中的掺杂浓度宜控制在 0.1wt‰以下。

表 4.4　Dy^{3+}:$Ge_{25}Ga_5S_{70}$ 玻璃中三个主荧光峰的辐射特性

跃迁	$^6H_{9/2}$,$^6F_{11/2}\to{}^6H_{15/2}$	$^6H_{11/2}\to{}^6H_{15/2}$	$^6H_{13/2}\to{}^6H_{15/2}$
荧光峰位置/μm	1.34	1.76	2.86
带宽/nm	85	130	264
辐射寿命/μs	227	2945	7339
荧光寿命/μs	38	1130	6000
量子跃迁效率/%	16.8	38.4	81.8
峰值增益截面/pm²	4.35	0.64	0.99

表 4.5　Dy^{3+}:$Ge_{25}Ga_5S_{70}$ 玻璃中$^6F_{11/2}$、$^6H_{11/2}$和$^6H_{13/2}$能级寿命随浓度变化关系

掺杂离子浓度		0.1wt‰ Dy^{3+}	0.4wt‰ Dy^{3+}	1.0wt‰ Dy^{3+}	2.0wt‰ Dy^{3+}
$^6F_{11/2}$能级寿命	$\tau_{测量1}$/μs	38	35	26	24
	$\tau_{测量2}$/μs	41	38	30	27
	$\tau_{测量3}$/μs	46	46	40	35
$^6H_{11/2}$能级寿命	$\tau_{测量1}$/μs	1.13	0.987	0.593	0.41
	$\tau_{测量2}$/μs	1.33	1.16	0.745	0.557
	$\tau_{测量3}$/μs	1.56	1.29	0.895	0.742
$^6H_{13/2}$能级寿命	$\tau_{测量1}$/μs	6.00	3.75	1.48	0.69
	$\tau_{测量2}$/μs	6.23	3.71	1.58	0.799
	$\tau_{测量3}$/μs	6.13	3.63	1.81	1.01

1996年,韩国浦项科技大学 Heo 等[4]研究了 0.2wt% Dy^{3+}:$Ge_{30}As_{10}S_{60}$(GAS) 和 0.5wt% Dy^{3+}:$Ge_{25}Ga_5S_{70}$(GGS) 玻璃中红外发光特性,808nm 激光泵浦下观察到了 1.75μm 和 2.9μm 中红外荧光,通过两种方法计算了 Dy^{3+}:$(^6F_{11/2},^6H_{9/2})\rightarrow^6H_{11/2}$ (5.27μm)、$^6H_{11/2}\rightarrow^6H_{13/2}$(4.36$\mu$m)、$^6H_{13/2}\rightarrow^6H_{15/2}$(2.86$\mu$m)三种跃迁的多声子弛豫速率大小。第一种方法采用式(4.1)计算,第二种方法由测量的荧光寿命 τ_m 和辐射跃迁寿命 τ_R,利用式(4.3)计算[4]。

两种方法计算的结果如表 4.6 所示。两者计算的多声子弛豫数据相差比较大,但是总体上,Dy^{3+} 在 Ge-Ga-S 和 Ge-As-S 玻璃中的多声子弛豫速率较 ZBLAN 玻璃基质中低 1/3~1/10。

表 4.6 两种不同方法计算的 Dy^{3+}:GAS 和 GGS 玻璃的多声子弛豫速率大小

跃迁	$W_{mp}=\frac{1}{\tau_{meas}}-\frac{1}{\tau_{rad}}$		$W_{mp}=B(1-e^{-\frac{h\nu}{kT}})^{-p}e^{-a\Delta E}$		
	GAS	GGS	ΔE	GAS	GGS
$^6F_{11/2},^6H_{9/2}\rightarrow^6H_{11/2}$	—	21.9×10³	1925	13.7×10³	13.7×10³
$^6H_{11/2}\rightarrow^6H_{13/2}$	0.92×10³	0.58×10³	2288	4.71×10³	4.71×10³
$^6H_{13/2}\rightarrow^6H_{15/2}$	30.7	15.8	3497	2.26×10³	2.26×10³

为了提高 Dy^{3+} 在硫系玻璃中红外发光效率,1999 年 Shin 等[37]将 Br 离子引入 Dy^{3+}:Ge-Ga-S 硫系玻璃中对多声子弛豫大小和中红外荧光特性进行研究。在引入不同含量 Br 离子情况下,Dy^{3+}:$^6F_{11/2}$、$^6H_{11/2}$ 和 $^6H_{13/2}$ 能级寿命变化情况如表 4.7 所示,说明随着 Br 离子的增加,三个能级的寿命逐步增加,这主要归结于 Br 离子的引入降低了多声子弛豫速率,并伴随着使 $^6F_{11/2}$ 和 $^6H_{9/2}$ 能级简并态宽度增加,导致最低斯塔克能级热效应降低,从而使含 Br 的玻璃声子能量降低。此外,由于 Dy^{3+}:Ge-Ga-S 玻璃中 Dy^{3+} 中红外跃迁波段的多声子弛豫是由 5 个非对称 [GeS_4] 基团振动的声子(375cm⁻¹)参与并占主导地位,所以 Yong 等[52]还开展了 S 含量对 Dy^{3+}:Ge-Ga-S 硫系玻璃中红外荧光特性的影响研究。结果表明,S 含量对 Dy^{3+} 的中红外荧光特性有很大的影响,S 含量的减少会导致非辐射跃迁速率的降低,Dy^{3+}:$^6H_{11/2}$ 和 $^6H_{13/2}$ 的吸收截面对应的 2.9μm 和 4.4μm 的受激发射截面以及这两个能级的寿命都相应增加;比化学计量组成(GeS_2-GaS_2)含 S 量少的玻璃组成更适合作为掺杂基质。

表 4.7 不同含量 Br 离子的样品 $^6F_{11/2}$、$^6H_{11/2}$ 和 $^6H_{13/2}$ 能级的寿命

能级	$Ge_{25}Ga_{10}S_{65}$		$0.95(Ge_{25}Ga_{10}S_{65})+0.05Br$		$0.9(Ge_{25}Ga_{10}S_{65})+0.1Br$	
	τ_c/ms	τ_m/ms	τ_c/ms	τ_m/ms	τ_c/ms	τ_m/ms
$^6F_{11/2}$,$^6H_{9/2}$	0.205	0.034	0.332	0.045	0.405	0.051
$^6H_{11/2}$	2.94	1.09	3.59	1.53	4.3	1.39
$^6H_{13/2}$	6.71	3.92	10.0	6.12	11.2	6.31

2000年,捷克斯洛伐克巴尔杜比采大学 Němec 等[53]研究了声子能量更低的硒基玻璃中 Dy^{3+} 的中红外发光特性,玻璃的具体组成为 $(Ge_{30}Ga_5Se_{65})_{100-x}$: $(Dy_2Se_3)_x$ ($x=0, 0.01, 0.05, 0.1, 0.2, 0.3, 0.5$)。计算和对比了 Dy^{3+} 在硒基玻璃中的振子强度大小,如表4.8所示。结果显示,Dy^{3+} 在硒基玻璃中跃迁的振子强度与 Ge-Ga-S、ZBLAN、$PbO-PbF_2$ 玻璃相比最高,这主要归结于 Se(2.4)电负性略小于 S(2.5),使硒基玻璃中的 $\Omega_2(Se)$ 值大于硫基玻璃,因此硒基玻璃共价性更强。采用 905nm 激光泵浦时获得了 1150nm、1340nm、1760nm、2470nm 和 2950nm 五处荧光峰,采用 1300nm 激光泵浦时获得了 1760nm、2740nm 和 2950nm 三处荧光峰(图4.9)。

表 4.8 Dy^{3+} 在不同玻璃基质中的计算振子强度($\times 10^{-8}$)

$^6H_{15/2} \to$	波长/nm	$Ge_{30}Ga_5Se_{65}$	$Ge_{25}Ga_5S_{70}$	ZBLAN	$30PbO-70PbF_2$
$^6H_{13/2}$	2829	395	128	—	—
$^6H_{11/2}$	1704	236	195	98	39
$^6F_{11/2}, ^6H_{9/2}$	1294	2203	1741	365	382
$^6F_{9/2}, ^6H_{7/2}$	1108	496	454	218	207
$^6F_{7/2}$	912	350	312	181	154
$^6F_{5/2}$	812	143	81	108	91

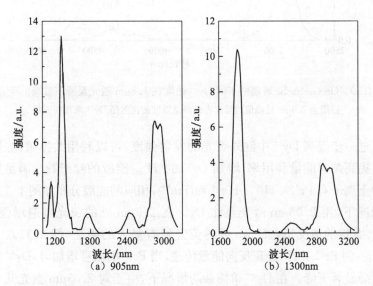

图 4.9 激光泵浦 $(Ge_{30}Ga_5Se_{65})_{99.8}:(Dy_2Se_3)_{0.2}$ 硫系玻璃荧光光谱

2001年,美国海军实验室 Shaw 等研究了硒化物玻璃 ($Ge_{30}Ga_2Sb_8Se_{60}$) 中 Dy^{3+} 在 $1.8\mu m$ 激光激发下的特征 MIR 跃迁(图4.10)[29]。$2.9\mu m$ 和 $4.3\mu m$ 宽带

强发射归因于 $Dy^{3+}:H_{13/2} \rightarrow {}^6H_{15/2}$ 和 $Dy^{3+}:{}^6H_{11/2} \rightarrow {}^6H_{13/2}$ 的跃迁。光谱中 $4.26\mu m$ 处的凹陷为测试光路空气中的 CO_2 特征吸收所致。另外可以看出，$2.9\mu m$ 处峰值的强度占光谱总强度的比例随 Dy^{3+} 浓度的增加逐渐减小。这是由于随着 Dy^{3+} 浓度的增加，Dy^{3+} 间距减小促进了交叉弛豫的发生[54]；在 ${}^6H_{13/2} \rightarrow {}^6H_{15/2}$ 和 ${}^6H_{11/2} \rightarrow {}^6H_{7/2}$，${}^6F_{9/2}$ 之间的交叉弛豫以及激发态吸收（${}^6H_{13/2} \rightarrow {}^6H_{7/2}$，${}^6F_{9/2}$）都会减少 ${}^6H_{13/2}$ 能级状态的粒子数。因此，确定 Dy^{3+} 的最佳浓度时需要综合考虑离子间内相互作用的影响。

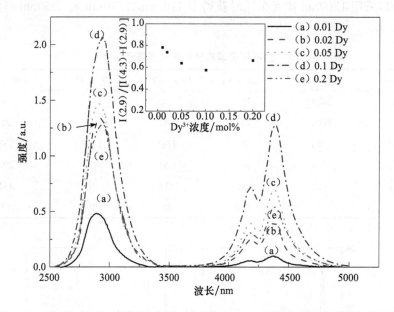

图 4.10　Ge-Ga-Sb-Se 玻璃中不同 Dy^{3+} 浓度在 $1.8\mu m$ 激光泵浦下玻璃的荧光谱
插图为 $2.9\mu m$ 处峰值的强度占光谱总强度的比例随 Dy^{3+} 浓度的变化

为了进一步提高 Dy^{3+} 中红外荧光的发射强度，可以利用共掺敏化过程，通过能量传递提高泵浦能量利用率，增加 Dy^{3+} 的 ${}^6H_{13/2}$ 能级的粒子数。满足能级匹配要求的稀土离子有 Pr^{3+}、Tb^{3+}、Ho^{3+} 和 Tm^{3+}，相应的能级分布如图 4.3 所示。在共掺杂情况下，用 $2.05\mu m$ 激光泵浦 Dy^{3+} 在 $2.9\mu m$ 处的荧光普遍增强，并且在 Dy^{3+}-Pr^{3+} 共掺的情况下，$2.9\mu m$ 处的荧光峰有最大的强度（图 4.11）。但是，从 $Dy^{3+}:{}^6H_{13/2}$ 到 $Pr^{3+}:{}^3H_5$ 会出现反向能量传递，当 Pr^{3+} 的浓度增加时，$Dy^{3+}:{}^6H_{13/2}$ 能级粒子数会显著下降。在 Dy^{3+} 单掺杂的情况下，由于对 $2.05\mu m$ 激光几乎没有吸收，所以观察不到荧光，而 Pr^{3+}、Tb^{3+}、Ho^{3+} 在 $2.05\mu m$ 处具有相对很强的特征吸收，在能量传递作用下促进了 Dy^{3+} 在 $2.9\mu m$ 处的荧光增强。另外，Tm^{3+} 和 Dy^{3+} 在 $1.8\mu m$ 处均具有吸收，且 Tm^{3+} 能够向 Dy^{3+} 传递能量。如图 4.11 所示，在加入

Tm^{3+}后,2.9μm处的辐射强度会增加,这主要归因于从 Tm^{3+} : $^3F_4$ 到 Dy^{3+} : $^6H_{13/2}$ 能级的有效能量转移。同时通过泵浦源的同步激发后从 Dy^{3+} : $^6H_{11/2}$ 到 Tm^{3+} : $^3F_4$ 的能量转移也可发生,这可以由 4.3μm 处辐射强度的降低得到证明。

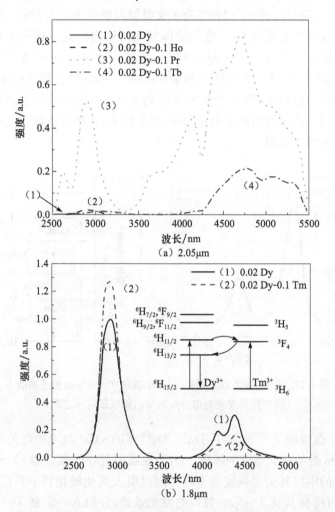

图 4.11　Ge-Ga-Sb-Se 玻璃共掺杂在 2.05μm 泵浦下荧光光谱, 以及在 1.8μm 泵浦下 Dy^{3+} 单掺和 Tm^{3+}-Dy^{3+} 共掺发光

2015 年,江苏师范大学杨志勇等研究了 Dy^{3+} 掺杂 Ga-Sb-S 硫系玻璃,这一基质具有良好的热稳定性和优异的红外透光性,在 2.95μm、3.59μm、4.17μm、4.40μm 处具有较强的中红外发射[55]。Ga-Sb-S 玻璃的低声子能量使其表现出更长的红外截止边(约 14μm),同时也有利于降低 Dy^{3+} 能级激发态的多声子弛豫速率。在 Ga$_{7.8}$Sb$_{32}$S$_{60}$Dy$_{0.2}$ 玻璃中,2.95μm 和 4.40μm 荧光的量子效率分别为

88.1%和75.9%,发射截面分别为$1.1\times10^{-20}\,\text{cm}^2$和$0.38\times10^{-20}\,\text{cm}^2$。图4.12是$Dy^{3+}$掺杂$Ga_{8-x}Sb_{32}S_{60}Dy_x$玻璃在$1.32\mu m$激光抽运下的中红外发射光谱以及对应的能级跃迁示意图。其中$2.95\mu m$和$4.40\mu m$荧光带分别源于$^6H_{13/2}\rightarrow {}^6H_{15/2}$和$^6H_{11/2}\rightarrow {}^6H_{13/2}$跃迁。然而,根据现有的文献资料很难确定$3.59\mu m$和$4.17\mu m$荧光峰的归属,这些荧光峰在$Dy^{3+}$掺杂固体发光材料的研究中被多次观察到,作者认为存在虚拟能级V,$3.59\mu m$和$4.17\mu m$荧光峰就可分别归属于$^6H_{11/2}\rightarrow V$和$V\rightarrow {}^6H_{15/2}$跃迁(图4.12),这与$Dy^{3+}$掺杂样品在$4.1\mu m$吸收强度的变化规律相一致。从图4.12可以看出,$Dy^{3+}$掺杂摩尔分数为0.2%的样品具有最强的发光;当掺杂浓度较小时,由于激活离子数量较少,发光较弱;当掺杂浓度较高时,由于浓度猝灭效应,发光强度减弱。

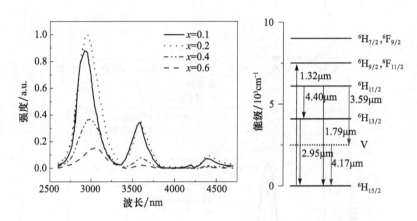

图4.12 Dy^{3+}掺杂$Ga_{8-x}Sb_{32}S_{60}Dy_x$玻璃在$1.32\mu m$激光抽运下的中红外发光光谱以及对应的能级跃迁示意图

宁波大学戴世勋等[56]研究了Tm^{3+}/Dy^{3+}:GGS-CsI玻璃中红外发光特性,观察到了$2.9\mu m$处的荧光强度的增强。Dy^{3+}在商用近红外激光器808nm附近吸收带较弱,输出的中红外荧光强度也很弱。通过引入其他敏化离子并借助能量传递机理的方法可提高其在$2\sim5\mu m$波段的发光效率,在引入一定量Tm^{3+}的情况下,Dy^{3+}在$2.9\mu m$处的荧光强度可增加5倍以上。单掺Dy^{3+}与Dy^{3+}/Tm^{3+}共掺GGS-CsI玻璃$2.9\mu m$荧光光谱及相应的能级跃迁如图4.13所示。在800nm激光泵浦下Tm^{3+}/Dy^{3+}共掺时$1.48\mu m$和$1.8\mu m$荧光光谱,它们分别是由Tm^{3+}:$^3H_4\rightarrow {}^3F_4$与$^3F_4\rightarrow {}^3H_6$跃迁产生的。对$1.48\mu m$和$1.8\mu m$处荧光衰减拟合得到的测量的样品中Tm^{3+}的$^3H_4$、$^3F_4$能级寿命如表4.9所示。可以看出,Tm^{3+}的$^3F_4$能级寿命随着Dy^{3+}的增加迅速单调减小,说明Tm^{3+}/Dy^{3+}共掺下存在Tm^{3+}:$^3F_4\rightarrow Dy^{3+}$:$^6H_{11/2}$能量转移。

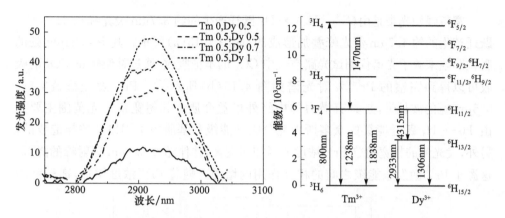

图 4.13　单掺 Dy^{3+} 与 Tm^{3+}/Dy^{3+} 共掺 GGS-CsI 玻璃 2.9μm 荧光光谱及 Dy^{3+}/Tm^{3+} 共掺玻璃能级跃迁过程

表 4.9　样品中 Tm^{3+} 测量的 $^3H_4$、$^3F_4$ 能级寿命

Dy^{3+} 浓度	0wt%	0.5wt%	0.7wt%	1wt%
能级寿命($^3H_4$)/μs	354	348	335	320
能级寿命($^3F_4$)/μs	980	450	325	210

4.3.2　掺 Pr^{3+} 硫系玻璃中红外发光

镨离子(Pr^{3+})能级结构及相应的红外吸收跃迁如图 4.14 所示，Pr^{3+} 在 1.5μm 或 2.0μm 激光泵浦跃迁至 $^3F_4(^3F_3)$ 能级，向低能级辐射跃迁能产生 3～5μm 的中红外宽带荧光。在图 4.14 中可以看到，由 $Ge_{30}Ga_2Sb_8Se_{60}$（GAGSe）组成的掺杂 Pr^{3+} 硒化物玻璃中的特征吸收带，这可以通过 UV/VIS/NIR 和 FT-IR 光谱仪测得。基于能级图，当 Pr^{3+} 被 2.05μm 泵浦源激发到($^3F_2,^3H_6$)能态，以 3.57μm 和 4.74μm 为中心的中红外发射具有产生中红外激光输出的潜力。

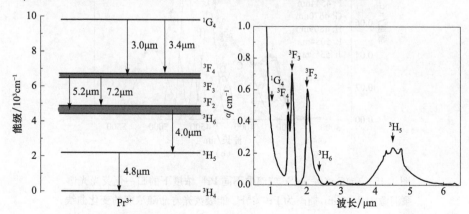

图 4.14　Pr^{3+} 能级及相关跃迁，0.1mol% Pr^{3+}:GAGSe 玻璃的中红外吸收谱

宽带强发光带是由$(^3F_2, ^3H_6) \rightarrow ^3H_5$跃迁产生的约 3.7μm 荧光峰和$^3H_5 \rightarrow ^3H_4$跃迁产生的约 4.7μm 荧光峰叠加形成的,如图 4.15(a)所示。其中 4.24μm 处的吸收凹陷来源于光谱仪测试光路空气中 CO_2 的本征吸收,通过补偿矫正 CO_2 的吸收可以得到完整的 Pr^{3+} 发射光谱如图 4.15(b)所示[57]。Pr^{3+} 发光覆盖3.5~5.5μm 宽的波长带,是具有潜力的中红外增益介质。其超宽带发光范围主要是由$^3H_5 \rightarrow ^3H_4$跃迁能级的众多斯塔克分裂子能级和基质中不同格位差异造成的。另外,发光谱的带宽随着 Pr^{3+} 浓度的增加而变大,并伴随着 3.7μm 辐射峰的降低;这源于 Pr^{3+} 激发态能级之间的相互作用的增强。随着 Pr^{3+} 浓度增加,离子间距

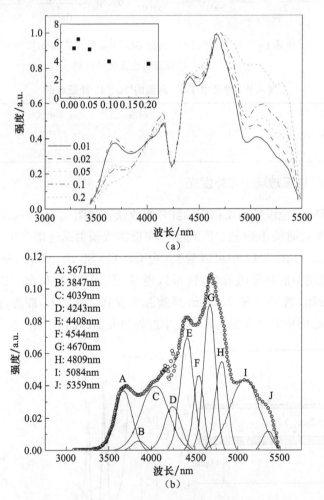

图 4.15 (a)Ge-Sb-Se 玻璃中不同 Pr^{3+} 浓度下的归一化荧光光谱,泵浦源为 2.05μm,插图为 $Pr^{3+}:^3H_5$ 能级荧光寿命随浓度的变化曲线;(b)对补偿 CO_2 吸收峰后的 Pr^{3+} 荧光光谱分峰处理

离减小，Pr^{3+}间交叉弛豫(CR1)跃迁概率提高(图 4.16(a))，这个过程可以表示为 $(^3F_2,{}^3H_6) \to {}^3H_5$ 和 $^3H_4 \to {}^3H_5$；图 4.16(b)展示了两组跃迁对应光谱具有较大的重叠区间；因此 A 和 B 荧光峰能够有效地被再吸收，并增加 $^3H_5$ 能级的反转粒子数，促进 D 到 J 对应的荧光发射。此外，如图 4.16(a)所示，在 $(^3F_2,{}^3H_6) \to {}^3H_5$ 和 $(^3F_2,{}^3H_6) \to (^3F_3,{}^3F_4)$ 之间跃迁存在另一个交叉弛豫(CR2)能量传递，这一过程也可以消耗 A、B 和 C 荧光带强度。被激发的 $^3F_3$ 和 $^3F_4$ 态向下跃迁辐射高能光子，实现了上转换发光的效果。另外，$^3H_5$ 能级的激发态吸收也可以对发射带 H、I 和 J 起贡献作用，相关跃迁过程如图 4.16(a)中虚线所示。考虑到 Pr^{3+} 激发态间的相互作用，可以认为当增益介质如光纤等具有较长的相互作用长度时，$3.7\mu m$ 的 MIR 辐射很难用于激光输出，而 $^3H_5$ 能级更容易实现粒子数反转，获得激光输出。

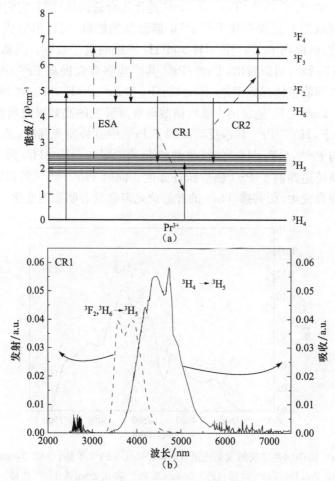

图 4.16 (a)硒基玻璃中 Pr^{3+} 间能量传递示意图；(b)Pr^{3+}：$(^3F_2,{}^3H_6) \to {}^3H_5$ 的发射光谱和 Pr^{3+}：$^3H_4 \to {}^3H_5$ 吸收光谱的重叠现象

测试发现,硒基玻璃中 $Pr^{3+}:^3H_5$ 态的荧光寿命比实际的 4ms 要大一些,如图 4.15(a)中插图所示,在 Pr^{3+} 浓度达到 $0.02mol\%$ 时,荧光寿命达到最大值而后开始减小。起初荧光寿命随掺杂浓度增加的现象是由于交叉弛豫(CR1)过程增加了 $^3H_5$ 能级的反转粒子数,这也可以通过图 4.15(a)中 A 和 B 辐射带的增加看出。接下来随着浓度的提高荧光寿命减少可以通过 Pr^{3+} 间典型能量传递来解释,这是由随着浓度的增加,内部离子间距离的减少无辐射弛豫增加导致的。考虑到实际使用 Pr^{3+} 作为中红外光源的激活离子,应当在寿命和带宽之间达成妥协。例如,在 Ge-Ga-Sb-Se 玻璃中 Pr^{3+} 掺杂浓度在 $0.02mol\% \sim 0.05mol\%$ 比较适当[58],可以避免如前所述 Pr^{3+} 之间的相互作用。

正如前面在 Dy^{3+} 中介绍到的,合理的敏化剂共掺可以进一步提高激活离子的中红外荧光强度,对于 Pr^{3+},Tm^{3+} 和 Ho^{3+} 是比较合适的敏化剂,它们在 $2\mu m$ 附近具有相似的吸收带并且没有比 $Pr^{3+}:^3H_5$ 能级低的能级,可以消除从 Pr^{3+} 可能的反向能量传递,以提高 $Pr^{3+}:(^3F_2,^3H_6)$ 和 $^3H_5$ 能级的量子效率。共掺和单掺对比光谱如图 4.17 所示,可以看出,Tm^{3+}-Pr^{3+} 共掺能够有效提高 Pr^{3+} 中红外发光强度。其中高效率能量传递效率是由 $Tm^{3+}:^3F_4$ 和 $Pr^{3+}:(^3F_2,^3H_6)$ 能级间的强热耦合作用,以及 $Tm^{3+}:^3F_4$ 能级的大吸收横截面对泵浦光的高效吸收所致。然而,在 $2.05\mu m$ 泵浦下,Ho^{3+}-Pr^{3+} 共掺反而减弱了 Pr^{3+} 中红外发光强度,虽然 $Ho^{3+}:^5I_7$ 能级的位置与 $Pr^{3+}:(^3F_2,^3H_6)$ 能级非常相近,但 $Pr^{3+}:(^3F_2,^3H_6)$ 到 $Ho^{3+}:^5I_7$ 能级的反向能量传递抑制了 Pr^{3+} 辐射跃迁强度。同时 Ho^{3+}-Pr^{3+} 共掺时 $4.7\mu m$ 处的荧光辐射寿命变短,而共掺 Tm^{3+} 的样品荧光寿命没有明显的变化。

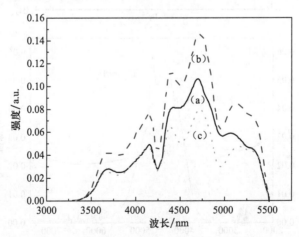

图 4.17 Pr^{3+} 掺杂硒基玻璃的发光光谱:(a)$0.05mol\%$ Pr^{3+} 单掺;(b)$0.05mol\%$ Pr^{3+} 和 $0.2mol\%$ Tm^{3+} 共掺;(c)$0.05mol\%$ Pr^{3+} 和 $0.2mol\%$ Ho^{3+} 共掺

泵浦波长均为 $2.05\mu m$

2005年，韩国国立公州大学Chung等[59]研究了硒基玻璃光纤掺杂0.02mol% Pr^{3+}作为光纤增益介质的可行性，研究了1.48μm激光二极管和2.05μm光纤激光器作为泵源的泵浦方案的优缺点。如图4.18所示，从光纤中获得了类似于大块玻璃的荧光光谱，证明在1.48μm和2.05μm泵浦时，其有作为中红外增益介质的潜力。其中在1.48μm泵浦时，发射峰5.25μm是由$(^3F_3, ^3F_4) \to {}^3H_5$跃迁的二阶衍射造成的。相对来说，用2.05μm泵浦的方案能够产生强烈的4.7μm荧光更有利于光纤激光的产生。在Pr^{3+}掺杂光纤被1.48μm泵浦激发到$(^3F_3, ^3F_4)$能级，在持续泵浦下会产生激发态吸收跃迁到较高的能级，例如，在$^1G_4$能级，这样会导致$^3H_6$和$^3H_5$能级的粒子数减少，进而阻碍中红外的增益增加。此外，对于1.48μm泵浦源，硒化物玻璃的双光子吸收和最低未占据分子轨道的热耦合相互作用限制了其最大可用功率。

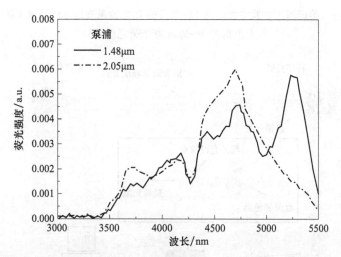

图4.18 0.02mol% Pr^{3+}掺杂的硒基硫系光纤在1.48μm和2.05μm激光泵浦下的荧光

1998年，美国海军实验室Shaw等[60]对利用掺杂Pr^{3+}硫系光纤作为红外搜索系统（infra-red search system，IRSS）激光源的应用进行了研究，其基质材料主要采用Se基硫化物玻璃，该类基质材料不仅成纤能力强，而且具有声子能量低、红外透过窗口宽、光学损耗小等优势。在1.5μm激光泵浦的作用下，可在Pr^{3+}掺杂浓度为0.075mol%的Se基硫系光纤中观察到3.5～5.5μm范围内的红外波段荧光发射，如图4.19所示，其中4.26μm和4.5μm处的损耗主要是由CO_2和Se—H的杂质吸收引起的。

图4.20为直径300μm、掺杂Pr^{3+}的Se基硫系光纤泵浦方案及IRSS结构图，该光纤具有耐高温、可弯曲度好的特点，利用该光纤的5×5阵列作为IRSS激光源，如图4.20所示，并对其进行红外仿真成像，可发现其成像效果基本是均匀清晰

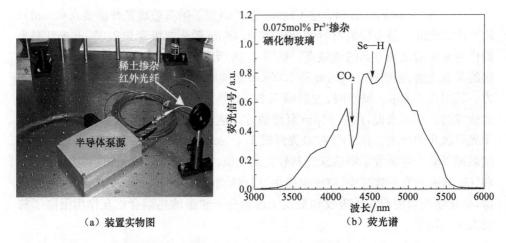

(a) 装置实物图　　(b) 荧光谱

图 4.19　美国海军实验室集成的 LD 泵浦掺 Pr^{3+} 硫系玻璃光纤装置实物图(a)及发射的 $3\sim 5\mu m$ 宽带荧光谱(b)

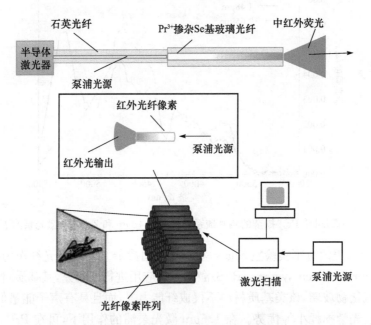

图 4.20　掺 Pr^{3+} 的 Se 基硫系光纤泵浦方案及 IRSS 的阵列结构

的。但由于该阵列组成光纤均为裸纤，所以存在 2% 左右的串音误差，这一点可以通过采用包层/纤芯结构光纤的方法来改善。

2014 年，英国诺丁汉大学 Sójka 等[42]利用挤压法制备了掺杂 Pr^{3+}:Ge-As-Ga-Se 硫系光纤，测试了光纤的损耗在 $6.65\mu m$ 处具有最低损耗 2.8dB/m。在 1550nm 激光泵浦的作用下，在 120mm 长的 Pr^{3+}:Ge-As-Ga-Se 芯/包结构的硫系光纤中成功获得了 3.5~5.5μm 中红外荧光输出,如图 4.21 所示。另外,他们测试了中红外 4.5~5μm 荧光的辐射寿命,拟合测试结果为 11.52ms,与理论计算结果 10ms 非常接近,如图 4.22 所示。测试中为了减少荧光的再吸收现象对寿命测试结果的影响,选用 34mm 长度的光纤测试寿命。

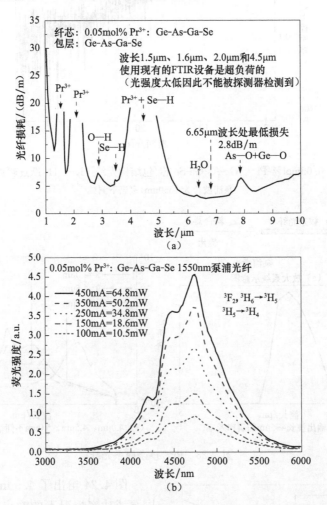

图 4.21　0.05mol% Pr^{3+}:Ge-As-Ga-Se 芯/包结构光纤损耗谱(a)和荧光光谱(b)

2015 年 7 月,美国贝勒大学 Hu 等[38]报道了 Pr^{3+} 掺杂 Ge-As-Ga-Se 光纤的放大特性,首次在理论上计算了 4.0μm、4.5μm、5.0μm 信号的光纤放大输出。采用光纤参数为:纤芯直径 5μm,纤芯数值孔径 0.3,掺杂浓度 0.055mol%。图 4.23(a)为光纤放大测试方案示意图,泵浦方式采用后向泵浦;图 4.23(b)为不同波长信号光的增益系数曲线,整个线型与荧光光谱线型相一致;图 4.23(c)为信号输入功率 100mW、激光泵浦功率 10W 时 4.0μm、4.5μm、5.0μm 信号的光纤放大输出功率。

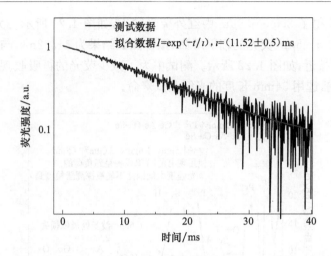

图 4.22 0.05mol% Pr^{3+}:Ge-As-Ga-Se 芯/包结构光纤 $^3H_5 \rightarrow {}^3H_4$ 跃迁辐射荧光寿命

泵浦波长为 1550nm,室温下测试

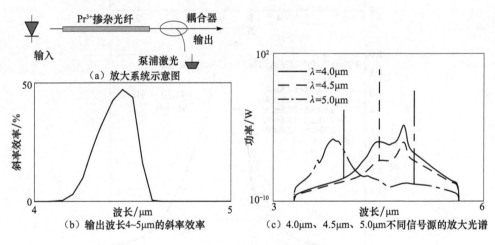

图 4.23 Pr^{3+} 掺杂硫系光纤

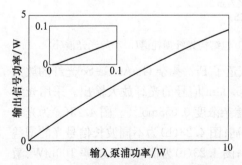

图 4.24 输出信号功率与泵浦功率的关系

图 4.24 给出了 4.5μm 信号光在不同泵浦功率情况下的输出信号强度,在信号光功率为 10mW 的情况下,其光转化效率达到 45%,接近一半的泵浦能量转化为信号光能量。在输入信号功率为 10mW 和 100mW 时,可以分别获得 25dB 和 16dB 的放大增益系数;在 4.25μm 到 4.55μm 这 300nm 带宽内,100mW 的信号

光能够获得 10dB 的放大增益系数。因此,同时实现了中红外光的高增益和低噪声放大。

2014 年,中国科学院西安光学精密机械研究所郭海涛等[61]研究了$(100-x)(0.8GeS_2 \cdot 0.2Ga_2S_3)\text{-}xCdI_2$($x=5,10,15,20$)玻璃体系组分变化对 Pr^{3+} 中红外荧光的影响。在 $2.01\mu m$ Tm^{3+}:YAG 激光器的泵浦下观察到了 $^3H_6 \rightarrow {}^3H_5$ 跃迁的 $4.6\mu m$ 荧光发射,荧光有效线宽达到 $106\sim227nm$。从图 4.25 可以看出,中红外荧光的强度对组分具有强烈的依赖作用,由于 CdI_2 具有较低的声子能量,能够有效地减小 $^3H_6$ 能级无辐射跃迁,因此随着 CdI_2 浓度增加,荧光强度增强。

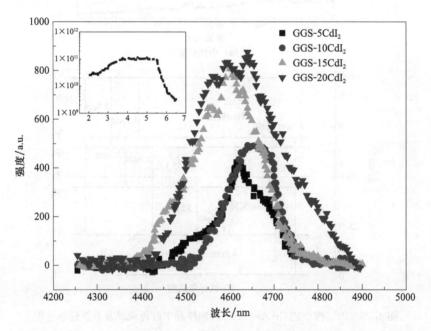

图 4.25 Pr^{3+} 掺杂的 $(100-x)(0.8GeS_2 \cdot 0.2Ga_2S_3)\text{-}xCdI_2$
($x=5,10,15,20$)玻璃样品的中红外荧光
插图为 InSb 探测器的响应曲线

宁波大学刘自军等研究了 Ge-As-Ga-Se(GAGS)玻璃中 Pr^{3+} 中红外发光特性。如图 4.26 所示,在 $2\mu m$ 泵源的激发下 Pr^{3+} 具有非常宽($2.8\sim5.5\mu m$)的发光范围,最佳掺杂浓度为 $0.1mol\%$。更高浓度情况下,随着离子间距离的减小,能量迁移速率越来越大,造成无辐射损耗严重,导致荧光猝灭。此外,在 $2\mu m$ 泵源激发下发生了激发态吸收(ESA)现象,如图 4.26 能级分布中虚线所示。这也解释了荧光光谱中出现的 $2.9\mu m$ 和 $3.3\mu m$,为了进一步验证 ESA 跃迁的存在,近红外光谱测试也发现了 $1.3\mu m$ 和 $1.6\mu m$ 的荧光。

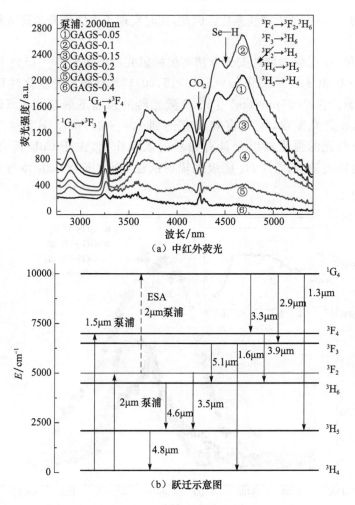

图 4.26 Pr^{3+} 掺杂的 Ge-As-Ga-Se 玻璃样品中红外荧光及其跃迁示意图

4.3.3 掺 Tm^{3+} 硫系玻璃中红外发光

铥离子(Tm^{3+})能级结构及相应的能级跃迁如图 4.27 所示，Tm^{3+} 能产生 1.2μm、1.46μm、1.8μm、2.3μm、4.0μm 的近红外及中红外跃迁。其中 1.8μm、2.3μm 和 4.0μm 激光可应用于化学传感、医疗和环境检测方面。Tm^{3+} 产生的 1.46μm 跃迁正好位于通信的 S 波段。另外，Tm^{3+} 的基态 $^3H_6$ 能级到激发态 $^3H_4$ 能级跃迁正好处于 800nm 附近，非常适合采用常见的商用固体激光器(如 GaAlAs)进行泵浦。但关于 Tm^{3+} 掺杂的硫系玻璃中红外发光的研究文献报道较少。

1994 年，美国新泽西州立大学 Wei[8] 在其博士论文里首次报道了 0.4wt% Tm^{3+} :Ge$_{25}$Ga$_5$S$_{70}$ 硫系玻璃的近中红外荧光光谱特性，采用 800nm 激光泵浦获得

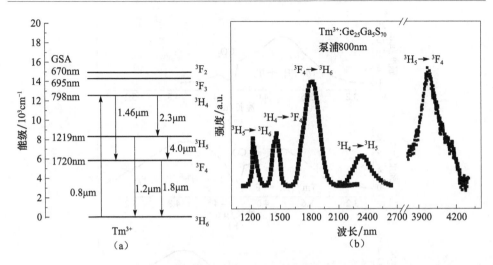

图 4.27 (a)Tm^{3+}能级结构；(b)800nm 激光泵浦下 0.4wt% Tm^{3+}:
Ge$_{25}$Ga$_5$S$_{70}$ 硫系玻璃的荧光光谱

的近红外和中红外荧光光谱如图 4.27 所示，相关的光谱特性参数见表 4.10。Tm^{3+}:Ge$_{25}$Ga$_5$S$_{70}$ 玻璃中 $^3H_5 \rightarrow {}^3F_4$(3.98μm)和 $^3H_4 \rightarrow {}^3H_5$(2.325μm)跃迁的荧光分支比分别仅为 2.7%和 1.9%，但是由于 Ge-Ga-S 玻璃较低的声子能量，其中红外荧光辐射成为可能。Tm^{3+}中 3.98μm($^3H_5 \rightarrow {}^3F_4$)和 1.46μm($^3H_4 \rightarrow {}^3F_4$)对应的跃迁虽然是四能级跃迁方式，但是由于其荧光分支比相对较小，适合用于小信号中红外光放大器。

表 4.10 Ge$_{25}$Ga$_5$S$_{70}$ 硫系玻璃中 Tm^{3+} 的 $^3F_4$、$^3H_5$ 和 $^3H_4$ 能级光谱特性参数

跃迁	λ/nm	Δλ/nm	β/%	σ_{se}/pm^2	τ_{rad}/s	τ_{meas}/s
$^3F_4 \rightarrow {}^3H_6$	1826	188	100	1.48	1143	2535
$^3H_5 \rightarrow {}^3F_4$	3984	198	2.7	1.21	802	
$^3H_5 \rightarrow {}^3H_6$	1218	50	97.3	1.53		
$^3H_4 \rightarrow {}^3H_5$	2325	200	1.9	0.49	160	267
$^3H_4 \rightarrow {}^3F_4$	1461	82	7.5	0.76		

1999 年，英国南安普敦大学 Schweizer 等[62]研究了 Tm^{3+} 单掺和 Tm^{3+}/Tb^{3+} 共掺的 Ga-La-S(GLS)玻璃的中红外发光特性，采用 0.7μm 激光泵浦观察到了 3.8μm 和 4.8μm 荧光输出(图 4.28)，其中 3.8μm 对应于 Tm^{3+}:$^3H_5 \rightarrow {}^3F_4$ 跃迁，4.8μm 对应于 Tb^{3+}:$^7F_5 \rightarrow {}^7F_6$ 跃迁。Tm^{3+}/Tb^{3+} 能量传递过程为 Tm^{3+}:$^3F_4$ 能级传递到能级相近的 Tb^{3+}:$^7F_0$，紧接着通过快速的无辐射弛豫跃迁到 Tb^{3+}:$^7F_5$ 能级。

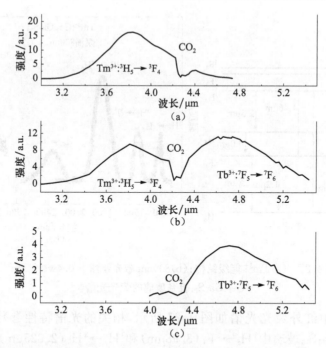

图 4.28 荧光光谱 (a)Tm^{3+}(0.2%):GLS 样品 0.7μm 激光泵浦;(b)Tm^{3+}(1.5%)/Tb^{3+}(0.2%): GLS 样品 0.7μm 激光泵浦;(c)Tm^{3+}(1.5%)/Tb^{3+}(0.2%):GLS 共掺样品 2.0μm 激光泵浦

2012 年,宁波大学戴世勋等[63]研究制备和表征了 0.5Tm_2S_3:80GeS_2·20Ga_2S_3 掺杂硫系玻璃陶瓷,并讨论了其中的中红外发光增强机理。通过热处理,在 458℃ 经过 25h 保温获得了约 50nm 的 Ga_2S_3 晶体析出。光谱研究发现,随着析晶处理时间的延长,Tm^{3+} 的 3.8μm 发光强度逐渐增强;处理 25h 后的样品与未处理样品相比,中红外发光强度增强了约 5 倍(图 4.29),相应 3.8μm 的荧光寿命也具有一

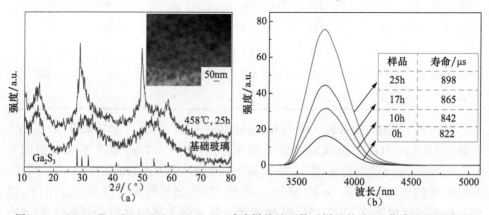

图 4.29 (a)0.5Tm_2S_3:80GeS_2·20Ga_2S_3 玻璃样品处理前后样品的 XRD 曲线,插图为析晶后样品的 STEM 图像;(b)不同处理时间样品的中红外荧光光谱,表格为对应的荧光寿命

致的变化规律,处理 25h 后的样品与未处理样品相比延长了约 $76\mu s$。Ge、S、Ga、Tm 的元素分布电子能量损失谱(图 4.30)表明,该发光增强效应与玻璃陶瓷样品中富锗区的形成有关。通过研究不同 GeS_2 含量和不同 $\beta\text{-}GeS_2$ 结晶程度的玻璃样品的发光光谱,也验证了这一结论。

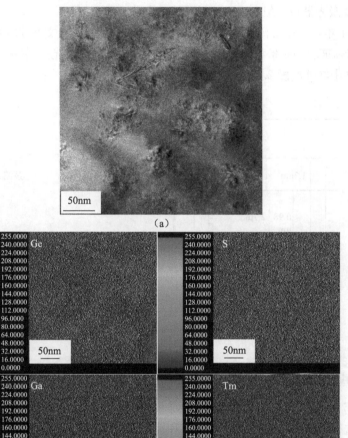

图 4.30 $0.5Tm_2S_3:80GeS_2 \cdot 20Ga_2S_3$ 玻璃样品经 458℃ 25h 处理后的高角环形暗场(HAADF)图像(a)以及 Ge、S、Ga、Tm 的元素分布电子能量损失谱(EELS)图(b)(另见文后彩插)

4.3.4 掺 Er^{3+} 硫系玻璃中红外发光

铒离子(Er^{3+})能级结构及相应的能级跃迁如图 4.31 所示,基态粒子通过基态吸收(GSA)激发到高能级$^4I_{11/2}$，$^4I_{11/2} \rightarrow {}^4I_{13/2}$的辐射跃迁会产生$2.77\mu m$的中红外跃迁，而$^4I_{9/2} \rightarrow {}^4I_{11/2}$的能级跃迁会产生$4.5\mu m$的中红外跃迁，$^4I_{9/2}$辐射跃迁的量子效率可达到$64\%$。$Er^{3+}$产生的$1.5\mu m$跃迁正好位于通信的C波段。另外，$Er^{3+}$的基态$^4I_{15/2}$能级到激发态$^4I_{9/2}$能级跃迁正好处于800nm附近，非常适合采用常见的商用固体激光器(如AlGaAs)进行泵浦。

1994年，美国新泽西州立大学Wei[8]在其博士论文里报道了掺Er^{3+}的$Ge_{25}Ga_5S_{70}$玻璃的制备和性质。测量了掺Er^{3+}玻璃的吸收光谱、能级寿命等，观察到铒离子在中红外波段$2.7\mu m$处的荧光(图4.32)，对应于Er^{3+}：$^4I_{11/2} \rightarrow {}^4I_{13/2}$跃迁。

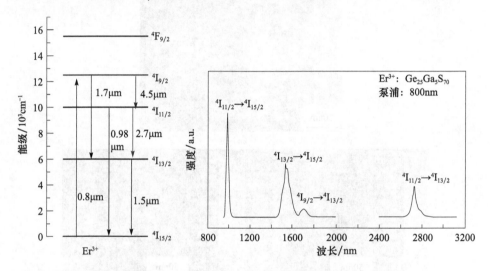

图4.31 Er^{3+}的能级结构及相应的能级跃迁示意图

图4.32 800nm激光泵浦下$0.4wt\%$ Er^{3+}:$Ge_{25}Ga_5S_{70}$硫系玻璃的荧光光谱

1996年，英国南安普敦大学Ye等[64]对Er^{3+}:$0.7Ga_2S_3$:$0.3La_2O_3$硫系玻璃的光谱性质进行了研究。测量了吸收光谱和能级寿命，观察到了Er^{3+}：$^4I_{11/2} \rightarrow {}^4I_{13/2}$跃迁$2.7\mu m$的荧光。结果表明，单掺铒离子硫系玻璃的峰值吸收和发射截面比单掺铒的硅酸盐玻璃大2.5倍，由于较高的折射率，辐射跃迁率是硅酸盐中的5倍，由于声子能量较低，多声子弛豫率很低。此外，稀土离子在Ga-La-S玻璃基质中具有较高的稀土溶解性。1997年，英国南安普敦大学Schweizer等[36]采用染料激光器(670nm)泵浦Er^{3+}掺杂的Ga-La-S玻璃裸光纤，Er^{3+}掺杂浓度为$2.44mol\%$，光纤长度为8.6cm，直径为$270\mu m$，获得了$3.6\mu m$中红外荧光，该荧光峰对应于Er^{3+}：$^4F_{9/2} \rightarrow {}^4I_{9/2}$跃迁。1997年，Schweizer等[49]研究了掺Er^{3+}的$70Ga_2S_3$:$30La_2S_3$(GLS)玻璃和光纤的红外发射光谱，探测到$2.0\mu m$、$2.75\mu m$、$3.6\mu m$和$4.5\mu m$的中红外跃迁并研究它们的特性。对Er^{3+}分别用DCM染料激光器在660nm($^4F_{9/2}$)激发，在掺$1.57mol\%$ Er^{3+}的光纤一端或块状样品的一侧收集荧光。利用黑体发射源修正系统相应的大气吸收光谱。结果显示了 4 条红外 Er^{3+} 发射带,分别在 2.0μm、2.75μm、3.6μm 和 4.5μm 处。这种非均匀加宽发射峰形状为玻璃基质提供了很宽波长范围的可调性。测量了 Er^{3+} 辐射寿命,结果显示 $^4I_{9/2}$ 能级的能级宽度虽然比 $^4F_{9/2}$ 能级的小,但其寿命比后者长。这说明 Er^{3+} 在 GLS 玻璃的衰减率主要是辐射衰减,非辐射衰减率所占比例很小。2000 年,韩国航空航天大学 Choi 等[65]研究了 Er^{3+} 单掺和 Er^{3+}/Tm^{3+} 共掺的 Ge-Ga-As-S 玻璃的铒离子在 2.7μm 的发光。对不同配比的 Ge-Ga-As-S 玻璃进行 DSC 分析发现,$Ge_{30}Ga_2As_2S_{62}$ 玻璃由于其热稳定性好、稀土离子溶解度较大以及可见波段的截止波长较小而成为最佳的玻璃基质。共掺铥离子后,由于产生了 $Er^{3+}:^4I_{13/2} \rightarrow Tm^{3+}:^3F_4$ 的能量转移,减少了 $Er^{3+}:^4I_{13/2}$ 的能级寿命。分析还认为,铒铥共掺的该玻璃有可能实现 $Er^{3+}:^4I_{13/2}$ 和 $^4I_{11/2}$ 的粒子数反转。

2008 年,法国雷恩第一大学 Moizan 等[7]研究了不同 Er^{3+} 掺杂浓度(0.05mol%、0.1mol% 和 1mol%)的 $Ge_{20}Ga_5Sb_{10}S_{65}$ 玻璃和光纤的光谱参数和中红外红外光谱,测量其吸收光谱及荧光光谱和能级寿命等。在波长为 5.2μm 处,掺杂 Er^{3+} 的 $Ge_{20}Ga_5Sb_{10}S_{65}$(2S2G)光纤损耗能够达到 1.5dB/m,并且通过实验测试,在光纤中观察到了 Er^{3+} 在中红外波段的 1.7μm 和 4.5μm 两处荧光(图 4.33),其中 4.6μm 为迄今为止 Er^{3+} 报道的波长最长的荧光。表 4.11 列出了 Er^{3+} 掺杂

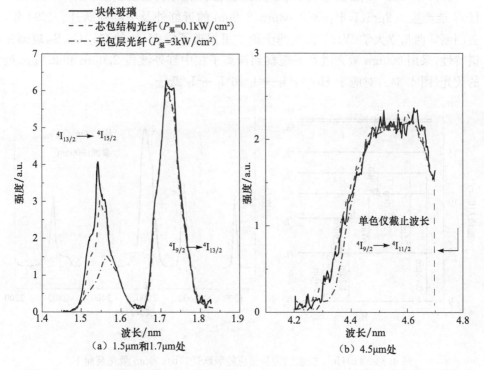

图 4.33 804nm 激光泵浦下 1mol% $Er^{3+}:Ge_{20}Ga_5Sb_{10}S_{65}$ 块状玻璃和光纤的荧光光谱

浓度为 0.05mol% 的 2S2G 玻璃在红外范围跃迁特性的理论计算结果与实验结果，除了 $^4I_{9/2} \to ^4I_{15/2}$，其他能级的 Judd-Ofelt 理论计算值与实验所得结果基本都是相吻合的，而 $^4I_{9/2} \to ^4I_{15/2}$ 的理论值和实验结果之间之所以出现偏差，主要是由 S—H 的杂质吸收所致。研究结果还表明，Ge-Ga-Sb-S 四元体系具有很好的成玻性能，合适做 Er^{3+} 掺杂的玻璃基体。

表 4.11 Er^{3+} 掺杂 2S2G 玻璃在红外范围跃迁特性的理论计算结果与实验结果

跃迁	$\Delta E/cm^{-1}$	$\lambda/\mu m$	A_{ed}/s^{-1}	A_{md}/s^{-1}	$\beta/\%$	τ_{rad}/ms	τ_{exp}/ms
$^4I_{13/2} \to ^4I_{15/2}$	6528	1.531	431	115	100	1.8	1.9±0.1
$^4I_{11/2} \to ^4I_{15/2}$	10138	0.986	630	25	86.2	1.4	1.4±0.1
$\to ^4I_{13/2}$	3609	2.771	75		13.8		
$^4I_{9/2} \to ^4I_{15/2}$	12346	0.810	745		80.4		
$\to ^4I_{13/2}$	5817	1.719	174	4	18.8	1.1	10.7±0.1
$\to ^4I_{11/2}$	2208	4.529	4		0.8		

4.3.5 掺 Ho^{3+} 硫系玻璃中红外发光

钬离子（Ho^{3+}）能级结构及相应的能级跃迁以及荧光光谱如图 4.34 所示，Ho^{3+} 能产生 $1.2\mu m$、$1.66\mu m$、$2.03\mu m$、$2.9\mu m$ 的近红外及中红外跃迁。1994 年，美国新泽西州立大学 Wei[8] 在其博士论文里报道了掺 Ho^{3+} 的 $Ge_{25}Ga_5S_{70}$ 玻璃光谱特性，采用 900nm 激光激发下观察到钬离子在中红外波段 $2.0\mu m$ 和 $2.9\mu m$ 处的荧光（图 4.34），对应于 $Ho^{3+}: ^5I_7 \to ^5I_8$ 和 $^5I_6 \to ^5I_7$ 跃迁。

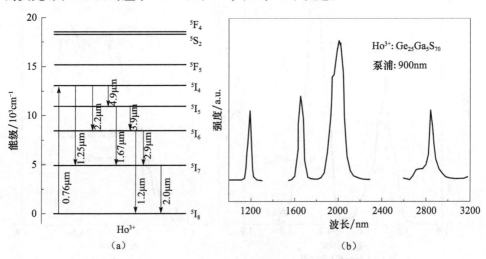

图 4.34 (a) Ho^{3+} 能级结构及相应能级跃迁；(b) 900nm 激光泵浦下 0.4wt% $Ho^{3+}: Ge_{25}Ga_5S_{70}$ 硫系玻璃的荧光光谱

1995年,韩国浦项科技大学 Shin 等[35]研究了 Ho^{3+} 掺杂的 $Ge_{30}As_{10}S_{60}$ 硫系玻璃和 $56PbO-27Bi_2O_3-17Ga_2O_3$ 重金属氧化物玻璃中红外发光特性,计算了相关的光谱参数。采用905nm的激光泵浦样品都获得了 $2.0\mu m$ 和 $2.9\mu m$ 的荧光。1996 年,You 等[66]研究了798nm泵浦下 Tm^{3+}/Ho^{3+} 共掺 $Ge_{25}Ga_5S_{70}$ 玻璃 $2.02\mu m$ 中红外发光特性,结果表明,当 Ho^{3+} 固定在 0.7wt%时, $Ho^{3+}:{}^5I_7 \to {}^5I_6$ 跃迁对应的 $2.02\mu m$ 处荧光强度随着 Tm^{3+} 掺杂浓度从 0.1wt%增加到 1.0wt%逐步增强,主要原因归结于 $Tm^{3+}:{}^3F_4 \to Ho^{3+}:{}^5I_7$ 的能量传递作用。

1999年,英国南安普敦大学 Schweizer 等[6]研究了 $Ho^{3+}:Ga-La-S$ 玻璃中红外发光特性,采用760nm的激光泵浦 1.5wt% $Ho^{3+}:70Ga_2S_3-30La_2S_3$ 玻璃,观察到了 $1.2\mu m$、$1.25\mu m$、$1.67\mu m$、$2.0\mu m$、$2.2\mu m$、$2.9\mu m$、$3.9\mu m$ 和 $4.9\mu m$ 八处荧光(图 4.35),其中 $4.9\mu m$ 的荧光为迄今为止 Ho^{3+} 报道的最长波段的荧光。表 4.12

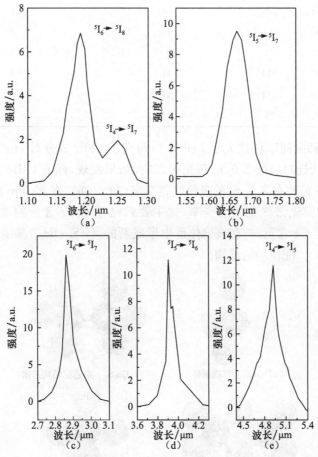

图 4.35　760nm激光泵浦下 1.5wt% $Ho^{3+}:70Ga_2S_3-30La_2S_3$ 玻璃的
近红外(a)～(b)和中红外(c)～(e)发光特性

列出了 1.5wt% Ho^{3+}:$70Ga_2S_3$-$30La_2S_3$ 玻璃光谱参数(电偶极子辐射概率 A_{ed}、磁偶极子辐射概率 A_{md}、荧光分支比 β、辐射寿命 τ_{rad}、测量寿命 τ_{meas}、量子跃迁效率 η、F-L 公式计算的受激发射截面 σ_{em})。其中 $2.0\mu m$ 波段的量子跃迁效率为 97%,受激发射截面为 $1.08\times10^{-20}\,cm^2$,而典型的硅酸盐玻璃中的量子跃迁效率和受激发射截面分别为 2% 和 $0.70\times10^{-20}\,cm^2$。$4.9\mu m$ 处的量子跃迁效率为 1%。

表 4.12 Ho^{3+} 在 $70GaS$-$30La_2S_3$ 玻璃中光谱参数

跃迁	$\lambda/\mu m$	A_{ed}/s^{-1}	A_{md}/s^{-1}	$\beta/\%$	τ_{rad}/ms	τ_{meas}/ms	$\eta/\%$	$\sigma_{em}/(10^{-20}\,cm^2)$
$^5I_7 \to {}^5I_8$	2.00	228	95	100	3.10	3.0	97	1.08
$^5I_6 \to {}^5I_8$	1.19	489		81	1.65			
$\to {}^5I_7$	2.86	73	44	19				2.22
$^5I_5 \to {}^5I_8$	0.90	212		42	2.00	1.7	36	
$\to {}^5I_7$	1.67	239		48			41	0.71
$\to {}^5I_6$	3.90	28	20	10			9	2.29
$^5I_4 \to {}^5I_8$	0.76	24		8	3.58	0.5	1	
$\to {}^5I_7$	1.25	114		41			6	
$\to {}^5I_6$	2.19	114		41			6	
$\to {}^5I_5$	4.92	19	8	10			1	1.27

2008 年,韩国浦项科技大学 Lee 等[67]研究了 CsBr 成分对 Ho^{3+}:Ge-Ga-S 玻璃中 $^5I_7 \to {}^5I_8$ 跃迁对应的 $2.0\mu m$ 荧光的影响,结果发现,随着 CsBr 含量的引入量增加,Ge-Ga-S 玻璃在 $2.0\mu m$ 的吸收线宽变窄(图 4.36),在 897nm 激光泵浦下其 $2.0\mu m$ 附近的荧光谱线也相应变窄,这主要归结于 CsBr 含量的增加,尤其是当 CsBr 含量接近 Ga 含量时,在玻璃体系中形成新的 $[GaS_{3/2}Br]^-$ 基团(图 4.36),它将直接影响 Ho^{3+} 配位场的结构。

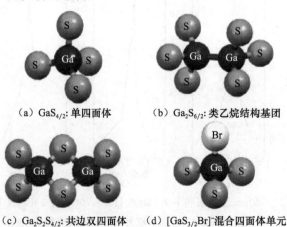

(a) $GaS_{4/2}$: 单四面体　　(b) $Ga_2S_{6/2}$: 类乙烷结构基团

(c) $Ga_2S_2S_{4/2}$: 共边双四面体　　(d) $[GaS_{3/2}Br]$ 混合四面体单元

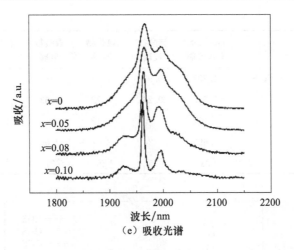

(e) 吸收光谱

图 4.36 $(1-x)Ge_{0.25}Ga_{0.10}S_{0.65}-xCsBr$ 玻璃在 $2.0\mu m$ 附近的吸收光谱及玻璃中可能存在的结构单元

2010 年,宁波大学戴世勋等[68]对 Ho^{3+}:Ge-Ga-S-CsI 硫卤玻璃的中红外荧光性能进行了研究,并应用 Judd-Ofelt 理论计算得到了 Ho^{3+} 在 Ge-Ga-S-CsI 玻璃中的强度参数 Ω_i 和振子强度参数,其中掺杂浓度为 1.0wt% 的 Ge-Ga-S-CsI 玻璃样品光谱参数值分别为 $\Omega_2=8.38\times10^{-20}\,cm^2$、$\Omega_4=1.91\times10^{-20}\,cm^2$、$\Omega_6=1.29\times10^{-20}\,cm^2$。这说明与传统氧化物玻璃相比,Ge-Ga-S-CsI 玻璃具有更低的共价性。表 4.13 为掺杂浓度为 1.0wt% 的 Ge-Ga-S-CsI 玻璃样品与不同氧化物玻璃 Judd-Ofelt 强度参数和理论振子强度对比。与大部分的硫系玻璃一样,Ge-Ga-S-CsI 玻璃也具有较低的声子能量,该优势大大降低了其多声子弛豫率,使 Ho^{3+} 在 $2.81\mu m$ 和 $3.86\mu m$ 两处中产生红外荧光辐射成为可能。2010 年,宁波大学戴世勋等[69]报道了 908nm 泵浦下 Ho^{3+}/Pr^{3+} 共掺 GeGaSe 玻璃在 $2.9\mu m$ 中红外发光的特性,Ho^{3+}、Pr^{3+} 之间的能量传递为扩散-限制型,引入 Pr^{3+} 可有效提高 Ho^{3+} 在 $2.9\mu m$ 的荧光强度。除此之外,利用 Ho^{3+} 掺杂 Ge-Ga-S-CsI 玻璃可在 900nm 激光泵浦作用下获得 $2.81\mu m$ 及 $3.86\mu m$ 两处中红外荧光,分别对应于 Ho^{3+}:$^5I_6\rightarrow{}^5I_7$ 和 $^5I_5\rightarrow{}^5I_6$ 的辐射跃迁,它们的荧光分支比分别为 17.4% 和 10.5%,这两处荧光强度也会随着 Ho^{3+} 浓度增加而增强。图 4.37 为 Ho^{3+} 在 Ge-Ga-S-CsI 玻璃样品的中红外荧光光谱。

表 4.13 Ge-Ga-S-CsI 玻璃样品与氧化物玻璃的 Judd-Ofelt 强度参数和理论振子强度比较

		Ge-Ga-S-CsI 玻璃	锗酸盐玻璃	氟化物玻璃	磷酸盐玻璃	硅酸盐玻璃	碲酸盐玻璃
Judd-Ofelt 强度参数 $\Omega_i/(10^{-20}\,cm^2)$	Ω_2	8.38	3.30	2.28	3.33	3.60	6.92
	Ω_4	1.91	1.80	2.08	3.01	3.15	2.81
	Ω_6	1.29	0.17	1.73	0.61	1.31	1.42

续表

		Ge-Ga-S-CsI 玻璃	锗酸盐玻璃	氟化物玻璃	磷酸盐玻璃	硅酸盐玻璃	碲酸盐玻璃
实验振子强度 $f_{cal}/10^{-6}$	$^5I_8 \to {}^5I_7$	1.898	0.90	1.44	—	1.54	1.95
	$^5I_6$	1.045	0.26	0.72	0.63	0.93	1.00
	$^5I_5$	0.134	—	0.12		0.25	0.24
	$^5F_5$	5.693	1.24	2.67	2.65	3.69	4.56
参考文献		[22]	[25]	[26]	[27]	[25]	[26]

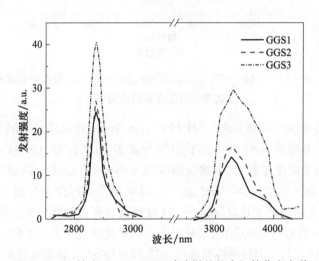

图 4.37 Ho^{3+} 在 Ge-Ga-S-CsI 玻璃样品的中红外荧光光谱

4.4 存在的问题及展望

由于硫系玻璃在中红外波段具有低声子能量和高透明度特性,掺杂稀土离子的硫系玻璃成为中红外光纤放大器和激光的最佳增益介质之一。硫系玻璃相对氧化物玻璃具有相对较低的稀土溶解度,通过适当调节玻璃组分可有效改善稀土掺杂特性和发光特性,如加入碱金属卤化物到 Ge-Ga-S 玻璃中使稀土离子的辐射强度、寿命和其他辐射特性产生巨大的改善并且表现出其作为光放大器的潜力。加入 10mol% 的 CsBr 后在 Dy^{3+} 中 1.31μm 辐射能级 ($^6F_{11/2}$, $^6H_{9/2}$) 的寿命会增加多达 35 倍,同时量子效率达到 100%;当 MX(M=K,Cs;X=Br,I)/Ga 的比率大于等于 1 时碱金属卤化物的影响达到最大化。分析在掺杂稀土离子 Ge-Ga-S-CsBr 玻璃内部环境中的几个光谱表明,Br 离子首先与 Ga 离子结合形成 $[GaS_{3/2}Br]$ 四面体。稀土离子位于这些 $[GaS_{3/2}Br]$ 四面体单元附近。硫化物玻璃中的稀土离子主要被约 7 个 S 离子包围,同时在 0.90($Ge_{0.25}Ga_{0.10}S_{0.65}$)-0.10CsBr 玻璃中被 6 个 Br 离子包围,由于降低了电子-声子耦合强度进而增强了中红外辐射特性。

硒基玻璃具有更低的声子能量,相比硫基玻璃更容易获得中红外输出,在掺杂 Dy^{3+} 和 Pr^{3+} 的 Ge-Ga-Sb-Se 玻璃中容易获得 $3\mu m$、$4.3\mu m$ 发射带和 $3.5\sim5.5\mu m$ 的宽发射。掺杂离子的最佳浓度应当综合考虑辐射强度和激发态寿命来决定。激发态吸收和交叉弛豫过程都会减少激射态粒子数,特别是相互作用长度较长的介质如光纤中激发态间的相互作用会更严重。根据计算的受激发射截面来看,Dy^{3+} 和 Pr^{3+} 作为中红外高功率增益介质的潜力最大,并且多种敏化剂离子(如 Pr^{3+}、Ho^{3+}、Tb^{3+} 和 Tm^{3+})可以共掺杂到硒基玻璃中,其中 Tm^{3+} 因其在 $1.8\mu m$ 泵浦波长处具有高吸收截面,对 Dy^{3+} 的敏化效果最好。此外,当泵浦波长在 $2.05\mu m$ 时,Tm^{3+} 对 Pr^{3+} 也具有较好的敏化效果,能够促进 $^3H_5 \rightarrow {^3H_4}$ 的跃迁,提高中红外辐射强度。

稀土掺杂硫系玻璃在中红外的放大和激光应用需要依靠光纤的形式来实现。目前,虽然有报道低损耗硫系光纤,但由于杂质在光通信窗口和中红外范围内的显著吸收,特别是稀土掺杂后的光纤还需对其中的杂质进一步优化提纯。英国南安普敦大学以及美国海军实验室都根据粒子数方程和传输方程对 Dy^{3+} 掺杂 Ge-As-Ga-Se 光纤的中红外激光输出特性进行了模拟,其掺杂浓度定为 $7\times10^{19}\ cm^{-3}$,重点研究了损耗对 $4.5\mu m$ 处激光输出斜率效率的影响,并给出了掺杂光纤产生激光的最高损耗小于 5dB/m。此外,硫系增益光纤和常规石英光纤之间熔接还需要解决折射率巨大差异引起的插入损耗;同时为了提高中红外光的输出功率,光纤的激光损耗阈值需要提高,对 $1.8\mu m$ 和 $2.0\mu m$ 激光泵源损伤承受能力尤为重要;在光纤激光器中反射镜必不可少,因此镀膜反射镜或者光纤光栅也亟须解决。此外,基于掺杂 Dy^{3+} 和 Pr^{3+} 硒基玻璃的增益介质,固体和片状激光器也是今后的一个研究方向。

参 考 文 献

[1] Sorokina I, Vodopyanov K. Solid-State Mid-Infrared Laser Sources (Topics in Applied Physics). New York: Springer, 2003

[2] 洪广言. 稀土发光材料:基础与应用. 北京:科学出版社,2011

[3] 刘国奎,杰克尔. 稀土的光谱特性(英文版). 北京:清华大学出版社,2005

[4] Heo J, Yong B. Absorption and mid-infrared emission spectroscopy of Dy^{3+} in Ge-As(or Ga)-S glasses. Journal of Non-Crystalline Solids,1996,196(1):162-167

[5] Sudo S. Optical Fiber Amplifiers: Materials, Devices, and Applications. Boston: Artech House, 1997

[6] Schweizer T, Samson B, Hector J R, et al. Infrared emission from holmium doped gallium lanthanum sulphide glass. Infrared Physics & Technology,1999,40(4):329-335

[7] Moizan V, Nazabal V, Troles J, et al. Er^{3+}-doped GeGaSbS glasses for mid-IR fiber laser

application: Synthesis and rare earth spectroscopy. Optical Materials, 2008, 31(1): 39-46
[8] Wei K. Synthesis and characterization of rare earth doped chalcogenide glasses. New Jersey: The State University of New Jersey, 1994
[9] Cole B, Shaw L, Pureza P, et al. Rare-earth doped selenide glasses and fibers for active applications in the near and mid-IR. Journal of Non-Crystalline Solids, 1999, 256-257(99): 253-259
[10] Sójka Ł, Tang Z, Zhu H, et al. Study of mid-infrared laser action in chalcogenide rare earth doped glass with Dy^{3+}, Pr^{3+} and Tb^{3+}. Optical Materials Express, 2012, 2(11): 1632-1640
[11] Sanghera J, Brandon-Shaw L, Aggarwal I D. Chalcogenide glass-fiber-based mid-IR sources and applications. IEEE Journal of Selected Topics in Quantum Electronics, 2009, 15(1): 114-119
[12] Reisfeld R, Jørgensen C. Excited state phenomena in vitreous material. Handbook on the Physics & Chemistry of Rare Earths, 1987, 9: 1-90
[13] Yong B, Heo J, Kim H. Enhancement of the 1.31-μm emission properties of Dy^{3+}-doped Ge-Ga-S glasses with the addition of alkali halides. Inpharma, 2001, 16(5): 1318-1324
[14] Yong B, Heo J, Kim H. Modification of the local phonon modes and electron-phonon coupling strengths in Dy^{3+}-doped sulfide glasses for efficient 1.3μm amplification. Chemical Physics Letters, 2000, 317(6): 637-641
[15] Keezer R. Structural interpretation of the infrared and Raman spectra of glasses in the alloy system $Ge_{1-x}S_x$. Physical Review B: Condensed Matter, 1974, 10(12): 5134-5146
[16] Heo J, Song J, Choi Y. EXAFS investigation on the local environment of rare earth ions in Ge-Ga-S-CsBr glasses. Physics & Chemistry of Glasses, 2006, 47(2): 101-104
[17] Loireau-Lozac'h A M, Keller-Besrest F, Bénazeth S. Short and medium range order in Ga-Ge-S glasses: An X-ray absorption spectroscopy study at room and low temperatures. Journal of Solid State Chemistry, 1996, 123(123): 60-67
[18] Smirnov P, Wakita H, Nomura M, et al. Structure of aqueous gallium(Ⅲ) bromide solutions over a temperature range 80-333K by Raman spectroscopy, X-ray absorption fine structure, and X-ray diffraction. Journal of Solution Chemistry, 2004, 33(6): 903-922
[19] Song J, Yong G, Kadono K, et al. EXAFS investigation on the structural environment of Tm^{3+} in Ge-Ga-S-CsBr glasses. Journal of Non-Crystalline Solids, 2007, 353(13-15): 1251-1254
[20] Werle P, Slemr F, Maurer K, et al. Near-and mid-infrared laser-optical sensors for gas analysis. Optics & Lasers in Engineering, 2002, 37(2-3): 101-114
[21] Tittel F, Richter D, Fried A. Mid-infrared laser applications in spectroscopy//Solid-State Mid-Infrared Laser Sources. Berlin: Springer, 2003: 458-529
[22] Sumiyoshi T, Sekita H, Arai T, et al. High-power continuous-wave 3- and 2-μm cascade Ho^{3+}: ZBLAN fiber laser and its medical applications. IEEE Journal of Selected Topics in Quantum Electronics, 1999, 5(4): 936-943

[23] Jackson S. Continuous wave 2.9μm dysprosium-doped fluoride fiber laser. Applied Physics Letters,2003,83(7):1316-1318

[24] Linden K. Fiber laser with 1.2-W CW-output power at 2712nm. IEEE Photonics Technology Letters,2004,16(2):401-403

[25] Schneide J, Carbonnier C, Unrau U. Characterization of a Ho^{3+}-doped fluoride fiber laser with a 3.9-μm emission wavelength. Applied Optics,1997,36(33):8595-8600

[26] Tobben H. Room temperature CW fibre laser at 3.5μm in Er^{3+}-doped ZBLAN glass. Electronics Letters,1992,28(14):1361-1362

[27] Jackson S. Single-transverse-mode 2.5-W holmium-doped fluoride fiber laser operating at 2.86 micron. Optics Letters,2004,29(4):334-340

[28] Layne C, Weber M. Multiphonon relaxation of rare-earth ions in beryllium-fluoride glass. Physical Review B:Condensed Matter,1977,16(7):3259-3261

[29] Shaw L, Cole B, Thielen P, et al. Mid-wave IR and long-wave IR laser potential of rare-earth doped chalcogenide glass fiber. IEEE Journal of Quantum Electronics,2001,37(9):1127-1137

[30] Basiev T, Orlovskii Y, Galagan B, et al. Evaluation of rare-earth doped crystals and glasses for 4-5-μm lasing. Laser Physics,2002,12:859-877

[31] Seddon A, Tang Z, Furniss D, et al. Progress in rare-earth-doped mid-infrared fiber lasers. Optics Express,2010,18(25):26704-26719

[32] Aggarwal I, Sanghera J. Development and applications of chalcogenide glass optical fibers at NRL. Journal of Optoelectronics & Advanced Materials,2002,4(3):251-274

[33] Sanghera J, Aggarwal I. Active and passive chalcogenide glass optical fibers for IR applications: A review. Journal of Non-Crystalline Solids,1999,256-257(16):6-16

[34] Moon J, Harbison B, Sanghera J, et al. Rare-earth-doped chalcogenide glasses for use in mid-IR sources. International Conference on Fiber Optics & Photonics: Selected Papers from Photonics India,1997:177-180

[35] Shin Y, Jang J, Heo J. Mid-infrared light emission characteristics of Ho^{3+}-doped chalcogenide and heavy-metal oxide glasses. Optical and Quantum Electronics,1995,27(5):379-386

[36] Schweizer T, Hewak D, Samson B, et al. Spectroscopy of potential mid-infrared laser transitions in gallium lanthanum supplied glass. Journal of Luminescence,1997,72-74:419-421

[37] Shin Y, Heo J. Mid-infrared emissions and multiphonon relaxation in Dy^{3+}-doped chalcohalide glasses. Journal of Non-Crystalline Solids,1999,253(1-3):23-29

[38] Hu J, Menyuk C, Wei C, et al. Highly efficient cascaded amplification using Pr^{3+}-doped mid-infrared chalcogenide fiber amplifiers. Optics Letters,2015,40(16):3687-3690

[39] Tang Z Q, Furniss D, Fay M, et al. Mid-infrared photoluminescence in small-core fiber of praseodymium-ion doped selenide-based chalcogenide glass. Optical Materials Express,2015,5(4):870-886

[40] Galstyan A, Messaddeq S, Fortin V, et al. Tm^{3+} doped Ga-As-S chalcogenide glasses and fibers. Optical Materials, 2015, 47:518-523

[41] Furniss D, Sakr H, Tang Z, et al. Development of praseodymium-doped, selenide chalcogenide glass, step-index fibre towards mid-infrared fibre lasers. The 16th International Conference on Transparent Optical Networks, 2014:1-4

[42] Sójka L, Tang Z, Furniss D, et al. Broadband, mid-infrared emission from Pr^{3+} doped GeAsGaSe chalcogenide fiber, optically clad. Optical Materials, 2014, 36(6):1076-1082

[43] Sakr H, Furniss D, Tang Z, et al. Superior photoluminescence (PL) of Pr^{3+}-In, compared to Pr^{3+}-Ga, selenide-chalcogenide bulk glasses and PL of optically-clad fiber. Optics Express, 2014, 22(18):21236-21252

[44] Charpentier F, Starecki F, Doualan J, et al. Mid-IR luminescence of Dy^{3+} and Pr^{3+} doped $Ga_5Ge_{20}Sb_{10}S(Se)_{65}$ bulk glasses and fibers. Materials Letters, 2013, 101:21-24

[45] Sujecki S, Sójka L, Bereś-Pawlik E, et al. Modelling of a simple Dy^{3+} doped chalcogenide glass fibre laser for mid-infrared light generation. Optical & Quantum Electronics, 2010, 42(2):69-79

[46] Prudenzano F, Mescia L, Allegretti L, et al. Design of Er^{3+}-doped chalcogenide glass laser for MID-IR application. Journal of Non-Crystalline Solids, 2009, 355(18):1145-1148

[47] Quimby R, Shaw L, Sanghera J, et al. Modeling of cascade lasing in Dy:Chalcogenide glass fiber laser with efficient output at 4.5μm. IEEE Photonics Technology Letters, 2008, 20(2):123-125

[48] Cole B, Sanghera J, Shaw B, et al. Low phonon energy glass and fiber doped with a rare earth: US, 6128429. 2000

[49] Schweizer T, Brady D, Hewak D. Fabrication and spectroscopy of erbium doped gallium lanthanum sulphide glass fibres for mid-infrared laser applications. Optics Express, 1997, 1(4):102-107

[50] Wei K, Machewirth D, Wenzel J, et al. Spectroscopy of Dy^{3+} in Ge-Ga-S glass and its suitability for 1.3-μm fiber-optical amplifier applications. Optics Letters, 1994, 19(12):904-906

[51] Tanabe S, Hanada T, Watanabe M, et al. Optical properties of dysprosium-doped low-phonon-energy glasses for a potential 1.3μm optical amplifier. Journal of the American Ceramic Society, 1995, 78(11):2917-2922

[52] Yong B, Heo J. Mid-infrared emissions and energy transfer in Ge-Ga-S glasses doped with Dy^{3+}. Journal of Non-Crystalline Solids, 1999, S256-257(12):260-265

[53] Němec P, Frumarová B, Frumar M, et al. Optical properties of low-phonon-energy $Ge_{30}Ga_5Se_{65}$:Dy_2Se_3, chalcogenide glasses. Journal of Physics & Chemistry of Solids, 2000, 61(10):1583-1589

[54] Park B. Dy^{3+} doped Ge-Ga-Sb-Se glasses and optical fibers for the mid-IR gain media. Journal of the Ceramic Society of Japan, 2008, 116(1358):1087-1091

[55] Yang A P, Zhang M J, Lei L, et al. Ga-Sb-S chalcogenide glasses for mid-infrared applica-

tions. Journal of the American Ceramic Society, 2015, 99(1): 1-4

[56] Dai S X, Peng B, Le F, et al. Mid-infrared emission properties of Dy^{3+}-doped Ge-Ga-S-CsI glasses. Acta Physica Sinica, 2010, 59(5): 3547-3553

[57] West Y, Schweizer T, Brady D, et al. Gallium lanthanum sulphide fibers for infrared transmission. Fiber & Integrated Optics, 2000, 19(3): 229-250

[58] Park B, Hong S, Ahn J, et al. Mid-infrared (3.5-5.5μm) spectroscopic properties of Pr^{3+}-doped Ge-Ga-Sb-Se glasses and optical fibers. Journal of Luminescence, 2008, 128(10): 1617-1622

[59] Chung W, Hong S, Yong G, et al. Selenide glass optical fiber doped with Pr^{3+} for U-band optical amplifier. ETRI Journal, 2005, 27(4): 411-417

[60] Shaw L, Schaafsma D, Cole B, et al. Rare-earth-doped glass fibers as infrared sources for IRSS. Technologies for Synthetic Environments: Hardware-in-the-Loop Testing III, 1998, 3368: 42-47

[61] Lu C F, Guo H T, Xu Y T, et al. Mid-infrared emissions of Pr^{3+}-doped GeS_2-Ga_2S_3-CdI_2, chalcohalide glasses. Materials Research Bulletin, 2014, 60: 391-396

[62] Schweizer T, Samson B, Hector J, et al. Infrared emission and ion-ion interactions in thulium- and terbium-doped gallium lanthanum sulfide glass. Journal of the Optical Society of America B, 1999, 16(2): 308-316

[63] Lin C G, Dai S X, Liu C, et al. Mechanism of the enhancement of mid-infrared emission from GeS_2-Ga_2S_3, chalcogenide glass-ceramics doped with Tm^{3+}. Applied Physics Letters, 2012, 100(23): 231910

[64] Ye C, Hewak D, Hempstead M, et al. Spectral properties of Er^{3+}-doped gallium lanthanum sulphide glass. Journal of Non-Crystalline Solids, 1996, 208(1-2): 56-63

[65] Choi Y, Hon K, Joo L, et al. Emission properties of the $Er^{3+}: ^4I_{11/2} \rightarrow ^4I^{13/2}$ transition in Er^{3+}- and Er^{3+}/Tm^{3+}-doped Ge-Ga-As-S glasses. Journal of Non-Crystalline Solids, 2000, 278(1-3): 137-144

[66] You S, Cho W, Yong B, et al. Emission characteristics of Ge-Ga-S glasses doped with Tm^{3+}/Ho^{3+}. Journal of Non-Crystalline Solids, 1996, 203(1): 176-181

[67] Lee T, Yong K, Heo J. Local structure and its effect on the oscillator strengths and emission properties of Ho^{3+}, in chalcohalide glasses. Journal of Non Crystalline Solids, 2008, 354(32): 3107-3112

[68] 朱军, 戴世勋, 彭波, 等. Ho^{3+}掺杂Ge-Ga-S-CsI玻璃中红外发光性能研究. 无机材料学报, 2010, 25(5): 546-550

[69] 朱军, 戴世勋, 王训四, 等. Pr^{3+}/Ho^{3+}共掺Ge-Ga-Se玻璃的2.9μm荧光特性的研究. 物理学报, 2010, 59(8): 5803-5807

第 5 章 硫系玻璃制备

硫系(chalcogen)一词最早是 1932 年德国汉诺威大学的 Blitz 及其同事 Fischer 用来统称氧、硫、硒和碲等四个元素的。该词源于希腊文字 chalcos，意为 ore formers（矿石形成体），因为这些元素都能在铜矿石中发现。

硫系玻璃则是指以周期表第六主族(Ⅵ A)元素中除氧以外的硫、硒或碲等元素为主，引入一定量其他金属或非金属元素形成的非晶态材料。与氧化物玻璃相比，硫系玻璃具有较长的红外截止波长($>12\mu m$)，其透过波段可覆盖 $1\sim3\mu m$、$3\sim5\mu m$ 和 $8\sim12\mu m$ 等大气红外透明窗口，是一种优异的红外光学材料。硫系玻璃拥有可精密模压成型和优异折射率热差(dn/dT)性能等优势，如图 5.1 所示，作为消热差光学元件或价廉红外透镜已经应用于高低端的红外成像系统中。除此之外，硫系玻璃还在相变随机存储器(PCRAM)、红外光纤等方面实现了商业应用；由于拥有低声子能量($200\sim400cm^{-1}$)、高三阶非线性折射率(约为石英玻璃的 1000 倍)、独特的光敏性和各种光致效应等特点，在各类新型光电器件中也有极佳的潜在应用价值，是一种极具研究价值的非晶材料。

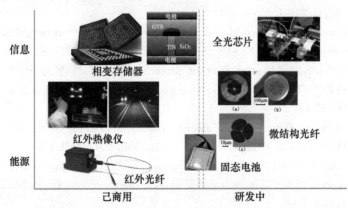

图 5.1 硫系玻璃材料在能源、信息等领域的已有或正在研发的一些应用

5.1 发展历程

1870 年，Schultz-Sellack 最早报道了无氧玻璃相关的工作，研究了硫化砷(As_2S_3)玻璃及其透热辐射信号的性质[1]。20 世纪初，Wood 率先开展了硫系玻璃的光学性质研究，利用真空阴极溅射法制备了非晶硒薄膜，测得了其在可见光谱区的吸收系数

和折射率[2];Meier 进一步测得了非晶硒从紫外到可见(257～668nm)光谱范围的折射率和消光系数[3];Merwin 等在此也进行了一些延续性的工作[4,5]。但直到 20 世纪中叶,Frerichs 重新认识了 As_2S_3 玻璃优异的透过红外光学性质(可透至 $12\mu m$),硫系玻璃才因此引起了人们的广泛关注[6,7]。因其在红外技术这类军事、国防敏感领域有着很好的应用,As_2S_3 玻璃很快就实现了工业化生产。1953 年美国 Servo 公司的 Fraser 和 Jerger 推进 As_2S_3 玻璃的实用化研究。1957 年 Glaze 等报道了一次性实现 2～2.5kg 量级 As_2S_3 玻璃的生产技术[8]。1950～1970 年期间,美国 Optical 和 Servo 公司、英国 Barr 和 Stroud 公司,以及欧洲几家公司相继生产了成吨的 As_2S_3 玻璃,主要作为 3～$5\mu m$ 中红外窗口材料[9]。

与此同时,随着红外热成像概念的出现,人们开始研究和探索能透过更长红外波段的硫系玻璃。Frerichs 在 1953 年报道了硒和硒碲玻璃的透红外光学性质,其红外透过窗口可扩展至 $21\mu m$[7]。20 世纪 50 年代末期,美国空军(Jerger、Billian 和 Sherwood)、苏联 Ioffee 研究所以及英国 Nielsen 和 Savage 等相继开发出了能透 8～$12\mu m$ 波段,甚至更长波段的硒化物和碲化物玻璃。此后,多样组分的硫系玻璃层出不穷[10]。

5.2 玻璃制备

5.2.1 原料提纯

作为一种光学材料,硫系玻璃与氧化物光学玻璃一样,面临着消除杂质吸收的难题。如图 5.2(a)所示,$Ge_{28}Sb_{12}Se_{60}$ 玻璃(未提纯)在 2～$16\mu m$ 的光谱范围内存

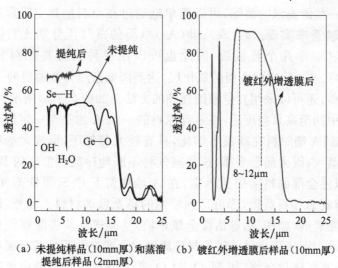

(a) 未提纯样品(10mm 厚)和蒸馏提纯后样品(2mm 厚)　(b) 镀红外增透膜后样品(10mm 厚)

图 5.2　$Ge_{28}Sb_{12}Se_{60}$ 商用硫系玻璃的红外透过光谱

在着 OH^-、Se—H、H_2O、Ge—O 等杂质吸收。可见,硫系玻璃中红外吸收杂质主要与 H、O 等元素有关,与氧化物玻璃中关注的过渡金属离子着色等问题完全不同。

表 5.1 列出了硫系玻璃中常见的红外吸收杂质及其相应吸收带位置[11]。这些杂质吸收会严重影响硫系玻璃在中红外光谱范围的应用。例如,位于 $12.8\mu m$ 的 Ge—O 杂质吸收,是无法通过镀红外增透膜等后续手段消除的(图 5.2(b)),这将极大地影响其在 $8\sim 12\mu m$ 的热成像应用。所以,一般商用硫系玻璃除了采用高纯($>99.999\%$,5N)原料,还需要做进一步的提纯处理,主要目的是去除玻璃光谱中与氧相关的吸收峰,并降低玻璃中羟基、水等杂质的含量。

表 5.1 硫系玻璃中常见的红外吸收杂质及其相应吸收带位置

红外吸收杂质	吸收带位置/μm	红外吸收杂质	吸收带位置/μm
OH^-	2.92	P—O	8.3
S—H	4.01,3.65,3.11,2.05	CO_2	4.33,4.31,15.0
Se—H	7.8,4.57,4.12,3.53,2.32	COS	4.95
Ge—H	4.95	CSe_2	7.8
As—H	5.02	CS_2	6.68,4.65
P—H	4.35	砷的氧化物(各类形态)	15.4,12.7,9.5,8.9,7.9,7.5
H_2O	6.31,2.86,2.79	Se—O	10.67,11.06
Ge—O	12.8,7.9	Si—O	$9.1\sim 9.6$

原料中一些游离水的消除,可以简单地通过在原料抽真空阶段加热装有原料的石英玻璃管来实现。硒(Se)、砷(As)单质的蒸气压分别比它们的氧化物(SeO_2 和 As_2O_3)小几个数量级,因此也可以用这种装置将原料分别加热到 250℃和 290℃来去除它们表面的氧化层,达到降低杂质含量的目的[12]。要更进一步提纯原料,还可以采用真空蒸馏提纯的方法。如图 5.3(a)所示,将原料封入石英玻璃管中抽至高真空度后,将装有原料的一端 A 加热至一定温度而另一端 B 保持在常温;A 端原料在高温下熔化,具有较大蒸气压,形成大量单质或化合物的小分子蒸气;因为动态平衡,这些蒸气将不断地冷凝在常温的 B 端;经过数小时后,可以将全部原料蒸馏至 B 端,在 A 端残留下 C、Si 等低蒸气压杂质;最后,熔封并熔制 B 端石英管,即可得到较纯的硫系玻璃材料。此外,还可以在 A 端通过添加除氧剂(如镁、铝等活泼金属单质)达到进一步去除痕量氧杂质的目的。其原理是利用活泼金属单质易与游离氧化合或夺取不活泼金属中氧的化学性质,形成低蒸气压化合物(如 MgO、Al_2O_3 等),从而实现玻璃中氧杂质的进一步去除。

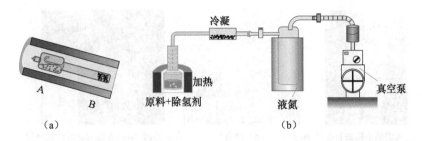

图 5.3 (a)真空蒸馏提纯过程示意图,其中 A 为装有原料的加热端,B 为冷凝端;
(b)动态真空提纯装置示意图

为了进一步开发硫系玻璃在 $3\sim5\mu m$ 中波红外波段的应用,还需要去除 Se—H、S—H 等与氢相关的杂质吸收峰。可以采用图 5.3(b)所示的动态真空提纯方法:在原料端除了添加 Mg 或 Al 等除氧剂,再加入少量 $TeCl_4$ 或 $AlCl_3$ 等除氢剂;加热端会发生除氢反应 M—Cl + H—Se ⟶ HCl + —Se—M(M = Te,Al); HCl 具有非常高的蒸气压,极易被真空泵抽走,从而达到除氢的目的;其他步骤与真空蒸馏过程基本一致。值得注意的是,由于该蒸馏提纯过程在动态真空条件下进行,一定要十分严格地设计并控制整个过程的温度制度,以免原料蒸气被抽到真空泵中,破坏整个提纯实验,甚至损毁真空设备。

5.2.2 真空石英安瓿熔制

与传统的氧化物光学玻璃相比,硫系玻璃的制备过程比较特殊——需要在无氧密闭气氛下熔制。实验室中的制备过程通常是(图 5.4):(a)将称量好后的高纯硫系及其他金属原料装入石英玻璃容器中;(b)利用真空泵抽至高真空($<10^{-2}$ Pa);(c)用高温气焰(氢氧或乙炔焰)将其熔封为真空密闭的容器;(d)将装有原料的石英玻璃管/瓶移入摇摆炉中;(e)按一定的温度制度进行熔制;(f)反应完全后,取出样品放入水中或者在空气中快速冷却,放入已升至预定温度的退火炉中进行退火。需要注意的是,由于玻璃原料中有大量的硫系单质(S、Se 等),其熔点、沸点较低,蒸气压大,特别是被封在狭小密闭的空间内,熔制过程中内压非常大,稍有不慎就有爆炸的危险,必须设定比较合理的熔制温度工艺程序(图 5.4(e))。

熔融反应结束后,将摇摆炉静置一段时间,然后取出石英玻璃管迅速放入水或在空气中淬冷,待玻璃硬化后放入已升至预定温度的退火炉中进行退火。退火的目的是消除玻璃内部的残余应力,以便后续加工处理。由于硫系玻璃的热膨胀系数比石英玻璃的大,在凝固和退火冷却后其收缩量也较大。所以,轻轻地切破石英玻璃管,就可以小心地倒出均匀的硫系玻璃块体(图 5.4(f))。样品切片、抛光后,即可用于各项属性和性能的测试分析。

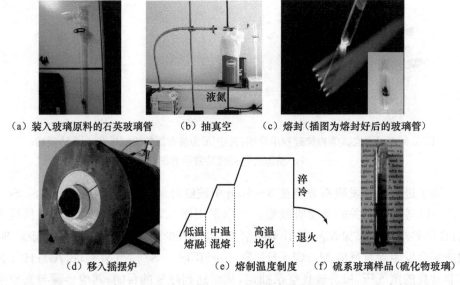

图 5.4 实验室中硫系玻璃熔制过程

硫系玻璃块体的工业化生产与上述实验室制备过程类似,但由于原料量和石英玻璃容器的尺寸更大,需要更加仔细地控制真空度、熔制温度制度以及出炉冷却过程,防止在熔制过程中蒸气压过大使容器炸裂,或者出炉过程中由于玻璃液的冷却收缩不均导致碎裂。尤其是在退火阶段,需要设计更为精密、更长时间的退火制度以消除大尺寸玻璃的内部残余应力。否则,玻璃在切割、抛光等后续处理中仍十分容易开裂、破碎,无法获得高质量的完好玻璃块体材料。

5.2.3 提纯和熔炼一体化制备

由 5.2.1 节和 5.2.2 节可知,制备高纯硫系玻璃需要经过原料提纯和真空熔制两个阶段。首先,利用真空蒸馏或动态真空提纯(图 5.3)将硫系单质原料(S、Se 或 Te)提纯后,把装有提纯后原料的石英玻璃容器在手套箱中敲碎,保存原料并用于之后配料;然后,在手套箱中配料并装入石英玻璃容器,从手套箱中取出装有配好料的容器后,按图 5.4 所示流程进行抽真空、熔封与玻璃熔制;最后,敲碎石英玻璃容器,取出制得的高纯硫系玻璃样品。尽管目前实验室研究和工业化生产中广泛采用这种方法制备高纯硫系玻璃,但可以看到该方法仍存在一些问题。例如:①多次装料、熔封和熔制,程序复杂;②需要在手套箱中进行,操作不便;③石英玻璃容器破坏较多,成本高;④提纯方法仅适用于硫系单质,对 As、Ge、Sb 等金属中含有的痕量杂质无法提纯,玻璃质量仍有提高空间。

宁波大学红外材料及器件实验室从 2005 年开始专注于硫系玻璃制备技术的自主研发,经过 10 多年的研究与探索,发明了一种新型的集提纯和熔炼一体化的制备方法。其主要原理与工艺过程是：采用双炉膛分区温控摇摆炉(图 5.5(a))，利用玻璃基团与杂质的饱和蒸气压力差，在除氧剂的作用下，实现在左、右炉膛大温度差情况下玻璃整体快速提纯；利用高温硫系玻璃熔体的非牛顿松弛黏弹性液体流动模型，采用非对称角度摇摆实现硫系玻璃均质化熔制；通过选择不同口径的石英玻璃瓶，可以制备各种尺寸的高纯硫系玻璃样品(图 5.5(b))。

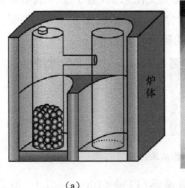 

(a)　　　　　　　　　　　　(b)

图 5.5　(a)双炉膛分区温控摇摆炉；(b)宁波大学制备的硫系玻璃样品

该技术改良了传统硫系玻璃制备工艺。一方面，将原料提纯和玻璃熔制集成在一个流程内，简化工艺、提高效率，并且减小了石英玻璃容器损耗、降低成本；另一方面，该技术发明了一种新型硫系材料提纯方法，在金属单质与硫系原料玻璃化反应过程中，利用除氧剂进行玻璃整体提纯，进一步提高所制得硫系玻璃的纯度。表 5.2 比较了宁波大学 Ge-Sb-Se 硫系玻璃与国外同类产品的主要参数。可以看到，利用该方法制备的硫系玻璃在 $10\mu m$(对应于 Ge—O 杂质吸收)处透过率更高，接近理论值，且玻璃的折射率均匀性和可重复性更好。

表 5.2　宁波大学 Ge-Sb-Se 硫系玻璃与国外同类产品的主要参数比较

技术指标		宁波大学	国际水平*
最大口径/mm		140	150
折射率误差	玻璃不同部位	3×10^{-4}	—
	不同批次玻璃	5×10^{-4}	6×10^{-4}
透过率/%(@10μm)		66	60
MTF 值/(20lp/mm)		60	60

* 数据来源于硫系玻璃三大生产商 Amorphous Materials、Umicore 和 Vitron 公司的产品参数。

5.2.4　开放式熔制技术

上述石英安瓿瓶法制备硫系玻璃过程是在无氧真空密闭环境下进行的，无法进行搅拌,主要依赖摇摆炉的工作使玻璃熔体均匀化。这种方式在制备尺寸较大的硫系玻璃样品时就会遭遇到熔体反应、混熔不匀等情况,在玻璃内部形成如图 5.6 所示的条纹、颗粒以及不混溶相等缺陷,极大地损害硫系玻璃的光学性能。这种情况下玻璃熔制过程中摇摆炉的温度制度、摇摆方式以及退火制度等工艺参数就十分重要,选择合适的温度及其所对应的玻璃黏度对消除条纹十分关键。不同玻璃组成的温度-黏度曲线截然不同,特别是硫系玻璃的黏度随温度变化急剧,适于摇摆混熔的温度范围非常窄。因此,需要根据特定玻璃组分,设计合适的摇摆混熔温度制度,配合相应合适的摇摆工艺参数,才能获得高质量无条纹的硫系玻璃样品。

图 5.6　不同制备工艺参数下的 $Ge_{20}Sb_{15}Se_{65}$ 玻璃内部检测图像

对于石英安瓿瓶法,要获得大尺寸的硫系玻璃(口径 $\phi 100mm$ 以上)就需要制作大口径石英安瓿瓶,并且需要加载更多原料。这就给制备过程带来了更多不确定因素,如安瓿瓶的制作缺陷、壁厚、容积以及原料的蒸气压等,容易在制备过程中发生爆炸造成人员伤害以及财产损失。美国前德州仪器(Texas Instruments,TI)公司发明了一种利用浇铸或漏料方式制备硫系玻璃的方法和仪器。如图 5.7 所示,在一个带有观察窗和外部操作装置的设备内部充入惰性保护气体,利用加热装

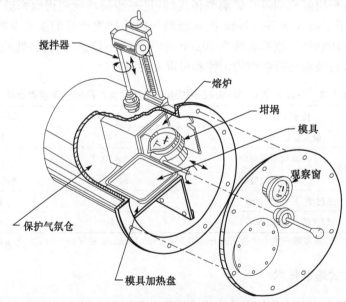

图 5.7　TI 公司硫系玻璃浇铸制备装置

置和搅拌器使原料熔融和匀化,最后进行浇铸或底部漏料成型,获得超大尺寸(>ϕ200mm)的均匀硫系玻璃样品[9]。与该原理类似,法国 Umicore 公司也公布了利用惰性气体气压控制硫系玻璃熔制的装置及生产线的发明专利[13],能够实现超大规模的批量生产。

5.2.5 高能球磨法

硫系玻璃除了可以通过前面所述的熔制方法制备得到,还可以通过气相沉积、溶胶-凝胶、高能球磨(high energy milling)等方法获得。气相沉积法主要是用来制备非晶硫系薄膜(详见第 13 章硫系薄膜制备,在此不作赘述)。溶胶-凝胶制备方法难以消除这类湿化学法所产生的水、羟基等杂质吸收,极大影响了所得硫系玻璃的透过光谱及化学稳定性。虽然在早期文献中有所报道,但现在极少涉及。

高能球磨是 20 世纪 60 年代由美国 Benjamin 率先提出的一种合金粉末的非平衡制备技术[14,15],包括机械合金化(mechanical alloying)和机械研磨(mechanical milling)两种形式。其过程是对单一粉末或混合粉末进行高能球磨,最终形成具有不同于原料粉末结构的新型合金粉末。高能球磨(图 5.8)可以制备超饱和固溶体、金属间化合物、纳米晶、准晶以及非晶等粉末[16]。某些合金体系用传统液淬法很难得到非晶态,而用高能球磨却可以实现非晶化,甚至单质元素也能球磨成非晶态[17,18]。高能球磨法已成为一种制备非晶材料的重要手段,其非晶化机理可分为扩散为主和界面反应为主的转变。它的热、动力学反应过程比较复杂,至今仍没有比较清晰的认识。简单的经验认识是,只有当球磨过程中形成的非晶态合金向晶态合金转变的时间远大于高能态粉末向非晶态合金转变的时间,且高能态粉末向非晶态合金转变的时间远小于高能态粉末向晶态合金转变的时间时,才能使晶体相来不及形成而保证形成非晶相,并且使形成的非晶相没有足够的时间发生分解而能够保留下来。通常来说,组元之间的互扩散系数以及各组元元素在非晶相中的扩散系数存在较大差异时,有利于满足形成非晶相的动力学条件[19]。

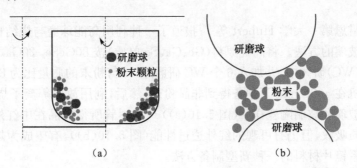

图 5.8 (a)行星式高能球磨钵示意图;(b)粉末和球之间冲击作用模型

硫系玻璃的高能球磨法制备研究主要是利用这种非平衡制备手段突破传统熔融-淬冷法的玻璃形成区限制,在更宽的组分范围内制得硫系玻璃样品。其中研究较多的是制备含有高浓度锂或钠离子的硫系玻璃材料,研发快离子导电玻璃电解质,制作成新型全固态电池。日本Hayashi及其课题组在此做了许多创新性工作,取得了很好的研究成果。例如,将高纯Li_2S(>99.9%)和分析纯P_2S_5(99%)晶态粉末作为原料,配置成$70Li_2S \cdot 30P_2S_5$样品,放入45mL氧化铝钵中并加入直径为10mm的10个氧化铝球,利用行星球磨机在370r/min下磨制20h。

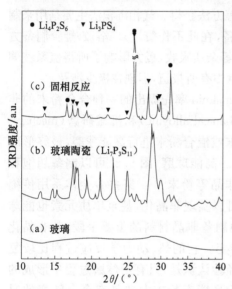

图5.9 不同方法制备的$70Li_2S \cdot 30P_2S_5$样品的XRD图谱:(a)球磨后得到的玻璃粉末;(b)晶化处理后的玻璃陶瓷;(c)固相反应得到的晶体

从图5.9可以看出,制得的$70Li_2S \cdot 30P_2S_5$样品为非晶粉末。将其进行晶化处理后,$70Li_2S \cdot 30P_2S_5$玻璃陶瓷可将离子导电率从5.4×10^{-5} S/cm提高至3.2×10^{-3} S/cm[20]。此类增强效应在$70Li_2S \cdot 29P_2S_5 \cdot 1P_2S_3$玻璃陶瓷中更为显著,$Li_7P_3S_{11-z}$超离子晶体的出现使其离子导电率达到$5.4 \times 10^{-3}$ S/cm,已达一般电解液导电率的一半[21]。考虑到固体电解质材料中仅是单一锂离子移动传导,其离子导电率已可与电解液性能相比拟,是目前锂离子导电率最高的玻璃态固体电解质材料。以$70Li_2S \cdot 29P_2S_5 \cdot 1P_2S_3$玻璃陶瓷作为电解质材料,$Li_4Ti_5O_{12}$和In-Li作为正负极材料制作了全固态电池,在12.7mA/cm² 高电流密度下能良好地循环工作,充放电比容量达140(mA·h)/g并在循环700次后无性能衰减,初步表明了使用这类超离子晶体复合硫系玻璃陶瓷作为电解质材料的全固态电池拥有优异的电池性能[22]。

法国雷恩第一大学Hubert等[23]报道了一种利用高能球磨与烧结相结合制备透明硫系玻璃的方法。将高纯原料(Ge、Ga、Se单质)按$80GeSe_2$-$20Ga_2Se_3$配比放入碳化钨(WC)研钵中,并加入6个WC研磨球(球与粉末的质量比为8:1),利用行星球磨机在400r/min下制备得到非晶粉末;然后,利用放电等离子烧结(SPS),制得硫系玻璃和玻璃陶瓷样品(图5.10(a))[23]。尽管所得样品在中红外区仍存在较大的杂质吸收,但仍有可观的红外透过性能(图5.10(b)),有望成为热成像仪用低成本硫系镜片材料的一种新型制备方法。

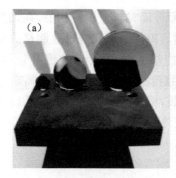 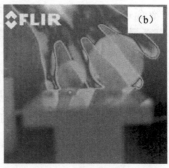

图 5.10　通过高能球磨和 SPS 制备的 $80GeSe_2$-$20Ga_2Se_3$ 玻璃的可见光拍摄的照片(a)和热成像相机拍摄的照片(b)（另见文后彩插）

5.3　精密模压

目前常用的红外透镜材料主要有锗单晶、硒化锌（ZnSe）晶体和硫系玻璃等 3 类，相关材料特性可见表 5.3。从表中可以看出，就透过范围大小，Ge 单晶最宽，其次是 ZnSe 晶体；就尺寸，Ge 单晶目前最大口径超过 380mm，Se 基硫系玻璃最大口径为 240mm 左右，ZnSe 晶体主要采用 CVD 方法制备，大尺寸难以获得，且制备成本高；就折射率温度系数 dn/dT，ZnSe 晶体最低，其次是硫系玻璃，最高为 Ge 单晶，硫系玻璃的 dn/dT 是 Ge 单晶材料的 1/9～1/5，消热差性能明显占优势；就资源利用和制造加工成本，硫系玻璃最占优势，对 Ge 稀散资源消耗较低，最重要的是可以采用精密模压技术批量制造镜片，而 ZnSe 晶体和 Ge 单晶往往需要单点金刚石车削工艺加工，其生产效率低、成本高。

表 5.3　热成像仪用主要红外透镜材料特性比较

红外材料	透过范围 /μm	dn/dT /($10^{-6}K^{-1}$)	最大口径 /mm	资源利用情况	制备加工成本
Ge 单晶	1.8～25	～450	～ϕ380	锗稀散资源消耗高，成本高	单点金刚石车削加工，效率低、成本高
ZnSe 晶体	0.5～20	～6	～ϕ82	无锗资源消耗	单点金刚石车削加工，效率低、成本高
硫系玻璃（Se 基）	1.1～16	50～90	～ϕ240	锗资源消耗少	精密模压镜片成型制造和加工成本低

总体上，从材料性质来看，三种材料各具优劣，但硫系玻璃与红外晶体材料的一个重要差别在于前者为非晶态，而后者为晶态。晶体材料在加热至熔点时直接

由固态转变为液态，无法进行模压加工。而玻璃材料与塑料相似，在加热过程中黏度逐渐降低，直至最佳黏度范围，能按照模具提供的形状通过压制精确成型。镜片模压成型是光学玻璃的巨大优势之一，能极大地降低光学镜片制作与加工成本[24,25]。因此，在民用市场的快速增长导致低成本红外透镜元件需求急剧扩大的情况下，尤其是车载夜视等民用系统的发展，精密模压硫系玻璃镜片已成为在红外热成像系统中取代传统晶体镜片的优质红外光学材料。

5.3.1 技术特点

在21世纪以前，硫系玻璃镜片的制作主要是通过金刚石车削加工。金刚石车削技术是利用计算机精确控制金刚石刻刀，通过程序命令将定位在圆形旋转底座的玻璃坯料加工出非球面或者衍射表面，其优点是加工精度较高，常用于光学晶体的加工(表5.3)。当然，该技术的缺点也十分明显：设备昂贵、维护成本高；加工过程需要每片镜片依次进行，且加工周期长，不利于规模化生产。所以从很早开始，人们就希望借鉴光学塑料和光学玻璃的镜片模压技术与经验，实现硫系玻璃镜片的精密模压。可喜的是，近十余年来硫系玻璃的精密模压技术取得了突破性的进展[26-29]。模压的硫系镜片已经成功地应用于各类场合(图5.11)。

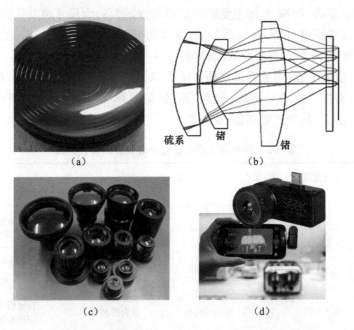

图5.11 (a)DOE硫系玻璃镜片；(b)、(c)温度自适应镜头设计及镜头组；
(d)基于硫系玻璃镜片的手机热像仪(Seek Thermal公司)插件

相较氧化物玻璃,硫系玻璃模压成型有一定的技术特点:

(1) 硫系玻璃的饱和蒸气压要大很多,模压时容易释放微量的气体。模压过程中一旦产生气体,会严重影响镜片面形和表面质量。所以,气体释放的严格控制、预形体的设计和模压过程中受控形变是硫系玻璃精密模压的技术难点。

(2) 硫系玻璃尽管软化温度较低,但由于热膨胀系数大,模压成型后的冷却变形量通常比氧化物玻璃大很多,所以在模压过程中需要精确控制温度和压力等各种工艺参数,使模压镜片面形稳定。

(3) 相比常用的红外晶体材料,硫系玻璃在 8~12μm 波段的色散很大,需要在镜片表面加工出二元衍射面进行色差校正(图 5.11(a))。

可见,除了工艺流程的精确控制,硫系玻璃的精密模压技术难点还在于:在制作衍射光学元件(DOE)母型时,需要在硬质合金上加工 DOE 面形,其台阶的锐度将直接影响衍射效率,而在超硬模芯材料上加工出超精密的 DOE 面形十分困难;硫系玻璃在精密模压的过程中极易与模芯表面产生粘连,需要制作优质的分离膜解决粘连,而且硫系玻璃的饱和蒸气压较大,模压时容易释放微量的气体,一旦产生气体则会严重影响镜片面形和表面质量。因此,需要研发出一套适于硫系玻璃的精密模压技术,实现硫系玻璃镜片的高效生产,最终设计并组装出基于硫系玻璃镜片的红外光学镜头与红外热成像仪(图 5.11(b)~(d))[30,31]。

5.3.2 模压镜片及其应用效果

图 5.12 是镜片模压成型的工艺流程。下面根据该流程图简要介绍硫系玻璃镜片精密模型技术及其相关应用。

首先,进行红外光学系统设计,确定目标镜片形状。图 5.13 为一款基于宁波大学生产的 NBU-IR1 硫系玻璃($Ge_{20}Sb_{15}Se_{65}$)的红外光学镜头设计[28],搭配 320×240 非制冷微测辐射热计阵列可用于商用车载夜视中(关于红外光学系统设计详见第 7 章)。该镜头的视场角为 26°×20°,包括两片非球面硫系透镜,并用锗作为探测器前的窗口材料。得益于硫系玻璃的低折射率热差系数,该红外光学系统不需要进行额外的无热化机械设计。另外,根据光学系统的设计软件,可以得到该款硫系玻璃镜片的制造公差(表 5.4)[28]。

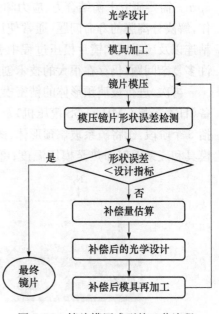

图 5.12 镜片模压成型的工艺流程

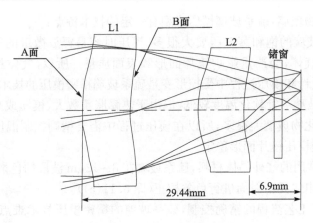

图 5.13　红外光学镜头设计

表 5.4　车载夜视用硫系玻璃镜片的制造公差

指标	面形精度(PV)/μm	粗糙度(R_a)/nm	倾斜/arcmin	偏心/μm	透过率(8~12μm)/%
制造公差	<1.0	<20	<3	<20	>90

其次,进行模具设计与制作。根据目标镜片形状,设计硬质合金精密模压模具,且根据硫系玻璃与模具材料热膨胀系数之间的差值,对模具的尺寸和加工精度进行准确模拟,保证精密模压目标镜片的各项要求。利用超精密磨削加工方法制作模具,目前可实现模芯的面形精度小于 0.1μm,模芯与模套的配合间隙小于 5μm。需要研究平衡结合力、应力和强度之间的矛盾关系,通过理论设计和反复试作,解决分离膜的寿命问题(通常使用类金刚石碳膜,DLC),并且还要防止与模具粘连以及硫系玻璃镜片模压过程中表面发雾。这一环节中涉及材料加工、镀膜等许多复杂问题,仍存在很大的技术创新空间。

再次,进行玻璃预形体的精密模压成型。图 5.14 展示了硫系玻璃精密模压设备(日本东芝 GMP-54-5S 模压机)及其模压过程的示意图[29,30]。整个模压过程包括 5 个阶段:①将硫系玻璃预形体(图 5.15(a))放入模具中,利用红外线分两步将模具和硫系玻璃加热至模压温度;②匀速地模压预形体(图 5.15(b));③缓慢降

图 5.14　硫系玻璃精密模压过程示意图

(a) 预形体　　　　　　(b) 模压　　　　　(c) 模压后的透镜

图 5.15　硫系玻璃预形体、模压过程及模压镜片的照片(来自 Edmund Optics)

温,逐步释放模压后透镜中的压力;④最后快速冷却到一定温度后,取出透镜(图 5.15(c))。在模压过程中,一直通氮气以防止硫系玻璃被氧化污染。

硫系玻璃的热膨胀系数较大,模压过程中变形量比通常的低熔点玻璃要大,因此在模压过程中需要精确控制温度和压力等各种工艺参数,使模压镜片面形稳定。表 5.5 给出了 NBU-IR1 硫系玻璃的部分模压参数。为防止透镜破裂,设定第一个升温段的温度(250℃)小于 NBU-IR1 的玻璃转变温度(T_g=285℃),而将第二个升温段和模压段的温度(320℃)设为高于玻璃软化温度(T_s=309℃);模压阶段和缓冷退火阶段加载的模具压力分别为 500N 和 200N;最终制得的透镜表面质量,表面有一些微小孔洞,但不影响 8~12μm 的透过,而且没有发生透镜破裂或与模具粘连现象。

表 5.5　NBU-IR1 硫系玻璃的部分模压参数

参数		升温段		模压段	缓冷段
		第一段	第二段		
温度/℃	模具上板	—	—	320	200
	模具下板	250	320	320	200
压力/N				500	200
压制时间/s		800			

最后,检测模压后的硫系透镜及其应用效果。利用高精度轮廓仪测量样品的面形(面形误差和粗糙度)、倾斜以及偏心。模压得到的硫系镜片质量良好,A 面面形精度为 0.57μm,B 面为 0.38μm,都小于许可的制造误差(表 5.4)。图 5.16 是模压透镜的表面粗糙度,A 面和 B 面分别为 13nm 和 8nm,符合设计要求。其他参数详见表 5.6。图 5.17 是装配该硫系模压镜头及非制冷探测器的热像仪分别在不同距离 50m、100m、200m 的热成像照片。

表 5.6　硫系玻璃模压透镜的质量检测结果与制造公差

指标	面形精度(PV)/μm	粗糙度(R_a)/nm	倾斜/arcmin	偏心/μm	透过率(8~12μm)/%
制造公差	<1.0	<20	<3	<20	>90
A 面	0.57	13	1.61	12.5	97%(镀增透膜后)
B 面	0.38	8		9.95	

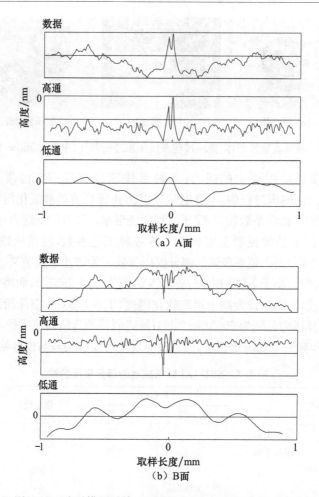

图 5.16 硫系模压透镜 A 面和 B 面表面粗糙度测试结果

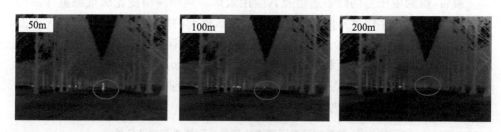

图 5.17 装配硫系模压镜头及非制冷探测器的热像仪分别
在不同距离的热成像照片

随着透镜尺寸增大,精密模压的技术难度呈非线性增长。目前可模压成型的硫系透镜最大口径为 $\phi60\text{mm}$。宁波大学与宁波舜宇红外科技公司合作研发了硫系玻璃非球面带二元衍射面的精密模压技术，自主设计并加工制作出硫系玻璃非球面衍射面镜片精密模压模具，开发了 DLC 分离膜且使用寿命达到可见光量产同等水平，突破大口径硫系玻璃精密模压工艺，采用特殊涂层有效防止镜片表面发雾，解决了硫系玻璃精密模压镜片面形精度问题，成功地模压出了口径 ϕ60mm 的硫系透镜。图 5.18 为模压后 ϕ60mm 镜片尺寸实物图。轮廓仪的检测结果显示，优化后的非球面+衍射面（凸面）的面形精度 PV 值小于 0.35μm，球面面形（凹面）局部光圈误差 ΔN 约为 1，合 PV 约为 0.31μm，均小于 0.4μm 的要求。同时，不同批次模压的镜片之间的面形差异小于 0.15μm，说明该模压工艺的稳定性可以满足批量生产的要求，完全可以满足红外光学系统的面形精度误差要求。轮廓仪的检测结果表明，精密模压镜片表面的粗糙度 R_a 在 3nm 左右，接近硫系玻璃表面抛光所达到的粗糙度，优于常规单点金刚石车削硫系玻璃镜片所达到的粗糙度。

图 5.18 模压后 ϕ60mm 镜片尺寸实物图

基于该硫系玻璃模压镜片设计了一款应用于 640×480 25μm 探测器的热成像镜头，该镜头采用硫系玻璃与单晶锗混合设计，焦距为 f100mm/F1.0，工作波段为 8～12μm，工作温度范围为 −40～80℃。采用模压镜片的镜头各项性能与采用车削镜片的镜头性能相当，完全达到产品要求。镜头调制传递函数（MTF）测试结果，包括镜头理论 MTF、模压镜头的实际 MTF 测量结果、单点金刚石车削镜头的实际 MTF 测量结果如图 5.19 所示。

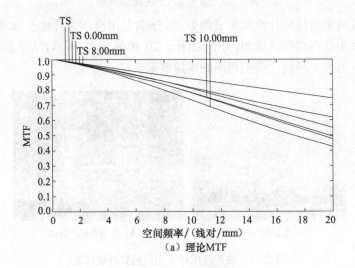

(a) 理论MTF

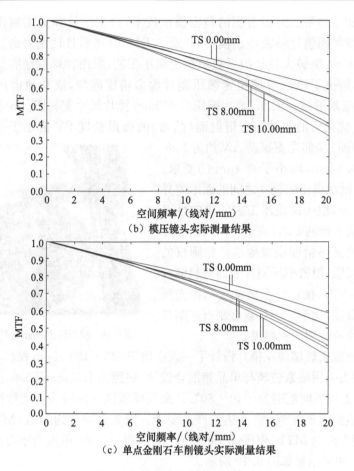

(b) 模压镜头实际测量结果

(c) 单点金刚石车削镜头实际测量结果

图 5.19　镜头 MTF 的测量结果

为比较精密模压镜片的真实成像效果,分别利用模压镜片镜头和单点金刚石车削镜片镜头获得红外热像图,分别如图 5.20 和图 5.21 所示,结果显示,模压镜片镜头表现出与车削镜片镜头相同的成像效果。

(a) 远景实拍亮黑图　　　(b) 近景实拍亮白图

图 5.20　装配模压镜头拍摄的红外成像图

(a) 远景实拍亮黑图　　　　　　(b) 近景实拍亮白图

图 5.21　装配车削镜头拍摄的红外成像图

随着热成像技术的不断成熟,红外热像仪在医疗、电力、森林防火、监测、天气智能监控等安防领域表现出突飞猛进的发展。热成像产品技术特点和性能决定了其在安防领域具有广阔的发展前景。在此,利用精密模压技术能够极大地提升非球面硫系镜片的加工效率,降低成本,实现小口径民用热像镜头的批量生产,使原来局限于国防军事应用的高尖红外技术走入了人们的日常生活。

参 考 文 献

[1] Schultz-Sellack C. Diathermansie einer reihe von stoffen für wärme sehr geringer brechbarkeit. Annalen der Physik,1870,215(1):182-187

[2] Wood R W. Absorption,dispersion,and surface colour of selenium. Philosophical Magazine,1902,3:607-622

[3] Meier W. Untersuchungen über dispersion und absorption bei metallen für das sichtbare und ultraviolette spektrum. Annalen der Physik,1910,336(5):1017-1049

[4] Becker A,Schaper I. Über die lichtdurchlässigkeit des amorphen selens. Zeitschrift für Physik,1944,122(1):49-61

[5] Merwin H E,Larsen E S. Mixtures of amorphous sulphur and selenium as immersion media for the determination of high refractive indices with the microscope. American Journal of Science,1912,34(199):42-47

[6] American Physical Society. Minutes of the Meeting at Oak Ridge,Proceeding of the American Physical Society. Physical Review,1950,78(5):637-647

[7] Frerichs R. New optical glasses with good transparency in the infrared. Journal of the Optical Society of America,1953,43(12):1153-1157

[8] Glaze F W,Blackburn D H,Osmalov J S,et al. Properties of arsenic sulfide glass. Journal of Research of the National Bureau of Standards,1957,59(2):83-92

[9] Hilton A. Chalcogenide Glasses for Infrared Optics. New York:McGraw-Hill,2010

[10] Hilton A. Nonoxide chalcogenide glasses as infrared optical materials. Applied Optics,1966,5(12):1877-1882

[11] Adam J L, Zhang X. Chalcogenide Glasses: Preparation, Properties and Applications. Woodhead: Woodhead Publishing Limited, 2014

[12] Danto S, Thompson D, Wachtel P, et al. A comparative study of purification routes for As_2Se_3 chalcogenide glass. International Journal of Applied Glass Science, 2013, 4(1): 31-41

[13] Syllaios A J, Autery W D, Tyber G S, et al. Method for Vapor Pressure Controlled Growth of Infrared Chalcogenide Glasses: European Patent, EP1611060. 2007

[14] Benjamin J S. Dispersion strengthened superalloys by mechanical alloying. Metallurgical Transactions, 1970, 1(10): 2943-2951

[15] Koch C C. Materials synthesis by mechanical alloying. Annual Review of Materials Science, 1989, 19(1): 121-143

[16] Feng Y T, Han K, Owen D R J. Discrete element simulation of the dynamics of high energy planetary ball milling processes. Materials Science and Engineering: A, 2004, 375-377: 815-819

[17] Gaffet E. Phase transition induced by ball milling in germanium. Materials Science and Engineering: A, 1991, 136: 161-169

[18] Gaffet E, Harmelin M. Crystal-amorphous phase transition induced by ball-milling in silicon. Journal of the Less Common Metals, 1990, 157(2): 201-222

[19] 袁子洲,王冰霞,梁卫东,等. 高能球磨制备非晶粉末的形成机理及形成能力的研究综述. 粉末冶金工业, 2006, 16(1): 30-34

[20] Mizuno F, Hayashi A, Tadanaga K, et al. New, highly ion-conductive crystals precipitated from $Li_2S-P_2S_5$ glasses. Advanced Materials, 2005, 17(7): 918-921

[21] Hayashi A, Minami K, Ujiie S, et al. Preparation and ionic conductivity of $Li_7P_3S_{11-z}$ glass-ceramic electrolytes. Journal of Non-Crystalline Solids, 2010, 356(44-49): 2670-2673

[22] Tatsumisago M, Hayashi A. Superionic glasses and glass-ceramics in the $Li_2S-P_2S_5$ system for all-solid-state lithium secondary batteries. Solid State Ionics, 2012, 225: 342-345

[23] Hubert M, Delaizir G, Monnier J, et al. An innovative approach to develop highly performant chalcogenide glasses and glass-ceramics transparent in the infrared range. Optics Express, 2011, 19(23): 23513-23522

[24] 陈国荣,章向华. 红外夜视仪用精密模压硫系玻璃研究进展. 硅酸盐通报, 2004, 23: 3-7

[25] Zhang X, Bureau B, Lucas P, et al. Glasses for seeing beyond visible. Chemistry—A European Journal, 2008, 14(2): 432-442

[26] Zhang X, Guimond Y, Bellec Y. Production of complex chalcogenide glass optics by molding for thermal imaging. Journal of Non-Crystalline Solids, 2003, 326: 519-523

[27] Cha D H, Kim H J, Park H S, et al. Effect of temperature on the molding of chalcogenide glass lenses for infrared imaging applications. Applied Optics, 2010, 49(9): 1607-1613

[28] Cha D H, Kim H J, Hwang Y, et al. Fabrication of molded chalcogenide-glass lens for thermal imaging applications. Applied Optics, 2012, 51(23): 5649-5656

[29] Yi A Y, Jain A. Compression molding of aspherical glass lenses—A combined experimental and numerical analysis. Journal of the American Ceramic Society, 2005, 88(3): 579-586

[30] 丁黎梅,刘玉英,张莹昭,等.一种超强光大视场温度自适应红外镜头:中国,CN201765372. 2011
[31] 戴世勋,陈惠广,李茂忠,等.硫系玻璃及其在红外光学系统中的应用.红外与激光工程, 2012,41(4):847-852

第 6 章 硫系玻璃陶瓷

新材料在现代科学技术和生活中有着不可或缺的作用。新材料的发现、新功能的发明或性能的改善一直是推动现代科技发展和提高人们日常生活水平的主要动力之一。在种类繁多的新型材料中,玻璃陶瓷(glass-ceramic)是一类非常特殊的复合材料。玻璃陶瓷是指由至少一种玻璃相和至少一种晶相构成的复合材料。一般是将拥有预制形状的玻璃制品进行晶化处理,获得具有一定量晶相的固体。它既拥有玻璃易于制备、成型的优点,又展现出晶体的各种优良性能。与一般玻璃相比,玻璃陶瓷可以设计制备出具有更好的化学稳定性、更高的机械强度、更优的电学性能和适宜的热学属性(热膨胀系数低(或高)、热震稳定性好和软化温度高)等。同传统的陶瓷材料相比,因为是由均匀的基础玻璃(base glass)热处理后获得的,玻璃陶瓷的微观结构更加均匀致密,制造重复性更好。此外,玻璃陶瓷还具有多种不同的微观结构,其中多数微观结构是其他任何材料所不具备的。玻璃陶瓷的制备过程是将基础玻璃通过控制析晶获得,新的晶体直接在玻璃相中析出长大,与此同时残余的玻璃相组成逐渐发生变化。残余玻璃相本身就展示出不同的结构特性,而且还在微观结构上有着不同的形态排列。晶相则显示出更广泛的特性。不同的结构所展示出的不同形态,以及不同的晶体生长模式决定了玻璃陶瓷有着多样的表观特性。

简言之,玻璃陶瓷材料是一种极具迷人特质的复合材料,在光学和光子学中有着许多重要的应用。本章简要介绍玻璃陶瓷材料的发明与理论基础,并着重介绍功能硫系玻璃陶瓷的制备与研究进展。

6.1 玻璃陶瓷的发明

在早期玻璃制品中经常能观察到一些晶体杂质,这主要是由于当时的玻璃制备技术不成熟以及对玻璃形成的认识不足。通常来说,这些颗粒都是当时玻璃工匠极力避免的,所以一般不把这类玻璃相和晶相混合材料称为玻璃陶瓷。

玻璃陶瓷的历史很短。最早的人工玻璃陶瓷是由法国科学家 Réaumur 在 1739 年制作出来的。当时他想要制作出与中国陶瓷相媲美的器皿,但无法解决材料的制作问题。于是就将玻璃进行二次退火,得到了一种新的陶瓷材料,现在称为"Réaumur 瓷"。这种方法的优点就是原料简单(一般常用的玻璃原料)、制作简便。他将该成果发表在法国科学院杂志上,题为"一种通过玻璃转变的超级简便的新型

第 6 章 硫系玻璃陶瓷

陶瓷"[1]。然而,玻璃陶瓷材料的研究并没有从此开始,而是直到 200 多年后因为一次意外实验才再次引起人们的注意。

在 20 世纪 50 年代,Stookey(图 6.1(a))开展了一系列与玻璃陶瓷发明相关的重要工作[2]。Stookey 当时是康宁公司的一名年轻研究人员,主要工作并不在陶瓷制作和研究方面。他是要在玻璃中析出银颗粒,得到永久的摄影影像。他选择了掺银的锂硅酸盐玻璃作为研究对象,这是因为碱硅酸盐玻璃有助于银颗粒的化学还原,而锂玻璃有着最好的化学稳定性。为了析出银颗粒,通常是将玻璃在紫外光辐照的同时,升温到玻璃转变温度 450℃进行保温热处理。有一天晚上,他将玻璃放入炉中,设定好温度后就离开了。第二天回来后才发现炉子温度竟然升到了 850℃,原以为玻璃应该已经液化,炉子要被污染了。于是赶紧打开炉门,发现玻璃还是完整的,只是变成奶白色。接着抓起钳子要把样品夹出来,不过样品滑了出去,掉在地上弹了几下,却没碎裂,发出了类似金属撞击地面的声音。这时他意识到这个东西好像不同寻常,有着反常的高强度特性。

(a)　　　　　　　　　　　　　　(b)

图 6.1　(a)Stookey 在研究光敏玻璃(FotoForm®);
(b)Stookey 发明的玻璃陶瓷厨具(Corning Ware®)

Stookey 继续研究这个意外实验所得的样品并发现:①银颗粒可以作为有效的成核剂,促使 $Li_2Si_2O_5$ 晶体析出;②玻璃经过简单的热处理后可以得到细密的陶瓷材料;③这种陶瓷材料仍能保持玻璃器皿的原始形状;④制得的陶瓷样品均匀致密(无气孔),且比原始玻璃有着更高的强度。

此后,Stookey 回想起曾读到锂铝硅酸盐晶体的热膨胀系数很低,特别是 1951 年 Hummel 报道过 β-锂辉石(β-spodumene,$LiAl(SiO_3)_2$)晶相有着近乎于零的热膨胀特性。他十分清楚低膨胀晶体对改善脆性易碎陶瓷的抗热冲击性能的重要程度。只要能像析出 $Li_2Si_2O_5$ 晶体一样,通过析晶处理得到 β-锂辉石或其他类似的低热膨胀系数的晶相,这一发现将有十分重大深远的意义。可惜的是,他很快发现银或其他贵金属胶体在这类铝硅酸盐玻璃中无法有效成核。

他暂停了该工作，根据自己在其他特种玻璃研究的经验重新思考。他曾经研究过一种质密的乳白玻璃，是通过析出高折射率晶体（如 ZnS、TiO_2）得到的。于是，他又选择了 TiO_2 作为成核剂添加到铝硅酸盐玻璃（SiO_2-Al_2O_3-Li_2O-TiO_2）中，但是这次发现晶化后样品表面会产生蛛网状的裂纹，仍然失败。最后才发现通过添加 MgO 取代部分 Li_2O，能够成功制得 β-锂辉石晶相析出的具有高抗热冲击性能的玻璃陶瓷。由于该材料极佳的热-机械性能，此后一两年内很快就实现产品化，于 1957 年制成了康宁厨具系列（Corning Ware®，见图 6.1(b)），迅速在美国乃至世界各地的厨房中占据一席之地，取得了巨大的商业成功。

之后的研究发现，TiO_2 作为成核剂的样品产生蛛网状裂纹的原因是这种玻璃在核化反应的同时，发生硅酸盐主晶相的晶化反应。一般来说，玻璃制品的边角区域会率先达到核化温度并随之发生晶化，伴随着析晶放热，这种由外到内的晶化反应急剧加速。在这种情况下，玻璃制品无法适应析晶引起的快速收缩，从而产生了放射状的裂纹。这种晶化处理导致的雪崩式裂纹现象大多发生在玻璃的组分与析出晶相相近，且在晶化处理温度的玻璃黏度较大（$>10^{11}$ Pa·s）时。Stookey 用 MgO 取代一部分 Li_2O，一方面增大玻璃核化与晶化之间的温度差；另一方面降低在晶化处理温度点的黏度，从而达到消除这种蛛网状裂纹的目的，最终制得了锂铝硅酸盐玻璃陶瓷。

科学发现与新材料的发明过程中总会伴随着一系列意外或突发事件，机遇与创造在此相映生辉。玻璃陶瓷的发明也不例外。虽然这些探索性研究在意外发生之前并不能准确预知到最终结果如何，但在此之后的精心设计的实验，则是科研工作者的文献认知、观察以及演绎推理等能力的全面展现。

6.2 玻璃析晶

目前报道的透明玻璃陶瓷有好几种，其中最为常见的是一类在玻璃基质中均匀分散着尺寸小于 100nm 晶体的透明材料。Beall 和 Pinckney 在美国陶瓷学会杂志发表了一篇综述，较详细地介绍了这类材料[3]。通常，透明玻璃陶瓷中的这些晶体本身应是透明的，但值得注意的是，这种纳米晶复合玻璃陶瓷的首次光学应用是基于金属颗粒，即前面提及的 FotoForm®（图 6.1(a)）。玻璃陶瓷的透明度问题一直以来都是关注的焦点。例如，康宁的 Corning Ware® 厨具系列、肖特的 Zerodur® 等基于 β-石英固溶相纳米晶的玻璃陶瓷材料都有着很好的透明度，Dicor® 的半透性一定程度上也很好地模仿了天然牙齿的形态，这些玻璃陶瓷在商业开发上一定程度上都得益于它们的透明或半透明性质。此外，目前这些商用透明玻璃陶瓷还得益于它们优异的热学和机械性能，如超低热膨胀系数、高热稳定性、高抗热震性能等,在高精度光学设备(天文望远镜镜坯)、日常生活以及工业生产(炉灶面、餐具、炉门)领域有着广泛应用。

近年来,人们开始越来越重视透明玻璃陶瓷在光学领域的应用。因为这类材料既有着玻璃易于成型和制备的优点,同时又拥有适于光学活性离子掺杂的晶体局域环境。对于这类复合材料,重要的是要保持透明度,因为玻璃中的每个晶体都是一个散射中心,而对于激光或光放大器等应用,都必须使这些会减弱光强的散射或吸收机制最小化。下面简要介绍透明玻璃陶瓷的光散射理论与析晶控制。

6.2.1 光散射理论

要获得透明玻璃陶瓷,必须使所制得玻璃陶瓷的光散射损耗低。要获得低光散射损耗需满足下列条件中的任意一个:①玻璃陶瓷中的晶相与残余玻璃相的折射率十分接近,而且都是低双折射晶体,例如,在晶相为 Mg 或 Zn 填充 β-石英晶体的 Al_2O_3-MgO-ZnO-ZrO_2 体系玻璃陶瓷中,尽管这些近各向同性 β-石英固溶晶体的尺寸接近 $10\mu m$,但仍能有着很好的透明度[4];②晶粒尺寸要远小于光波长。

了解玻璃陶瓷中的光散射机制对优化透明玻璃陶瓷的光学性能有着重要的指导意义。这里分两种情况讨论玻璃陶瓷的散射过程[3,5]。第一种是介质中的散射体是独立的,且很好地分离开,遵循 Rayleigh-Gans 模型,那么其消光系数 α 可用式(6.1)表示:

$$\alpha \approx \frac{2}{3} NVk^4R^3(n\Delta n)^2 \qquad (6.1)$$

式中,N 为微晶的数量密度,V 为微晶体积,R 为微晶半径,$k=2\pi/\lambda$(λ 为光波长),n 为晶体折射率,Δn 为晶体与基质之间的折射率差。由式(6.1)可知,玻璃陶瓷样品要拥有实际应用要求的透明度,所析出的晶粒半径要小于 15nm,晶体与玻璃基质之间的折射率差要小于 0.1。另一种散射模型是用于描述微晶紧密分布的情况,要求晶粒间距 L 满足 $R<L\leqslant 6R$。Hopper 用式(6.2)来描述这一模型:

$$\alpha \approx \frac{2}{3} \times 10^{-3} k^4 L^3 (n\Delta n)^2 \qquad (6.2)$$

在这一模型中,玻璃陶瓷的透明度对晶体的要求可放宽至晶粒尺寸小于 30nm,折射率差可达到 0.1。此外,Hendy 推导出玻璃陶瓷中的消光系数为[5]

$$\alpha \approx \frac{14}{15\pi} \varphi(1-\varphi)\left(\frac{\Delta n}{n}\right)^2 k^8 R^7 \qquad (6.3)$$

式中,φ 为晶体的体积分数(结晶度)。可以看出,式(6.3)与 Rayleigh 和 Hopper 模型有很大的差别,尤其是有着非常高阶的波长与颗粒尺寸依赖性。该公式预示着微晶的出现会引起比已知瑞利散射更为显著的可见着色效应。但到目前为止,还没有实验证实消光系数有着这种 $1/\lambda^8$ 的波长依赖关系。

虽然目前透明玻璃陶瓷的散射机理仍较模糊,但有一些经验标准可以用于指导透明玻璃陶瓷的制备与开发：

(1) 晶体与残余玻璃基质之间折射率差要小；
(2) 晶体尺寸小于 $\lambda/10$，较窄的尺寸分布范围；
(3) 有着与晶体尺寸相比拟的晶粒间距；
(4) 不存在晶体团聚。

6.2.2 成核与晶粒生长

由 6.2.1 节分析可知，发展透明玻璃陶瓷的先决条件是要实现玻璃的可控析晶。没有可控析晶，就无法制得具有特定性质且透明的玻璃陶瓷。成核是可控析晶的决定性因素之一。基础玻璃中晶体生长一般可分为晶核形成和微晶体长成两个阶段，称为成核与晶粒生长。1933 年 Tammann 阐述了玻璃核化与晶化的温度依赖关系，1959 年 Stookey 以此为理论依据发明了玻璃陶瓷，从此迅速形成了玻璃的成核与晶粒生长理论。图 6.2 展示的是核化(I)和晶体生长速率(V)与约化温度 (T/T_l)的关系[2]。

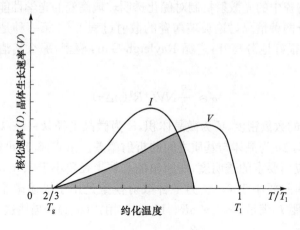

图 6.2 核化(I)和晶体生长速率(V)与约化温度(T/T_l)的关系图
其中 T_l 是液化温度

在大多数情况下，可控的晶体生长过程会产生各种晶体，而不仅仅是一种晶相；这些晶相还会以特定的排列方式呈现于玻璃基质的显微结构中；而且，一些玻璃陶瓷除了含有数种晶相，还有可能同时存在不同的玻璃相；这些晶相与结构特点赋予所制得玻璃陶瓷样品具备某种特殊性能。因此，描述玻璃陶瓷制备的玻璃析晶过程是一个高度复杂的问题，至今仍没有数学理论模型能够全面解释玻璃析晶问题涉及的所有面向。但就目前对玻璃陶瓷发展的认识，可认为玻璃成核过程主要受以下两方面因素影响：合适基础玻璃化学组成的设计选择，包括添加成核剂等；基础玻璃的可控热处理，包括热处理时间、温度等条件控制。

要成功研发玻璃陶瓷,一方面取决于高度可控的制备过程;另一方面取决于利用高分辨表征手段(如电子显微镜、X射线衍射以及热/化学表征方法等)全面分析晶化过程的各个阶段。同样,对成核理论的认识也有助于优化这些综合性实验研究。典型案例就是性能增强玻璃陶瓷材料研制成功,设计并制备出含有β-锂辉石和填充的β-石英晶相的玻璃陶瓷,或与堇青石、焦硅酸锂相同计量比组分的玻璃陶瓷等。其中云母和黑钛石玻璃陶瓷的发明就是在非化学计量比多组分玻璃陶瓷方面理论应用的成功案例。总体来说,尽管玻璃析晶,或者说玻璃陶瓷制备是一个非常复杂的科学问题,但经过半个多世纪的发展已经形成了一定的基础理论认识。Höland 和 Beall 编著的 *Glass Ceramic Technology* 一书对此做了详细的概括[2]。

根据 Volmer 的经典定义,晶核是一种已经成为新相但又处于与过饱和母相相关非稳定平衡态的物质。成核就是指新相在旧相中开始形成时,并非在亚稳系统的全部体积内同时发生,而是在旧相中的某些位置产生小范围的新相,在新相和旧相之间有比较清晰的界面将它们分开,这种在旧相中诞生小体积新相的现象就是成核。要进一步描述成核过程,需要从热力学和动力学两方面出发。一方面,熔体与晶体之间吉布斯自由能的变化是玻璃-晶体转变的热力学驱动力;另一方面,通过成核动力学研究成核的反应速率。这些研究的结论将对材料研发十分有用。此外,在玻璃-晶体转变中,必须要先区分均匀成核与异质成核。如果成核是靠自身局域密度或动力学能量起伏自发产生的,而不是靠外来界面的诱发,这样的成核就是均匀成核。相反,如果外来的粒子界面或基底参与了成核过程,则是异质成核,又称催化成核。异质成核是玻璃陶瓷研发中的典型反应机理。这是因为在绝大多数玻璃陶瓷制备过程中,外来界面无法消除,且其对成核的作用十分显著。

与常见的氧化物玻璃陶瓷不同,硫系玻璃陶瓷的组成比较单一,通常由二元或三元组成,使用的均是高纯原料(5N)且在无氧密闭环境下制备,因此玻璃基质中极少有外来粒子,一般的核化反应都属于均匀成核。这是硫系玻璃陶瓷与氧化物玻璃陶瓷研究中的最大差异之一。目前仍没有找到合适的元素作为外来粒子或形成界面,促使硫系玻璃异质成核,实现可控晶化。可见硫系玻璃陶瓷研究仍存在巨大的创新空间。对硫系玻璃晶化机理的认识,一方面能指导开发具备新型功能的玻璃陶瓷材料,另一方面也是玻璃晶化理论的重要补充。

6.3 晶化改性

硫系玻璃作为一种优良的透红外光学材料,在各种民用或军事上都有着很好的应用。相较常用的红外晶体材料,其化学组成灵活,可以通过调整化学组分来优化材料性能,并能通过温度和模具精确控制模压成型,制作各种形状的透镜。这种方法与一般红外光学镜头制备中的抛光和金刚石车削等处理方法相比,可极大地降低器件的生产成本。但是,也正因为是玻璃材料,尤其是一种红外玻璃材料,它们较弱的连续化学键连接方式决定其存在一些本质缺陷,如对裂纹传播非常敏感、低的抗热震性能等。

玻璃是一种亚稳态固体,有通过析晶回到平衡态的趋势。可以将玻璃这一明显的劣势转变成优势,通过控制玻璃基质中晶体的成核和生长,获得一种新型的复合材料——玻璃陶瓷。在过去的几十年里,氧化物玻璃陶瓷的研究已取得了引人瞩目的进展,有多种拥有优异机械和热学性能的氧化物玻璃陶瓷材料进入日常生活和各类科技应用领域,取得了巨大的商业成功。因此,人们期望硫系玻璃也能通过这种方式解决其本质缺陷,甚至挖掘出一些新的应用潜力。

硫系玻璃的析晶研究起始于1971年Koichi等的工作[6],但直到1973年Mecholsky等开始的硫系玻璃陶瓷制备与性能的系列报道才引起了人们广泛关注[7-9]。他们将$0.3PbSe \cdot 0.7Ge_{1.5}As_{0.5}Se_3$玻璃在玻璃转变温度以上($>T_g$)热处理获得了在8~12μm红外窗口可透的玻璃陶瓷材料,研究表明析晶处理大大地增强了各种机械性能,如断裂韧性(提高100%)和硬度(增大27%)等。20世纪末,关于硫系玻璃的研究工作主要关注于玻璃形成、热分析以及析晶动力学等,只有极少数文献报道了透明或功能硫系玻璃陶瓷的制备与性能的研究工作[10-13]。直到2003年法国雷恩第一大学玻璃与陶瓷国家实验室Ma等通过纳米晶化处理成功制备了红外透明的硫系玻璃陶瓷样品[14],这种情况才有所改变。特别地,随后在2004年他们还报道了硫系玻璃陶瓷镜片的制作可以很好地与精密模压技术相结合[15],表明这类红外镜头的大规模化、低成本制造的可能性。自此开始,硫系玻璃析晶和玻璃陶瓷制备研究重新引起人们的关注,为获得性能优良的硫系玻璃陶瓷材料开展了大量的研究工作。下面将介绍功能硫系玻璃陶瓷的热-机械性能增强,及其在二次谐波产生和稀土离子掺杂发光增强等光学功能开发方面的研究进展。

6.3.1 热-机械性能

1. 表征方法

材料的热-机械性能通常由热膨胀系数(α)、硬度、弹性模量(Young's modulus)、断裂韧性(fracture toughness)等参数来表征。热膨胀系数可以用热膨胀仪测得,机械性能参数可通过下面方法得到。

采用维氏(Vickers)显微硬度仪测试样品的硬度。图6.3是维氏硬度测试示意图。硬度可由式(6.4)计算得到[16]:

$$H_v = 1.8544P/a^2 \qquad (6.4)$$

式中,P为加载于压头的力,N;a为压痕两对角线之和的平均值,m。通常进行10

第6章 硫系玻璃陶瓷

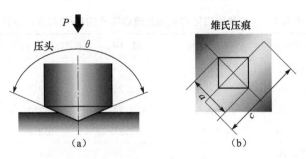

图 6.3　维氏硬度测试原理

组测试,取所得的平均值为样品的维氏硬度,测试精度为 $\pm 2\mathrm{kg/mm^2}$。

利用 10MHz 的压力传感器测得横向(V_l)和纵向(V_t)超声波在样品中的传播速度,然后根据下列关系式计算得到杨氏模量 E 和泊松比 ν:

$$E = \rho \frac{3V_l^2 - 4V_t^2}{(V_l/V_t)^2 - 1} \tag{6.5}$$

$$\nu = \frac{3V_l^2 - 4V_t^2}{2(V_l^2 - V_t^2)} - 1 \tag{6.6}$$

式中,密度 ρ 可以根据阿基米德法比较样品先后在空气和溶液内的质量差获得。根据式(6.5)就可以计算得到样品的杨氏模量 E。然后根据改良后的 Palmqvist 法计算得到样品的断裂韧性 K_c[16]:

$$K_c = 0.016 \left(\frac{E}{H}\right)^{1/2} \frac{P}{\left(\frac{c}{2}\right)^{3/2}} \tag{6.7}$$

式中,c 是压痕裂纹两端距离之和的平均值(图 6.3);H 是 Meyer 硬度,$H = 2P/a^2$。

2. 硫化物玻璃陶瓷

$Ga_5Ge_{20}Sb_{20}Se_{55}$ 玻璃陶瓷是第一组纳米晶化的硫系玻璃陶瓷,析出的晶粒尺寸小于 100nm,仍拥有与基础玻璃相当的红外透过率[14,15]。在 $62.5GeS_2 \cdot 12.5Sb_2S_3 \cdot 25CsCl$ 硫卤玻璃中则首次实现了可控的纳米晶化,可以通过调整热处理控制析出的晶粒尺寸(CsCl 晶体)和结晶度,利用显微硬度仪可以观察到析出的晶粒能够很好地抑制压痕所产生的裂纹的传播[17]。Xia 等也研究了硫系玻璃陶瓷的机械性能与纳米晶化行为之间的联系[18]。表 6.1 整理了这些硫系玻璃陶瓷随晶化程度的热-机械性能变化。可以看到,$51GeS_2 \cdot 9Sb_2S_3 \cdot 40PbS$ 硫系玻璃陶瓷随着 $PbGeS_3$ 纳米晶的析出,相比其基础玻璃有着更好的热-机械性能,断裂韧性(K_c)从 $0.32\mathrm{MPa \cdot m^{-1/2}}$ 增大至 $0.49\mathrm{MPa \cdot m^{-1/2}}$,热膨胀系数($\alpha$)则从 $14.8 \times 10^{-6}\mathrm{K}^{-1}$ 降低为 $11.7 \times 10^{-6}\mathrm{K}^{-1}$。而且,因其析出晶粒尺寸小于 100nm,这些玻璃陶瓷在 $>2\mu m$ 的红外波段仍保持良好的透明度。下面分析这类硫化物玻璃陶瓷的热-机械性能增强机理。

表 6.1　一些典型硫化物玻璃及玻璃陶瓷的热-机械性能参数

样品	热处理条件	析出晶相	H_v/GPa	K_c/(MPa·m$^{-1/2}$)	α/(10^{-6}K^{-1})
80GeS$_2$·20Ga$_2$S$_3$	基质玻璃	—	2.13	0.162	10.2
	458℃,5h	Ga$_2$S$_3$	2.25	0.243	8.7
	458℃,20h	Ga$_2$S$_3$	2.29	0.320	9.2
	458℃,40h	Ga$_2$S$_3$+GeS$_2$	2.34	0.348	8.2
65GeS$_2$·25Ga$_2$S$_3$·10CsCl	基质玻璃	—	2.04	0.458	12.2
	425℃,23h	Ga$_2$S$_3$	1.50	0.481	11.3
	425℃,36h	Ga$_2$S$_3$	1.35	0.526	10.4
	425℃,65h	Ga$_2$S$_3$+GeS$_2$	1.45	无裂纹	8.9
65GeS$_2$·25Ga$_2$S$_3$·10LiI	基质玻璃	—	2.09	0.199	12.7
	403℃,20h	Li$_x$Ga$_y$S$_z$	2.19	0.193	12.4
	403℃,30h	Li$_x$Ga$_y$S$_z$	2.20	0.203	11.2
	403℃,40h	Li$_x$Ga$_y$S$_z$	2.24	0.222	12.8
	403℃,60h	Li$_x$Ga$_y$S$_z$	2.25	0.258	9.8
	403℃,80h	Li$_x$Ga$_y$S$_z$	2.26	0.289	10.2
25GeS$_2$·35Ga$_2$S$_3$·40CsCl	基质玻璃	—	1.28	0.405	20.5
	350℃,20h	GaS	1.25	0.393	20.5
	350℃,25h	GaS	1.30	0.457	20.3
	350℃,30h	GaS	1.49	无裂纹	17.3
	350℃,45h	Ga$_2$S$_3$	1.48	无裂纹	18.0
	350℃,54h	Ga$_2$S$_3$	1.49	无裂纹	22.8
	350℃,60h	Ga$_2$S$_3$+CsGaS$_2$	1.40	无裂纹	19.7
	350℃,90h	Ga$_2$S$_3$+CsGaS$_2$+GeS$_2$	1.18	无裂纹	25.8
51GeS$_2$·9Sb$_2$S$_3$·40PbS	基质玻璃	—	1.66	0.32	14.8
	310℃,15h	PbGeS$_3$		0.36	14.2
	310℃,50h	PbGeS$_3$		0.39	13.8
	310℃,75h	PbGeS$_3$		0.44	12.5
	310℃,100h	PbGeS$_3$		0.49	11.7

硫化物玻璃陶瓷研究主要集中在 GeS$_2$-Ga$_2$S$_3$ 基玻璃组成。图 6.4 为典型透明硫系玻璃和玻璃陶瓷(65GeS$_2$·25Ga$_2$S$_3$·10LiI)的可见-近红外和中红外透明光谱[19]。晶体的析出造成在短波段有较强烈的光散射损耗,但并不影响其在中红外光谱区拥有良好的透明度。图 6.5 展示了不同硫化物玻璃陶瓷样品及其显微结构照

第6章 硫系玻璃陶瓷

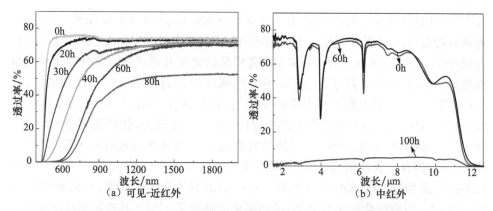

(a) 可见-近红外

(b) 中红外

图 6.4 $65GeS_2 \cdot 25Ga_2S_3 \cdot 10LiI$ 玻璃和在 403℃ 处理不同时间后样品的可见-近红外和中红外透射光谱

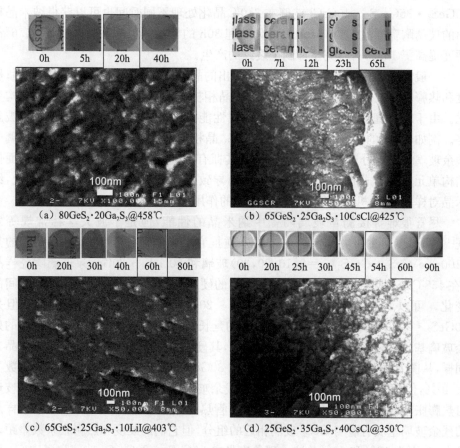

(a) $80GeS_2 \cdot 20Ga_2S_3$@458℃

(b) $65GeS_2 \cdot 25Ga_2S_3 \cdot 10CsCl$@425℃

(c) $65GeS_2 \cdot 25Ga_2S_3 \cdot 10LiI$@403℃

(d) $25GeS_2 \cdot 35Ga_2S_3 \cdot 40CsCl$@350℃

图 6.5 一些典型硫化物玻璃及玻璃陶瓷样品及其显微结构照片

片[19-22]，并且从表 6.1 可以看到，GeS_2-Ga_2S_3、GeS_2-Ga_2S_3-CsCl 和 GeS_2-Ga_2S_3-LiI 等玻璃陶瓷样品都能实现纳米析晶和热-机械性能增强[19-22]。$80GeS_2 \cdot 20Ga_2S_3$ 玻璃在 458℃热处理 40h 后所得玻璃陶瓷样品的硬度和热膨胀系数分别比基础玻璃增大了约 10% 和下降了约 10%，更为可观的是它们的断裂韧性成倍增长，从 $0.162MPa \cdot m^{-1/2}$ 增大到 $0.348MPa \cdot m^{-1/2}$。对于含有 10mol% CsCl 的 $65GeS_2 \cdot 25Ga_2S_3 \cdot 10CsCl$ 玻璃，晶化处理后它们的断裂韧性增大，热膨胀系数变小，与 $80GeS_2 \cdot 20Ga_2S_3$ 样品一致，不同的是它们的硬度随着热处理时间推移而降低。然而，尽管拥有十分相似的化学组分，含 LiI 样品又与含 CsCl 样品的不同。随着 $Li_xGa_yS_z$ 晶相的析出，$65GeS_2 \cdot 25Ga_2S_3 \cdot 10LiI$ 玻璃陶瓷（403℃，80h）的硬度增大了约 8%，断裂韧性增大了 45%，热膨胀系数降低了 22%。其性能随晶化程度的变化趋势与 $80GeS_2 \cdot 20Ga_2S_3$ 相同，但硬度和断裂韧性的变化幅度较小，这是由 $65GeS_2 \cdot 25Ga_2S_3 \cdot 10LiI$ 玻璃陶瓷样品的结晶度较小造成的（图 6.5(c)）。$25GeS_2 \cdot 35Ga_2S_3 \cdot 40CsCl$ 玻璃在 350℃晶化处理不同时间也可以获得纳米晶析出的玻璃陶瓷样品（图 6.5(d)），晶化处理 30h 的样品热膨胀系数降低了 15.6%，硬度提高了 16.9%，且完全抑制了裂纹的产生。

一般认为，断裂韧性的提升是因为析出的晶体能够有效地阻止裂纹的传播；硬度和热膨胀系数的变化则主要归因于随晶相析出后残余玻璃基质的网络结构变化。由于难以直接测得纳米晶对热-机械性能的影响，这部分的贡献通常会被忽略。例如，常见的机理分析是：随着 Ga_2S_3 晶相的析出，$80GeS_2 \cdot 20Ga_2S_3$ 玻璃的残余玻璃基质组分逐渐接近于 GeS_2，使其拥有类似 GeS_2 玻璃的由[GeS_4]四面体结构单元连接构成的刚性网络结构，从而导致上述热-机械性能变化。事实上，纳米晶对样品的热-机械性能也起着决定性的作用。

尽管很难直接测量玻璃陶瓷中纳米晶的性能，但是宁波大学林常规等发现[19-22]，可以通过研究残余玻璃基质来逆推它们的贡献量。图 6.6(a)展示的是 $(100-x)GeS_2$-xGa_2S_3（$x=0,10,20,30$）玻璃和 $80GeS_2 \cdot 20Ga_2S_3$ 玻璃陶瓷样品（在 458℃分别热处理 0h、5h、20h 和 40h）的硬度分别随 Ga_2S_3 量和热处理时间的变化。可以看到，GeS_2 玻璃比 $80GeS_2 \cdot 20Ga_2S_3$ 玻璃的硬度要小 2%，但是 $80GeS_2 \cdot 20Ga_2S_3$ 玻璃随着热处理时间的延长，也就是 Ga_2S_3 晶体的析出，它的残余玻璃基质组分逐渐接近于 GeS_2 玻璃时，其硬度增大了 10%（热处理 40h 样品）。同样，从图 6.6(b)可以看到，GeS_2 玻璃比 $80GeS_2 \cdot 20Ga_2S_3$ 玻璃的热膨胀系数要大 40%，但是 $80GeS_2 \cdot 20Ga_2S_3$ 玻璃的残余玻璃基质组分逐渐接近于 GeS_2 玻璃时热膨胀系数反而减小了 20%。可见，尽管热处理 40h 后 $80GeS_2 \cdot 20Ga_2S_3$ 样品的残余玻璃基质有着与 GeS_2 玻璃相近的组分，但它们的硬度和热膨胀系数差距非常大，分别为 12% 和 60%。这一现象应是由 $80GeS_2 \cdot 20Ga_2S_3$ 玻璃陶瓷中 Ga_2S_3 纳米晶的存在造成的。因此，可以得出这样的结论：GeS_2-Ga_2S_3 基硫化物玻璃陶瓷的热-机械性能增强主要是得益于其中析出的硫化物纳米晶的贡献。

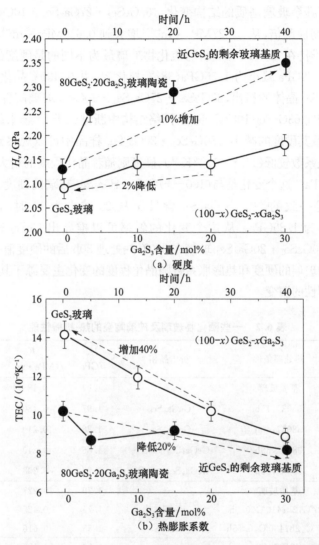

图 6.6 $(100-x)GeS_2$-xGa_2S_3($x=0,10,20,30$)玻璃和 $80GeS_2 \cdot 20Ga_2S_3$ 玻璃陶瓷样品（在458℃分别热处理 0h、5h、20h 和 40h）的硬度和热膨胀系数分别随 Ga_2S_3 量和热处理时间的变化

3. 硒化物玻璃陶瓷

表 6.2 列出了一些硒化物玻璃和玻璃陶瓷的热-机械性能[23-29]。可以看到，硒化物玻璃的热-机械性能变化与硫化物玻璃不同。除了析出晶粒能够有效阻止裂纹传播使断裂韧性增大外，晶化处理对硬度和热膨胀系数等性能几乎没有正面作用，甚至还会导致硬度减小。$65GeSe_2 \cdot 25Ga_2Se_3 \cdot 10CsI$ 和 $60GeSe_2 \cdot 30Sb_2Se_3 \cdot 10RbI$ 玻璃

中随着 $Ga_{2-\delta}Ge_{\delta}Se_3$ 和 RbI 晶体的析出,硬度和热膨胀系数几乎没有变化。在此,可以将其归因于残余玻璃基质的结构变化。$63GeSe_2 \cdot 27Ga_2Se_3 \cdot 10CsCl$ 玻璃在晶化处理后,断裂韧性翻倍,从 0.227MPa·m$^{-1/2}$ 增大到 0.616MPa·m$^{-1/2}$ 时,热膨胀系数几乎不变,维持在 $16×10^{-6}K^{-1}$;与硫化物玻璃最为不同的是硬度的明显降低,从基础玻璃的 1.79GPa 减小为 1.55GPa(387℃核化 2h,并在 430℃晶化 0.75h)。这是因为随着 Ga_2Se_3 晶体的析出,$63GeSe_2 \cdot 27Ga_2Se_3 \cdot 10CsCl$ 玻璃陶瓷的残余玻璃基质组分逐步朝向 $63GeSe_2$-$10CsCl$ 变化,网络结构中断键原子 Cl 越来越多,削弱结构刚性,从而导致其硬度的减小。$80GeSe_2 \cdot 20Ga_2Se_3$ 样品中可以观察到类似的现象,它们的热膨胀系数较低($11.8×10^{-6}K^{-1}$),硬度则随着晶化程度的增大而从 1.97GPa 减小到 1.77GPa。这个变化是与 $(100-x)GeSe_2$-xGa_2Se_3 玻璃的硬度与 Ga_2Se_3 含量之间的关系是一致的[29]。当 Ga_2Se_3 含量 x 从 20 减小为 10 时,它们的硬度从 1.97GPa 减小为 1.89GPa。从这个变化的斜率可以推导出 $GeSe_2$ 玻璃的硬度为 1.77GPa,与 $80GeSe_2 \cdot 20Ga_2Se_3$ 玻璃在 380℃热处理 80h 后的硬度值一样。所以,可以知道硒化物玻璃的硬度和热膨胀系数随晶化程度的变化主要源于其残余玻璃基质的网络结构刚性的演变。

表 6.2 一些硒化物玻璃及玻璃陶瓷的热-机械性能

样品	热处理条件	析出晶相	H_v /GPa	K_c /(MPa·m$^{-1/2}$)	α /($10^{-6}K^{-1}$)
$80GeSe_2 \cdot$ $20Ga_2Se_3$	基质玻璃	—	1.97	0.188	—
	380℃,15h	$GeGa_4Se_8$	1.97	0.180	—
	380℃,40h	$GeGa_4Se_8$	1.88	0.219	—
	380℃,60h	$GeGa_4Se_8+GeSe_2$	1.86	0.210	—
	380℃,80h	$GeGa_4Se_8+GeSe_2$	1.77	0.208	11.8
$63GeSe_2 \cdot$ $27Ga_2Se_3 \cdot$ $10CsCl$	基质玻璃	—	1.79	0.227	16.0
	387℃,2h;410℃,0.5h	Ga_2Se_3	1.71	0.425	—
	387℃,2h;430℃,0.75h	Ga_2Se_3	1.55	0.616	—
$65GeSe_2 \cdot$ $25Ga_2Se_3 \cdot$ $10CsI$	基质玻璃	—	1.83	0.185	—
	390℃,5h;420℃,0.5h	$Ga_{2-\delta}Ge_{\delta}Se_3$	1.83	0.190	—
	390℃,6h;420℃,0.5h	$Ga_{2-\delta}Ge_{\delta}Se_3$	1.80	0.210	—
	390℃,7h;420℃,0.5h	$Ga_{2-\delta}Ge_{\delta}Se_3$	1.67	无裂纹	—
$60GeSe_2 \cdot$ $30Sb_2Se_3 \cdot$ $10RbI$	基质玻璃	—	1.36	0.13	18.0
	1K/min 升至 310℃	RbI	1.32	0.18	17.4
	1K/min 升至 370℃	RbI	1.31	0.19	16.6
	1K/min 升至 400℃	RbI	1.25	无裂纹	14.4
	290℃,5h	RbI	1.34	0.18	17.4

综上可知,硫系玻璃陶瓷的热-机械性能增强的主要机制为:玻璃中晶粒的析出能有效地抑制裂纹传播,从而提高其断裂韧性;硬度和热膨胀系数则与其析出晶相和残余玻璃基质密切相关。硫化物玻璃陶瓷主要取决于玻璃基质中析出的高硬度硫化物晶相的作用,而硒化物玻璃陶瓷则取决于残余玻璃基质的网络结构刚性。

6.3.2 二次谐波产生

1. 麦克条纹法

Maker 于 1962 年发现把不能实现相位匹配的样品垂直放置在精密旋转台上,转台旋转轴垂直光路,当旋转样品时,产生的二次谐波(SH)信号就会随着入射角的改变而呈现出形状不同的曲线[30]。它可用于对不能实现相位匹配的玻璃进行二次谐波系数的测定,称为麦克条纹法(Maker fringe method)。图 6.7 是典型麦克条纹测试实验装置示意图。可以用 Nd:YAG 脉冲激光器作为光源输出基频光,其输出的基频光波长为 1064nm,持续脉冲时间为 10ns,频率为 10Hz。激光入射样品之前要经过滤光片以除去夹杂的少量倍频光,经过样品出射后,由 532nm 干涉滤光片和滤红外玻璃,将基频光和倍频光分离开,用配有光电倍增器(PMT)的单色仪收集谐波信号,最后经数字积分取样器(Boxcar)对输出信号进行积分和平均处理后进入计算机记录与处理。基频光入射角的范围为 $-90°\sim 90°$。入射基频光和最后探测到的倍频光均为 p 偏振。

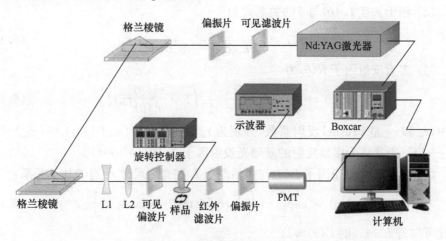

图 6.7 麦克条纹测试装置示意图

1970 年,Jerphagnon 和 Kurtz 对麦克条纹实验进行了深入的理论分析,并提出了一系列公式用于计算单轴或立方晶体的二阶非线性极化系数[31,32]。这些公式同样也适用于描述经过处理后玻璃材料的二阶非线性极化系数。下面介绍这些理论公式,对于厚度为 L 的样品如图 6.7 中光电倍增管(PMT)测得的倍频光功率为

$$P_{2\omega}(\theta) = \left(\frac{8}{\pi\varepsilon_0 cr_0^2}\right)\left(\frac{1}{n_\omega^2-n_{2\omega}^2}\right)^2 d_{\text{eff}}^2 P_\omega^2(\theta) t_\omega^4(\theta) T_{2\omega}(\theta)$$
$$\times R(\theta) p^2(\theta) B(\theta) \sin\left(\frac{\pi}{2}\frac{L}{L_c(\theta)}\right) \quad (6.8)$$

本公式采用的都是国际单位制(MKS),其中 θ 为入射角; r_0 为高斯光束的光斑直径; d_{eff} 为样品的有效二阶非线性极化系数; $R(\theta)$ 为多重反射修正因子; $p(\theta)$ 为投射因子; P_ω 和 $P_{2\omega}$ 分别为基频光和倍频光的功率; n_ω 和 $n_{2\omega}$ 分别为基频光和倍频光的波长下样品的折射率; t_ω 和 $T_{2\omega}$ 分别为基频光和倍频光的透射因子; $B(\theta)$ 为光束尺寸修正因子; $L_c(\theta)$ 为光束与样品的相干长度。

上述一些参数的计算方法如下:

(1) 一般采用的 p-p 偏振光测试,因此透过因子 t_ω 和 $T_{2\omega}$ 可用式(6.9)和式(6.10)表示:

$$t_\omega(\theta) = \frac{2\cos\theta}{n_\omega\cos\theta + \cos\theta_\omega} \quad (6.9)$$

$$T_{2\omega}(\theta) = \frac{2n_{2\omega}\cos\theta_{2\omega}(\cos\theta_\omega + n_\omega\cos\theta)(n_\omega\cos\theta_{2\omega} + n_{2\omega}\cos\theta_\omega)}{(\cos\theta + n_{2\omega}\cos\theta_{2\omega})^3} \quad (6.10)$$

式中, θ_ω 和 $\theta_{2\omega}$ 分别为基频光和倍频光的折射角,它们与入射角 θ 的关系为

$$\sin\theta_\omega = \frac{\sin\theta}{n_\omega}, \quad \sin\theta_{2\omega} = \frac{\sin\theta}{n_{2\omega}} \quad (6.11)$$

(2) 相干长度 $L_c(\theta)$ 与 θ 的关系式为

$$L_c(\theta) = \frac{\lambda}{4|n_\omega\cos\theta_\omega - n_{2\omega}\cos\theta_{2\omega}|} \quad (6.12)$$

(3) 多重反射因子 $R(\theta)$ 为

$$R(\theta) = \frac{1}{(1-r_{2\omega}^4)(1-r_\omega^8)}\left(1 + \frac{p_R^2(\theta)}{p^2(\theta)}r_{2\omega}^2 r_\omega^4\right) \quad (6.13)$$

式中, r_ω 和 $r_{2\omega}$ 是 Fresnel 反射系数,分别为 $r_\omega = (n_\omega-1)/(n_\omega+1)$, $r_{2\omega} = (n_{2\omega}-1)/(n_{2\omega}+1)$。通常认为多重反射的基频光投射因子 $p_R(\theta)/p(\theta) \approx 1$。

(4) 光束尺寸修正因子 $B(\theta)$ 与样品厚度 L 和光斑尺寸 r_0 有着如下关系:

$$B(\theta) = \exp\left[-\left(\frac{L}{r_0}\right)^2\cos^2\theta(\tan\theta_\omega - \tan\theta_{2\omega})^2\right] \quad (6.14)$$

由此可知若 $L \gg r_0$,则 $B(\theta) \approx 1$。

在同样的测试条件下,测得玻璃样品和参考样的二次谐波强度 $I_m^s(\theta)$ 和 $I_m^{\text{ref}}(\theta)$,那么它们的比值就有着如下关系:

$$d_{\text{eff}} = \left[\frac{I_m^s(\theta)}{I_m^{\text{ref}}(\theta)}\frac{\eta}{\eta^{\text{ref}}}\right]^{1/2}\frac{L_c^{\text{ref}}(\theta)}{L_c^s(\theta)}d_{\text{eff}}^{\text{ref}} \quad (6.15)$$

式中

$$\eta = \frac{(n_\omega + 1)^3 (n_{2\omega} + 1)^3 (n_\omega + n_{2\omega})}{n_{2\omega} R(\theta)}$$

一般选择 Y 面切割 1.11mm 厚 α-石英单晶作为参考晶体,为保证测量的准确性,测量时参考晶体和玻璃样品的测试条件是完全相同的。参考用石英晶体的 $n_{2\omega}=1.54688$,$n_\omega=1.53411$,由文献可知其 $d_{\text{eff}}=0.34\text{pm/V}$[33,34]。因此,只要测得麦克条纹包络极大值 $I_\text{m}(\theta)$ 和相干长度 $L_\text{c}(\theta)$,再将相关折射率 n_ω、$n_{2\omega}$ 等代入式(6.15)中,即可得到待测样品的有效非线性光学系数 d_{eff}。

2. 玻璃极化

众所周知,玻璃在宏观上各向同性,具有反演对称中心,故不具有二阶非线性极化率($\chi^{(2)}=0$),因而在较长时间内都被认为不会产生二阶非线性光学效应。但从 1986 年 Österberg 与 Margulis[35] 在 Nd:YAG 激光辐照后的掺 Ge 和 P 光纤中观测到倍频信号开始,玻璃的二阶非线性光学效应引起了人们的关注,许多科研人员开始投入对玻璃中二阶非线性光学效应的研究热潮中。因为玻璃材料可以模压成型、可制成光纤和波导组件,所以具有二阶非线性光学效应的玻璃材料很有希望能代替昂贵的非线性晶体,成为新的价廉倍频材料,制成线性电光调制器等光学设备。然而,要在玻璃材料中产生二次谐波(second harmonic generation,SHG),就需通过一些外界手段破坏其宏观各向同性或反演对称中心,例如,Österberg 与 Margulis 的实验就是通过激光极化实现的。通常人们认为是这些极化处理,如激光诱导、热电场极化、电子束辐照等,使玻璃中出现直流内电场,破坏了玻璃的宏观对称性,从而使之具有二阶非线性光学效应。例如,热电场极化处理就是通过将玻璃样品在低于玻璃转变温度加高压直流电场,使它在冷却并移除电场后有一"凝结"在内部的直流电场 E_dc,破坏了玻璃原有的宏观对称性。Mukherjee 等[36] 指出热电场极化后玻璃的二阶非线性光学极化系数 $\chi^{(2)}$ 有着如下关系:

$$\chi^{(2)} \propto \chi^{(3)} E_\text{dc} + (N p \beta E_\text{loc})/(5\kappa T) \tag{6.16}$$

式中,E_dc 为诱导出的内电场;$\chi^{(3)}$ 为材料的三阶非线性极化系数;N 为单位体积内偶极子的数目;p 为偶极矩;β 为偶极子的微观超极化率;E_loc 为定向排列的偶极子所产生的局域电磁场;T 为实验温度;κ 为 Boltzmann 常数。公式前部分表示的是诱导出的内电场 E_dc 与玻璃材料的三阶非线性极化系数 $\chi^{(3)}$ 对所得二阶非线性极化系数的贡献。在硫系玻璃中,通常认为在电场/温度场作用下带负电荷的缺陷移至阳极区,正价阳离子积聚于阴极,从而诱导出内部直流电场 E_dc。公式后半部分表示的是与偶极矩 p 相关的键取向贡献。由此可知,硫系玻璃因其高的三阶非线性极化系数、结构柔韧性以及大量结构缺陷的存在,较易通过外界极化手段处理获得高的二阶非线性光学极化系数,再加之优异的透红外光学性能使它们更受瞩目。

表 6.3 列出了近年来硫系玻璃的二阶非线性光学属性研究进展。通过各种极化手段处理使玻璃材料具有二阶非线性光学效应，就可衍生出许多潜在应用。如上所述，可以在许多处理后的玻璃材料中观测到二次谐波产生。这类二阶非线性光学效应就是由处理后玻璃的宏观对称性被破坏导致的。然而，这种通过极化手段获得的玻璃宏观非对称性并不稳定，在一定条件或较长时间下会弛豫消失。因而，提出了另一行之有效且还能保证玻璃材料优势的方法，就是通过在玻璃基质中析出非线性光学晶体，从而得到具有永久二阶非线性光学效应的透明玻璃陶瓷。

表 6.3 硫系玻璃的二阶非线性光学效应研究进展

极化处理	SHG 效应产生机理	玻璃组成	$\chi^{(2)}$/(pm/V)	基频光/nm
激光诱导极化	光诱导缺陷或偶极子运动产生的内电场，也可能是光诱导产生的电子-声子非谐的相互作用	$Ge_{20}As_{20}S_{60}$	—	1064
		$Bi_2Te_3-PbTe_3$	—	10600
		$GeSe_2-Ga_2S_3-PbI_2$	7	10600
		$As_2Te_3-CaCl_2-PbCl_2$	~1	10600
电子束辐照极化	二次电子的发射和吸收电子存在，使玻璃中形成内建电场	$Ge_{20}As_{25}S_{55}$	0.8	1064
		$95GeS_2 \cdot 5In_2S_3$	—	1064
		$GeS_2-In_2S_3-CdS$	—	1064
		$90GeS_2 \cdot 5Ga_2S_3 \cdot 5Ag_2S$	6.6	1064
		$80GeS_2 \cdot 10Ga_2S_3 \cdot 10AgCl$	>6.1	1064
热电场极化	电场和温度场作用下在玻璃中形成内电场	$Ge_{33}S_{67}$	5.3	1900
		$GeS_x (x=3,4,5,6)$	—	1064
		$Ge_{25}Sb_{10}S_{65}$	~8	1900
		$Ga_5Ge_{20}Sb_{10}S_{65}$	4.4	1900
		$70GeS_2 \cdot 15Ga_2S_3 \cdot 15CdS$	4.36	1064
		$70GeS_2 \cdot 15Ga_2S_3 \cdot 15PbI_2$	4	1064
		$85GeS_2 \cdot 10Sb_2S_3 \cdot 5CdS$	9	1064
		$60GeS_2 \cdot 20Ga_2S_3 \cdot 20KBr$	7	1064
		$60GeS_2 \cdot 20Ga_2S_3 \cdot 20AgCl(I)$	<0.4	1320

日本 Komatsu 课题组做了许多氧化物玻璃陶瓷的二阶非线性光学性能研究[37-40]。例如，制备与 $Ba_2TiGe_2O_8$ 晶体具有相同化学组成的玻璃，然后进行析晶处理获得厚度约为 $9\mu m$ 的 $Ba_2TiGe_2O_8$ 晶化层，利用麦克条纹法计算得到该玻璃陶瓷的二阶非线性光学极化率约为 10pm/V，可与 $LiNbO_3$ 晶体的 d_{22} 和 d_{31} 值相比拟[40]。他们还制得了含有非线性 $Ba_2TiGe_2O_8$ 晶体的微晶化透明光纤材料[38]，可用于制作光纤型光调制器，有利于小型化器件的开发。

3. 倍频晶体析出

由前面的论述可知，含有非线性光学晶体的透明玻璃陶瓷可以代替其他极化手段用以使玻璃具有二阶非线性光学效应。而且，由于这些晶体的存在还可以有效地提高玻璃的机械性能。因为在红外光谱区的应用优势，透明硫系玻璃陶瓷的二阶非线性光学研究也开始引起了人们注意。2007 年,Guignard 等在 Ge-Sb-S 玻璃中掺杂 Cd 作为成核剂析出 Cd_4GeS_6、$\beta\text{-}GeS_2$ 等晶体,结果表明,这些含有极性晶体的析出使玻璃具有 SHG 效应[41-43]。几乎同时,国内武汉理工大学赵修建实验室也独立制备了一系列 $AgGaGeS_4$、$CdGa_2S_4$、$\beta\text{-}GeS_2$ 等红外非线性晶体复合硫系玻璃陶瓷[21,44-47],并分析了其 SHG 机理。表 6.4 收集了部分硫系玻璃陶瓷的永久 SHG。下面主要分析表面析晶和体析晶两种类型硫系玻璃陶瓷的 SHG 机理。

表 6.4 硫系玻璃陶瓷的永久 SHG

组分	析出晶相	I_{sample}/I_{quartz}	$d/(pm/V)$	文献
$Ge_{23}Sb_{11}S_{65}Cd_1$	Cd_4GeS_6, $\beta\text{-}GeS_2$	0.06	—	[41,42]
$80GeS_2 \cdot 10Ga_2S_3 \cdot 10CdI_2$	$\alpha\text{-}CdGa_2S_4$	0.12	0.272	[48]
$82GeS_2 \cdot 18CdGa_2S_4$	$\alpha\text{-}CdGa_2S_4$	0.8	—	[44]
$53GeS_2 \cdot 47AgGaGeS_4$	$AgGaGeS_4$	0.85	5.79	[45]
$30GeS_2 \cdot 35Ga_2S_3 \cdot 35AgCl$	$AgGaGeS_4$	0.35	—	[47]
GeS_2	$\beta\text{-}GeS_2$	0.6	7.3	[46]

1) 表面析晶

选择与 $\beta\text{-}GeS_2$ 晶体具有相同化学计量比的 GeS_2 玻璃作为基础玻璃。因为成分相同,可以预期它的玻璃相与晶体间的折射率差将会很小,所以通过析晶处理可以制得性能优良的玻璃陶瓷。经过热处理后样品表面分布着长度约为 800nm 的细长棍状晶粒(图 6.8(a))[46]。观察样品横截面(图 6.8(b))[46],可以看到热处理 72h 样品的表面晶粒集中分布在厚度约为 120nm 的样品表面,表明这些玻璃陶瓷样品表面分布着的晶粒形貌是直径约为 120nm、长约为 800nm 的细长棍状晶粒。由于所析出的 $\beta\text{-}GeS_2$ 晶体与玻璃基质的组成相同,可以推测它们之间的折射率差较小,也正是这个原因根据 Hendy 公式(6.3),即使析晶后样品表面的晶粒尺寸高达 800nm,对中红外区的透过率影响却较小。

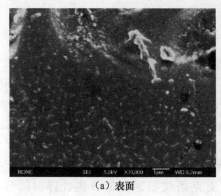

(a) 表面　　　　　　　　　　(b) 横断面

图 6.8 在 460℃经过 72h 析晶处理样品的表面和横断面 SEM 形貌观察

β-GeS₂ 晶体属于 Fdd2 空间点群的正交晶系,具有非对称中心,因此可以预期这些表面析出厚度约为 120nm 的 β-GeS₂ 晶层的样品会具有二阶非线性光学效应。图 6.9 是不同时间析晶处理后样品的麦克条纹图[46]。样品 SHG 效应的大小随析晶热处理时间而变化。短时间处理(48h、72h)后样品的麦克条纹图是宽化后的条纹图,呈现类 M 形,并且当入射角约为±60°时达到最大值,在 0°角(即激光垂直入射在样品上)二次谐波强度较小,趋于零。经过更长时间(96h、120h)处理后,样品的麦克条纹图变为一个单包,类半圆形,在 0°角二次谐波达到最大值。

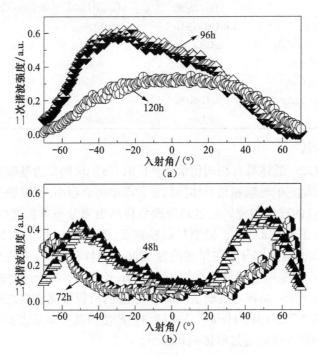

图 6.9　析晶后 GeS₂ 样品的麦克条纹图
其中根据 α-石英晶体的最大二次谐波强度对所测得的数据进行归一化处理

由式(6.12)可知,样品的麦克条纹图形是由其非线性层厚度 L 决定的。如图 6.8 所示,GeS₂ 析晶后样品是由两个 β-GeS₂ 表面晶层夹着一个玻璃层构成的。在图 6.9 中各个样品的最大二次谐波角度都不相同,这可能是晶体厚度不同的缘故,β-GeS₂ 晶体层厚度会随着热处理时间延长而增大。对于 48h、72h 处理的样品(图 6.9),它们的宽麦克条纹是因为表面 β-GeS₂ 晶体层厚度(约 120nm)远小于其相干长度 L_c(约 2.77μm),致使表面晶体层产生的二次谐波信号缺乏相干性。而图 6.9 中类半圆形的麦克条纹归因于随着热处理时间延长,玻璃层内部也产生了许多晶体,样品的析晶方式由表面析晶转向了体析晶,导致以下两种情况发生:其一,表面析晶层产生的二次谐波信号会被内部晶粒散射;其二,内部非定向排列的晶粒也会产生二次谐波信号。即样品的厚度就是非线性层厚度,与如此巨大的非线性层厚度相比,相干长度 L_c 随角度的变化就可以忽略不计。因此,主要是由于在空气和样品之间界面的菲涅尔损耗使样品的二次谐波信号随着激光入射角的增大而降低。在透明 $LaBGeO_5$ 析晶玻璃样品中也可观测到与上述类似的现象[49]。

图 6.9 中标出了析晶样品的有效非线性极化系数。由于基础玻璃与析晶样品的折射率相差很小,在此采用基础玻璃的折射率值来计算所有样品的有效非线性极化系数。其中,GeS_2 玻璃在基频光(1064nm)和倍频光(532nm)的折射率分别为 2.0675 和 2.1635;样品与参考样的二次谐波最大值比(I_m^s/I_m^{ref})分别为 0.38、0.43、0.6 和 0.3,将这些数据代入式(6.15),即可计算得到样品的有效非线性光学系数 d_{eff}。

在 460℃处理 96h 后的样品有着最大的有效二阶非线性光学系数,约为 7.3pm/V。与硫系玻璃通过其他极化处理手段获得的二阶非线性光学系数相近。例如,$Ge_{25}Sb_{10}S_{65}$ 玻璃在经过热电场处理后的 d_{eff} 值约为 8pm/V[50],$Ga_5Ge_{20}Sb_{10}S_{65}$ 玻璃为 $(4.4\pm0.4)pm/V$[51]。

2) 体析晶

硫镓银($AgGaS_2$)晶体是一种重要的红外非线性光学材料,其红外透过范围宽(0.53~12μm)、吸收小,具有较大的非线性光学系数 $d_{36}(1.054\mu m)=(23.6\pm2.4)pm/V$、适宜的双折射,能对 1.2~10μm 的基波产生二次谐波。因此,硫镓银单晶可制成倍频、混频器件,宽带可调红外参量振荡器件和红外远程测距仪等,在激光通信、军事技术和红外遥测等方面都有着广泛的应用。但是由于硫镓银晶体的几种单质元素 Ag、Ga、S 的熔点相差很大,分别为 960.8℃、29.8℃和 112℃。S 在高温下的蒸气压很大,导致其多晶合成难度大,单晶生长易偏离化学计量比成分,形成位错和沉淀夹杂物等,严重影响其红外光学性能。而现今一种新型的红外非线性光学晶体有取代 $AgGaS_2$ 晶体的趋势。相比 $AgGaS_2$ 晶体,硫锗镓银($AgGaGeS_4$)有着更宽的透过范围(0.43~14μm)、更大的双折射和更高的激光损伤阈值($AgGaS_2$ 为 $(119\pm5)MW/cm^2$,$AgGaGeS_4$ 可高达 $(234\pm9)MW/cm^2$)。此外,$AgGaGeS_4$ 可以视为 $AgGaS_2-nGeS_2$ 系统固溶体化合物,即 $AgGaGe_nS_{2(n+1)}$ 中 $n=1$ 或者 $Ag_xGa_xGe_{1-x}S_2$ 中 $x=0.5$ 的情况。通过改变 n 值(即改变成分的配比),可以调整晶体的折射率,扩展非线性变频带宽。$AgGaGeS_4$ 具有较大的非线性光学系数($d_{31}=15pm/V$),并能采用成熟的 1.06μm Nd:YAG 激光器泵浦实现光参量振荡(OPO)输出较大功率的红外激光,这些优点使其成为目前红外晶体研究的热点。因此,在 $GeS_2-Ga_2S_3$ 玻璃中引入 Ag_2S,通过析晶热处理使之产生含有 $AgGaS_2$ 或 $AgGaGeS_4$ 非线性光学晶体的玻璃陶瓷材料,可以预计这种硫系玻璃陶瓷材料将是一种优异的中红外非线性光学材料。

根据 Chbani 等报道的 Ge_2S_4-$AgGaS_2$ 体系相图[52]，只有 $n=Ge/(Ge+Ga+Ag)>0.3$ 时该体系中才会有 $AgGaGeS_4$ 晶相析出。下文中选择的玻璃组成为 $70GeS_2 \cdot 15Ga_2S_3 \cdot 15Ag_2S$(GGA15)，$n$ 值约为 0.54，处于 $AgGaGeS_4$ 相变区。

图 6.10 是所得的 GGA15 玻璃陶瓷样品及标准 $AgGaGeS_4$ 晶体的 XRD 谱图。可以看出，在析晶热处理后玻璃基质有晶体析出，且析出的是 $AgGaGeS_4$ 晶体（Fdd2 空间群，正交晶系）。24h 处理后样品的衍射峰不明显，仅有几个微小的尖锐峰出现。但从该样品的 SAED 测试结果可以知道，该样品中所析出的晶相仍是 $AgGaGeS_4$，并且可以判断出析出的是单晶。再则由于所用的样品是表面抛光过后的，由此可以推断样品的析晶过程应是体析晶。

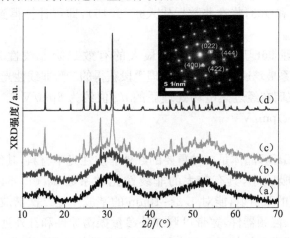

图 6.10　$70GeS_2 \cdot 15Ga_2S_3 \cdot 15Ag_2S$ 在 350℃ 分别处理 (a)12h、(b)2h 和 (c)48h 样品的 XRD 图谱，以及 (d)$AgGaGeS_4$ 晶体标准 JCPDS 卡片 (No. 72-191)
插图是热处理 24h 后 GGA15 样品中的选区电子衍射图（$AgGaGeS_4$ 晶体）

利用 SEM 技术观察样品中晶粒的形貌和尺寸，如图 6.11(a) 和 (b) 所示，玻璃基质中镶嵌着许多尺寸约数百纳米的球状晶粒。随着热处理时间的延长，样品中晶粒尺寸由约 200nm 生长至约 600nm，但晶粒数目并没有增加。说明在热处理过程中样品中没有新的晶核产生，所析出的晶体是基于玻璃样品的初始晶核生长而来的。此外，图 6.11(c) 的截面观察也再次确定了样品属于体析晶。

用波长为 1064nm 的激光辐照所得的 GGA15 玻璃陶瓷样品，如图 6.12 插图所示，可以观察到明显的绿光（532nm）产生，表明 $AgGaGeS_4$ 晶体析出的玻璃陶瓷样品有着很好的频率转换效应。图 6.12 是热处理 12h、24h 和 48h 后样品的麦克条纹测试结果，可见样品的二次谐波强度与入射角有关，且在 0° 入射角时（即激光光束与样品表面垂直时）达到最大值。样品的二次谐波产生可归因于 $AgGaGeS_4$ 晶体的析出。

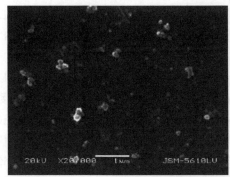
(a) 在350℃处理24h后的样品

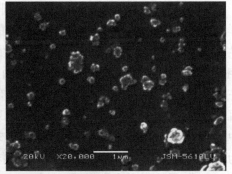
(b) 在350℃处理48h后的样品

(c) 处理48h后样品的横截面

图 6.11 $70GeS_2 \cdot 15Ga_2S_3 \cdot 15Ag_2S$ 玻璃陶瓷样品的 SEM 观测结果

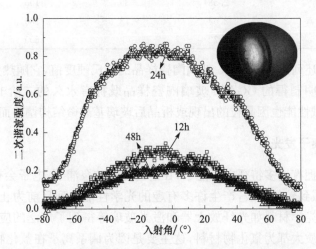

图 6.12 在 350℃处理 12h、24h 和 48h 后玻璃陶瓷样品的麦克条纹图
图中样品的强度是与 Y 切石英晶片最大二次谐波强度的比值；
插图展示的是 350℃处理 24h 后样品的二次谐波产生现象

另外,样品的麦克条纹轮廓是类半圆形,而不是精细或宽化的条纹图,这是由样品体析晶造成的,与热处理时间>96h 的 GeS_2 样品一致。所得玻璃陶瓷样品的结构类似于将非线性光学晶粒均匀分散在玻璃基质中。尽管 $AgGaGeS_4$ 是一种可相位匹配的晶体,但在玻璃陶瓷样品中由于析出的晶粒是无序、随机取向的,所以在测试过程中只有极少一部分的晶粒具有相位匹配取向。此外,晶粒尺寸仅为数百纳米,远小于样品的相干长度 $L_c\approx 2.28\mu m$(热处理 24h 后样品的 L_c),所以测试中与相干长度相关的角度变化也可以忽略[53]。因此,样品的 SHG 轮廓主要是因为玻璃陶瓷与空气之间界面的菲涅尔损耗,二次谐波强度随着激光入射角度的增大而减小,最终呈现为类半圆形结构。

样品与石英参考样的最大二次谐波强度之比列于表 6.5 中。根据折射率测试结果可知,GGA15 玻璃在热处理 24h 后与基础玻璃的折射率大致相同,尤其是在 532nm 和 1064nm 处。在短波区,析晶后样品的折射率有所增大,这可能是由样品中晶粒对短波光散射造成的。由此,本书在计算玻璃陶瓷样品的有效二阶非线性系数时,均采用基础玻璃的折射率数值:532nm 处 $n_{2\omega}$ 为 2.3334,1064nm 处 n_ω 为 2.2174。根据表 6.5 中的 I_s/I_r 值,计算得到 350℃处理 24h 后的样品拥有最大的有效二阶非线性光学系数,$d_{eff}=5.79pm/V$。

表 6.5 $70GeS_2 \cdot 15Ga_2S_3 \cdot 15Ag_2S$ 玻璃陶瓷样品的一些光学和物理性能

样品(热处理时间/h)	H_v/GPa	$T_{(532nm)}$/%	晶粒尺寸/nm	I_s/I_r
基质玻璃(0)	2.41	58	0	0
12	2.58	39	100	0.3
24	2.63	13	200	0.8
48	2.73	0	600	0.22

表 6.5 中还列出了 GGA15 玻璃陶瓷样品的维氏硬度值,它随热处理时间延长而增大。这说明制得的 GGA15 玻璃陶瓷样品既拥有永久的二阶非线性光学性能,而且其机械性能也因晶粒的出现或析晶后玻璃基质微结构调整而有所增强。

6.3.3 活性离子发光

稀土离子拥有许多特征电子能级,在适当能量的泵浦下,电子会被激发到高能级,并随之衰减到较低能级,产生许多有趣的光学性能。到目前为止,镧系离子掺杂的红外透明光学材料如光纤放大器和激光玻璃等得到了广泛的应用,这些光电功能材料的基质大都为氟化物材料,这主要是因为镧系离子在氟化物中具有与其基质低声子能相关的高效发光。稀土离子掺杂硫系玻璃材料也是获得可见、近红外及中红外光源的有效途径之一。与氟化物玻璃相比,硫系玻璃的化学和机械稳定性优势显著。相较于其他氧化物玻璃,硫系玻璃由于其声子能量低(<

400cm^{-1}),稀土离子在其中的多声子弛豫率小,具有高稀土离子辐射跃迁率,是一种很好的稀土掺杂基质材料。更为重要的是,因为有着宽的红外透过窗口,稀土掺杂硫系玻璃的中红外发光开始受到极大关注。目前商业用的红外激光器十分稀少,尽管可以通过如光学参量振荡(OPO)、谐波产生等方法获得全光谱范围的激光,但所得的激光功率太小,其应用受到限制。因此,硫系玻璃掺稀土后的发光特性能研究是一项极有意义的工作。

目前,已报道了许多体系稀土掺杂硫系玻璃的研究工作,例如,掺杂了 Er^{3+}、Pr^{3+}、Tm^{3+}、Dy^{3+} 等各种稀土离子的 As-Se、Ge-As-Se、Ge-Ga-Se、Ge-Se-Te 等硒化物和碲化物玻璃[54-61]。但是,掺杂稀土离子的硫化物玻璃受到更广泛的关注。Iovu 等针对 As_2S_3 玻璃的块体和薄膜材料做了大量的稀土掺杂工作[62-64],研究了各种不同稀土离子在 As_2S_3 玻璃基质中的发光行为;Choi 等研究了 Dy^{3+} 在 Ge-As-S 玻璃中的配位状态(Dy-S)及其光学跃迁过程[65],并且介绍了随着少量 Ga 和 CsBr 的引入 Tm^{3+} 在该玻璃基质中的吸收和发光谱的变化[66]。但是,上述这些体系玻璃的稀土溶解度较低,容易产生团聚或析晶现象,制约了它们作为光放大器和激光器等的潜在应用。近年来,掺稀土离子的 Ge-Ga-S 体系玻璃受到人们的关注,研究发现,相比于 Ge-As-S 玻璃约为 0.4wt%的稀土溶解度,它们有着巨大的稀土溶解度,可高达 2wt%。于是,Ge-Ga 基硫系玻璃的稀土掺杂研究工作急剧增加。关于这类玻璃的高稀土溶解度机制,Heo 等从 GeS_2-Ga_2S_3 玻璃的网络结构出发进行了解释[67],认为随着 Ga_2S_3 的加入,玻璃网络中形成了许多金属键和大量共边四面体结构单元以补偿网络缺硫状态,正是这些金属键与共边四面体结构单元的存在使其有了如此高的稀土溶解度。

1. 发光增强

2006 年,法国雷恩第一大学 Seznec 等[68]首次报道了稀土掺杂硫系玻璃析晶处理后发光性能的变化,研究表明,掺 Nd^{3+} 的 GeS_2-Ga_2S_3-Sb_2S_3-CsCl 玻璃在微晶化处理后发光性能得到显著增强。稀土掺杂硫系玻璃的微晶化研究也开始引起了人们的关注。图 6.13 展示了一些典型的硫系玻璃陶瓷中稀土离子发光增强现象[69,70]。例如,Er^{3+} 掺杂 GeS_2-Ga_2S_3-CsCl"白色"透明玻璃陶瓷在 1550nm 激光下观测到其在 808nm 的上转换发光强度在晶化处理后增强了 12 倍多;观测到 $80GeS_2$-$20Ga_2S_3$ 样品在晶化处理后 Tm^{3+} 位于 3.8μm 的中红外发光增强(约 5 倍)。下面将详细介绍其研究进展。

表 6.6 整理了硫系玻璃陶瓷中稀土离子掺杂发光的研究成果。可以看到,Er^{3+}、Nd^{3+} 率先被掺杂入硫卤玻璃陶瓷中并观测到了析晶后明显的发光增强现象[68,71-80]。其中最显著的是掺杂 0.3wt% Er^{3+} 的 $70GeS_2$·$20Ga_2S_3$·10CsCl 样品,析晶处理后在 805nm 激发下其上转换发光增强了近 20 倍。尖锐且精细化的

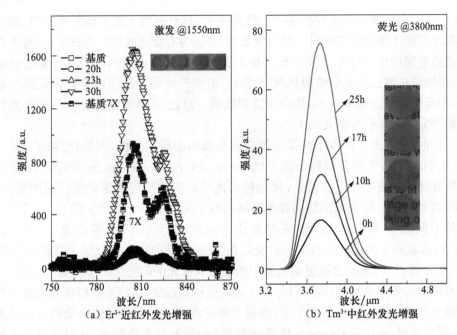

图 6.13 硫系玻璃陶瓷稀土离子发光增强现象

发射峰以及增强的发光强度都表明该样品中 Er^{3+} 应进入了析出的晶体内部。类似的工作还有 Nd^{3+} 掺杂 $70GeS_2 \cdot 20Ga_2S_3 \cdot 10CsCl$ 玻璃及玻璃陶瓷发光。观测该样品中 Nd^{3+} 的 $^4G_{7/2} \rightarrow {}^4I_{11/2}$ 跃迁,可以发现其相应的发光强度约增大了 7 倍,但不同的是,在这里没有观测到精细化的发射带,并且玻璃陶瓷的发光峰半高宽相比基础玻璃也没有明显变化。这些表明在该样品中 Nd^{3+} 没有进入晶体场,与 Er^{3+} 完全不同。这应该是由 Nd^{3+}(0.995Å)和 Er^{3+}(0.881Å)离子半径的巨大差别造成的。也许是 Er^{3+} 更易取代 Ga_2S_3 晶体中的 Ga 而进入晶体场内。然而值得注意的是,0.3wt% Er^{3+} 掺杂的 $70GeS_2 \cdot 20Ga_2S_3 \cdot 10CsCl$ 玻璃陶瓷样品是目前唯一观测到稀土离子进入析出晶相晶体场的例子。尽管一些其他样品都有着相同或相似晶相(Ga_2S_3 或 Ga_2Se_3)析出(表 6.6),但都没有观测到稀土离子进入晶体场引起的发光增强现象。因此,需要考察除了晶体场的更为普遍的硫系玻璃陶瓷中稀土离子发光的增强机制。

表 6.6 活性离子掺杂硫系玻璃陶瓷的发光研究结果

稀土离子	玻璃基质	析出晶相	跃迁能级	λ/nm	$I_{g\text{-}c}/I_{base}$*	文献
Nd^{3+}	$70GeS_2 \cdot 8Ga_2S_3 \cdot 12Sb_2S_3 \cdot 10CsCl$	—	$^4F_{3/2} \rightarrow {}^4I_{11/2}$	1060	3.6	[68]
Er^{3+}	$70GeS_2 \cdot 20Ga_2S_3 \cdot 10CsCl$		$^4F_{9/2} \rightarrow {}^4I_{15/2}$	668	20	[71]
Nd^{3+}	$70GeS_2 \cdot 20Ga_2S_3 \cdot 10CsCl$	Ga_2S_3	$^4G_{7/2} \rightarrow {}^4I_{11/2}$	599	~7	[72]

续表

稀土离子	玻璃基质	析出晶相	跃迁能级	λ/nm	$I_{\text{g-c}}/I_{\text{base}}$*	文献
Er^{3+}	$Ga_{10}Ge_{25}S_{65}$	Ga_2S_3	$^4S_{3/2}\rightarrow{^4I_{15/2}}$	550	2.5	[73]
Er^{3+}	$25GeS_2\cdot 35Ga_2S_3\cdot 40CsCl$	Ga_2S_3	$^4I_{9/2}\rightarrow{^4I_{15/2}}$	808	12	[69]
Er^{3+}	$80GeSe_2\cdot 20Ga_2Se_3$	Ga_2Se_3	$^4I_{13/2}\rightarrow{^4I_{15/2}}$	1550	7	[74]
Tm^{3+}	$65GeS_2\cdot 25Ga_2S_3\cdot 10CsI$	Ga_2S_3	$^3H_5\rightarrow{^3F_4}$	3800	~2	[75]
Tm^{3+}	$80GeS_2\cdot 20Ga_2S_3$	Ga_2S_3	$^3H_5\rightarrow{^3F_4}$	3800	~5	[70]
Cr^{4+}	$80GeS_2\cdot 20Ga_2S_3$	Ga_2S_3	—	1250	3	[76]
Pr^{3+}	$Ga_{10}Ge_{25}S_{65}$	Ag	$^3P_0\rightarrow{^3H_4}$	494	7	[77]
Er^{3+}	$Ga_{10}Ge_{25}S_{65}$	Ag	$^4F_{9/2}\rightarrow{^4I_{15/2}}$	665	~1.8	[78]

* $I_{\text{g-c}}/I_{\text{base}}$：玻璃陶瓷与基础玻璃样品之间的发光强度比值，即发光增强因子。

2. 增强机制

如图 6.14(a)所示，0.5mol% Tm^{3+} 掺杂的 $80GeS_2\cdot 20Ga_2S_3$ 和 $90GeS_2\cdot 10Ga_2S_3$ 样品在晶化处理后的发光谱没有出现精细化结构，表明其中稀土离子 Tm^{3+} 没有进入晶格位置。因此，随着晶体的析出，Tm^{3+} 发光主要受两个因素影响：纳米晶的多重散射和残余玻璃基质组分的变化。对于前者，其对发光强度无法产生从 2 到 12 的发光增强因子 $I_{\text{g-c}}/I_{\text{base}}$ 变化(表 6.6)；而对于后者，由于稀土离子仍分散于残余玻璃基质中，所以可以用稀土离子掺杂基质玻璃的发光强度随组成的变化来类比研究[81]。在此选择研究 Tm^{3+} 掺杂 GeS_2-Ga_2S_3 玻璃陶瓷在 3.8μm 的中红外荧光来减小纳米晶多重反射的影响，尺寸 50nm 的 Ga_2S_3 晶体对 3.8μm 中红外荧光的散射作用已可忽略不计[70]。如图 6.14(b)所示，在 $80GeS_2\cdot 20Ga_2S_3$ 样品中，源自 Tm^{3+} 的 $^3H_5\rightarrow{^3F_4}$ 能级跃迁的 3.8μm 中红外荧光随着 Ga_2S_3 晶体的析出而增大；而 $90GeS_2\cdot 10Ga_2S_3$ 样品发光随着 β-GeS_2 的析出则降低[82]。图 6.14(b)还表明，Tm^{3+} 掺杂 GeS_2-Ga_2S_3 玻璃陶瓷随热处理时间的发光强度变化，在一定程度上与相应的 $(100-x)GeS_2$-xGa_2S_3 玻璃随组成 x 的变化趋势是一致的。$80GeS_2\cdot 20Ga_2S_3$ 样品随着 Ga_2S_3 晶相析出，残余玻璃基质组分逐渐接近于 GeS_2 玻璃，从而导致发光增强；$90GeS_2\cdot 10Ga_2S_3$ 样品随着 β-GeS_2 的析出，残余玻璃基质组分则逐渐接近于 $80GeS_2\cdot 20Ga_2S_3$ 玻璃，相应的发光强度变小。由于较小的稀土离子溶解度，0.5mol% Tm^{3+} 掺杂的 GeS_2 玻璃难以制得，但是从 $80GeS_2\cdot 20Ga_2S_3$ 到 $90GeS_2\cdot 10Ga_2S_3$ 增大近 1 倍的发光强度增长趋势可以推测，0.5mol% Tm^{3+} 掺杂的 GeS_2 玻璃的发光强度约与热处理 25h 后 $80GeS_2\cdot 20Ga_2S_3$ 样品的相当(图 6.14(b))。因此，除了 $70GeS_2\cdot 20Ga_2S_3\cdot 10CsCl$ + 0.3wt% Er^{3+} 玻璃陶瓷，目前其他稀土离子掺杂的硫系玻璃陶瓷样品的发光增强主要归因于晶相析出后作为宿主的残余玻璃基质的组成变化。

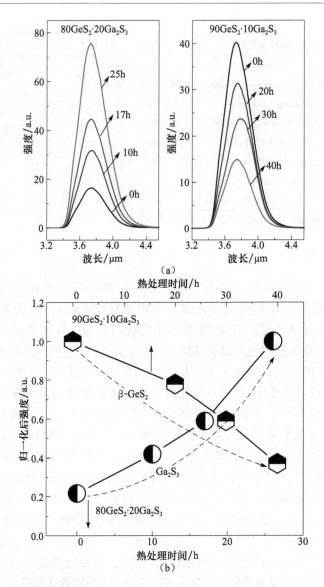

图 6.14　0.5mol% Tm^{3+} 掺杂的(a)$80GeS_2 \cdot 20Ga_2S_3$ 和 $90GeS_2 \cdot 10Ga_2S_3$ 样品分别在 458℃ 和 466℃ 处理不同时间后的中红外荧光谱;(b)样品的 3.8μm 荧光强度与热处理时间之间的关系

表 6.6 还列出了其他活性离子掺杂硫系玻璃陶瓷的发光增强结果。$80GeS_2 \cdot 20Ga_2S_3$ 硫系玻璃陶瓷中 Cr^{4+} 有着近红外宽带发光,约 20nm 的 Ga_2S_3 晶粒使其发光增强了 3 倍多;观测到 $Ga_{10}Ge_{25}S_{65}$ 玻璃陶瓷中由于 Ag 粒子的表面等离子共振(surface plasmon resonance,SPR)效应,Pr^{3+} 的发光强度增强了约 7 倍。这些研究工作提供了硫系玻璃陶瓷发光应用的其他思路,如过渡金属离子掺杂或金属纳

米粒子 SPR 增强等，有待继续深入研究，从而开发出新的优异的发光材料。

参 考 文 献

[1] Réaumur M. Art de faire une nouvelle espèce de porcelaine par des moyens extrêmement simples et faciles ou de transformer le verre en porcelaine. Mémoire de l'Académie Royale Des Sciences,1739:370-388

[2] Höland W,Beall G H. Glass Ceramic Technology. New York:John Wiley & Sons,2012

[3] Beall G H,Pinckney L R. Nanophase glass-ceramics. Journal of the American Ceramic Society,1999,82(1):5-16

[4] Beall G H,Duke D A. Transparent glass-ceramics. Journal of Materials Science,1969,4(4): 340-352

[5] Hendy S. Light scattering in transparent glass ceramics. Applied Physics Letters, 2002, 81(7):1171-1173

[6] Koichi S,Takaaki B,Yonekazu I,et al. Crystallization rates of the chalcogenide glasses by heat treatment. Japanese Journal of Applied Physics,1971,10(8):1116

[7] Mecholsky J,Moynihan C T,Macedo P B,et al. Microstructure and properties of an infrared transmitting chalcogenide glass-ceramic. Journal of Materials Science, 1976, 11(10): 1952-1960

[8] Mecholsky J. Microstructural investigations of a chalcogenide glass ceramic. Washington: Catholic University of America,1973

[9] Mecholsky J,Srinivas G,Macedo P B,et al. Chalcogenide glass ceramics. American Ceramic Society Bulletin,1973,52(9):702-703

[10] Cheng J J. Phase-separation and crystallization of chalcogenide glass-forming systems. Journal of Non-Crystalline Solids,1993,161:304-308

[11] Cheng J J,Zarzycki J,Jumas J C,et al. Mossbauer investigation of tin-containing chalcogenide glasses and glass-ceramics. Journal of Non-Crystalline Solids,1981,45(1):47-56

[12] Song S M,Choi S Y,Lee Y K. Crystallization property effects in $Ge_{30}Se_{60}Te_{10}$ glass. Journal of Non-Crystalline Solids,1997,217(1):79-82

[13] Ureña A,Fontana M,Arcondo B,et al. Influence of Cu addition in the crystallization of the superionic glass $(Ge_{25}Se_{75})_{75}Ag_{25}$. Journal of Non-Crystalline Solids,2002,304(1-3):306-314

[14] Ma H L,Zhang X H,Lucas J. Infrared transmitting chalcogenide glass ceramics. Journal of Non-Crystalline Solids,2003,317(3):270-274

[15] Zhang X H, Ma H L, Lucas J, et al. Optical fibers and molded optics in infrared transparent glass-ceramic. Journal of Non-Crystalline Solids,2004,336(1):49-52

[16] Guin J P,Rouxel T,Sangleboeuf J C,et al. Hardness,toughness,and scratchability of germanium-selenium chalcogenide glasses. Journal of the American Ceramic Society,2002,85 (6):1545-1552

[17] Zhang X H, Ma H L, Lucas J. A new class of infrared transmitting glass-ceramics based on controlled nucleation and growth of alkali halide in a sulphide based glass matrix. Journal of Non-Crystalline Solids, 2004, 337(2): 130-135

[18] Xia F, Zhang X H, Ren J, et al. Glass formation and crystallization behavior of a novel GeS_2-Sb_2S_3-PbS chalcogenide glass system. Journal of the American Ceramic Society, 2006, 89(7): 2154-2157

[19] Lin C G, Calvez L, Bureau B, et al. Second-order optical nonlinearity and ionic conductivity of nanocrystalline GeS_2-Ga_2S_3-LiI glass-ceramics with improved thermo-mechanical properties. Physical Chemistry Chemical Physics, 2010, 12(15): 3780-3787

[20] Ledemi Y, Bureau B, Calvez L, et al. Innovating transparent glass ceramics based on Ga_2S_3-GeS_2-CsCl. Optoelectronics and Advanced Materials, 2009, 3(9): 899-903

[21] Lin C G, Calvez L, Rozé M, et al. Crystallization behavior of $80GeS_2 \cdot 20Ga_2S_3$ chalcogenide glass. Applied Physics A: Materials Science & Processing, 2009, 97: 713-720

[22] Lin C G, Calvez L, Bureau B, et al. Controllability study of crystallization on whole visible-transparent chalcogenide glasses of GeS_2-Ga_2S_3-CsCl system. Journal of Optoelectronics and Advanced Materials, 2010, 12(8): 1684-1691

[23] Calvez L, Ma H L, Lucas J, et al. Selenium-based glasses and glass ceramics transmitting light from the visible to the far-IR. Advanced Materials, 2007, 19(1): 129-132

[24] Calvez L, Rozé M, Ledemi Y, et al. Controlled crystallization in Ge-(Sb/Ga)-(S/Se)-MX glasses for infrared applications. Journal of the Ceramic Society of Japan, 2008, 116(1358): 1079-1082

[25] Rozé M, Calvez L, Ledemi Y, et al. Optical and mechanical properties of glasses and glass-ceramics based on the Ge-Ga-Se system. Journal of the American Ceramic Society, 2008, 91(11): 3566-3570

[26] Liu C M, Tang G, Luo L, et al. Phase separation inducing controlled crystallization of $GeSe_2$-Ga_2Se_3-CsI glasses for fabricating infrared transmitting glass-ceramics. Journal of the American Ceramic Society, 2009, 92(1): 245-248

[27] Rozé M, Calvez L, Hubert M, et al. Molded glass ceramics for infrared applications. International Journal of Applied Glass Science, 2011, 2(2): 129-136

[28] Calvez L, Ma H L, Lucas J, et al. Glass and glass-ceramics transparent from the visible range to the mid-infrared for night vision. International Journal of Nanotechnology, 2008, 5(6-8): 693-707

[29] Rozé M. Verres et vitrocéramiques transparents dans l'infrarouge pour application à l'imagerie thermique. Rennes: University of Rennes 1, 2009

[30] Maker P D, Terhune R W, Nisenoff M, et al. Effects of dispersion and focusing on the production of optical harmonics. Physical Review Letters, 1962, 8(1): 21-22

[31] Jerphagnon J, Kurtz S K. Optical nonlinear susceptibilities: Accurate relative values for quartz, ammonium dihydrogen phosphate, and potassium dihydrogen phosphate. Physical

Review B,1970,1(4):1739-1744

[32] Jerphagnon J,Kurtz S K. Maker fringes:A detailed comparison of theory and experiment for isotropic and uniaxial crystals. Journal of Applied Physics,1970,41(4):1667-1681

[33] Shoji I,Kondo T,Kitamoto A,et al. Absolute scale of second-order nonlinear-optical coefficients. Journal of the Optical Society of America B,1997,14(9):2268-2294

[34] Ding Y,Osaka A,Miura Y,et al. Second order optical nonlinearity of surface crystallized glass with lithium niobate. Journal of Applied Physics,1995,77(5):2208-2210

[35] Österberg U,Margulis W. Dye laser pumped by Nd:YAG laser pulses frequency doubled in a glass optical fiber. Optics Letters,1986,11(8):516-518

[36] Mukherjee N,Myers R A,Brueck S. Dynamics of second-harmonic generation in fused silica. Journal of the Optical Society of America B,1994,11(4):665-668

[37] Masai H,Fujiwara T,Benino Y,et al. Large second-order optical nonlinearity in 30BaO-15TiO_2-55GeO_2 surface crystallized glass with strong orientation. Journal of Applied Physics,2006,100(2):023526

[38] Hane Y,Komatsu T,Benino Y,et al. Transparent nonlinear optical crystallized glass fibers with highly oriented $Ba_2TiGe_2O_8$ crystals. Journal of Applied Physics, 2008, 103(6):063512

[39] Masai H,Tsuji S,Fujiwara T,et al. Structure and non-linear optical properties of BaO-TiO_2-SiO_2 glass containing $Ba_2TiSi_2O_8$ crystal. Journal of Non-Crystalline Solids, 2007, 353(22-23):2258-2262

[40] Takahashi Y,Benino Y,Fujiwara T,et al. Optical second order nonlinearity of transparent $Ba_2TiGe_2O_8$ crystallized glasses. Applied Physics Letters,2002,81(2):223-225

[41] Guignard M,Nazabal V,Ma H,et al. Chalcogenide glass-ceramics for second harmonic generation. Physics and Chemistry of Glasses-European Journal of Glass Science and Technology Part B,2007,48(1):19-22

[42] Guignard M,Nazabal V,Zhang X,et al. Crystalline phase responsible for the permanent second-harmonic generation in chalcogenide glass-ceramics. Optical Materials, 2007, 30(2):338-345

[43] Kityk I V,Guignard M,Nazabal V,et al. Manifestation of electron-phonon interactions in IR-induced second harmonic generation in a sulphide glass-ceramic with β-GeS_2 microcrystallites. Physica B:Condensed Matter,2007,391(2):222-227

[44] Tao H Z,Lin C G,Gu S X,et al. Optical second-order nonlinearity of the infrared transmitting 82GeS_2 · 18$CdGa_2S_4$ nanocrystallized chalcogenide glass. Applied Physics Letters, 2007,91:011904

[45] Lin C G,Tao H Z,Pan R K,et al. Permanent second-harmonic generation in $AgGaGeS_4$ bulk-crystallized chalcogenide glasses. Chemical Physics Letters,2008,460(1-3):125-128

[46] Lin C G,Tao H Z,Zheng X L,et al. Second-harmonic generation in IR-transparent β-GeS_2 crystallized glasses. Optics Letters,2009,34(4):437-439

[47] Zheng X L, Tao H Z, Lin C G, et al. Second harmonic generation in surface crystallized 30GeS$_2$ · 35Ga$_2$S$_3$ · 35AgCl chalcohalide glasses. Optical Materials, 2009, 31: 1434-1438

[48] Dong G P, Tao H Z, Xiao X D, et al. Second harmonic generation in transparent microcrystalline α-CdGa$_2$S$_4$-containing chalcogenide glass ceramics. Optics Communications, 2007, 274(2): 466-470

[49] Takahashi Y, Benino Y, Fujiwara T, et al. Second harmonic generation in transparent surface crystallized glasses with stillwellite-type LaBGeO$_5$. Journal of Applied Physics, 2001, 89(10): 5282-5287

[50] Guignard M, Nazabal V, Smektala F, et al. Chalcogenide glasses based on germanium disulfide for second harmonic generation. Advanced Functional Materials, 2007, 17(16): 3284-3294

[51] Guignard M, Nazabal V, Troles J, et al. Second-harmonic generation of thermally poled chalcogenide glass. Optics Express, 2005, 13(3): 789-795

[52] Chbani N, Loireau-Lozac'h A M, Rivet J, et al. Système pseudo-ternaire Ag$_2$S-Ga$_2$S$_3$-GeS$_2$: Diagramme de phases—Domaine vitreux. Journal of Solid State Chemistry, 1995, 117(1): 189-200

[53] Kurtz S K, Perry T T. A powder technique for the evaluation of nonlinear optical materials. Journal of Applied Physics, 1968, 39(8): 3798-3813

[54] Harada H, Tanaka K. Photoluminescence from Pr^{3+}-doped chalcogenide glasses excited by bandgap light. Journal of Non-Crystalline Solids, 1999, 246(3): 189-196

[55] Lezal D, Pedlíková J, Zavadil J, et al. Preparation and characterization of sulfide, selenide and telluride glasses. Journal of Non-Crystalline Solids, 2003, 326-327: 47-52

[56] Turnbull D A, Gu S Q, Bishop S G. Photoluminescence studies of broadband excitation mechanisms for Dy^{3+} emission in Dy: As$_{12}$Ge$_{33}$Se$_{55}$ glass. Journal of Applied Physics, 1996, 80(4): 2436-2441

[57] Turnbull D A, Bishop S G. Rare earth dopants as probes of localized states in chalcogenide glasses. Journal of Non-Crystalline Solids, 1998, 223(1-2): 105-113

[58] Tanabe S. Optical transitions of rare earth ions for amplifiers: How the local structure works in glass. Journal of Non-Crystalline Solids, 1999, 259(1-3): 1-9

[59] Dwivedi P K, Sun Y W, Tsui Y Y, et al. Rare-earth doped chalcogenide thin films fabricated by pulsed laser deposition. Applied Surface Science, 2005, 248(1-4): 376-380

[60] Zhao D H, Yang G, Xu Y S, et al. Luminescence of Dy^{3+}-doped Ge$_x$Ga$_5$Se$_{(95-x)}$ glasses. Journal of Non-Crystalline Solids, 2008, 354(12-13): 1294-1297

[61] Sanghera J S, Shaw L B, Aggarwal I D. Applications of chalcogenide glass optical fibers. Comptes Rendus Chimie, 2002, 5(12): 873-883

[62] Iovu M, Cojocaru I, Colomeico E. Photoinduced phenomena in α-As$_2$S$_3$ filum doped with Pr^{3+}, Dy^{3+} and Nd^{3+}. Chalcogenide Letters, 2007, 4(5): 55-60

[63] Iovu M, Shutov S, Andriesh A, et al. Spectroscopic studies of bulk As$_2$S$_3$ glasses and

amorphous films doped with Dy, Sm and Mn. Journal of Optoelectronics and Advanced Materials,2001,3(2):443-454

[64] Iovu M,Shutov S,Andriesh A,et al. Spectroscopic study of As_2S_3 glasses doped with Dy, Sm and Mn. Journal of Non-Crystalline Solids,2003,326:306-310

[65] Choi Y G,Song J H,Shin Y B,et al. Chemical characteristics of Dy-S bonds in Ge-As-S glass. Journal of Non-Crystalline Solids,2007,353(16):1665-1669

[66] Choi Y G,Song J H. Spectroscopic properties of Tm^{3+} ions in chalcogenide Ge-As-S glass containing minute amount of Ga and CsBr. Optics Communications,2008,281(17):4358-4362

[67] Heo J. Emission and local structure of rare-earth ions in chalcogenide glasses. Journal of Non-Crystalline Solids,2007,353(13):1358-1363

[68] Seznec V,Ma H,Zhang X,et al. Preparation and luminescence of new Nd^{3+} doped chloro-sulphide glass-ceramics. Optical Materials,2006,29(4):371-376

[69] Lin C G,Calvez L,Li Z B,et al. Enhanced up-conversion luminescence in Er^{3+}-Doped $25GeS_2$ · $35Ga_2S_3$ · 40CsCl chalcogenide class-ceramics. Journal of the American Ceramic Society,2013,96(3):816-819

[70] Lin C G,Dai S X,Liu C,et al. Mechanism of the enhancement of mid-infrared emission from GeS_2-Ga_2S_3 chalcogenide glass-ceramics doped with Tm^{3+}. Applied Physics Letters,2012,100(23):231910-231914

[71] Balda R,García-Revilla S,Fernández J,et al. Upconversion luminescence of transparent Er^{3+}-doped chalcohalide glass-ceramics. Optical Materials,2009,31(5):760-764

[72] Guillevic E,Allix M,Zhang X,et al. Synthesis and characterization of chloro-sulphide glass-ceramics containing neodymium (Ⅲ) ions. Materials Research Bulletin,2010,45(4):448-455

[73] Lozano B W,de Araújo C B,Ledemi Y,et al. Upconversion luminescence in Er^{3+} doped $Ga_{10}Ge_{25}S_{65}$ glass and glass-ceramic excited in the near-infrared. Journal of Applied Physics,2013,113(8):083520

[74] Hubert M,Calvez L,Zhang X,et al. Enhanced luminescence in Er^{3+}-doped chalcogenide glass-ceramics based on selenium. Optical Materials,2013,35(12):2527-2530

[75] Dai S X,Lin C G,Chen F,et al. Enhanced mid-IR luminescence of Tm^{3+} ions in Ga_2S_3 nanocrystals embedded chalcohalide glass ceramics. Journal of Non-Crystalline Solids,2011,357(11-13):2302-2305

[76] Ren J,Li B,Yang G,et al. Broadband near-infrared emission of chromium-doped sulfide glass-ceramics containing Ga_2S_3 nanocrystals. Optics Letters,2012,37(24):5043-5045

[77] Rai V K,de Araújo C B,Ledemi Y,et al. Frequency upconversion in a Pr^{3+} doped chalcogenide glass containing silver nanoparticles. Journal of Applied Physics,2008,103(10):103526

[78] Pan Z,Ueda A,Aga R,et al. Spectroscopic studies of Er^{3+} doped Ge-Ga-S glass containing

silver nanoparticles. Journal of Non-Crystalline Solids,2010,356(23-24):1097-1101

[79] Seznec V,Ma H,Zhang X,et al. Spectroscopic properties of Er^{3+} doped chalco-halide glass ceramics. Proceedings of SPIE 6116,Optical Components and Materials III,2006:61160B

[80] Seznec V. Verres et vitrocéramiques de chalcohalogénures dopés terres rares Mise en forme par extrusion du verre GASIR. Rennes:University of Rennes 1,2006

[81] Fan B,Xue B,Zhang X H,et al. Yb^{3+}-doped GeS_2-Ga_2S_3-CsCl glass with broad and adjustable absorption/excitation band for near-infrared luminescence. Optics Letters,2013,38(13):2280-2282

[82] Lin C G,Calvez L,Ying L,et al. External influence on third-order optical nonlinearity of transparent chalcogenide glass-ceramics. Applied Physics A:Materials Science & Processing,2011,104(2):615-620

第7章 硫系玻璃红外光学系统

红外光学系统的性能和质量在近半个世纪以来取得了长足的进步。当代众多科学技术领域的发展推动了这一进步,例如,红外探测器阵列技术的更新换代[1]、红外光学设计理论的日益成熟[2]、计算机辅助光学设计软件的成功应用[3]、特殊面形镜片量产技术的突破[4]等。更为重要的是,用于制作红外光学系统的光学材料也经历着日新月异的技术变革。红外材料在种类、品质以及产量方面的进步有力地支撑着人们对红外光学系统在工作波段范围、成像质量、图像亮度/对比度、系统无热化以及防震/防潮/防霉/防腐蚀等方面越来越严苛的要求。

7.1 红外光学系统用光学材料

对应于地球大气在红外波段的传输窗口(图 7.1[5]),红外光学系统主要针对三个工作波段:短波红外波段(SWIR)、中波红外波段(MWIR)和长波红外(LWIR)波段,分别对应 1.3~3μm、3~8μm 和 8~14μm 三个波长范围。

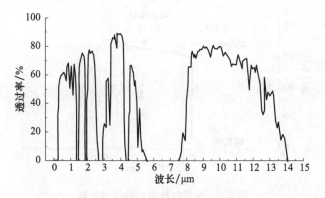

图 7.1 地球大气的红外传输窗口

应用于红外光学系统的材料首先需要在这三个红外波段具有良好的透过性(图 7.2)。除此之外,由于红外光学系统大多用于一些条件较为严苛的工作环境,所以对红外材料的热力学性质(热膨胀系数、折射率温度系数)、硬度、断裂模量/抗折强度、化学稳定性等物理化学特性都提出了较高的要求。目前常用于红外光学系统的材料包括锗(Ge)、硅(Si)、硒化锌(ZnSe)、硫化锌(ZnS)、氟化物晶体(氟化钙(CaF_2)、氟化钡(BaF_2)、氟化镁(MgF_2)等)、卤化物晶体(溴化铯(CsBr)、溴化钾

(KBr)、碘化铯(CsI)等)以及硫系玻璃等[6]。图7.2为各种常见红外光学材料的透过光谱图[7]。上述材料中,卤化物在短波、中波、长波红外波段均具有较高(约90%)的透过率。但是卤化物的机械性能极差,且易受潮解,因此较多用于温度、湿度有良好保障的实验室环境内。氟化物材料硬度适中,但是折射率较低,且在长波红外波段透过率不高,因此较难用于长波红外光学系统。硅是最便宜的红外材料,且密度较低($2.329g/cm^3$),因此有利于降低红外光学系统的制备成本以及整体重量。但是由于硅材料具有较高的硬度,所以基于硅材料的镜片加工较为困难。此外,硅材料在超过$7\mu m$时红外透过率较低,因此与氟化物一样不适用于长波红外波段。锗、硫化锌、硒化锌是目前最为流行的红外光学材料,在各个红外波段均具有良好的透过率和较好的化学稳定性。锗材料也是折射率最高的红外材料之一,因此很多结构简单的红外光学系统可以使用较少片数的锗镜片获得较好的成像质量。但是锗材料的折射率温度系数较大,由它制作的镜片在温度变化大的环境中使用可能出现严重的热差问题。此外锗的密度较高($5.323g/cm^3$),在设计对质量有限制的红外光学系统时需要考虑选用更轻质的材料。硒化锌、硫化锌和锗一样在各个红外波段均具有良好的透过性,甚至在局部可见光和近红外波段也具有一定的透过性。但是光学等级的硒化锌、硫化锌需要采用化学气相沉积法(CVD)制备,不利于降低制作红外光学系统所需的时间和经济成本[8]。

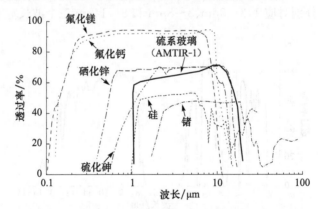

图7.2 常见红外材料的透过光谱

正因为现有的红外材料在相关性能方面存在各种各样的缺点,所以人们始终没有停止过对新型红外光学材料的制备和研究工作。近年来,硫系玻璃在红外光学系统领域的应用引起了人们的广泛兴趣。硫系玻璃不仅在短波、中波、长波三个红外波段均具有良好的透过性,而且它的折射率温度系数较低,折射率/色散参数选择丰富,并且化学稳定性较好,制备成本较低,因此越来越受到人们的重视[9,10]。除此之外,随着各个实际应用领域对红外系统像质要求的日益提升,红外成像系统中特殊面形镜片(包括衍射面和非球面镜片)的使用也越来越广泛。常规的单点金刚石车削技术逐渐无法满足特殊面形镜片的批量生产任务，高精度模压制备技术开始成为高品质红外量产镜片的主要制备技术。晶体态的锗、硫化锌、硒化锌具有较高的熔点(分别为938.25℃、1185℃和1525℃)，并且在达到熔点时直接由固态转变为液态，因此模压工艺难以实施。与锗、硒化锌、硫化锌不同，硫系玻璃则以玻璃态存在，没有固定的熔点。随着温度的升高，硫系玻璃呈现一种逐渐软化的状态，在较低的温度下即可实施镜片的模压工艺。相比于常规红外材料，硫系玻璃在多项与红外光学设计相关的性能参数上有所提升，并且还具有制备成本低、符合量产模压镜片的工艺特点等优势，因此近年来在红外系统中得到越来越多的应用。

7.2 硫系玻璃红外光学系统设计

早在1870年，人们就认识到硫化砷等硫系玻璃材料在红外波段具有一定的透过性[11]。20世纪50年代开始，随着红外探测器阵列技术的日益成熟，以及被动式红外无热化设计方法的提出，红外热成像系统的发展迎来了重要的契机。各个科技强国开始认识到现有红外材料的诸多限制，并逐渐重视研制可工作于长波红外波段的硫系玻璃材料。美国Serve公司的Jerger、Billian、Sherwood，苏联Ioffee Institute的Kolomiets，以及英国Rayal Radar公司的Nielsen、Savage等开始在含砷玻璃中引入硒、锑以及锗等比硫更重的硫系元素，提升了硫系玻璃在红外波段的透过特性以及机械强度[12,13]。美国德州仪器公司在19世纪60~70年代通过多项军方合同将牌号为TI20($Ge_{33}As_{12}Se_{55}$)的硫系玻璃的断裂模数从3000psi(1psi≈0.00689MPa)提升到6000psi，并在1972年将以TI20制备的光学平板安装在美国海军F4型战斗机的前视红外光学系统(FLIR)中[13]。此后，随着多项关于硫系玻璃材料制备以及镜片模压技术的论文和专利发表，硫系玻璃在各种光学系统中的应用日益扩大，它的诸多优点也越来越被人们所了解。

7.2.1 硫系玻璃材料在红外光学设计中的优点

表7.1列举了现有常见红外材料的基本光学和热学参数。

表7.1 常见红外材料的基本光学和热学参数

材料名称		Ge	ZnSe	ZnS	$Ge_{28}Sb_{12}Se_{60}$ *	$Ge_{20}Sb_{15}Se_{65}$ *	$As_{40}Se_{60}$ *
折射率	2μm	—	2.4463	2.2653	—	2.6261	2.8082
	3μm	4.0443	2.4376	2.2581	2.6266	2.6116	2.7897
	4μm	4.0249	2.4331	2.2527	2.6209	2.6058	2.7830
	5μm	4.0162	2.4295	2.2469	2.6173	2.6022	2.7796
	6μm	4.0115	2.4258	2.2403	2.6144	2.5991	2.7773
	7μm	4.0086	2.4218	2.2325	2.6116	2.5962	2.7753

续表

材料名称		Ge	ZnSe	ZnS	$Ge_{28}Sb_{12}Se_{60}$ *	$Ge_{20}Sb_{15}Se_{65}$ *	$As_{40}Se_{60}$ *
折射率	8μm	4.0067	2.4173	2.2234	2.6087	2.5929	2.7735
	9μm	4.0053	2.4122	2.2128	2.6056	2.5895	2.7714
	10μm	4.0043	2.4065	2.2007	2.6022	2.5858	2.7691
	11μm	4.0035	2.4001	2.1867	2.5983	2.5816	2.7662
	12μm	4.0028	2.3930	2.1709	2.5941	2.5769	2.7626
透过范围/μm		2.5～12	0.54～18.2	0.405～13	1～15	1～16	1～13
折射率温度系数 dn/dt (@20℃)/℃$^{-1}$		$396×10^{-6}$	$61×10^{-6}$ (@10.6μm)	$41×10^{-6}$ (@10.6μm)	$91×10^{-6}$ (@10.6μm)	$58×10^{-6}$ (@10.6μm)	$41×10^{-6}$ (@10.6μm)
线性热膨胀系数 (@20℃)/℃$^{-1}$		$6.1×10^{-6}$	$7.6×10^{-6}$	$6.8×10^{-6}$	$14×10^{-6}$	$16×10^{-6}$	$20.7×10^{-6}$
硬度/(kg/mm²)		780	120	240	—	—	—
熔点/℃		938.25	1525	1185	—	—	—
转变温度/℃					285	264	185
可模压性		否	否	否	是	是	是

* 宁波大学中试硫系玻璃产品参数[14]。

从表 7.1 可见，硫系玻璃在红外光学设计中最重要的优点之一在于它相对较宽的红外透过光谱范围。如表 7.1 中的 $Ge_{28}Sb_{12}Se_{60}$ 玻璃(德国 Vitron 公司牌号为 IG-5，宁波大学牌号为 NBU-IR2 的硫系玻璃产品)的红外透光范围为 1～15μm，覆盖了红外系统三个工作波段。其他组分的硫系玻璃也有类似的透光范围。较宽的红外透过范围意味着硫系玻璃可以应用在双波段甚至是三波段的红外镜头设计中，以实现更丰富的红外成像功能。除了较宽的光谱透过范围，硫系玻璃普遍还具有较小的折射率温度系数(dn/dt)，这意味着硫系玻璃镜头在没有特殊无热化设计的情况下可以适应相对较大的温度变化范围。

此外，表 7.1 中包含了两种 Ge-Sb-Se 玻璃组分，分别为 $Ge_{28}Sb_{12}Se_{60}$ 以及 $Ge_{20}Sb_{15}Se_{65}$。对比它们的光学参数可见，通过减少 $Ge_{28}Sb_{12}Se_{60}$ 玻璃中的 Ge 元素含量，增加 Sb 和 Se 元素含量，硫系玻璃在 3μm 处的折射率从 2.6266 减小到 2.6116，而 dn/dt 值则从 $91×10^{-6}$℃$^{-1}$ 减小到 $58×10^{-6}$℃$^{-1}$。与此同时，硫系玻璃的红外透过光谱范围则有所提升。这个例子表明，可以通过改变硫系玻璃的组分调节它们的折射率、dn/dt 值、透过光谱等光学、热学参数，从而为红外光学设计提供前所未有的材料选择灵活度，为红外波段消色差、消热差等特殊光学设计需求提供丰富的解决方案。

除此之外，对于量产镜片，可模压性是红外光学材料最重要的优点之一。由第 5 章可知，模压技术是一种低成本、高产量的特殊面形镜片(非球面、衍射面等)的制备方法。常规红外材料如锗、硅、砷化镓、硫化锌、硫化锌等材料多为单晶态或多晶态，具有固定的熔点，加热时直接从固态转变为液态，因此无法用于镜片的模压加工。基于晶体材料的红外光学镜片多采用单点金刚石车削技术加工而成,时间及经济成本较高。硫系玻璃则是一种非晶态材料。在加热过程中,硫系玻璃的黏度随着温度的升高而逐渐降低,因此可以在升温过程中找到一个最适合实施模压工艺的黏度范围,使得硫系玻璃可以在一定外界压力作用下精确复制镜片模具的形状,实现镜片的模压成型。

7.2.2 红外光学系统无热化设计方法

红外光学系统多用于较为严苛的应用环境中,易受环境温度变化的影响。环境温度的变化不仅可以导致红外光学镜片的厚度、曲率、折射率、折射率温度系数发生较大的变化,用于制备镜头外壳的铝材料或者钛合金材料也会发生热胀冷缩的现象。因此,镜片及其外壳材料在温度变化时发生的光学/机械参数的变化共同决定着红外系统像质的变化。这种由于温度变化导致的像质变化也被称为热差[2]。通常认为引起系统热差的最主要因素是镜片材料的折射率随环境温度变化而发生变化,通常用折射率温度系数来表征这个现象,记为 dn/dt。相比较,红外光学材料的折射率温度系数(dn/dt)比可见光材料大得多。例如,锗的 dn/dt 值为 $3.96\times10^{-4}℃^{-1}$,而可见光玻璃 BK7 的 dn/dt 值为 $3.60\times10^{-6}℃^{-1}$,两者差距约 100 倍。因此,红外光学系统更需要有针对性地根据环境温度变化改进光学设计,降低红外光学系统在温度变化环境中由折射率变化导致的移焦、离焦等像质降低问题。

红外系统的离焦与折射率温度系数可以通过式(7.1)联系起来[15]:

$$df = \frac{f}{n-1}\frac{dn}{dt}\Delta t \tag{7.1}$$

式中,f 为光学系统焦距;df 为系统焦平面的位移;n 为材料折射率;dt 为系统温度变化。

例如,一个焦距为 200mm,F 数($F/\#$)为 4 的锗镜片,设计波长为 $10\mu m$,则其由瑞利衍射极限决定的衍射斑大小约为 $48.8\mu m$。假设此镜片工作在沙漠环境中,昼夜温差变化为 40℃,则此系统由温度变化引起的离焦量约为 1mm。此离焦量约为系统瑞利衍射极限的 20 倍。因此,由温度变化引起的焦面变化是红外光学设计中一个不可忽视的问题。

以某种光学、机械或是软件算法的方法消除或者补偿光学系统在一个较大的温度范围内发生的像质变化称为光学系统的无热化设计。红外光学系统的无热化设计主要分为主动式和被动式两大类(图 7.3)[16]。主动式无热化法主要利用凸轮或者电机马达来驱动透镜组元或是探测器阵列发生位移以抵消系统在温度变化下发生的离焦量,实现系统成像效果的稳定。主动式无热化法通常也可称为机械补偿法,多用于红外变焦系统的设计。被动式无热化设计法又包含光学被动式无热化设计法、机械被动式无热化设计法以及光机混合式无热化设计法。机械被动式和光机被动式无热化设计法都需要使用特殊的机械结构来控制热差,系统结构较为复杂,且在使用过程中易发生机械故障。光学被动式无热化式设计则使无热化光学系统抛离了对精密机械结构的依赖,具有设计简单灵活、成本低廉和结构紧凑等优点。光学被动式消热差设计是目前定焦红外光学系统设计的主要方法[17]。

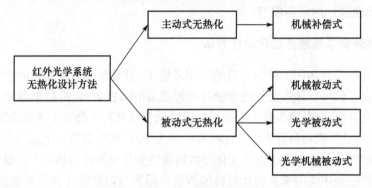

图 7.3 红外光学无热化设计方案

在各种红外系统的无热化设计方法中,硫系玻璃在一种被称为坐标法的光学被动式无热化设计中的应用具有一定的独特性。坐标法无热化设计(后面简称坐标法)首先需要根据红外材料的热差、色差系数为直角坐标系的 x、y 轴绘制红外材料的"热差-色差"图。不同的红外材料根据其热差、色差系数的不同在"热差-色差"图中表现为位置离散的点。根据材料在"热差-色差"图中的位置关系选择两种或多种不同材料制备镜片,通过调整各个镜片的光焦度及其在光轴上的位置,可以使整个红外光学系统由于温度变化产生的像面离焦量与镜筒材料热胀冷缩产生的像面离焦互相抵消,实现光学系统在温度变化的环境中成像位置基本不变以及成像质量相对稳定的目的[18,19]。坐标法大大提高了红外无热化系统的设计效率并降低了光学设计的计算复杂度。目前美国的 Polaroid 公司、英国的航空防卫公司、德国的卡尔蔡司公司,以及我国的西安应用光学研究所、中国空空导弹研究院、中国航空工业集团洛阳光电设备研究所、浙江大学等科研单位也都采用这种方法设计了种类众多的无热化红外镜头[20-23]。

如果无热化系统由 i 个镜片组成,则坐标法无热化设计要求各个镜片的光焦度、色差系数和热差系数满足以下要求。

镜片光焦度满足:

$$\frac{1}{h_1}\sum_i (h_i \cdot \varphi_i) = \varphi \tag{7.2}$$

镜片色差系数满足:

$$\frac{1}{h_1^2}\sum_i \left(h_i \cdot \frac{\partial \varphi_i}{\partial \lambda}\right) = \frac{1}{h_1^2}\sum_i (h_i \cdot \omega_i \cdot \varphi_i) = 0 \tag{7.3}$$

镜片热差系数满足：

$$\frac{1}{h_1^2}\sum_i\left(h_i\cdot\frac{\partial\varphi_i}{\partial T}\right)=\frac{1}{h_1^2}\sum_i(h_i\cdot\theta_i\cdot\varphi_i)=0 \tag{7.4}$$

式中，h_1 为第一近轴光线在第一片镜面的入射高度；h_i 为第一近轴光线在第 i 片镜面的入射高度(如果透镜组为密接型，忽略镜片厚度引起的相邻镜片间高度差异)；φ_i、ω_i、θ_i 为第 i 镜片组的光焦度、消色差系数和消热差系数。

以 ω、θ 分别为 x、y 轴即可绘制红外无热化设计的"色差-热差"图，可以直观地衡量各种红外材料的热差和色差性能(图 7.4)。不同的材料根据其 ω、θ 值的大小可在"色差-热差"图中找到各自相应的位置。由图 7.4 可见，常规红外材料多分布于"色差-热差"图的中部位置，在右上角以及左下角缺少更多的材料选择。进行无热化设计时，首先可选择在"色差-热差"图中可构成三角形的三种不同的红外材料。这种在"色差-热差"图中构成的三角形通常称为无热化三角形。根据 Tamagawa 等提出的理论，无热化三角形的形态、位置和面积的大小决定了所选择材料组合的无热化光学性能，面积大且饱满的三角形的无热化性能优于小且扁平的三角形的性能[18,19]。

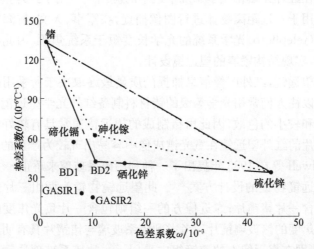

图 7.4　各类红外材料在 8~12μm 波段的 ω-θ 图

BD1($Ge_{33}Sb_{12}Se_{55}$)、BD2($Ge_{28}Sb_{12}Se_{60}$)为美国 LightPath 公司的硫系玻璃产品；
GASIR1($Ge_{22}As_{20}Se_{58}$)、GASIR2($Ge_{20}Sb_{15}Se_{65}$)为法国 Umicore 公司的硫系玻璃产品

从图 7.4 中可见，硫系玻璃都位于"色差-热差"图的左下角。根据红外材料在图 7.4 中的位置，通常可选择锗和硫化锌这两种分别位于左上角以及右下角且距离较远的材料进行无热化设计。第三种材料可以选择位于左下角的材料以形成面积较大的无热化三角形。从这个设计思路看，硫系玻璃的出现进一步丰富了"色差-热差"图在左下角的材料选择，有利于进一步产生更大的无热化三角形。例如，

在图 7.4 中标记了由锗、硫化锌与硫系玻璃 BD2 组成的无热化三角形为 S_1（点划线三角形）和由锗、硫化锌及砷化镓组成的无热化三角形为 S_2（点线三角形）。明显可见，包含了硫系玻璃的无热化三角形 S_1 的面积大于未包含硫系玻璃的无热化三角形 S_2 的面积。这就意味着选用三角形 S_1 所包含的红外光学材料进行无热化设计的性能将有可能优于选用三角形 S_2 所包含的材料进行无热化设计的性能。

7.3 硫系玻璃红外光学系统的应用

随着硫系玻璃材料的制备技术以及精密镜片生产技术的成熟，越来越多的科研机构、商业厂家开始采用硫系玻璃制备高品质红外光学系统。种类丰富的硫系玻璃镜片（特别是模压硫系玻璃镜片）被用于红外光学系统中解决系统的热差、色差问题。本节介绍几种较为典型的采用硫系玻璃镜片的无热化红外光学系统。

7.3.1 长焦型长波红外望远镜物镜

硫系玻璃在红外无热化光学系统中最早的应用之一见于红外望远镜系统。望远镜系统主要用于对远距离物体进行图像捕捉，在军事、天文、航海等领域有重要应用。长焦型（telephoto）光学系统的光学长度短于系统焦距，因此有利于减小系统的光学长度，实现结构紧凑的望远镜设计。

对于红外望远镜，红外图像信息捕捉的质量最终取决于所采用的红外望远镜的光学质量。以往人们常用光学等级的锗材料制备红外光学望远镜。锗材料具有较高的折射率和较小的色散，因此由锗制成的望远镜通常具有较好的像质。但是采用单种锗镜片的红外望远镜在宽光谱成像中容易出现较为严重的色差问题。因此，英国的 Lidwell 等在 1985 年提出了一种利用硫系玻璃来矫正 8~12μm 波段色差的长焦型望远镜物镜的设计方案[24]。此望远镜物镜为两组三片式结构。靠近物方的一组包含一片锗镜片；靠近像方的一组则包含一片负光焦度的硫系玻璃镜片和一片负光焦度的锗玻璃镜片。考虑到硫系玻璃与锗镜片具有明显不同的色散系数，设计者特别在靠近像方的透镜组中采用了一片硫系玻璃透镜。这种设计更有利于在较为简单的光学系统中控制色差。系统的具体光学设计参数如表 7.2 所示。

表 7.2 含有硫系玻璃镜片的长焦型望远镜物镜的设计参数

镜面编号	材料	曲率半径/mm	厚度/mm	非球面
1	锗	208.04	8.85	否
2	空气	288.40	57.42	否
3	硫系玻璃（AMTIR1）	563.12	15	否

续表

镜面编号	材料	曲率半径/mm	厚度/mm	非球面
4	空气	384.94	46.63	否
5	锗	62.70	5.99	否
6	空气	55.39	175.70	否
7	像面	∞		否

系统的光学结构如图 7.5 所示。

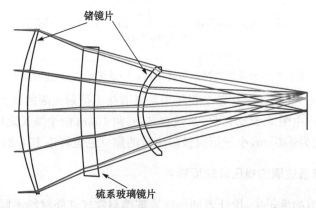

图 7.5 采用了一片硫系玻璃镜片的长焦型长波红外望远镜系统

从图 7.5 可见，系统采用了长焦型设计方法，其有效焦距比系统第一面折射面到像面的距离要小，因此系统具有较为紧凑的外形结构。靠近物方的第一组镜片包含一片正光焦度的锗镜片（光焦度为 0.00436），靠近像方的一组镜片包含一片负光焦度的硫系玻璃（AMTIR1）镜片和一片负光焦度的锗镜片（光焦度分别为 −0.00117 和 −0.00244）。系统的有效焦距为 375mm，后焦距为 176mm，近轴 F 数为 2.2。由于采用了一片硫系玻璃镜片，图 7.5 所示的望远镜系统在仅包含三片镜片的情况下就实现了各类单色像差以及颜色像差的良好控制。图 7.6(a) 和 (b) 分别展示了系统的调制传递函数（MTF）以及焦点色位移图（chromatic focal shift plot）。

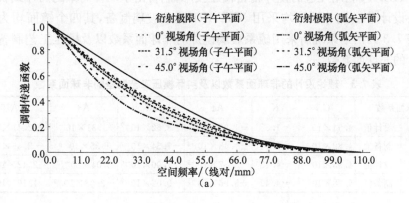

(a)

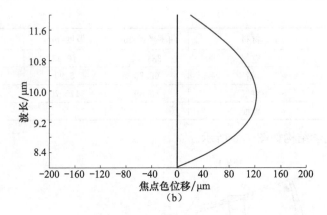

图 7.6 （a）系统的调制传递函数；（b）系统的焦点色位移图

由图 7.6(a)可见，系统在各个视场角均具有接近衍射极限的成像效果，符合实际使用的需要。由图 7.6(b)可见，系统在 $8\mu m$ 和 $10\mu m$ 两个波长之间存在最大的焦点色位移，约为 $120\mu m$，小于衍射极限决定的焦点色位移值 $154.21\mu m$。

7.3.2 基于硫系玻璃的模压非球面镜片

在 7.3.1 节的例子中，设计者利用硫系玻璃与常规红外材料不同的色散系数，矫正了长波红外波段长焦型望远镜物镜在 $8\sim 12\mu m$ 波段的色差。系统设计紧凑，像质较好，但是半视场角仅为 3°。为了在更大视场角时矫正红外光学系统的各种像差，需要在光学设计时考虑使用非球面镜片。考虑到硫系玻璃良好的模压性能，更容易在硫系玻璃镜片上制备非球面以进一步控制系统的像差，从而实现更简单紧凑同时像质更优的无热化红外成像镜头。

宁波大学红外材料及器件实验室从 2006 年开始通过近 10 年的工艺攻关，成功研制出高品质系列硫系玻璃的中试产品。其中牌号为 NBU-IR1 硫系玻璃（$Ge_{20}Sb_{15}Se_{65}$）提供给韩国光子技术研究会（Korea Photonics Technology Institute, KOPTI）。KOPTI 利用先进的镜片精密模压技术，制备出了一种简单的两片式长波红外镜头设计[25]。两片镜片均采用 NBU-IR1 硫系玻璃制备，其四个镜面均为非球面。表 7.3 列出了系统所采用硫系玻璃镜片的非球面系数以及模压工艺制备的实际镜片的非球面系数。

表 7.3 理论设计的非球面系数以及实际模压工艺制备的非球面系数

非球面系数		C	K	A4	A6	A8	A10
表面 A	设计值	4.94×10^{-2}	-1.58	-1.98×10^{-5}	-3.62×10^{-7}	-1.31×10^{-10}	-2.41×10^{-11}
	制备值	4.89×10^{-2}	-1.58	-1.48×10^{-5}	-7.54×10^{-7}	1.35×10^{-8}	-2.46×10^{-10}
表面 B	设计值	4.35×10^{-2}	-4.43	-5.87×10^{-5}	-1.00×10^{-6}	5.04×10^{-10}	2.42×10^{-11}
	制备值	4.28×10^{-2}	-4.43	-5.96×10^{-5}	-9.02×10^{-7}	-3.08×10^{-9}	1.16×10^{-10}

由表 7.3 可见,实际制备的非球面与理论设计的非球面具有几乎一致的非球面系数,因此实际制备的非球面镜片可以较好地实现设计功能。图 7.7 展示了采用上述非球面设计的红外镜头的光学设计图。

由于采用了模压非球面的制备工艺,尽管此镜头为仅有两片镜片(L1 和 L2)构成的简单光学系统,此镜头仍然可以在约 32.8°的视场角范围内实现接近衍射极限的成像效果。并且由于硫

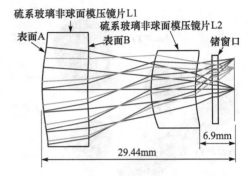

图 7.7 采用国产硫系玻璃(NBU-IR1)模压制备的硫系玻璃光学系统

系玻璃本身的折射率温度系数较小,这个两片式镜头设计在温度从 25℃升高到 80℃的过程中,调制传递函数仅仅降低了不到 10%,表明该系统具有较好的无热化成像效果(图 7.8)。

图 7.9 展示了模压制备的硫系玻璃非球面镜片(表面镀有红外增透膜)实物图。

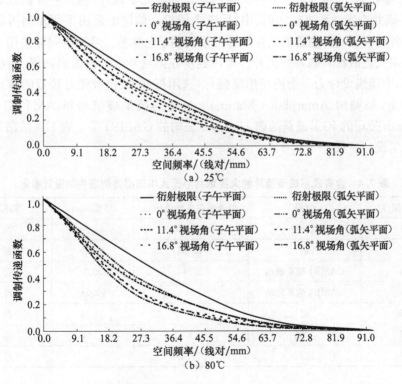

图 7.8 硫系玻璃非球面镜片在 25℃和 80℃时的 MTF 曲线

图 7.9 采用 NBU-IR1 硫系玻璃模压制备的红外非球面镜片实物图

模压后的镜片具有与初始硫系玻璃材料类似的光学透过性能；模压工艺也不会引入其他的光谱吸收峰而影响镜头的成像效果。

7.3.3 用于无人机的红外共心大视场环境监测镜头

机载大视场环境监测光学系统是红外光学系统非常重要的应用之一，在森林防火、环境污染检测、军事遥感等领域有非常重要的实际作用。相较于常用的反远距型、Topogon 型广角光学系统设计，共心光学系统可在光学结构相对比较简单的前提下实现大视场角、大孔径及高像质的成像功能，因而在对光学系统体积重量较为敏感的机载、星载系统领域有较为重要的应用。

硫系玻璃也被应用于制备机载红外共心镜头。例如，美国 Goodrich 公司 Mrozek 等在 2006 年提出了一种三组四片式共心光学设计，包含一片硫系玻璃镜片[26]。该共心光学系统包括前、中、后三个镜组。前镜组采用了两片高折射率大色散红外材料（如锗）制备的镜片以降低系统的单色像差。后镜组同样采用了一片高折射率大色散材料制备的镜片。考虑到矫正系统在红外波段的初级、高级色差的要求，中镜组设计为一个正光焦度镜片，选用折射率、色散相对较低的硫系玻璃材料制备，如美国 Amorphous Materials 公司的硫系玻璃材料 AMTIR1、美国 LightPath 公司的 IG2，或是法国 Umicore 公司的 GASIR1 等。表 7.4 给出了该系统的光学设计参数。

表 7.4 含有硫系玻璃镜片的大视场共心无人机遥感监测镜头的设计参数

镜面编号	材料	前镜面曲率半径/mm	厚度/mm	非球面
1	硫化锌	85.85	45.29	否
2	锗	40.26	13.80	否
3	GASIR1 硫系玻璃	26.57	30.2	否
4	GASIR1 硫系玻璃	∞	29.31	否
5	锗	−35.86	35.79	否
6	空气	−71.73	7.24	否
7	像面	−77.470		否

图 7.10 为这种大视场角环境观测镜头的光学结构图。

它实现了一个大视场角(约 90°)、大相对孔径(F 数约为 1)的红外机载环境监测镜头。图 7.11(a)展示了系统在长波红外波段的 RMS 波前像差曲线图;图 7.11(b)展示了系统的 MTF 曲线。

从图 7.11(a)可见,系统在 0°~45°的半视场范围内具有基本一致的波前像差,且波前像差均小于衍射极限;从图 7.11(b)可见,系统在各个波长、视场角均具有接近衍射极限的 MTF 值,表明系统具有较好的成像质量。

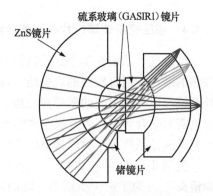

图 7.10 应用了硫系玻璃镜片的大视场共心无人机遥感监测镜头的光学结构

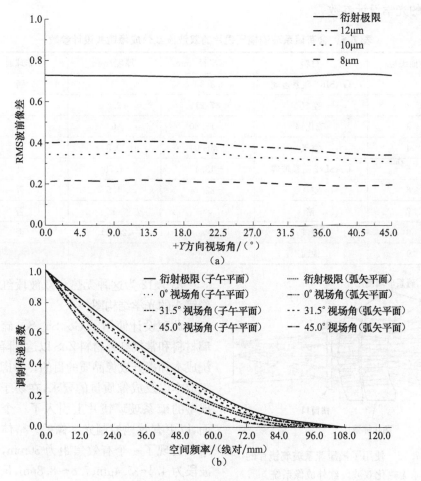

图 7.11 (a)8~12μm 波段的 RMS 波前像差曲线;(b)系统的 MTF 曲线

7.3.4 模压硫系玻璃镜片在双波段红外成像镜头中的应用

红外光学系统在单个红外波段具有有限的成像功能。例如,中波红外系统在湿热的条件下拥有较强的观察能力,而在接近热源和杂散光辐射的条件下,长波红外系统可以提供更高的图像对比度。因此,针对成像目标物开展全面深入的红外探测需要融合各个红外波段图像的有用信息。这也是近年来越来越多的双波段红外光学成像系统见于科研报道的主要原因。

美国 Tejada 早在 2007 年就提出了一种六片式 MWIR 和 LWIR 双波段红成像镜头[27]。为了进一步减小系统的复杂度,宁波大学吴越豪等在 2015 年提出了一种利用了模压硫系玻璃镜片的三片式双波段光学系统,采用了被动式无热化的设计方案,实现了 $-40 \sim 60$ ℃温度范围内像质稳定的设计要求[28]。表 7.5 给出了系统的光学设计参数。

表 7.5 含有硫系玻璃模压镜片的双波段红外成像镜头设计参数

镜面编号	材料	曲率半径/mm	厚度/mm	非球面
1	GASIR2 硫系玻璃	38.30	5	否
2	空气	87.21	9.5	否
3	硫化锌	−17.80	6	否
4	空气	−36.04	0.5	否
5	GASIR2 硫系玻璃	−48.47	4.78	是
6	空气	−22.74	1.5	否
7	锗	∞	1	否
8	空气	∞	20.69	否
9	像面			

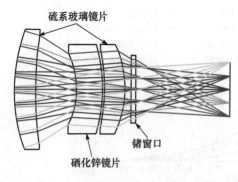

图 7.12 使用了模压硫系玻璃镜片的无热化双波段红外成像系统
工作波段:$4.4 \sim 5.4 \mu m$、$7.8 \sim 8.8 \mu m$

图 7.12 为这种无热化双波段红外成像镜头的光学结构图。

此项设计使用了 $Ge_{20}Sb_{15}Se_{65}$ 硫系玻璃材料和常规红外材料 ZnS 以达到降低系统成本和提升成像品质的目的。考虑到加工成本以及成像质量的要求,在易于模压成型的硫系玻璃镜片上引入了一个非球面,以更有效地控制光学像差。整体设计结果实现了一个有效焦距为 30mm,工作波段为 $4.4 \sim 5.4 \mu m$、$7.8 \sim 8.8 \mu m$,F 数为 2.1,有效视场角为 $18.40° \times 13.80°$ 的红外双波段成像系统,孔径光阑设置在冷屏上,保证在所有视场100%的冷光阑效率。图7.13展示了系统于-40~60℃温度范围内在MWIR和LWIR波段的MTF曲线。从图可见,系统在各个波段、温度的MTF曲线都没有明显下降,且都接近于衍射极限。表明系统在中波红外以及长波红外两个波段都具有良好的成像质量,且系统符合无热化的设计要求。

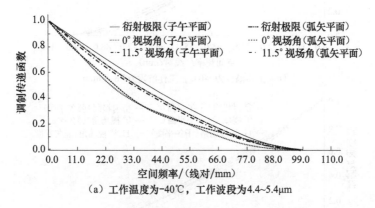

(a) 工作温度为-40℃,工作波段为4.4~5.4μm

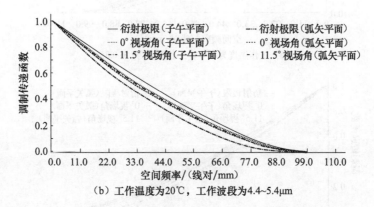

(b) 工作温度为20℃,工作波段为4.4~5.4μm

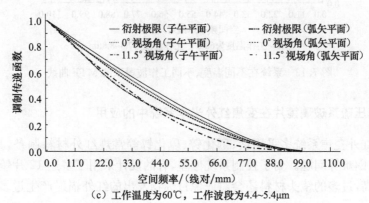

(c) 工作温度为60℃,工作波段为4.4~5.4μm

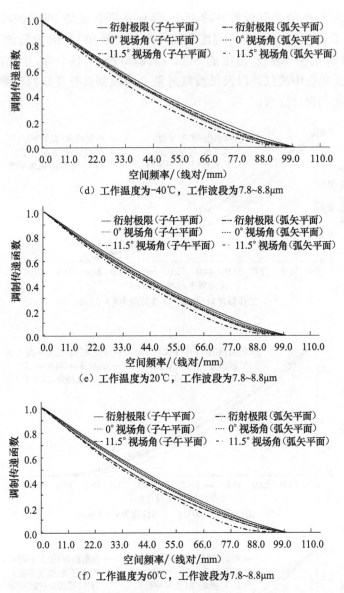

图 7.13 系统在不同温度、不同工作波段下的 MTF 曲线

7.3.5 模压硫系玻璃镜片在变焦红外光学系统中的应用

现有红外变焦系统多采用锗、硒化锌、硫化锌等常规红外材料制备,具有价格昂贵、加工困难等问题。为了控制系统像差,有的设计采用了多达 12 片镜片,不仅制备成本高,过多的镜头材料还会对成像目标物发出的红外辐射产生过多的吸收,

容易造成红外图像亮度较暗、对比度较低等问题。

针对这些问题,腾龙光学的川口浩司等[29]利用硫系玻璃易于模压成型制备非球面的特点,提出了一种四片式长波红外连续变焦光学系统的设计。由于采用了高精度模压成型的硫系玻璃非球面镜片,这项设计在结构较为简单的前提下就可以矫正系统的多种单色/颜色像差,从而形成高质量的红外光学图像。表 7.6 和表 7.7 给出了该变焦系统的光学设计参数以及系统所使用非球面的非球面系数。

表 7.6　含有硫系玻璃模压镜片的红外变焦成像光学设计参数

镜面编号	材料	曲率半径/mm	厚度/mm	非球面
1	锗	137.58	9	否
2	空气	226.09	35mm 焦距:44.29 105mm 焦距:69.88	是
3	锗	−153.36	3	否
4	空气	136.83	35mm 焦距:30.59 105mm 焦距:5.00	是
5	GASIR2 硫系玻璃	56.76	4	是
6	空气	90.00	35mm 焦距:36.02 105mm 焦距:39.88	是
7	锗	69.083	6.5	否
8	空气	220.00	35mm 焦距:14.98 105mm 焦距:11.12	是
9	锗	∞	1	否
10	空气	∞	18	否
11	像面			

表 7.7　系统非球面参数表

镜面编号	ε	A	B	C	D
2	1.6125	-62211×10^{-9}	4.7033×10^{-14}		
3	37.599	5.2441×10^{-7}	4.2633×10^{-9}	-1.9950×10^{-12}	
4	−51.3708	1.0326×10^{-6}	1.1138×10^{-9}	-2.4400×10^{-12}	
5	57.7571	-6.5702×10^{-1}	1.4310×10^{-7}	4.1006×10^{-9}	-3.7839×10^{-11}
6	14.5889	-4.9879×10^{-7}	1.7769×10^{-11}	-4.3812×10^{-11}	
8	10.1997	3.6484×10^{-7}	-9.3635×10^{-11}	1.4039×10^{-13}	

系统的在焦距为 35mm(广角端)和 105mm(望远端)时的光学结构如图 7.14 所示。从图中可见,系统从物体侧开始第一片镜片为锗材料的正光焦度镜片,第二片镜片为锗材料的负光焦度镜片,第三片镜片为硫系玻璃制备的负弯月形正光焦度镜片,第四片镜片为锗材料的正光焦度镜片,最后有一片锗材料制备的平板用于

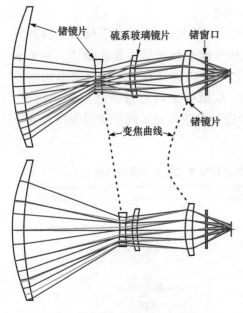

图 7.14 应用了模压硫系玻璃镜片的红外变焦系统

保护红外探测器阵列。变焦时,第一片和第三片镜片保持固定,第二片和第四片镜片可沿光轴移动。为了更好地矫正像差,系统的第三片镜片为硫系玻璃制备的非球面模压镜片,其他三片镜片采用了常规的锗材料制备。通过使第二片镜片沿光轴移动实现系统变倍,使第四片镜片沿光轴移动来进行成像位置的矫正。

图 7.14 所示的设计仅采用了 4 片镜片就实现了从 35mm 到 105mm 的红外变焦成像功能,具有系统结构简单、重量轻、吸收红外辐射少等优点。图 7.15(a)~(c)分别展示了系统在 35mm 焦距时的畸变、场曲及球差曲线;图 7.16(a)~(c)展示了系统在 105mm 焦距时的畸变、场曲及球差曲线。

从图 7.15 和图 7.16 可见,红外变焦系统在广角端(35mm)和望远端(105mm)均具

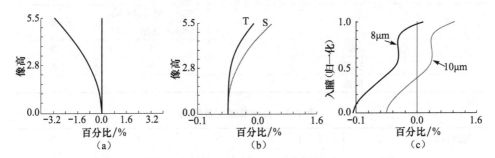

图 7.15 红外变焦系统在有效焦距为 35mm 时的畸变(a)、场曲(b)及球差(c)曲线

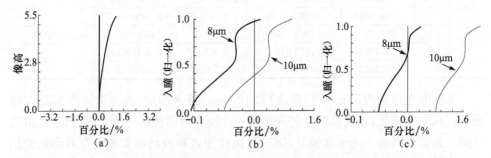

图 7.16 红外变焦系统在有效焦距为 105mm 时的畸变(a)、场曲(b)及球差(c)曲线

有较好的像质。系统最大畸变控制在 3.2% 以下，场曲、像散和球差均得到较好控制。系统在工作波段两端的 $8\mu m$ 和 $10\mu m$ 处存在一定的焦点色位移（广角端的焦点色位移约为 $50\mu m$，望远端的焦点色位移约为 $100\mu m$）。可通过选用其他红外材料（如硫化锌、硒化锌）替代系统中的锗镜片或者进一步优化系统中各个镜片的光焦度分配关系来矫正系统色差。

参 考 文 献

[1] Scribner D A, Kruer M R, Killiany J M. Infrared focal plane array technology. Proceedings of the IEEE, 1991, 79(1): 66-85

[2] Grey D S. Athermalization of optical systems. Journal of the Optical Society of America, 1948, 38: 542-546

[3] Kim H S, Kim C W, Hong S M. Compact mid-wavelength infrared zoom camera with 20:1 zoom range and automatic athermalization. Optical Engineering, 2002, 41(7): 1661-1667

[4] Yi A Y, Jain A. Compression molding of aspherical glass lenses—A combined experimental and numerical analysis. Journal of the American Ceramic Society, 2005, 88(3): 579-586

[5] Wiki. Infrared window. https://en.wikipedia.org/wiki/Infrared_window. [2016-9-1]

[6] 张志坚. 红外光学材料的现状与发展. 云南冶金, 2000, 29(5): 35-41

[7] 余怀之. 红外光学材料. 北京: 国防工业出版社, 2007

[8] Fang Z Y, Chai Y C, Hao Y L, et al. CVD growth of bulk polycrystalline ZnS and its optical properties. Journal of Crystal Growth, 2002, 237-239(3): 1707-1710

[9] Zakery A, Elliott S R. Optical properties and applications of chalcogenide glasses: A review. Journal of Non-Crystalline Solids, 2003, 330(1): 1-12

[10] Seddon A B. Chalcogenide glasses: A review of their preparation, properties and applications. Journal of Non-Crystalline Solids, 1995, 184: 44-50

[11] Schultz-Sellack C. Ueber die modificationen des schwefelsäure-anhydrides. Annalen der Physik, 1870, 215(3): 480-485

[12] Fraser W A, Jerger J. Arsenic trisulfide: A new infrared transmitting glass. Journal of the Optical Society of America, 1953, 43: 332

[13] Hilton A R. Chalcogenide Glasses for Infrared Optics. New York: McGraw Hill Education, 2009

[14] Dai S X. 宁波大学硫系玻璃中试产品. http://www.ir-glass.com/product.php. [2016-9-1]

[15] 王之江. 光学设计理论基础. 北京: 科学出版社, 1985

[16] 姜波, 吴越豪, 戴世勋, 等. 硫系玻璃在民用红外车载成像系统中的应用. 红外与激光工程, 2015, 44(6): 1739-1745

[17] 吴晓靖, 孟军和. 红外光学系统无热化设计的途径. 红外与激光工程, 2003, 32(6): 572-576

[18] Tamagawa Y, Wakabayashi S, Tajime T, et al. Multilens system design with an athermal chart. Applied Optics, 1994, 33: 8009-8013

[19] Tamagawa Y, Tajime T. Expansion of an athermal chart into a multilens system with thick

lenses spaced apart. Optical Engineering,2001,35(10):3001-3006
[20] 王学新,焦明印. 红外光学系统无热化设计方法的研究. 应用光学,2009,30(1):129-133
[21] 张良. 无热化双视场红外光学系统的设计. 光学技术,2009,35(4):566-574
[22] 沈良吉,冯卓祥. 3.7~4.8μm 波段折/衍混合红外光学系统的无热化设计. 应用光学,2009,30(4):683-687
[23] 岑兆丰,李晓彤. 光学系统温度效应分析和无热化设计. 激光与光电子学进展,2009,46(2):63-67
[24] Lidwell M O. Telescope objective system for the infrared range:US,4494819. 1985
[25] Cha D H, Kim H J, Hwang Y. Fabrication of molded chalcogenide-glass lens for thermal imaging applications. Applied Optics,2012,51(23):5649-5656
[26] Mrozek F, Yu M, Henry D J. Wide field of view monocentric lens system for infrared aerial reconnaissance camera systems:US,20130076900 A1. 2013
[27] Tejada J. Dual band lens system incorporating molded chalcogenide:US,20070183024 A1. 2007
[28] 姜波,吴越豪,戴世勋,等. 紧凑型双波段无热化红外光学系统设计. 红外技术,2015,12:999-1004
[29] 安藤稔,川口浩司. 红外线变焦镜头:中国,CN102193178 A. 2011

第8章 硫系玻璃光纤及光纤光栅制备

硫系玻璃光纤是由硫系玻璃制成的传光介质,光纤的本征损耗较低,可挠曲性好,化学稳定性好,能工作在 $1\sim 12\mu m$ 波长范围内。1964 年,Kapany 和 Simms[1]报道了由红外玻璃 As_2S_3 制成的第一根硫系玻璃光纤。1967 年 Kapany 在 *Fiber Optics* 一书中论述了 As_2S_3 玻璃光纤及其潜在的应用[2]。之后十多年,由于合成硫系玻璃中的部分元素有毒,这些材料没有引起人们的重视。80 年代以来,日本一些企业和研究机构的努力为硫系玻璃光纤未来的发展奠定了基础,包括日本电信电话公社(NTT)[3-5]、日立(Hitachi)公司[6-9]、堀场(Horiba)公司[10,11]、非氧化物玻璃研发公司[12-14]、京都半导体公司[15]、豪雅(Hoya)公司[16]等。这些研发单位的工作促使了一系列硫系玻璃体系(如 Ge-P-S、As-S、Ge-As-Se、Ge-S、Ge-As-Se-Te-(Tl)等)拉制成光纤,包括无光学包层的裸光纤和阶跃折射率光纤。美国无定形材料公司(AMI)于 1977 年开始批量生产硫系玻璃[17],随后报道了 GeAsSe、AsSe、AsS、AsSeTe 体系玻璃拉制的光纤和光纤束,最成功的是 AsSeTe 和 As_2S_3 玻璃。尽管这些光纤较低的机械强度制约了其发展,但其仍可通过数百微米纤芯来传输瓦级($<$5W)的一氧化碳和二氧化碳连续激光。

目前,对硫系玻璃光纤领域的研究和开发工作已遍布全球,包括俄罗斯科学院的高纯物质化学研究所、法国雷恩第一大学、美国海军研究实验室(NRL)、英国南安普敦大学和诺丁汉大学,以及国内的宁波大学、北京玻璃研究所、江苏师范大学、中国科学院西安光学精密机械研究所等,推动着硫系玻璃光纤领域的发展。

根据玻璃成分,硫系光纤可以分为三类:硫基硫系光纤、硒基硫系光纤和碲基硫系光纤。与氟化物玻璃复杂的组分(如 ZBLAN)不同,常见的硫系玻璃都是由二元或者三元体系组成的,但其具有与氟化物玻璃相当的软化温度、对水汽不敏感、在大气中可稳定使用的特点。硫系玻璃光纤的传输范围取决于其组分,如硫基硫系光纤的传输范围为 $0.7\sim 6\mu m$,硒基光纤为 $1.5\sim 10\mu m$,碲基光纤为 $2\sim 12\mu m$。

硫系玻璃光纤目前的主要研究集中在传统的阶跃折射率光纤和光子晶体光纤两种类型光纤,已报道的阶跃折射率光纤大部分集中在含 As 硫系玻璃基质,目前已成功实现商业化,如加拿大 CorActive 公司[18]、美国 IRFlex 公司[19,20]生产的 As_2S_3、As_2Se_3 系列硫系玻璃光纤。国内少数单位也提供硫系光纤产品[21,22],但其传输损耗显著高于上述两家公司的相应产品。

光子晶体光纤(photonic crystal fiber,PCF),后又称微结构光纤(microstructured optical fiber,MOF)或多孔光纤(holey fiber,HF)是基于光子晶体技术发展

起来的新一代传输光纤,1996年英国Bath大学的Russell等[23]成功制备出第一根光子晶体光纤。与传统光纤相比,光子晶体光纤包层的特殊结构使得它具有一些独特的光学性质,如无截止单模、色散可控、高双折射、高非线性、大模场等。硫系玻璃具有优良的中远红外透过性能(依据组成不同,其透过范围可从$0.5\sim1\mu m$到$12\sim25\mu m$),高的线性折射率n_0($2.0\sim3.5$)和非线性折射率n_2($2\times10^{-18}\sim20\times10^{-18}\ m^2/W$,是石英材料的$100\sim1000$倍[24])。利用其中红外透过性能,硫系基质的光子晶体光纤可应用于中红外激光能量传输、空间消零干涉仪、中红外生物和化学传感器、中红外光纤激光器等领域[25-28];利用其极高的非线性特性,可应用于非线性光学(如超连续谱产生)、光子器件(如拉曼放大)等领域[29,30]。因此,近年来硫系玻璃微结构光纤(本章统一采用微结构光纤这一名称,以下简称硫系MOF)作为一种新型中红外光子晶体光纤备受关注,国际上许多著名光电子研究机构(如美国海军研究实验室、英国南安普顿大学、法国雷恩第一大学、美国麻省理工学院等)纷纷开展了硫系玻璃微结构光纤的研究工作。

本章重点介绍硫系玻璃光纤、微结构光纤和光纤光栅的发展历程,详述其制备技术和基本性能。

8.1 硫系玻璃光纤制备

硫系玻璃光纤拉制和石英光纤有着明显的区别,石英光纤可以使用MCVD工艺获得高质量的光纤预制棒,而硫系玻璃必须先通过原料合成玻璃,然后通过管棒法或挤压法获得预制棒后拉制成纤。此外,也可以使用双坩埚法直接拉制硫系玻璃光纤,这也是目前商用硫系玻璃光纤制备的主要技术。

8.1.1 玻璃制备提纯

硫系玻璃熔体有较大的蒸气压和黏度,易于和氧、氢反应,因此制备硫系玻璃块体最常用的方法是将元素单质置于真空的石英玻璃管中直接高温合成,并不断地摆动,最后淬冷退火获得玻璃,详见5.2节。

根据玻璃成分的不同,合成的温度在$700\sim950℃$范围内变化。合成时间由所合成玻璃的体积决定,可能需要几十个小时。由于硫系玻璃中的氧化物、氢化物和氢氧化物在红外有较大的吸收,在石英玻璃管熔封之前要对玻璃配合料进行提纯处理。为降低石英管表面羟基含量和减少石英管表面杂质及吸附物对玻璃的污染,要先用HF酸清洗石英管表面,再进行蒸馏水洗涤和真空干燥处理。鉴于配合料与所含杂质之间有很大的饱和蒸气压差,蒸馏方法非常适合于原料的提纯,例如,用真空加热的方法可轻易地将硫中的H_2O、H_2S、SO_2等除去,再利用蒸馏方法可进一步提纯。如果能在配合料中加入些单质铝等除氧剂或者使蒸气通过无定形多孔硅过滤器,则提纯效果更佳。熔制玻璃时,当配合料放入炉内后,温度应缓慢升温以免发生爆炸,从计算来看10g硫在相对容积为 $2\times10^{-5}\mathrm{m}^{-3}$ 内 1000℃时含有 6MPa 的压力,其爆炸力相当于 60mg 的 TNT 能量。一般的熔体可以在炉内冷却和退火,但对于那些不稳定的玻璃或许多形成块状玻璃相当困难的材料(如 As_2Te_3)应在空气中快速冷却甚至投入冷水或者液氮中进行淬冷。

硫系玻璃的制备也可以使用复杂的石英玻璃反应舱制备[17]。图 8.1 为美国无定形材料公司制备高纯 TI1173 和 TI20 玻璃的装置,由三个反应舱组成。通常认为 Ge 是不含颗粒杂质的高纯原料,放在反应舱中间。Se 和 As(或 Sb)分别放在两侧的反应舱,为了除去原料表面的氧化物,低温加热所有原料并对整个装置通入氢气。之后封接两侧管口,然后对整个装置抽真空,最后封住上方管口。加热两侧的 Se 和 As(或 Sb)直到完全蒸馏至中间的反应舱,在反应舱连接处预先放置了多孔石英过滤器去除颗粒杂质。实验证明,通过该方法制备的玻璃有助于提高玻璃的质量和透过性能。

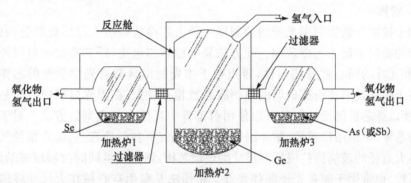

图 8.1 美国无定形材料公司制备高纯 TI1173 和 TI20 玻璃装置示意图

1985年,日本日立公司 Katsuyama 等[31]使用气相沉积法,以 $GeCl_4$、$SeCl_2$ 为起始原料,用 H_2 反应合成了 $GeSe_4$ 玻璃,反应装置如图 8.2 所示,将反应气体 $GeCl_4$、$SeCl_2$ 和 H_2 充入石英玻璃管中,可以用氩气作为载体,用电炉加热石英管至 800℃,反应产生的 Ge-Se 微颗粒沉积在玻璃管内表面。之后将石英管抽真空至

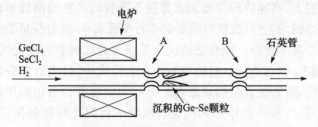

图 8.2 化学气相沉积法制备硫系玻璃装置示意图
A 和 B 为火焰封接位置

10^{-3}Pa 后在 A 处和 B 处密封，最后将封接好的石英管放入摇摆炉中，加热至 800℃后熔融 35h，最后在空气中冷却获得 Ge-Se 玻璃。同时他们还尝试了在通入 NH_3 和 CO 气流情况下，可以有效地去除氧杂质，氧含量可以从 0.014‰降低至 0.001‰以下，这类高纯玻璃有望拉制成低损耗硫系玻璃光纤。

8.1.2 光纤制备

硫系玻璃光纤一般通过预制棒拉制技术和双坩埚技术[1]，光纤预制棒拉制技术的关键在于预制棒的制备过程。预制棒拉制法是硫系玻璃光纤制造最常用的方法，该方法可将大多数热稳定性较好的硫系玻璃拉制成光纤。双坩埚法是制造硫系玻璃光纤的另一种较为常见的方法，这种技术是将玻璃加热至熔融态，适合于拉制低软化点的玻璃，可以提供高质量的芯包层间界面，从而提高了光纤的强度。

1. 预制棒拉制技术

1) 管棒法

用于拉制阶跃折射率光纤的预制棒一般由芯棒玻璃插入包层玻璃管构成，包层玻璃的折射率低于芯棒玻璃。此方法易于控制芯包比（纤芯直径和包层外径的比值）和光纤的同心度及均匀性，难点在于须先制出具有高光学质量的芯棒和套管。由于硫系玻璃和石英玻璃的热膨胀系数相差较大，在淬冷过程中可轻易实现脱壁，所以纤芯玻璃棒的制备可以使用石英管中直接冷却成型的方法。对于芯径较小的芯棒，可采用拉棒法、钻棒法等，拉棒法与光纤拉丝原理一样，在惰性气体保护下将大直径的玻璃棒拉成所需尺寸的玻璃芯棒，该方法可同时拉制较多的细棒，尺寸可控，也常用于制备光子晶体光纤。钻棒法是利用空心钻在大尺寸玻璃上钻取所需尺寸的玻璃棒，抛光后可得到表面良好的芯棒，但由于硫系玻璃的机械强度小、脆性大，所以对钻棒工艺技术要求苛刻，成品率低。当芯棒玻璃直径略大于套管内径时，可直接对其进行研磨、抛光等工艺使尺寸匹配。

硫系玻璃包层套管一般采用旋管法和钻孔法获得。旋管法是利用高速旋转液体的离心效应制作玻璃管。实验时，将装有玻璃液的石英玻璃管在高温下取出并安装到旋转装置上，高速旋转并喷洒水雾使石英管内的玻璃溶液形成空心管。为保证玻璃管壁厚的均匀性，旋转时需要保持石英管水平，同时保证旋转装置的轴心与石英管的轴心高度重合。旋管法的优点是获得的玻璃管内壁光滑，无损伤和划痕，无需后续加工；缺点是难以精确控制内孔直径大小，且难以制备内外径比小于 0.3 的玻璃管[32]，旋管装置结构如图 8.3 所示[33]。套管也可以采用钻孔等方法打磨成一定尺寸，然后将纤芯棒插入包层玻璃管中得到光纤预制棒，江苏师范大学 Yang 等[34]利用钻孔法在 GeAsTeSe 玻璃中获得了 2mm 直径的小孔。但这种机械加工工艺容易对界面引入杂质或缺陷，从而对光纤损耗产生负面影响。

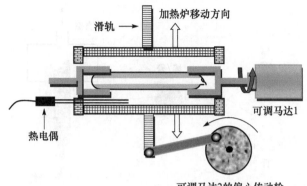

图 8.3 旋管装置结构示意图

采用套管法制备光纤预制棒的优点是纤芯和包层的直径比例容易控制,操作加工比较简单。1965 年,Kapany[1]利用该方法拉制了带包层的 As-S 光纤,但并未提及如何制备包层玻璃管。1989 年日本非氧化物玻璃研发公司的 Nishii 等[14]制备了具有光学包层的硫系玻璃光纤,他们利用旋管的原理获得空心管,然后选择合适直径的玻璃棒插入空心管内获得具有芯包层结构的预制棒,如图 8.4 所示。最后分别通过将预制棒放入坩埚拉制和预制棒直接拉制的方法拉制了光纤。

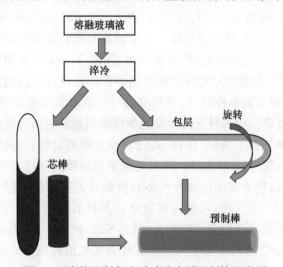

图 8.4 套管法制备硫系玻璃光纤预制棒示意图

1995 年,美国海军实验室[35]通过在熔体冷却过程中旋转获得包层玻璃管,如图 8.5 所示。这种方法获得的玻璃管杂质含量少,表面光洁度高。最后将芯棒插入包层玻璃管,在 100 级的洁净室里用一个窄温区加热炉拉制了光纤,芯棒和包层间隙抽真空防止形成可以产生散射损耗的气泡或毛细孔,炉膛内充入干燥氮气作为预制棒的保护气氛。

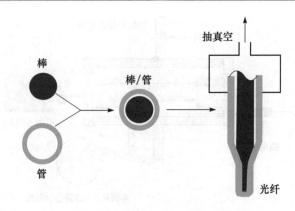

图 8.5 管棒法拉制光纤示意图

1996年,英国南安普顿大学光电子中心(ORC)Hewak等[36]使用管棒法拉制了Ga-La-S(GLS)玻璃光纤,采用机械加工的方法获得芯棒和包层皮管,长度为120mm的预制棒,拉丝速度为15m/min,未涂覆的光纤外径$\phi_{外}=125\mu m$,长度>200m。1995年,法国雷恩第一大学Zhang等利用管棒法制备了TeX光纤,纤芯玻璃采用熔融淬冷法制备,包层套管采用旋管法制备,纤芯和包层玻璃组分分别为$Te_2Se_{3.9}As_{3.1}I$和$Te_2Se_4As_3I$,对应10.6μm处折射率分别为2.8271和2.8205,数值孔径为0.2,芯包比为0.75[37]。拉丝速率为0.5~3.5m/min,可拉丝径为50~700μm的光纤。2010年,法国雷恩第一大学玻璃与陶瓷实验室发展的旋管法制备红外硫系玻璃光纤已经能成功实现远程CO_2探测,下一步将有望应用到欧洲航天局达尔文项目中[38],但是针对旋转过程的偏心和内孔径过大的问题仍无法实现最理想的结果,如果要实现单模尺寸,必须要进行二次套管后再拉丝,这样就会大大增加光纤析晶的概率。中国科学院西安光学精密机械研究所郭海涛等[33,39]利用真空高速旋转法分别制备了As-S和GeSbSe玻璃光纤的套管,与浇铸成的芯棒配合拉制了As-S和GeSbSe玻璃光纤。与石英玻璃预制棒拉制技术相似,唯一的区别在于,在光纤拉制过程中需使用惰性气体对预制棒进行保护,避免发生表面氧化。为避免芯包层界面产生气泡,可使用真空泵对其抽真空形成负压。2016年,江苏师范大学杨志勇课题组[40,41]分别以$Ge_{11.5}As_{24}Se_{64.5}$和$Ge_{10}As_{24}S_{66}$玻璃作为纤芯和包层材料,通过两步管棒法制备了具有小芯径和大数值孔径(NA)的阶跃折射率光纤,通过机械钻孔法制备了孔径为2.1mm的包层玻璃管。光纤直径和芯径分别为400μm和60μm的Ge-As-Se/Ge-As-S光纤,在2~9μm波段的背景损耗小于1dB/m,最高损耗在4.6μm处为5dB/m(本章简化表示为5dB/m@4.6μm)。

2) 挤压法

挤压法是将纤芯成分玻璃和包层玻璃片通过设计的模具挤压成预制棒,通过挤压可以得到棒、管以及其他设计的形状。这种技术最早是Itoh等[42]在氟锆酸盐铝酸盐玻璃中进行了实验,之后 Furniss 和 Seddon 挤压了 GLS 玻璃,获得了直径为 5mm 的玻璃棒[43],他们还使用带有"顶针"的模具,挤压了 GLS 玻璃管,其挤压机示意图如图 8.6 所示[44]。利用该挤压机,Tang 等[45]将长度为 50mm、直径为 28.5mm 的大块玻璃挤压出长达 140mm、直径 9mm 的预制棒,最后拉制成直径为 235μm 的无包层裸纤。2008 年,Savage 等[46]通过将 $Ge_{17}As_{18}Se_{65}$ 和 $Ge_{17}As_{18}Se_{62}S_3$ 玻璃分别作为纤芯和包层,叠加挤压制备了具有芯包结构的预制棒,并拉制成多模光纤。

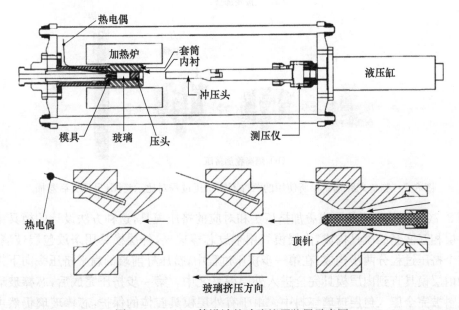

图 8.6　Seddon 等设计的玻璃挤压装置示意图

美国中佛罗里达大学光学中心 Tao 等[47,48]报道了类似的叠片挤压技术,该挤压方法将芯棒玻璃、包层玻璃片叠放在一起,加热受力后挤压出具有芯包层结构的预制棒。该方法的优点是模具简单、对玻璃片加工要求低、不同层间接触缺陷较少,但该挤压法中无法解决纤芯直径的锥形变化,无法实现长尺寸、芯/包直径比一致的光纤预制棒。在直接叠加挤压法中,包层和芯棒玻璃的直径相同、厚度不同,这两块玻璃被直接叠放在如图 8.7 所示的特制模具中,然后将玻璃体在稍高于 T_g 的温度下进行挤压。在使用这种方法挤压时,随着活塞逐渐推动挤压,模具压力逐渐变大,原来为柱形的玻璃逐渐变为了圆锥体并嵌入包层玻璃中。随后软化的芯包层玻璃体被直接从底部模具挤出从而形成光纤预制棒。这种挤压过程如图 8.7(a)所示。在使用这种方法制得的预制棒中纤芯呈锥形分布,纤芯中间粗两端细,纤芯直径在预制棒长度范围内并不一致。

宁波大学王训四等[49]发明了一种新型的挤压法制备硫系玻璃光纤预制棒,

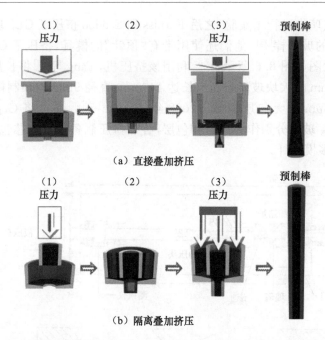

图 8.7 制备光纤预制棒所使用的两种不同挤压过程对比示意图(另见文后彩插)

图 8.7(b)为其发明的隔离叠加挤压法和对应的挤压模具,这种方法设计的模具由两层相互嵌套的模具构成,内层模具用来放芯棒玻璃,外层模具用来放包层玻璃。整个挤压过程分两步构成:在第一步挤压过程中,挤压杆前端的扁平挤压头向下推动内层模具直到内层模具完全进入外层模具之中。第一步挤压完成后,芯棒玻璃坯料被完全压入包层玻璃坯料中。由于有外层模具腔体的保护,芯棒玻璃仍然可以保持初始的圆柱体形状而不会变为锥形。在进行第二步挤压之前,为了保证对芯棒和包层玻璃同时进行挤压,需要将挤压杆旋转 90°(图 8.7(b)中的(3))。然后挤压机在高压下继续向下推动挤压杆将芯棒和包层玻璃同步从底部出口模具中挤出,最终形成光纤预制棒。在这种新设计的挤压方法中,内层模具的作用相当于一个隔离板,它可以完全将内外两层玻璃材料隔离开,这样在第二步光纤预制棒挤压成型过程中芯包层的比例就可以始终一致。因此,使用隔离挤压法可以制得具有理想芯包层界面和比例的硫系玻璃光纤预制棒,芯包层在预制棒中的分布示意如图 8.7 的最右端所示。图 8.8 为两种挤压方法获得的预制棒在不同长度处的直径和芯包比变化,结果表明,隔离挤压法具有稳定的纤芯和包层尺寸,纤芯和包层直径尺寸比值保持一致。

宁波大学许银生等利用隔离叠加挤压法制备了 $As_{40}S_{59}Se_1/As_2S_3$ 光纤预制棒,设计的挤压模具的芯包比为 1∶23,实际获得的光纤预制棒芯包比为 1∶17[50]。其制备过程如图 8.9 所示,首先,将 46mm 的包层玻璃片放在模具(出口为 13mm

第8章 硫系玻璃光纤及光纤光栅制备

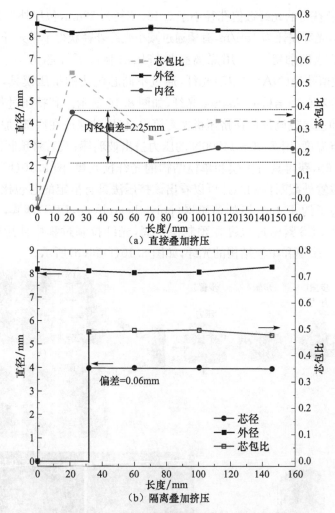

图 8.8 通过不同挤压法制备的预制棒芯棒/包层比值

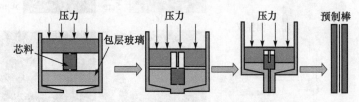

图 8.9 隔离叠加挤压法制备光纤预制棒示意图

的套筒)里,芯棒玻璃放在一个出口为 2mm 的套筒里,再将整体放在包层玻璃上方;其次,将整个套筒加热至 300℃,在芯棒玻璃套筒上面施加压力直至整个套筒嵌入至包层玻璃中;再次,更换挤压活塞为带顶针结构,同时挤压芯料和包层玻璃,获得芯包比恒定的光纤预制棒;最后,将预制棒在 175℃ 退火 4h。该方法有利于获得芯包比较大的光纤,实验获得的光纤数值孔径小于0.16,芯径为22μm,包层外径为400μm,芯包比为1:18,光纤损耗为1dB/m,有望通过减小光纤外径获得单模光纤。

宁波大学戴世勋等[51]利用隔离叠加挤压法制备了纤芯为As_2Se_3、包层为As_2S_3的高数值孔径(NA=1.45)光纤,通过不同芯包比的挤压模具,分别获得了具有多模结构和单模结构的As_2Se_3光纤,如图8.10所示。其挤压过程简述如下:首先将芯料和包层玻璃片放在挤压机械套筒内,包层玻璃放在底部,加热模具升温至玻璃软化点温度,用7500~14800N的压力挤出玻璃棒;然后将预制棒在T_g以下30℃退火4~6h,获得具有多模和单模结构的光纤预制棒(图8.10(b)和(c))。从预制棒不同位置处截断面的照片可以看出该挤压法具有恒定的芯包比。之后在预制棒表面卷绕了约400μm厚的聚醚砜(polyethersulfone,PES)薄膜,并在真空干燥箱内加热使PES紧密地包裹在预制棒一周,光纤拉制过程中使用惰性气体保护,最终获得了多模和单模结构的光纤,如图8.10(f)和(h)所示。

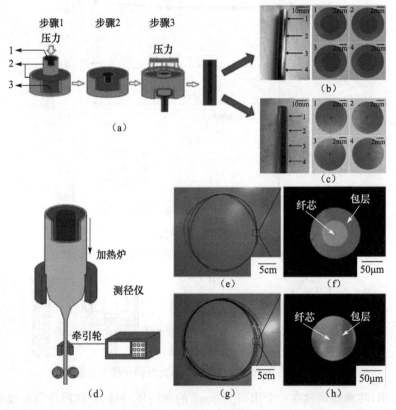

图8.10 (a)隔离叠加挤压法挤压流程(1-As_2Se_3玻璃;2-套筒;3-As_2S_3玻璃片);(b)和(c)多模和单模结构光纤预制棒(1~4分别是挤压获得预制棒在不同长度处的截断面照片);(d)光纤拉制过程示意图;(e)和(f)多模光纤及其端面形貌;(g)和(h)单模光纤及其端面形貌

3) 其他方法

法国雷恩第一大学 Zhang 等[52]报道了两种光纤预制棒制备方法,如图 8.11 所示,方法 1 是将芯棒玻璃垂直插入熔融玻璃液中,方法 2 是先将芯棒固定,再将包层玻璃液浇在芯棒周围。为减少芯棒玻璃的热冲击,两种方法中芯棒都需要提前加热至刚好在 T_g 温度以下。经过退火、抛光后获得具有芯包层结构的预制棒并拉制成 $300\mu m$ 的光纤,其纤芯组分为 $Te_{32}Se_{48}Br_{20}$,包层组分为 $Te_{30}S_{50}Br_{20}$。

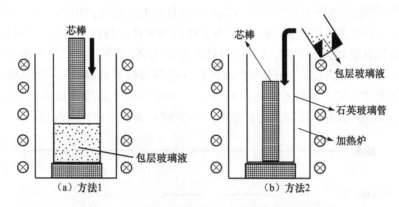

图 8.11 芯包层结构光纤预制棒制备方法示意图

2. 双坩埚拉制技术

双坩埚法是一种在完全熔融体状态下进行光纤拉制的方法,就是将玻璃组分不同的纤芯和包层原料放入内外两个坩埚中加热进行拉丝,但是传统的拉制石英光纤的双坩埚法并不能直接用于硫系玻璃光纤的拉制,因此必须对这种方法进行改进,图 8.12 为双坩埚法拉制光纤的示意图[35]。

美国海军研究实验室在 20 世纪 90 年代开始对各种各样结构的 As-S、As-Se-S、As-Se-Te、Ge-As-Se-Te 体系[35,53-59]硫系玻璃光纤进行了研究,包括无包层阶跃折射率光纤和微结构光纤。Sanghera 等[35]在报道管棒法的同时,也报道了双坩埚拉纤技术,该技术适合拉制长光纤,拉制的光纤具有强度高、芯包比可调(通过调节 P_1 和 P_2 压力)的优点。在拉制过程中,纤芯

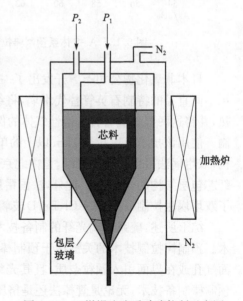

图 8.12 双坩埚法硫系玻璃拉制示意图

和包层玻璃碎块放在内外两个石英坩埚中,首先将玻璃升温至 500℃以上,目的是澄清(消除气泡)和均化。之后降温至拉丝温度进行拉丝。使用干燥的氮气作为保护气体。双坩埚技术制备的单模硫系玻璃光纤的纤芯和包层直径通常分别为 $12\mu m$ 和 $125\mu m$,外加 $62.5\mu m$ 厚的丙烯酸酯涂层,制备的 As-S(Se)基光纤损耗约为 $0.9dB/m@2.7\mu m$[60],阶跃折射率硫系玻璃光纤目前已经成功实现商业化[18]。

1984 年日本电信电话公社(NTT)利用 Pyrex 玻璃制成的双坩埚拉制了 As-S 玻璃光纤,使用氩气作为保护气氛,拉制的光纤的包层-芯径比值为 $1.4\sim2$,外径为 $100\sim300\mu m$,长度可以达到 1km[5]。由于双坩埚法在拉纤时温度高、时间长,这就要求玻璃具有更高的稳定性。以 As-S 体系玻璃为例,预制棒拉制技术能在含量为 20at%~42at%的 As 和 58at%~80at%的 S 范围内拉制成裸光纤,而双坩埚法仅能在含量为 20at%~39at%的 As 和 61at%~80at%的 S 范围内拉制成光纤,如图 8.13 所示,说明双坩埚拉制法比预制棒拉制法对玻璃的稳定性要求更高。

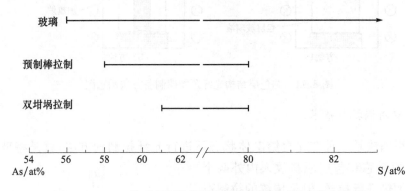

图 8.13　As-S 体系预制棒拉制技术和双坩埚法光纤拉制范围

日本非氧化物公司[12-14]开发出了一种适合硫系玻璃光纤拉制的双坩埚法,采用不同直径的特制石英管替代坩埚,将纤芯料与包层料分别放入两个石英管中加热,并将这两根玻璃管置于惰性气体的保护中加压,能实现较低损耗的多模光纤拉制。使用该技术可以拉制 1km 以上的单模及多模光纤,并可以精确地控制波导结构,双坩埚法可以拉出长光纤,国内北京玻璃研究院采用双坩埚装置能拉制出多模纤芯包层结构的光纤[22]。此外,法国雷恩第一大学玻璃与陶瓷实验室[61,62]也报道了双坩埚法拉制 TeX(X=Cl,Br,I)玻璃光纤。

综上所述,硫系玻璃光纤的制备技术主要有预制棒拉制技术和双坩埚拉制技术。预制棒拉制技术的关键在于预制棒的制备,在预制棒制备过程中容易产生界面气孔或在界面引入颗粒杂质,且其光纤的长度往往受制于预制棒的长度。对于预制棒制备技术,无论是管棒法还是挤压法,目前在实现单模光纤方面尚有一定的难度,一次套管(或挤压)往往很难获得芯包比满足单模条件的预制棒,而二次套管

(或挤压)往往会引发析晶问题,导致光纤损耗急剧增加。双坩埚技术对玻璃稳定性要求高,但可以提供高质量的芯包层间界面,从而增强光纤机械强度。双坩埚技术还可以连续生产,且可以通过调节保护气体压力调节芯包比。

8.2 低损耗硫系玻璃光纤

8.2.1 低损耗光纤

迄今为止,硫系玻璃光纤中最低损耗[63]仍然比理论值(As_2S_3 和 As_2Se_3 玻璃光纤在 $5\mu m$、$6.1\mu m$ 处最低理论损耗为 $0.08dB/km$[64])高 1000 倍左右。在所有硫系玻璃光纤中,多模 As_2S_3 光纤中拥有最低损耗,在 $3\mu m$ 和 $4.8\mu m$ 处损耗分别为 $12dB/km$ 和 $14dB/km$[63]。早在 1984 年,Kanamori 等[5]报道了最低损耗为 $35dB/km$ @$2.44\mu m$ 的无包层 As_2S_3 光纤,利用双坩埚法拉制的 $As_{38}S_{62}/As_{35}S_{65}$ 光纤的最低损耗为 $197dB/km$@$2.4\mu m$。同时,他们预测在硫系玻璃光纤中最低损耗可以达到 $10dB/km$。Nishii 等[65]使用高纯原料制备了 As_2S_3 光纤,发现使用高纯原料可以大大降低损耗,但 $2.91\mu m$ 的 OH^- 和 $4\mu m$ 的 S—H 吸收仍十分明显。通过在 Se_2Cl_2 气体中进一步蒸馏提纯,$2.9\mu m$ 和 $4\mu m$ 处的损耗分别低于 $0.3dB/m$ 和 $1dB/m$。在过去几十年中,俄罗斯科学院高纯化学物质研究所的研究人员通过对硫系玻璃中杂质的本质和来源的大量研究已使光学损耗大大减小[66-75],As-S、As-Se、As-Se-Te 体系中的光纤损耗小于 $1dB/m$(一些顽固杂质造成的红外吸收除外[76])。1993 年 Vasil'ev 等用双坩埚法制备了最低损耗为 $(23\pm 8)dB/km$ 的 As-S 光纤[77],之后 Devyatykh 等[78]使用蒸馏提纯的 As_4S_4 和 S 合成 As-S 高纯玻璃后拉制成低损耗光纤,其最低损耗在 $2.2\sim2.7\mu m$ 为 $23\sim45dB/km$,在 $3.2\sim3.6\mu m$ 为 $50\sim70dB/km$,但在 $4\mu m$ 处的损耗仍大于 $1dB/m$。正常情况下,As 中的亚微米颗粒杂质(主要为 C)在 As 升华过程中会吸附在 As 表面,以 1.4×10^{-5} $cm^3/(cm^2 \cdot s)$ 速率蒸馏时,粒径 $0.08\mu m$ 的颗粒杂质仅减少至 $1/3$。而 As_4S_4 在 $340\sim500$℃ 时为液体,其蒸气压(400℃ 为 $8\times10^3 Pa$)高于其他硫化物,所以蒸馏的过程中不会在表面产生微颗粒杂质。因而,他们选用原料 As_4S_4 代替 As_2S_3 玻璃制备过程中所需的原料 As 和部分 S[69],通过化学提纯法,获得 C、H、O 杂质含量极低的高纯玻璃。Churbanov 等[63]进一步研究了影响玻璃及光纤纯度的因素,通过使用 As_4S_4 与蒸馏提纯的原料 S,在高真空条件下,采用较低的熔制温度以及较慢的冷却速率,制备出 OH^- 含量低于 $1\times10^{-7} wt\%$、S—H 含量为 $75\times10^{-7} mol\%$、Si 含量为 $2\times10^{-5} wt\%$ 的高纯 As_2S_3 玻璃,拉制的多模光纤的最低损耗为 $12dB/km$@$3.0\mu m$ 和 $14dB/km$@$4.8\mu m$,其损耗图谱如图 8.14 所示。

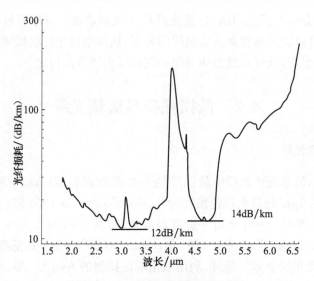

图 8.14　As₂S₃ 多模光纤损耗图谱

同样,他们选用原料 As₄S₄ 和单质原料 S、Se 制备了 As-S-Se 玻璃光纤[69]。鉴于双坩埚法可确保光纤界面光滑以及可增强光纤机械强度,因此采用了该方法拉制光纤。需要说明的是,与管棒法拉丝相比,双坩埚法拉制光纤需要更高温度,与玻璃析晶温度接近,所以光纤前段、中段与末段的损耗依次增加。图 8.15 为双坩埚法拉制的 As-S-Se 光纤(纤芯为 $As_{36.2}S_{29.1}Se_{34.7}$;包层为 $As_{36.2}S_{32.3}Se_{31.5}$)在不同位置处的光学损耗,首段 10m 光纤具有最低的损耗,为 $(60\pm10)dB/km@4.8\mu m$;在中段和末段,最低损耗分别为 190dB/km 和 300dB/km。这种差异是由于玻璃熔

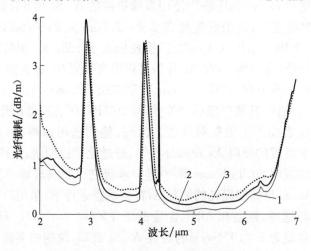

图 8.15　由 As₄S₄ 制备的 As-S-Se 光纤在不同位置的损耗光谱
1-首段;2-中段;3-末段

体中的微观不均匀性引起的。之后又制备了 As-Se-Te 以及 As-S-Se 玻璃光纤,最低损耗分别为 $0.15dB/m@6.6\mu m$ 和 $0.06dB/m@4.8\mu m$[75]。

表 8.1 列出了不同方法制备的 As-Se-Te 玻璃和 As-S-Se 玻璃中的杂质含量,可见提纯的作用非常显著,原料 As、Se、Te 都含有一定量的 C 和 O,原料 S 中含有 H 和 C,因此未提纯的 As-Se-Te 玻璃会含有 O 和来自石英管的 Si,碲氧化物和石英的反应会增加 Si 杂质含量。通过使用比单质原料中 C 和 H 含量更低的 As_4S_4 制备玻璃也能减少玻璃中的杂质含量。

表 8.1 不同方法制备的 As-Se-Te 玻璃和 As-S-Se 玻璃中杂质含量

杂质	As-Se-Te 玻璃中杂质含量(质量分数)			As-S-Se 玻璃中杂质含量(质量分数)		
	原料合成	添加 Al	添加 $AlCl_3$ 或 $Al+TeCl_4$	原料合成	由 As_4S_4 制备	添加 $Al+TeCl_4$
C	1×10^{-4}	6×10^{-5}	1×10^{-4}	3×10^{-4}	8×10^{-5}	$<2\times10^{-6}$
O	2×10^{-3}	2×10^{-5}	6×10^{-5}			
H	2×10^{-5}	1×10^{-4}	2×10^{-6}	3×10^{-4}	$(0.1\sim1)\times10^{-4}$	$<2\times10^{-5}$
Si	6×10^{-4}	4×10^{-4}	5×10^{-5}	1×10^{-4}	$<5\times10^{-5}$	$<4\times10^{-5}$
金属	$\leqslant1\times10^{-4}$	$<2\times10^{-5}$	$<1\times10^{-5}$	$<1\times10^{-4}$	$<5\times10^{-5}$	$<1\times10^{-4}$

与硫基硫系玻璃光纤相比,硒基硫系玻璃光纤的损耗更高。1992 年 Nishii 等[65]报道的 GeAsSe 光纤损耗最低为 $0.2dB/m@6\mu m$。之后数十年,硒基硫系玻璃光纤的损耗一直未有明显的突破。2002 年 Nguyen 等[79]报道了使用 $TeCl_4$ 提纯 AsSe 玻璃,拉制的 AsSe 光纤的最低损耗为 $0.49dB/m@7.42\mu m$,在 $2\sim8\mu m$ 损耗小于 $1dB/m$,其中 Se—H 杂质含量仅为 $0.2dB/m$。

2009 年法国雷恩第一大学玻璃与陶瓷实验室 Troles 等[80]在制备 $GeSe_4$ 玻璃时通过 3 段蒸馏系统,其制备工艺如图 8.16 所示。首先把原料 Se 蒸馏至放有原料 Ge 和除氧剂(Mg)的石英管中,除氧剂用以减少 O 杂质吸收,将原料加热熔制成玻璃液后进行蒸馏,最后熔制均化成光纤预制棒。

通过上述蒸馏工艺,获得了高纯的 $GeSe_4$ 玻璃,拉制的 $GeSe_4$ 光纤在 $1.7\sim7.5\mu m$ 波段内除 Se—H 吸收造成的损耗高达 $2.8dB/m$,光纤损耗小于 $0.5dB/m$。其中,拉制成的光纤最低损耗为 $0.6dB/m@1.55\mu m$ 和 $0.1dB/m@6\mu m$(图 8.17),这种无 As 的环保型玻璃光纤有望取代商业化的含 As 光纤。图 8.17 所示的玻璃 A 为两次蒸馏 Se 但未使用毛细管过滤器,使用毛细管的目的是在 $3\sim5\mu m$ 获得更低的损耗,玻璃 B 为使用毛细管过滤器后获得的玻璃,相比之下,毛细管过滤器可以获得更低的损耗,最低损耗从 $0.2dB/m$ 降低至 $0.1dB/m$,但同时抑制了 Se 的提纯效果,产生了损耗大于 $20dB/m$ 的 Se—H 键的杂质吸收。

英国诺丁汉大学 Tang 等[45]通过对玻璃原材料进行真空加热预处理,加入 $TeCl_4$ 及 Al 作为除氢剂和除氧剂,高温熔融后,对玻璃体进行两次蒸馏,拉制出最小损耗为 $(83\pm2)dB/km$ 的 Ge-As-Se 无包层光纤,其损耗光谱如图 8.18 所示。

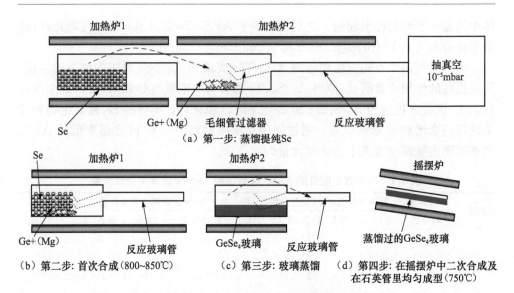

图 8.16 玻璃提纯和 Se 蒸馏装置示意图

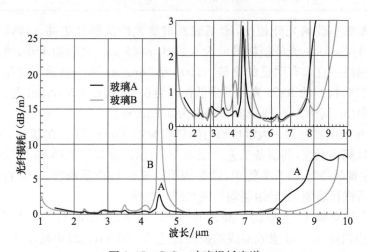

图 8.17 GeSe$_4$ 玻璃损耗光谱

中国科学院西安光学精密机械研究所郭海涛等[39]采用图 8.19 所示的开放式蒸馏工艺对 Ge$_{28}$Sb$_{12}$Se$_{60}$ 玻璃进行了提纯,制备步骤如下:①按配方称量原料 Se,置于石英管件左管中。用分子泵机组抽真空至 5×10^{-5} Pa,同时加热 Se,使其缓慢蒸发至横梁位置遇冷凝结。蒸完后加热横梁,Se 在重力作用下回流至左管,重复该蒸馏操作多次。②称量原料 Ge、Sb 装入右管中,左管中引入一定量的 TeCl$_4$。抽真空,同时加热右管。之后用甲烷-氧气火焰将石英管封口,并将 Ge、Sb 移至左管。③将石英管放入摇摆炉中,左管升温至 900℃,右管端温度为 950℃,熔制 20h,700℃ 出炉淬冷。④将石英管右管底部敲开,接入真空泵。左管置于马弗炉中,在

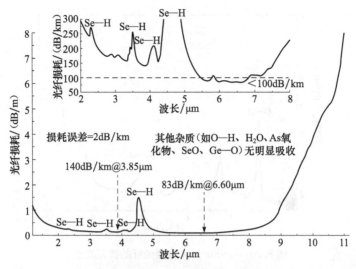

图 8.18　Ge-As-Se 光纤的损耗光谱

插图是小于 100dB 的损耗光谱

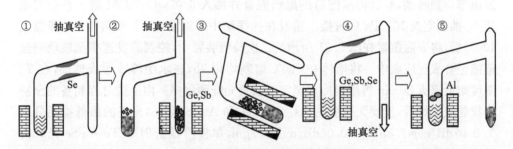

图 8.19　开放式蒸馏工艺流程图

真空环境下蒸馏,完毕后加入一定量的金属 Al 后封口。⑤石英管再次放入摇摆炉中,熔制 12h。之后控制左右两管温度差,将玻璃熔液缓慢蒸馏至右管。出炉退火,得到高纯玻璃芯棒。他们利用同样的方法获得了包层玻璃并用真空高速旋管法制备包层皮管,在高纯氮气保护下拉丝,拉丝温度 390℃,拉丝速度 5m/min,光纤丝径 50μm。在拉丝过程中保持芯棒和皮管间为负压。该光纤机械性能优异,弯曲半径为 5mm。中红外波段的吸收基线为 2.2dB/m,如图 8.20 所示。郭海涛等[33]还利用反复蒸馏提纯技术和开放式动态蒸馏相结合的工艺,制备了高纯 As-S 玻璃,S—H 杂质含量为 0.72×10^{-6},制备的光纤丝径为 50.1μm、芯径为 39.8μm,在中红外波段的损耗基线小于 0.5dB/m。

碲基硫系玻璃光纤的研究主要集中在 10.6μm 波长的 CO_2 激光传输,和硒基硫系玻璃光纤一样,碲基光纤拥有较高的损耗。$Ge_{25}Se_{23}Te_{52}$ 芯包层结构的光纤在 10.6μm 处的损耗为 1.7dB/m,最低损耗为 0.2~0.7dB/m@8μm[14]。Shiryaev

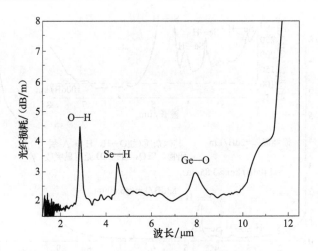

图 8.20　Ge-Sb-Se 无涂覆光纤的损耗光谱

等[81]详细研究了 Te-As-Se 玻璃的蒸馏提纯。首先分别将 As、Se、Te 以极低的蒸发速率单独蒸馏,然后将蒸馏后的原料混合并加入 0.07wt% 的 Al 放入石英安瓿瓶中,抽真空至 10^{-5}Pa 后封接。接着在摇摆炉中升温至 850℃并熔制 7h,降温至 400℃后,将安瓿瓶接在图 8.21 所示的二次蒸馏装置中,控制蒸发速率至玻璃完全蒸馏至合成反应瓶中。将熔体在 700℃熔制均化 7h,在水中淬冷形成玻璃,在 T_g 温度附近退火 30min 再缓慢冷却至室温获得光纤预制棒。由上述过程制备的预制棒拉制成光纤后,发现无包层的 $As_{40}Se_{35}Te_{25}$ 和 $As_{30}Se_{50}Te_{20}$ 光纤的最低损耗分别为 0.07dB/m@7.3μm 和 0.04dB/m@6.7μm,单模阶跃折射率 Te-As-Se 光纤的最小损耗为 0.33dB/m@7.5μm[82]。目前,长波透过的碲基红外光纤已应用于远

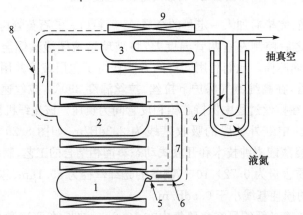

图 8.21　高纯 Te-As-Se 玻璃制备装置示意图

1-装有 Te-As-Se 玻璃与 Al 反应后熔体的安瓿瓶;2-中间过渡安瓿瓶;3-合成反应瓶;4-易挥发气体收集器;
5-玻璃过滤器;6-磁铁块;7-玻璃管;8-加热线圈;9-加热炉

程化学分析/检测和温度辨别中[83],还作为波前滤波器应用在欧洲航天局(ESA)的 DARWIN 项目的调零干涉仪上[84]。

20 世纪 80 年代后期,法国雷恩第一大学 Zhang 等开发了以 TeX(X=Cl,Br,I)为代表的碲基硫系玻璃[52,85],并分别通过管棒法和双坩埚法拉制了阶跃折射率光纤,它们比硫基和硒基硫系玻璃光纤具有更宽的传输窗口,可达 9～9.5μm[37,61,62,86]。当 7W 的 9.3μm 激光输入时,长度 1m、直径 600μm 且具有抗反射涂层的无包层 TeX 光纤输出功率为 2.6W[61]。2006 年,他们还报道了 $Ga_2Ge_3Te_{15}$ 远红外传输光纤,其传输范围为 6～16μm[87]。

综上所述,低损耗硫系玻璃光纤在过去数十年内取得了一定的进展,但远未达到其理论最低损耗,一定程度上限制了其应用。

8.2.2 商业化硫系玻璃光纤

全球范围内的硫系玻璃光纤商业制造公司主要有加拿大 CorActive 公司[18]、美国 IRFlex[19,20]公司等少数几家单位。加拿大 CorActive 公司主要生产 IRT-SU 和 IRT-SE 两大系列硫系玻璃光纤,分别具有 2～6μm 和 2～9μm 的传输范围。IRT-SU 系列光纤纤芯成分为 As_2S_3,最低损耗为 0.15dB/m@2.7μm、0.20dB/m@6μm。IRT-SE 系列光纤纤芯玻璃成分为 As_2Se_3,最低损耗为 0.20dB/m@6μm、0.50dB/m@4.55μm。图 8.22 分别为 IRT-SU 和 IRT-SE 光纤的代表性损耗光谱,目前该公司可提供单模和多模两种模式光纤,并可配 FC 和 APC 光纤接头。

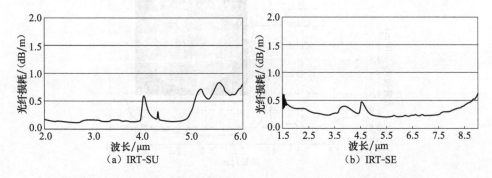

图 8.22 Coractive 公司生产的 IRT-SU 和 IRT-SE 光纤的代表性损耗光谱

美国 IRFlex 公司提供 IRF-S 和 IRF-Se 两个系列的硫系玻璃光纤,其产品根据芯径大小命名,如 IRF-S-100 代表纤芯直径为 100μm,并配有各种规格的光纤跳线接头,包括 FC/UPC、FC/APC 和 SMA905。IRF-S 系列光纤是由高纯 As_2S_3 制成的,传输范围为 1.5～6.5μm。IRF-S-5、IRF-S-7 和 IRF-S-9 单模光纤的传输范围为 1.5～6μm,最低损耗约为 0.1dB/m@4.8μm,纤芯直径分别为 5μm、7μm 和 9μm,数值孔径为 0.3,单模截止波长分别为 1.988μm、2.93μm 和 3.56μm。IRF-

S-100 和 IRF-S-200 多模光纤的损耗分别为 0.05dB/m@2.8μm（图 8.23）和 0.08dB/m@4.8μm。

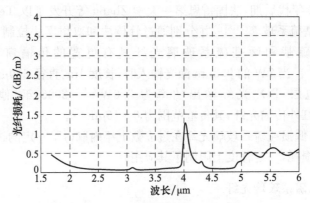

图 8.23　IRF-S-100 光纤损耗光谱

IRF-Se 系列光纤是由高纯 As_2Se_3 制成的，传输范围为 $1.5\sim10\mu m$，非线性数值为石英玻璃光纤的 1000 倍。其系列的产品有 IRF-Se-100、IRF-Se-150 和 IRF-Se-300，典型的最低损耗（如 IRF-Se-150 光纤）为 0.168dB/m@3.89μm，如图 8.24 所示。

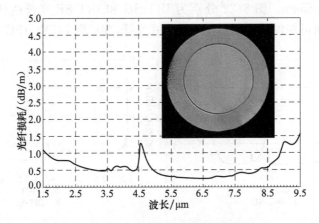

图 8.24　IRF-Se 系列光纤损耗光谱
插图为光纤端面

2015 年 4 月 30 日，IRFlex 公司发布了 IRF-Se-12 单模长波中红外光纤（LWIR fiber），光纤传输范围为 $1.5\sim9.7\mu m$，纤芯直径为 12μm，数值孔径为 0.47。该光纤的单模截止波长为 7.4μm，但在短波长处能在 2m 长度内保持单模传输，该光纤非常适合于中红外超连续谱产生。

此外，英国光纤光子学公司[88]（Fiber Photonics）也出售以 As_2S_3 为纤芯的

CIR 系列硫系光纤,传输范围为 1.5~6μm,纤芯直径为 200~500μm,包层为 300~600μm,数值孔径为 0.28,采用双层聚合物保护套,其损耗光谱如图 8.25 所示,最低损耗约为 200dB/km,工作温度为 0~100℃,可配 SMA 接头。新加坡 Sintec 光电子科技公司也出售相同的产品。Newport 公司也提供了纤芯尺寸为 250~860μm 的红外光纤,纤芯材料为硫系玻璃,数值孔径为 0.32,目前售价从 5920 元/m 至 23316 元/m 不等。

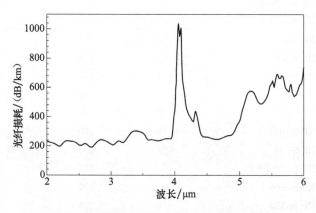

图 8.25 英国光纤光子学公司 CIR 光纤损耗光谱

综上所述,目前商业化的硫系光纤主要以 As_2S_3 和 As_2Se_3 光纤为主,传输范围分别对应于 2~6μm 和 2~9μm。表 8.2 是目前商业化硫系玻璃光纤产品性能参数。表 8.3 是加拿大 CorActive 和美国 IRFlex 公司生产的商用硫系光纤型号及相关参数。

表 8.2 典型商业硫系光纤产品性能参数

生产商	CorActive 公司		IRFlex 公司		Fiber Photonics 公司
牌号	IRT-SU	IRT-SE	IRF-S	IRF-Se	CIR
芯包层玻璃	As_2S_3	As_2Se_3	As_2S_3	As_2Se_3	As_2S_3
传输范围/μm	2~6	2~9	1.5~6.5	1.5~10	1.5~6
纤芯折射率	2.4	2.7	2.4	2.7	2.4
数值孔径			0.28~0.30	0.275~0.35	0.28
典型损耗/(dB/m)	0.15@2.7μm 0.7@4.0μm	0.2@6μm 0.5@4.55μm	0.05@2.8μm	0.21@2.59μm	0.2@2~4μm
纤芯不圆度/%	<1	<1	<1	<1	
芯包层同心度偏差/μm	<5	<5	<3	<3	
抗拉强度/kpsi	>15	>15	>15	>15	
保护涂层	单层丙烯酸酯				双层聚合物

表 8.3 加拿大 CorActive 和美国 IRFlex 公司商用硫系光纤型号及相关参数

厂家	型号	芯径 /μm	包层直径 /μm	工作波长范围 /μm
加拿大 CorActive 公司	IRT-SE-6/170	6	170	1.5~2
	IRT-SE-100/170	100	170	2~9
	IRT-SU-7/170	7	170	2~3
	IRT-SU-70/170	70	170	2~6
	IRT-SU-100/170	100	170	2~6
美国 IRFlex 公司	IRF-S-5	5	100	1.5~3
	IRF-S-6.5	6.5	125	1.5~4.15
	IRF-S-7	7	140	1.5~4.4
	IRF-S-9	9	170	1.5~5.3
	IRF-S-50	50	85	1.5~6.5
	IRF-S-100	100	170	1.5~6.5
	IRF-S-200	200	250	1.5~6.5
	IRF-Se-100R&D	100	170	1.5~10
	IRF-Se-100	100	170	1.5~8
	IRF-Se-150	150	250	1.5~8.5
	IRF-Se-300	300	370	1.5~9.7
	IRF-Se-12	12	170	1.5~9.5

8.3 硫系玻璃微结构光纤制备

虽然当前对硫系微结构光纤(以下简称硫系 MOF)的理论性能分析已经有了非常成熟的计算方法,但制备硫系 MOF 却非易事。硫系 MOF 的成熟制备技术鲜有报道。2000 年英国南安普顿大学的 Monro 等[89]首次报道了第一根基于 Ga-La-S 玻璃体系的折射率引导型硫系光子晶体光纤(图 8.26(a)),其结构较为简单,纤芯为实心玻璃棒,由六根空心玻璃管包围,外围为玻璃套管,拉制的光纤结构很不理想。由于硫系玻璃制备需要在真空安瓿熔制的特殊工艺,以及硫系 MOF 预制棒制备的复杂性,以至于在随后的六年里,有关硫系 MOF 制备和传输特性的实质性研究报道并未出现。2006 年国际知名的红外材料研究机构美国海军研究实验室和法国雷恩第一大学率先深入开展了硫系 MOF 制备及传输特性的研究,报道了采用堆拉法制备了一种结构相对复杂的折射率引导型 $Ga_5Ge_{20}Sb_{10}S_{65}$ 光子晶体光纤(图 8.26(b))[90],光纤纤芯由三层空气孔围绕($N_r=3$),微孔相对尺寸(d/Λ,Λ 为空气孔间距,d 为空气孔直径)为 0.63。随即 Smektala 等[24]拉制了第一根无截止单模传输特性的硫系微孔光纤(图 8.26(c)),d/Λ 为 0.31,模场面积(A_{eff})为

$150\mu m^2$。2006年底美国海军实验室Aggarwal等[91]拉制出第一根光子带隙(photonic bandgap,PBG)型光子晶体光纤(图8.26(d)),并获得了中红外超连续谱输出。从2008年起硫系MOF结构开始多样化,包括如蜂窝状结构(图8.26(e))[92]、悬吊纤芯结构(图8.26(f))[93]、六角晶格包层空心结构(图8.26(g))[94]、竹笼网眼晶格包层空心结构(图8.26(h))[94]等。

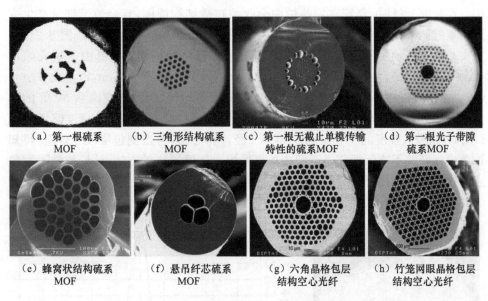

(a) 第一根硫系MOF　(b) 三角形结构硫系MOF　(c) 第一根无截止单模传输特性的硫系MOF　(d) 第一根光子带隙硫系MOF

(e) 蜂窝状结构硫系MOF　(f) 悬吊纤芯硫系MOF　(g) 六角晶格包层结构空心光纤　(h) 竹笼网眼晶格包层结构空心光纤

图8.26　各种结构的硫系MOF

迄今为止,实验研究制得的硫系MOF与理论设计的光纤结构还有较大的差距,和传统光纤的制备类似,硫系MOF的制备也需要首先制备光纤预制棒,然后加热拉制光纤。目前,有相关研究报道的硫系MOF预制棒的制备方法主要有堆拉法[94-100]、浇铸法[101,102]、挤压法[103]及钻孔法[28,104]等。本节主要介绍硫系MOF的制备方法及其基本性能。

8.3.1　堆拉法

堆拉法是将几何尺寸及性质相同的毛细玻璃管按照预先设计的形状(六角形、网状等)排布在作为纤芯的毛细管或者实心细棒(可以掺杂稀土离子作为有源增益介质)的周围,然后将这些排布好的毛细管置于内面形状与其匹配的玻璃管中,在光纤拉制塔上进行拉制,经过一步或两步复拉伸形成最后所要的光子晶体光纤。如果制备光子带隙型光子晶体光纤预制棒,则将规则排列的毛细管束中间一根或者数根毛细管拿掉,形成空气孔纤芯,以构成光子带隙型光子晶体光纤预制棒。2000年英国南安普顿大学Monro等[89]报道的世界上第一根硫系玻璃光子晶体光纤正是基于堆拉法制备而成的(图 8.26(a))。

2006 年法国 Perfos 公司联合法国雷恩第一大学采用堆拉法制备了 $Ga_5Ge_{20}Sb_{10}S_{65}$ 折射率引导型硫系 MOF[90]。首先采用旋管法制备了外层的玻璃,其管长 12cm、外径 12mm、内径 5mm;然后在拉丝塔上将玻璃管拉制成 665μm 的毛细管;之后将这些毛细管按三角点阵或六角点阵堆积排列在一个较大孔径的玻璃套管中。在拉制光纤时,套管在加热炉中会收缩在微结构周围,且会使毛细管产生变形。通过调节气压控制光纤的孔径,在 480℃,以 5m/min 拉制成纤。图 8.27(a) 为实心硫系玻璃多孔光纤端面,是基于三角形栅格的排列。光纤由 3 层孔组成 ($N_r=3$),外径 $\phi_{外}=147μm$,孔间距 $\Lambda=8μm$,平均孔径 $d=3.2μm$,占空比 $d/\Lambda=0.4$。由于预制棒不在熔炉中心,造成黏度分布不均匀,导致所拉硫系 MOF 的孔大小分布不均。近场成像测试表明,输出的光斑特征符合高斯分布,模场直径 (MFD) 在最大强度的 $1/e^2$ 处为 8.3μm。经计算分析,考虑到包层尺寸效应,得知该单模光纤并不能保证获得无截止单模输出。按照同样的方法,他们拉制了六角点阵排列的多孔光纤,如图 8.27 所示,孔间距为 7.7μm,孔径为 4.85μm,占空比为 0.63,近场成像测试表明传输模式为多模。

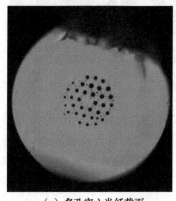 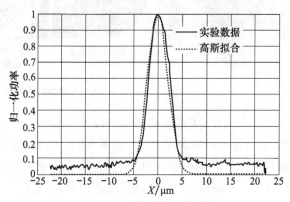

(a) 多孔实心光纤截面　　　　　(b) 模场直径测试结果

图 8.27　多孔实心光纤截面($\phi_{外}=147μm$)及其模场直径测试结果

图 8.28 为 Brilland 等[105] 利用堆拉法制备 As_2Se_3 硫系 MOF 过程的相关实物图。从左至右依次是旋转法获得的玻璃管、毛细玻璃管堆积组合成的光纤预制棒及拉制后的光纤端面图。

为了提高非线性效应,需要更小纤芯的光子晶体光纤。2008 年法国雷恩第一大学 Désévédavy 等[99] 用两步堆拉法获得了纤芯为 4μm 的微结构光纤。首先将粗细一致的毛细管堆积在实心玻璃棒周围并放在一个尺寸较大的玻璃管中得到光纤预制棒;再将该预制棒拉细成直径 3mm 的细棒,并插入在孔径 4mm 的玻璃管中;最终拉制成小纤芯光子晶体光纤,如图 8.29 所示。

(a) 旋转法获得的玻璃管　　（b) 毛细玻璃管堆积组合成的光纤预制棒　　（c) 拉制后的光纤端面

图 8.28　堆拉法制备折射率引导型硫系 MOF 过程实物图

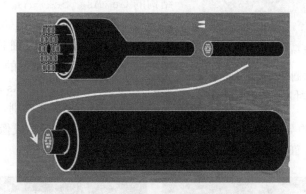

图 8.29　两步堆拉法制备微结构光纤预制棒示意图

同时,Désévédavy 等首次测量了一步堆拉法和两步堆拉法制备的几种不同结构的 $Ge_{15}Sb_{20}S_{65}$ 硫系 MOF 损耗,同样组分的单折射率光纤在 $1.55\mu m$ 处损耗仅为 0.39dB/m,但是拉制成硫系 MOF 后其损耗高达 $13\sim34$dB/m。通过不断改进工艺,目前堆拉法已能制备结构完美的硫系 MOF,图 8.30 为 Brilland 等[25]制备的 $Ge_{15}Sb_{20}S_{65}$、$As_{40}Se_{60}$ 和 $Te_{20}As_{30}Se_{50}$ 光子晶体光纤,发现毛细管界面孔坍塌时,光纤损耗$\geqslant$20dB/m,当界面孔未坍塌时,损耗降低至 $3\sim9$dB/m@$1.55\mu m$。

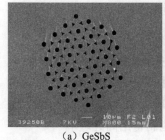 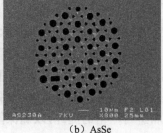 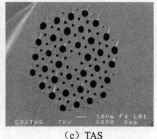

(a) GeSbS　　　　　　　(b) AsSe　　　　　　　(c) TAS

图 8.30　硫系玻璃光子晶体光纤

堆拉法制备的硫系 MOF 其损耗主要来源于毛细管集束排列后加热拉伸过程中毛细管内部缺陷(如空气孔塌陷和变形)和毛细管与毛细管界面之间的缺陷(如

析晶颗粒、气泡、拉制后残留的空隙等),见图 8.31[25,106]。

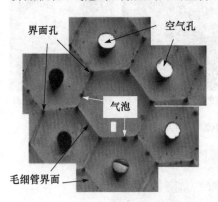

图 8.31 堆拉法制备折射率引导型硫系 MOF 时光纤内部的端面缺陷

2009 年,英国诺丁汉大学 Seddon 等首次报道了全固态硫系 MOF[95]。首先采用旋管法制备出外径和内径分别为 10mm 和 3.8mm 的 $As_{40}Se_{60}$ 空心管;然后在这个管子内部插入 8 根光纤细棒,中心处为直径 1.2mm 的 $As_{40}Se_{60}$ 细棒,其余 7 根为芯-包层结构的 $Ge_{10}As_{23.4}Se_{66.6}$-$As_{40}Se_{60}$ 细棒围绕在 $As_{40}Se_{60}$ 细棒周围,其中 $Ge_{10}As_{23.4}Se_{66.6}$-$As_{40}Se_{60}$ 芯-包层结构的细棒是通过挤压法[46]获得了预制棒后拉制的。图 8.32 为拉制的光纤端面,由于 $Ge_{10}As_{23.4}Se_{66.6}$ 和 $As_{40}Se_{60}$ 两种玻璃折射率的差别,可以清楚地看到七边形结构的 7 根 $As_{40}Se_{60}$ 光纤围绕在中心区域。利用近场成像和光斑强度分析,确认外径为 $86\mu m$ 的微结构光纤的传输模式为多模。

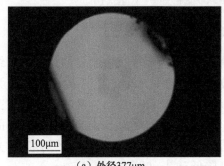
(a) 外径377μm

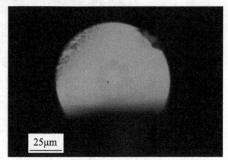
(b) 外径86μm

图 8.32 全固态微结构硫系玻璃光纤端面照片

采用堆拉法制备硫系 MOF,其工艺存在几点特殊之处:

(1) 石英基质的 MOF 制备时采用的多束毛细管往往都是由市场购买的商用低损耗的石英管加热后拉伸获得的,而硫系 MOF 采用的毛细管玻璃往往都需要首先自制硫系玻璃材料,然后在高温真空的安瓿中采用旋管法制得玻璃管,再加热拉伸获得,这首先需要对原料进行严格的提纯,以确保能制备出高纯玻璃[97]。

(2) 硫系 MOF 制备过程中往往需要二次拉丝,因此对硫系玻璃光纤基质的稳定性要求高。

(3) 硫系玻璃的黏度特性陡斜,光纤拉丝温度工作范围小,需要精确控制拉丝工作温度,还需要独立的压力系统控制毛细管内部和毛细管之间空隙之间的压强,以确保拉丝过程中空气孔不塌陷和变形[107]。

(4) 硫系 MOF 光纤拉制时需要采用严格的惰性气体保护,以防止拉制时空气中的水分对光纤在中红外 3.0~4.0μm 区域(主要由 S—H 键杂质吸收引起)损耗的影响[97]。

此外,在硫系 MOF 拉制过程中,孔与孔之间的间隙、气泡等缺陷将导致光纤损耗剧增。

8.3.2 浇铸法

浇铸法是 2010 年由法国雷恩第一大学 Coulombier 等[101]发明的一种制备硫系玻璃光子晶体光纤的新工艺。如图 8.33 所示,其方法简述如下:在真空高温封闭的石英管中将提纯后的熔融态硫系玻璃流入由多根石英玻璃毛细管构筑的石英框架体中,毛细管前后端固定在穿孔的石英薄片上,事先将两个石英薄片用氢氧焰加热后与石英管壁黏结,经过高温熔融后,将石英管竖起,使玻璃液流入毛细管组成的框架体中,经淬冷后精密退火,将制备好的硫系玻璃棒置入浓度为 40% 的氢氟酸浸泡腐蚀掉石英毛细管,从而获得硫系 MOF 预制棒,最后在光纤拉丝塔上拉制成相应的光纤。与堆拉法相比,浇铸法制备工艺简单,能一次性获得结构完美的光纤预制棒,避免了采用堆拉法堆积毛细玻璃管排布人为因素引起的不精确,可大大降低光纤的损耗。采用浇铸法制作硫系玻璃光子晶体光纤需控制好石英毛细管尺寸和玻璃熔体温度。用浇铸法制备的 As_2Se_3 光子晶体光纤在 1.6~2.8μm 区域损耗低于 (1 ± 0.2)dB/m,在 3~5μm 区域损耗低于 (0.5 ± 0.1)dB/m[101]。但是浇铸法制备硫系 MOF 光纤也存在一定缺陷,不能制备芯包层组分不同或纤芯稀土掺杂离子的 MOF 光纤,采用化学法来腐蚀石英毛细管所制得的气孔内表面光滑度也有待改善。

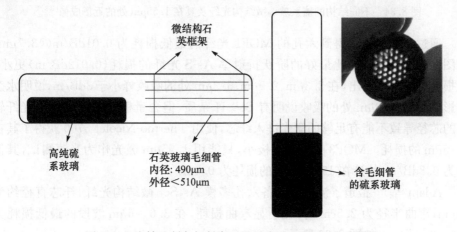

图 8.33　浇铸法制备折射率引导型硫系 MOF 工艺示意图

法国雷恩第一大学 Troles 等[108]先将 $As_{38}Se_{62}$ 玻璃和除氧剂、除氢剂混合制成玻璃棒，再通过二次真空蒸馏获得了高纯玻璃棒，最后使用浇铸法获得了不同微结构的光纤（MOF1、MOF2、MOF3），如图 8.34(a)~(c)所示。其中 MOF1 和 MOF3 悬吊芯光纤的纤芯大小可以控制，最小可以到 $5\mu m$，这样有利于获得超高的非线性效应。理论上这三种光纤均为多模光纤，如图 8.34(d)近场成像光斑所示。实际上 MOF2 和 MOF3 这两种光纤在最优的入射条件下只观察到了基模，如图 8.34(e)和(f)在 $1.55\mu m$ 处的近场成像光斑所示。

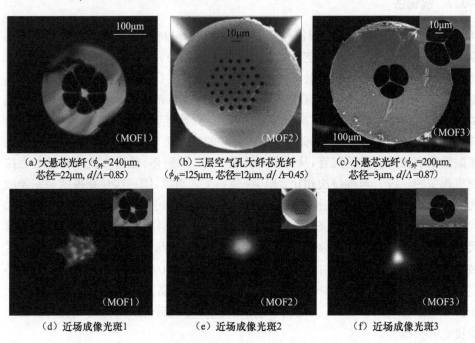

(a) 大悬芯光纤($\phi_{外}$=240μm，芯径=22μm，d/Λ=0.85)
(b) 三层空气孔大纤芯光纤($\phi_{外}$=125μm，芯径=12μm，d/Λ=0.45)
(c) 小悬芯光纤($\phi_{外}$=200μm，芯径=3μm，d/Λ=0.87)

(d) 近场成像光斑1　　(e) 近场成像光斑2　　(f) 近场成像光斑3

图 8.34　不同结构的硫系玻璃微结构光纤及其在 $1.55\mu m$ 处的近场成像[108]

通过截断法测试得到六孔的 MOF1 光纤的最低损耗为 $0.01dB/m@3.7\mu m$，如图 8.35 所示，该值比最好的阶跃折射率 As-S 光纤的损耗（0.012dB/m）更小。从损耗曲线可以看出，在 $2.3\mu m$、$2.9\mu m$、$6.2\mu m$ 处的吸收峰小于 3dB/m，说明水杂质影响较小，$4.3\mu m$ 处的吸收说明有 Se—H 杂质，但含量极低。而 MOF2 光纤较小的芯径导致不能有足够的激光进入纤芯，使用 Thermo-Nicolet 5700 获得了其在 $1\sim 5\mu m$ 的损耗。MOF3 光纤芯径极小，只能用 $1.55\mu m$ 激光作为光源测试，其损耗为 0.8dB/m，估计在 $1995\mu m$ 处的损耗为 0.4dB/m。

Adam 等[109]报道了浇铸法制备六孔多模 As_2Se_3 微结构光纤，纤芯直径约为 $20\mu m$，弯曲半径为 2.5cm 时，无明显弯曲损耗，在 $3.6\sim 6\mu m$ 波段的最低损耗为 $0.1\sim 0.2dB/m$，如图 8.36 所示。

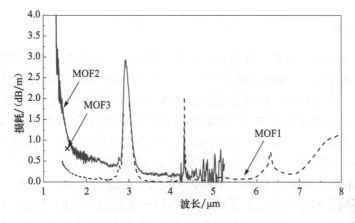

图 8.35　MOF1、MOF2 和 MOF3 损耗曲线

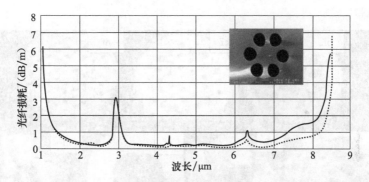

图 8.36　多模 As_2Se_3 微结构光纤(实线)和材料(虚线)的光学损耗曲线对比
插图为六孔结构端面

法国 Perfos 公司[110]目前可提供四种微结构光纤,如图 8.37 所示。AsSe 基的光纤损耗为 $1dB/m@1.55\mu m$、$0.5dB/m@4\mu m$,传输范围为 $1\sim 8\mu m$。GeAsSe 小纤芯单模 MOF 的损耗为 $1dB/m@1.55\mu m$,传输范围为 $1\sim 2.5\mu m$。

 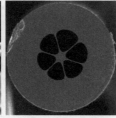 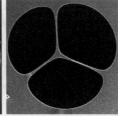 

(a) 单模 AsSe 光纤　　　(b) 西柚状 AsSe 光纤　　　(c) 悬吊芯 AsSe 光纤　　　(d) 小纤芯单模 GeAsSe 光纤
($\phi_{外}$=125μm,芯径=12μm)　($\phi_{外}$=250μm,芯径=20μm)　($\phi_{外}$=180μm,芯径=4.5μm)　($\phi_{外}$=140μm,芯径=4.2μm)

图 8.37　法国 Perfos 公司在售的微结构光纤

8.3.3 钻孔法

钻孔法是指按照模拟计算设计的光子晶体图样在玻璃棒上直接钻孔。钻孔的方法有超声波钻孔[104]和机械钻孔[28]等。2010年，Smektala课题组[28]利用在玻璃中机械钻孔的方法获得了微结构光纤预制棒，在钻孔过程中需精确控制位置，为了避免玻璃和钻头间摩擦发热，需优化钻孔的参数，尤其是钻头旋转速度和进刀压力。他们选用直径16mm的玻璃，用钻孔法制备了孔径0.8mm、孔深30mm的小孔。在MOF拉制过程中，通过控制拉丝温度、预制棒下降速率、拉丝速率、孔内气压、保护气体流速等参数，制备了不同类型的空心或悬吊芯光纤。图8.38为钻孔法获得的不同预制棒拉丝后光纤端面图片，bf～ef依次为2圈/18、3圈/36孔、4圈64孔、3圈/34孔和2大孔的微结构光纤，ff～hf分别为3孔、4孔、6孔悬吊芯光纤。

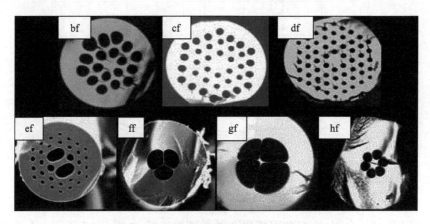

图8.38 不同结构微结构光纤端面形貌
外径为120～160μm

制备上述结构的微结构光纤的玻璃为As_2S_3玻璃，根据制备批次不同，损耗在0.1～0.5dB/m。拉制成MOF以后，损耗为0.35～0.7dB/m。值得注意的是，为了消除包层模式，测试损耗时需在光纤外表面涂覆铟镓合金。利用白光干涉技术，测试了1200～1750nm的色散。对于50cm长的As_2S_3悬吊芯光纤，当纤芯在2μm时，零色散点（ZDW）移至2μm，远低于材料自身的ZDW。表明通过设计MOF光纤的结构，尤其是纤芯大小可以对光纤的光学性能进行调控。

日本丰田工业大学Cheng等[104]利用超声波在As_2S_5玻璃中钻出孔径为1.5mm的中心孔和4个直径为2mm的空气孔，之后将直径为12mm的$AsSe_2$玻璃拉成直径为1.3mm的玻璃棒插入在中心孔内，并共同拉伸至直径为1.5mm的预制棒。随后，将该预制棒插入孔径为1.6mm的As_2S_5玻璃管中，在198℃拉成光纤,见图 8.39。在光纤拉制过程中,预制棒进样速率为 0.24mm/min,拉丝速率为 1.5m/min,为了避免外侧 4 个空气孔坍塌,保护气体氮气的压力高于大气压 1~2kPa,为了避免芯包层界面形成气孔,中心孔压力低于大气压 3~5kPa。截断法测试得知 8m 长的光纤损耗为 1.8dB/m,通过模拟计算,其 ZDW 可调控至 2.763μm。

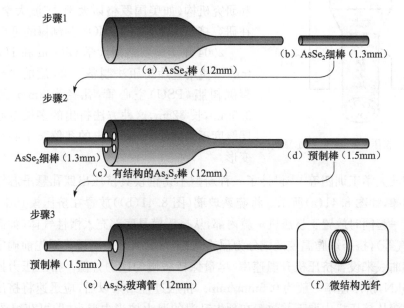

图 8.39 $AsSe_2$-As_2S_5 微结构光纤制备流程图

8.3.4 挤压法

挤压法是一种制备较低损耗硫系 MOF 的技术,该方法目前普遍使用在塑料材料的加工和处理中,被引入玻璃光纤领域后主要用于挤压出多孔或多层结构的低温玻璃器件。这种方法是在适当的温度下运用高压将软化的硫系玻璃坯料通过挤压机底部具有特定几何结构的出口模具挤出,从而得到结构与模具互补的多孔 MOF 预制棒[111],如图 8.40 所示。

由于挤压法在玻璃的持续、稳定挤出过程中,玻璃表面直接接触的是空气,所以其内、外表面的光洁程度远高于钻孔法和堆拉法,而且可以通过设计不同类型的模具从而挤压出所需几何构造的玻璃预制棒。该方法依赖高压和高精度的挤压模具,在较高温度下实现预制棒成型,可在保持玻璃稳定性的前提下实现高精度光纤制作。与现有的堆拉法和铸造法相比,挤压法制备硫系玻璃 MOF 预制棒的优点在于减少制作工序,提高制作效率,可以挤出各种结构的 MOF 预制棒。挤压法能够改变空气孔的形状和尺寸,减小界面出现气泡的概率,从而降低 MOF 的损耗。

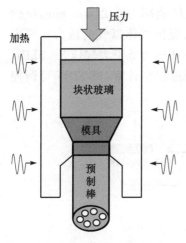

图 8.40 挤压法制备 MOF 示意图

由于这种方法可以实现较大的占空比,所以特别适合制备高非线性光子晶体光纤。但是到目前为止,挤压法大多用于制备石英基质和氧化物基质的光纤预制棒,用挤压法来制备硫系 MOF 预制棒的相关报道较少。因此,国内外许多知名大学和研究机构(如美国罗格斯大学、宁波大学等)都在研究挤压法制备硫系 MOF 预制棒的可行性。

2004 年美国罗格斯大学 Gibson 和 Harrington[112]使用叠片挤压法制备了 20 层的 As_2S_3 和聚砜树脂(PSU)空心管,孔径为 3mm,外径为 3.5mm,长 32cm,这种方法挤出的多层空心管的层厚度逐渐减小,而且挤出的孔偏离中心且严重变形。

宁波大学王训四等[113]设计了一种新型不锈钢模具挤压出四孔悬吊芯结构光纤预制棒,如图 8.41(a)所示。将硫系玻璃(图 8.41(b))放置在挤压模具中,接着将二者一起同时放置于挤压机炉膛内部,从挤压模具底部充入惰性气体(如高纯氮气、氩气等),挤压炉膛温控区域分为预热、挤压及退火 3 个区域。据先前确定的最佳升温曲线来设置挤压机升温速率,尽量保持缓慢匀速的升温。挤压压力控制在 10~15kN,挤压速率一般为 0.5mm/min。挤压过程结束以后,应迅速将挤出的光纤预制棒从挤压机中取下并放置在预先升温的退火炉当中退火,即可获得图 8.41(c)和(d)所示规则几何形状的四孔硫系玻璃悬吊芯光纤预制棒。预制棒几何参数为:外径 13mm,纤芯直径 2mm,悬挂臂厚度 0.7mm。

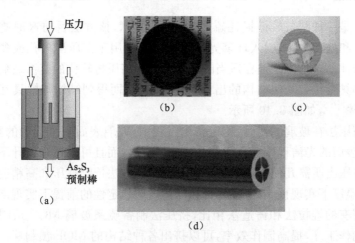

图 8.41 (a)挤压模具原理图;(b)As_2S_3 样品;(c)和(d)四孔硫系玻璃悬吊芯光纤预制棒

2015年宁波大学王训四等[103]利用挤压法成功制备了硫系玻璃布拉格光纤，选用的玻璃组分分别为 G1：$Ge_{15}Sb_{20}S_{58.5}I_{13}$ 和 G2：$Ge_{15}Sb_{10}Se_{75}$，预制棒制备流程如图8.42(a)所示，将G1、G2和P：PEI按图示顺序叠放在模具中心，将模具放在套筒内加热至玻璃软化温度进行挤压，挤压制备的空心布拉格光纤层数 $N=4$（图8.42(b)和(c)），玻璃G1和G2的折射率分别为 $n_1=2.1514$、$n_2=1.7321$，填充率 $f=0.5$，与禁带带隙相关的归一化频率为 5.50~5.73，通过计算可以确定在 10.6μm 波长处光纤的晶格周期为 9.2827~9.6709μm，为了得到稳定的光纤结构，选择晶格周期为 9.6μm，光纤的拉丝直径为 400μm，实际拉制的光纤直径为 412μm。结果显示，在 10~14μm 处会形成相对低损耗窗口，在 10.6μm 处为 44.5dB/m，如图8.42(d)所示。

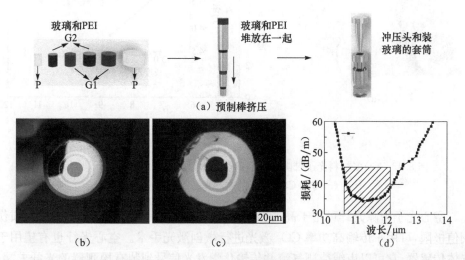

图 8.42 (a)$Ge_{15}Sb_{20}S_{58.5}I_{13}$ 和 $Ge_{15}Sb_{10}Se_{75}$ 硫系玻璃布拉格光纤预制棒示意图；
(b)预制棒端面；(c)光纤端面；(d)空心布拉格光纤在带隙窗口的损耗光谱

8.3.5 卷拉法

美国麻省理工学院 Fink 课题组[114,115]通过卷拉法制备了全内反射空心光纤，这种光纤由多层高折射率的硫系玻璃(As_2Se_3，$n=2.8$)和低折射率的 PES 薄膜($n=1.55$)形成折射率差异产生带隙。卷拉法的制备过程如图 8.43(a)所示[47,48]：①将高折射率的硫系玻璃通过热蒸发均匀地镀在 PES 薄膜上；②这种双层膜随后卷到芯轴玻璃管上(pyrex 玻璃)形成多层结构，用额外的 PES 薄膜包裹在外侧增加其强度；③将整个结构置于真空干燥箱内升温至 261~263℃ 固化，直至融合成一个固体预制棒；④通过 HF 腐蚀掉 pyrex 玻璃获得预制棒，最后在三温区炉内拉制成光纤。图 8.43(b)为卷拉法拉制的空心光纤端面，所需的光子传输带隙可以通过控制层厚获得(拉制过程中控制拉纤速度可调节层厚)。图 8.43(c)为空心光纤传输 10.6μm 的 CO_2 激光的透过光谱,损耗低于 1dB/m。

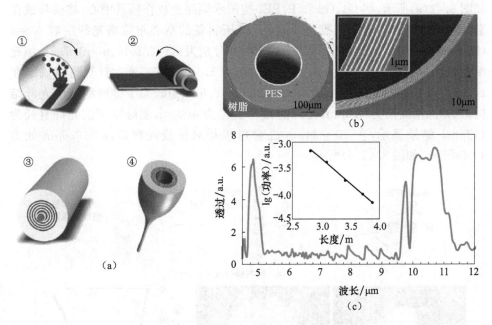

图 8.43 (a)多材料光子带隙光纤制备过程示意图;(b)多材料光纤端面照片;
(c)传输 CO_2 激光的空心光纤的透过光谱

空心光子带隙光纤可用于高能激光传输,突破了传统固体芯光纤的材料损伤阈值极限,可用于传输高功率 CO_2 激光进行微创激光手术。空心光纤也有望用于气体传感器,它可以束缚待测气流并传输化学发光信号到装有探测器的光纤末端。未来在这方面研究的重点可放在进一步减少传输损耗的新材料和工艺的开发,以及新应用的探索。

8.4 硫系光纤光栅

光纤光栅(fiber grating)是一种高效的光无源器件[116,117],它是利用光纤材料的光敏特性在纤芯上建立的一种空间周期性折射率分布,用于改变或控制光在该区域的传播行为(图 8.44)。基于光纤光栅的光子器件结构紧凑、易于维护、抗电磁干扰强,因而受到广泛的关注。

自 1978 年 Hill 等[116]首次发现掺锗光纤的光敏特性,并利用驻波法制造了可实现反向模式耦合的光纤光栅,光纤光栅的研究及应用引起了人们极大的兴趣。光纤光栅(以石英基质为主)的研究从最初的模式特性分析逐渐发展出完备的光刻

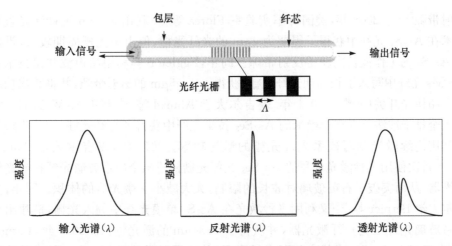

图 8.44 光纤光栅的基本结构及波长选择特性

制备工艺,并已经在光纤传感器、光纤光开关、光纤滤波器、光纤激光器等领域发挥了巨大的作用,成为不可或缺的光学元件[118-126]。但是石英基质的光纤光栅的工作范围受石英材料红外截止波长的限制,最长工作波长位于 $2\mu m$,在相对透明且极其重要的大气第二窗口($3\sim5\mu m$,此波段范围包括了许多重要的分子特征谱线)和第三窗口($8\sim12\mu m$)区域却无能为力。随着红外器件和材料科学技术的发展,研究者开始探索红外基质的光纤光栅,以拓展其在中红外及更远波段的应用。

硫系玻璃由于具有红外透过范围宽(依据组成不同,其透过范围可从 $0.5\sim1\mu m$ 到 $12\sim25\mu m$)、非线性折射率高($n_2=2\times10^{-18}\sim20\times10^{-18}\,m^2/W$,是石英材料的 100~1000 倍)、声子能量低等优点,引起研究人员的极大兴趣,成为可替代石英材料实现红外光子调控的理想材料。随着硫系光纤技术的进步,硫系光纤光栅的研究也逐渐引起科学家的关注[127-129]。

1995 年日本北海道大学 Tanaka 等[130]首次报道了在硫系光纤中制备光纤光栅的研究。他们利用功率仅 5mW、波长 632.8nm 的 He-Ne 激光的干涉在 As_2S_3 光纤中制备了光纤光栅,光栅的反射波长为 $1.55\mu m$。1996 年,日本 NTT 光电实验室 Asobe 等[131]采用横向全息干涉法在 As_2S_3 光纤中成功写入光纤布拉格光栅,其制备的光纤光栅在 $1.55\mu m$ 的反射率大于 99%。1998 年,加拿大拉瓦尔大学 Meneghini 等[132]首次成功地利用 800nm 飞秒激光的双光子吸收效应在硫系玻璃中制备了高质量光栅结构,其折射率调制度大,光学显微镜下便可看到清晰的光栅结构。2006 年,澳大利亚悉尼大学 Eggleton 等[133]利用机械应力装置在 $6\mu m$ 纤芯的 As_2S_3 光纤中制备了长周期光纤光栅,获得了 $1.55\mu m$ 的透射带隙,并获得了良好的温度传感特性。2007 年,Eggleton 等利用低功率的 785nm 连续激光,借助马赫-曾德尔干涉仪,在 As_2Se_3 光纤中成功写入光纤布拉格光栅,获得了 $1.55\mu m$ 的反射带隙[134]。2008 年,美国海军实验室 Florea 等[135]利用 800nm 飞秒激光直写技术在 As_2S_3 光纤中获得了周期为 $4\mu m$ 的光纤光栅,但由于光栅周期较大,没能在 As_2S_3 的工作波长内获得反射带隙。同年,Eggleton 等利用超声波共振技术在 As_2Se_3 光纤中写入了长周期光纤光栅,获得了 $1.55\mu m$ 的透射带隙,并将其成功应用于超快光开关中[136]。2011 年,麦吉尔大学 Ahmad 等[137]利用 3mW 的 He-Ne 激光全息干涉法首次在亚微米的 As_2Se_3 拉锥光纤中获得了光纤光栅,进一步降低了利用连续激光刻写硫系光纤光栅的激光功率。2012 年,麦吉尔大学 Ahmad 等[124]首次使用飞秒激光刻写的 As_2Se_3 光纤光栅搭建出全硫系玻璃光纤拉曼光纤激光器,从而突破了石英玻璃对波长的限制,大大减小了激光器的体积。同年,拉瓦尔大学 Bernier 等[125]又利用飞秒激光在 As_2S_3 单模光纤中刻入光栅,搭建出全硫系玻璃光纤拉曼光纤激光器,并获得了 $3.34\mu m$ 的激光输出。2014 年,Bernier 等[138]通过在 As_2Se_3 光纤中刻写光纤光栅,并利用级联的 Fabry-Perot(F-P)腔结构实现了硫系拉曼光纤激光器 $3.77\mu m$ 激光输出,这是迄今为止在光纤激光器中获得的最长波长。

8.4.1 光纤光栅分类

光纤光栅是光纤导波介质中物理结构呈周期性分布的一种光子器件,根据物理机制的不同可分为蚀刻光栅和折射率调制的位相光栅两类。前者在成栅过程中使光纤的结构出现明显的物理刻痕,后者主要在纤芯中形成折射率周期性分布。目前,无论用于研发还是工程实用,后者均占主导地位。根据折射率的变化导致的结构差异,即光纤光栅空间周期分布及折射率调制深度分布是否均匀,可以将其分为均匀光纤光栅和非均匀光纤光栅两大基本类型。

1. 均匀光纤光栅

均匀光纤光栅是指栅格周期沿纤芯轴向均匀且折射率调制深度为常数的一类光纤光栅。从光栅周期的长短及波矢方向的差异等因素考虑,这类光纤光栅的典型代表有光纤布拉格光栅和长周期光纤光栅。

1) 光纤布拉格光栅

栅格周期一般为小于 $1\mu m$,折射率调制深度一般为 $10^{-5} \sim 10^{-3}$,光栅波矢方向与光纤轴线方向一致(图 8.45)。这种光纤光栅具有较窄的反射带宽(可小于 1nm)和较高的反射率(约 100%),其反射带宽和反

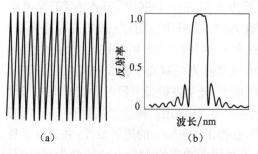

图 8.45 (a)均匀布拉格光栅折射率分布图;(b)反射光谱图

射率可以根据需要,通过改变写入条件而加以灵活地调节。这是最早发展起来的一类光纤光栅,目前在光纤通信及光纤传感领域应用极其广泛[139]。

2) 长周期光纤光栅

栅格周期远大于布拉格光栅的栅格周期,一般为几十到几百微米,光栅波矢方向与光纤轴线方向一致。与光纤布拉格光栅不同,长周期光纤光栅是一种透射型光纤光栅,它不是将某个波长的光反射,而是耦合到包层中损耗掉(图 8.46)。这种光纤光栅除具有插入损耗小、易于集成等优点,还是一种性能优异的波长选择性损耗元件,目前主要用于掺铒光纤放大器和光纤传感[140]。

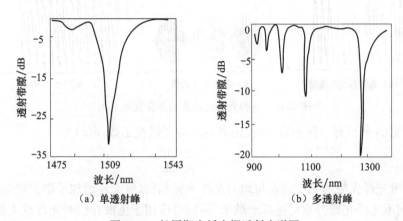

(a) 单透射峰　　　　　　　(b) 多透射峰

图 8.46　长周期光纤光栅透射光谱图

2. 非均匀光纤光栅

非均匀光纤光栅是指栅格周期或者折射率调制深度沿纤芯轴向变化的一类光纤光栅。光纤光栅是对光纤中传导模有效折射率进行周期性空间调制的器件,其折射率分布可表示为

$$\delta n_{\text{eff}}(z) = \overline{\delta n}_{\text{eff}}(z)\left\{1 + v\cos\left[\frac{2\pi}{\Lambda(z)} + \phi(z)\right]\right\} \tag{8.1}$$

式中,z 为沿光纤轴向的坐标;$\overline{\delta n}_{\text{eff}}$ 为一个光栅周期内空间折射率调制深度;Λ 为光栅周期;v 为折射率改变的条纹可见度,一般取 1;$\phi(z)$ 为光纤光栅的相移。根据光栅的折射率函数的分布特点进行分类命名,非均匀光纤光栅有以下典型的几种类型[141]。

1) 啁啾光纤光栅[142]

啁啾光纤光栅(chirped fiber grating)的折射率调制深度 $\overline{\delta n}_{\text{eff}}(z)$ 为一常数,而光栅周期是一个与 z 有关的函数 $\phi(z)$。图 8.47(a)为一个线性啁啾光纤光栅的折射率沿光纤轴向分布的示意图。

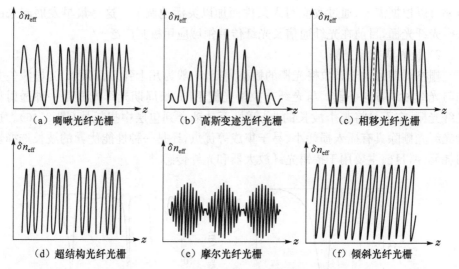

图 8.47 各种光纤光栅折射率变化示意图

常见的 $\phi(z)$ 有一阶函数、分段函数等。对于线性函数，$\phi(z)$ 为

$$\phi(z) = -\frac{\pi z}{\Lambda^2}\frac{d\Lambda}{dz} \tag{8.2}$$

啁啾光纤光栅的光谱特点与均匀光纤光栅相比，极大地增加了谐振峰的带宽。例如，啁啾光纤光栅带宽可达几十纳米，因而可应用于色散补偿和光纤放大器的增益平坦。

2) 切趾/变迹光纤光栅[143]

切趾光纤光栅(apodized fiber grating)是周期均匀、折射率按特定函数关系变化的光纤光栅。其折射率调制深度从光栅中心向光栅两端逐渐递减，在光栅边缘降为零。

切趾光纤光栅的折射率沿光纤轴向分布的表达式为

$$\delta n_{eff} = \overline{\delta} n_{eff} f(z)\left\{1 + v\cos\left[\frac{2\pi}{\Lambda(z)} + \phi(z)\right]\right\} \tag{8.3}$$

式中，$f(z)$ 为切趾函数，常见的有高斯函数、余弦函数等。图 8.47(b) 为一个高斯变迹光纤光栅的折射率沿光纤轴向分布的示意图。

切趾光纤光栅光谱的主要特点是光谱的旁瓣被抑制。由于这个特点使其具有更高的波长选择性，避免了在多波长系统中的串扰。

3) 相移光纤光栅[141]

相移光纤光栅(phase-shifted fiber grating)的相位函数 $\phi(z)$ 为一个类 δ 函数，也就是沿着光纤轴向上某一点或多点存在突变，除了相位突变区域外光栅周期及折射率调制深度均为常数。图 8.47(c) 为一个相移光纤光栅的折射率沿光纤轴向分布的示意图。

相移光纤光栅的光谱特点是在光栅光谱的谐振峰中打开若干个透射窗口。因此,广泛应用于可调谐光子器件以及多参量传感方面,在光通信及光谱分析等领域具有很高的应用价值。

4) 取样/超结构光纤光栅[144]

取样光纤光栅(sampled fiber grating)又称超结构光纤光栅,可视为均匀光纤光栅的振幅或折射率调制深度被特殊函数(如方波函数、sinc 函数等)调制的结果,而每个单元的光栅折射率调制深度和周期均为常数。图 8.47(d)为一个超结构光纤光栅的折射率沿光纤轴向分布的示意图。方波调制的取样光纤光栅的折射率分布可表示为

$$n(z) = \left[\text{comb}\left(\frac{z}{p}\right)\text{rect}\left(\frac{z}{a}\right)\right]\left\{\bar{\delta}n_{\text{eff}}(z)\left[1 + v\cos\left(\frac{2\pi}{\Lambda(z)}\right)\right]\text{rect}\left(\frac{z}{L}\right)\right\} \quad (8.4)$$

式中,a 为每一段均匀光纤光栅的长度,p 为取样周期,L 为光栅总长度。

取样光纤光栅光谱的主要特点是具有很多带宽相同的谐振峰。因而,在多通道滤波、波分复用通信系统中的色散补偿方面具有潜在的应用价值。

5) 摩尔光纤光栅[145]

摩尔光纤光栅(Moire fiber grating)的平均折射率调制深度和栅格周期沿光纤轴向均为非线性变化,其折射率沿光纤轴向分布表达式为

$$n(z) = n_0 + \bar{\delta}n_{\text{eff}}\left[1 + v\sin\left(\frac{2\pi z}{\Lambda_a}\right)\cos\left(\frac{2\pi z}{\Lambda_b}\right)\right] \quad (8.5)$$

图 8.47(e)为一种具有慢包络的快变余弦函数,其中 Λ_a 是快包络周期,Λ_b 是慢包络周期。

摩尔光纤光栅大多采用二次曝光法制作,若第一次曝光的频率为 Λ_1,第二次曝光的频率为 Λ_2,则形成的摩尔光栅的包络周期为

$$\Lambda_a = \frac{2\Lambda_1\Lambda_2}{\Lambda_1 + \Lambda_2} \quad (8.6)$$

$$\Lambda_b = \frac{2\Lambda_1\Lambda_2}{\Lambda_1 - \Lambda_2} \quad (8.7)$$

根据上面两式,可以通过设计曝光的周期得到实际需要的光谱。

摩尔光纤光栅的光谱类似于 π 相移光纤光栅,其慢包络的零点位置相当于引入了一个 π 相移。均匀或啁啾摩尔光纤光栅的光纤参量对光谱的影响不相同。均匀摩尔光纤光栅的慢包络零点位置决定了透射窗口的透射率,但增加慢包络零点,只会增加光谱透射峰的带宽,而透射峰数量不变。对于啁啾摩尔光纤光栅,增加慢包络的零点,透射窗口也会增加,并且慢包络零点位置变化,透射峰的透射率和位置都会变化。

6) 倾斜/闪耀光纤光栅[146]

倾斜光纤光栅(tilted fiber grating)又称闪耀光纤光栅,其折射率沿光纤轴向

的分布为

$$\delta n_{\text{eff}}(z) = \overline{\delta} n_{\text{eff}}(z)\left[1 + v\cos\left(\frac{2\pi}{\Lambda_0}z\cos\theta\right)\right] \tag{8.8}$$

式中,θ 为光栅条纹与光纤轴的夹角。图 8.47(f)为一个倾斜光纤光栅的折射率沿光纤轴向分布的示意图。

倾斜光纤光栅光谱的特点是存在很多向前传输的纤芯基膜与高阶辐射模耦合形成的谐振峰,并且光栅条纹倾斜有效地降低了光栅条纹的可见度,因此布拉格反射峰会减小。对于倾斜角度很小的光纤光栅,在紧靠布拉格谐振峰的短波方向还有一个由纤芯导模与低阶包层模耦合形成的幻影模。由于存在包层模式的耦合,所以倾斜光纤光栅可用于各类折射率和浓度传感器,并且它具有比长周期光纤光栅更好的温度稳定性。

8.4.2 硫系光纤光栅制备

光纤光栅的制备通常是将连续或脉冲激光照射到光纤的纤芯内,利用材料的光敏特性产生周期性折射率改变而获得[122,123]。与传统石英光纤通常需要载氢不同,硫系玻璃本身在紫外及可见光区域具有独特的光敏特性,在激光的照射下会产生光致暗化、光致漂白、光致聚合等效应而产生折射率的改变,可用于制备光纤光栅[127,147]。此外,利用近红外飞秒激光的多光子吸收也可以产生折射率改变,用于光刻制备硫系光纤光栅。值得一提的是,利用飞秒激光刻写光纤光栅时,材料无需具有特殊的光敏特性,且制备的光纤光栅具有高折射率调制度、高光谱质量和高热稳定性,制作时也不需要对光纤进行额外的处理,可大大降低生产消耗与成本,因而利用飞秒激光刻写硫系光纤光栅是目前获得高光谱质量和高稳定光栅的最有效方法。

硫系光纤光栅的光刻方法通常包括双光束全息干涉法、相位掩模法、逐点直写法等。对于长周期光纤光栅,由于其结构周期较大,在制备的过程中具有更大的灵活性,还可以通过强度掩模投影光刻、电极放电、机械应力、超声共振等方式进行制备。

1. 全息干涉法

全息干涉法[131,134]又称外侧写入法,通常包含双反射镜法和棱镜干涉法,都是通过不同的光路使两束相干光形成干涉场。光纤放置于两相干光束的干涉场中,干涉条纹与光纤垂直,利用硫系玻璃材料的光敏性形成光纤光栅(图 8.48)。光栅周期由入射波长和光束之间的夹角确定,即 $\Lambda = \lambda/(2\sin\theta)$。可见,通过改变入射光波长或两相干光束之间的夹角,可以改变光栅周期,获得所需的光纤光栅。通过控制入射激光的曝光时间和曝光量,光栅性质可以精确控制。这种方法突破了纵向驻波法对光栅中心反射波长的限制,使人们可以充分利用各波段[148]。这种方法制作光纤光栅行之有效,操作简单,采用改变两束光的夹角或旋转光纤放置的方式都可以方便地改变中心波长,如果将硫系玻璃光纤以一定弧度放置于相干场,还可以得到啁啾光纤光栅。该方法的缺点是全息干涉对光源的空间相干性和时间相干性都有很高的要求,欲得到准确的布拉格中心反射波长,对光路调整有着极高的精度要求,全息干涉法要有一定的曝光时间,这就要求在曝光时间内光路保持良好的防振状态,以避免波长量级的扰动造成光路错位,恶化相干效果。

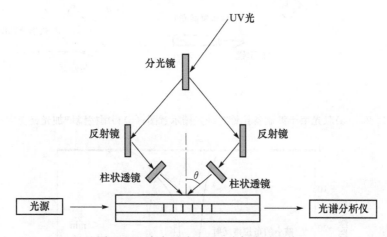

图 8.48　全息干涉法写入光栅实验系统

除直接用反射镜形成双光束干涉,还可以采用劳埃镜干涉或者棱镜干涉等方式形成干涉条纹,用以光刻光纤光栅。图 8.49 为麦吉尔大学 Ahmad 等[137]改进的一种通过双光束干涉在拉锥光纤中制备光纤光栅的实验装置。通过引入一个三棱镜,将拉锥光纤固定在棱镜的侧面,极大地提高了干涉光束的稳定性。利用此装置,Ahmad 等采用功率仅 3mW 的氦氖激光便在亚微米的 As_2Se_3 拉锥光纤中获得了高质量的光纤光栅。他们同时研究了曝光量对光栅透射带隙的影响。研究发现,随着光刻时间的增加,透射带隙的位置明显向短波方向移动,表明光刻导致的折射率调制为负值($\Delta n<0$),同时随着曝光量的增加,透射带隙的深度明显增加,当光刻时间小于 1min 时,透射带隙的深度小于 −5dB,当曝光时间增加到 7min 时,透射带隙的深度达到 −40dB。因此,可以通过控制曝光时间来精确控制光纤光栅的特性,如图 8.50 所示。

2. 相位掩模法

相位掩模[147](phase mask)法是目前最有效、应用最多的一种方法。相位掩模板通常是一个在石英衬底上刻制的相位光栅,它可以用全息曝光或电子束曝光结

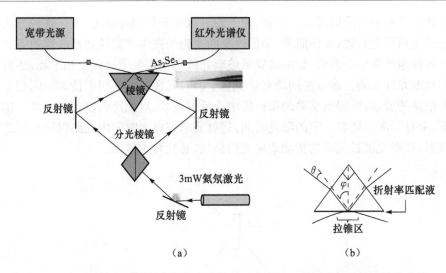

图 8.49 （a）双光束干涉制备拉锥光纤光栅示意图；（b）利用棱镜增加光路稳定性

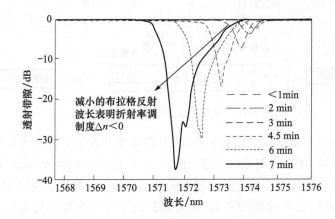

图 8.50 As_2Se_3 拉锥光纤光栅透射带隙和折射率调制度随曝光时间的变化关系

合反应离子束蚀刻技术制作。它是一种衍射光学元件，通常具有抑制零级，增强一级衍射的功能，可以将入射光束分为 +1 级和 -1 级衍射光束，它们的光功率相等，两束激光干涉形成明暗相间的条纹，在相应的光强作用下纤芯折射率受到调制，如图 8.51 所示。布拉格光栅写入周期为掩模周期 Λ_{PM} 的一半。

除使用 ±1 级衍射进行光刻光纤光栅，还可以通过设计特殊的相位掩模板，使用其他级次的衍射光束进行光刻光栅。如采用 -1 级和 0 级光刻时，所形成的光栅的周期正好等于相位掩模板的周期，比使用 ±1 级时大一倍。图 8.52 为美国海军实验室 Aggarwal 等利用相位掩模法制备 As_2S_3 光纤光栅的实验图[149]。他们采用 29mW 的 632.8nm 氦氖激光斜入射到相位掩模板中，利用 0 级和 -1 级衍射光束的干涉在 20μm 纤芯直径的 As_2S_3 光纤中制备了布拉格光纤光栅，光栅的折射

率调制度为 3.4×10^{-4}，光栅长度为 5.8mm，周期为 321.4nm，工作波长为 $1.55\mu m$，峰值反射率达到 17dB。

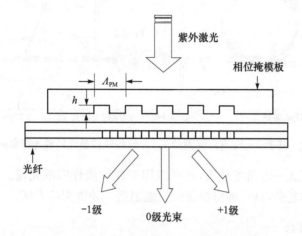

图 8.51 相位掩模法制备光纤光栅示意图

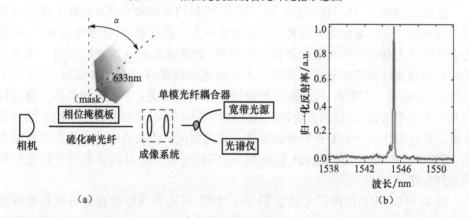

图 8.52 在 As_2S_3 光纤中利用相位掩模法制备布拉格光栅(a)及其反射光谱(b)

采用相位掩模法制备光纤光栅的周期不依赖于入射光波长，只与相位掩模的周期有关。因此，对光源的时间、空间相干性要求不高，并且光路稳定、易于准直、重复性好。除使用相干性较好的连续激光，利用飞秒激光结合相位掩模制备光纤光栅是目前获取高质量硫系光纤光栅最重要的方法之一。拉瓦尔大学 Bernier 等[125,138]利用飞秒激光相位掩模法分别在 As_2S_3 和 As_2Se_3 光纤中刻写光纤光栅，搭建出全硫系玻璃光纤拉曼光纤激光器，获得了 $3.34\mu m$ 和 $3.77\mu m$ 激光输出，这是迄今为止在光纤激光器中获得的最长波长，如图 8.53 所示。

用低相干光源和相位掩模板来制作光纤光栅的方法非常重要，并且相位掩模与扫描曝光技术相结合还可以实现光栅耦合截面的控制，来制作特殊结构的光栅。

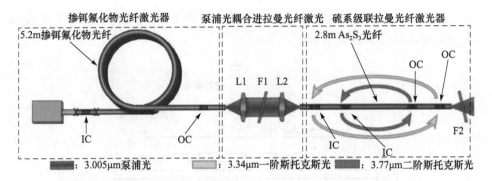

图 8.53　基于 As_2S_3 光纤光栅的 $3.77\mu m$ 级联拉曼光纤激光器实验装置

如把光纤与掩模成一定角度放置,还可以用于制作线性啁啾光栅。相位掩模法的缺点是掩模制作复杂,且每种掩模通常只能制造一种周期的光栅。

3. 逐点直写法

逐点直写法[150]是一种非相干写入技术,它利用聚焦激光束在光纤上逐点曝光而形成光栅。先将聚焦光束在光纤纤芯的某一点上进行曝光,待曝光完成后,将曝光点在纤芯上移动一个光栅周期再进行曝光,如此重复而形成光纤光栅。曝光点的移动通过光纤固定逐渐移动光束或者光束固定逐渐移动光纤来实现,每写一个条纹,光栅移动一定距离,因此需用精密机构控制光纤或光束的运动位移。通过控制光纤或光束的移动,可以方便地控制光栅的周期,可对光栅的折射率调制结构任意进行设计制作。但是对控制移动的微电机的精度和传动机构的精度要求非常苛刻,而且很难将激光光斑聚焦到 $1\mu m$ 以下,因此这种方法目前通常用于制造长周期光纤光栅。

图 8.54(a)为美国海军实验室 Florea 等[135]搭建的飞秒激光直写硫系光纤光栅实验装置。他们利用 800nm 的钛宝石锁模飞秒激光在 As_2S_3 光纤中刻写了光栅结构,制备了周期为 $7.8\mu m$ 的光纤光栅(图 8.54(b)),但由于光栅周期较大,没能在 As_2S_3 的工作波长内获得反射带隙。由于布拉格光纤光栅的结构周期通常为亚微米,采用激光直写制备难度较大。

4. 长周期光纤光栅制备

对于长周期光纤光栅,由于其光栅周期一般在几十到几百微米,制备难度相对较低,制备技术手段也更加灵活多样。常用的方法包括紫外激光结合振幅掩模投影曝光法、激光直写法、电弧放电法、机械应力微弯法等[133,136]。

图 8.55 为利用振幅掩模投影制备长周期光纤光栅示意图。其优点是稳定性好,易于批量制作,但是掩模成本较高,且改变光栅的写入参数不灵活。

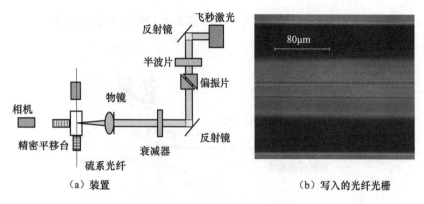

图 8.54 飞秒激光直写法制备光纤光栅装置图及在光纤中写入的光纤光栅

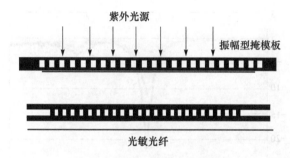

图 8.55 振幅掩模投影制备长周期光纤光栅

图 8.56 为 CO_2 激光直写制备长周期光纤光栅示意图,利用该方法可以精确地控制每个光栅的周期长度以及每个光栅的折射率改变量。

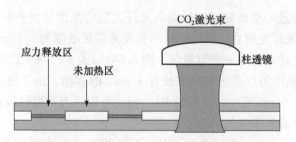

图 8.56 CO_2 激光直写制备长周期光纤光栅

图 8.57 为澳大利亚悉尼大学 Eggleton 等[133]搭建的利用机械应力微弯曲制备长周期硫系光纤光栅的装置图。他们利用螺纹杆在单模 As_2Se_3 光纤上制备了周期为 700μm、长度为 50mm,且工作于 1550nm 的长周期光纤光栅。通过调节螺纹的螺距,可以控制长周期光纤光栅反射带隙的位置,而通过改变应用于光纤表面的压力,可以调节光栅透射带隙的深度(图 8.58)。对于制备的长周期光纤光栅,

其中 3dB 和 10dB 对应的带宽分别为 25nm 和 9nm,峰值损耗为 22dB。

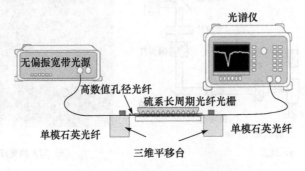

图 8.57 机械应力制备长周期光纤光栅

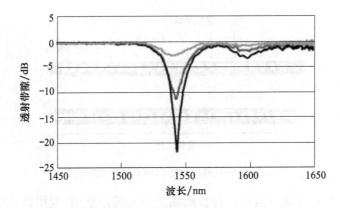

图 8.58 不同应力作用下光纤光栅的透射光谱

Eggleton 等进一步研究了该长周期光纤光栅的温度传感特性。如图 8.59 所示,测试发现该光纤光栅在 1540nm 处的温度传感灵敏度为 0.43nm/℃,比同样技术制备的石英光纤光栅高一个数量级。图 8.59(b)为 40℃和 50℃时观测到的光纤光栅透射光谱,从中可以看出共振波长有 4.3nm 的移动。由于温度导致的机械元件的膨胀仅为 0.02nm/℃,可以忽略不计,因此可以认为共振峰位置的改变完全是由光纤光栅内部折射率变化所致。

图 8.60 为 Eggleton 等开发的另外一种长周期光纤光栅制备装置[136]。他们利用超声换能器产生沿着光纤纵向传播的超声波共振引起 As_2Se_3 光纤中周期性弯曲,制备了长周期光纤光栅,通过调节信号发生器的频率,可以灵活地改变超声波的波长从而控制光栅的周期。实验中,换能器的信号频率为 810kHz,制备的光栅长度为 135mm,周期为 760μm,工作波长为 1550nm。利用 As_2Se_3 光纤极高的非线性特性,Eggleton 等在此光纤光栅中实现了全光通信开关,其原理如图 8.61 所示。当入射激光的功率逐渐增加时,As_2Se_3 光纤极高的非线性特性(石英光纤

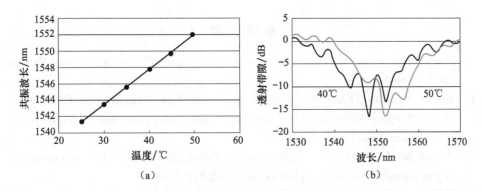

图8.59 制备的长周期光纤光栅共振波长的温度依赖关系(a)及不同温度下的光栅透过光谱(b)

的400倍)导致纤芯折射率的变化,改变了光纤光栅共振波长,从而使λ_0的传输信号实现从关到开的转化。

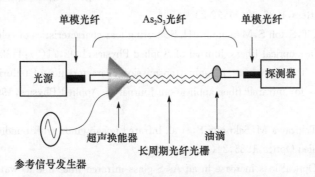

图8.60 利用超声共振制备长周期As_2Se_3光纤光栅

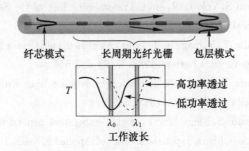

图8.61 As_2Se_3光纤光栅中全光开关示意图

硫系光纤光栅相比于传统石英光纤光栅的研究起步较晚,理论研究及制备工艺也仍需进一步完善。但是由于硫系光纤光栅在红外区域宽的工作波段以及极高的非线性效应,其在红外拉曼光纤激光器、光纤光开关和光纤传感等领域具有极大的应用潜力。

参 考 文 献

[1] Kapany N S, Simms R J. Recent developments in infrared fiber optics. Infrared Physics, 1965,5(2):69-80
[2] Kapany N S. Fiber Optics, Principles and Applications. New York: Academic Press, 1967
[3] Shuichi S, Yukio T, Toyotaka M. Ge-P-S chalcogenide glass fibers. Japanese Journal of Applied Physics, 1980, 19(10): L603
[4] Tadashi M, Yukio T. Optical transmission loss of As-S glass fiber in 1.0-5.5μm wavelength region. Japanese Journal of Applied Physics, 1982, 21(2A): L75
[5] Kanamori T, Terunuma Y, Takahashi S, et al. Chalcogenide glass fibers for mid-infrared transmission. Journal of Lightwave Technology, 1984, 2(5): 607-613
[6] Katsuyama T, Ishida K, Satoh S, et al. Low loss Ge-Se chalcogenide glass optical fibers. Applied Physics Letters, 1984, 45(9): 925-927
[7] Katsuyama T, Matsumura H. Low-loss Te-based chalcogenide glass optical fibers. Applied Physics Letters, 1986, 49(1): 22-23
[8] Katsuyama T, Satoh S, Matsumura H. Scattering loss characteristics of selenide-based chalcogenide glass optical fibers. Journal of Applied Physics, 1992, 71(9): 4132-4135
[9] Katsuyama T, Matsumura H. Light transmission characteristics of telluride-based chalcogenide glass for infrared fiber application. Journal of Applied Physics, 1994, 75(6): 2743-2748
[10] Saito M, Takizawa M, Sakuragi S, et al. Infrared image guide with bundled As-S glass fibers. Applied Optics, 1985, 24(15): 2304-2308
[11] Saito M. Optical loss increase in an As-S glass infrared fiber due to water diffusion. Applied Optics, 1987, 26(2): 202-203
[12] Nishii J, Morimoto S, Yokota R, et al. Transmission loss of Ge-Se-Te and Ge-Se-Te-Tl glass fibers. Journal of Non-Crystalline Solids, 1987, 95: 641-646
[13] Nishii J, Yamashita T, Yamagishi T. Low-loss chalcogenide glass fiber with core-cladding structure. Applied Physics Letters, 1988, 53(7): 553-554
[14] Nishii J, Yamashita T, Yamagishi T. Chalcogenide glass fiber with a core-cladding structure. Applied Optics, 1989, 28(23): 5122-5127
[15] Inagawa I, Morimoto S, Yamashita T, et al. Temperature dependence of transmission loss of chalcogenide glass fibers. Japanese Journal of Applied Physics, 1997, 36(4A): 2229-2235
[16] Itoh K, Tawarayama H. Method for drawing a chalcogenide containing glass fiber: European, EP0850889 B1. 2000
[17] Hilton A R. Chalcogenide Glasses for Infrared Optics. New York: McGraw Hill, 2010
[18] Coractive. IR fibers. http://coractive.com/products/mid-ir-fibers-lasers/ir-fibers/index.html. [2016-8-2]
[19] IRFlex. IRF-S series chalcogenide nonlinear mid-infrared fiber. http://www.irflex.com/

[20] IRFlex. IRF-Se series chalcogenide nonlinear longwave mid-infrared fiber. http://www.irflex.com/products/irf-se-series-chalcogenide-nonlinear-longwave-mid-infrared-fiber. [2016-8-2]

[21] 北京玻璃研究院. As-S 红外光纤. http://www.bgri.com/_d276787749.htm. [2016-8-2]

[22] 杨克武,吴佩兰,魏国盛. 具有芯皮结构的 As-S 玻璃红外光纤. 硅酸盐学报,1993,21(1):66-69

[23] Knight J C,Birks T A,Russell P S J,et al. All-silica single-mode optical fiber with photonic crystal cladding. Optics Letters,1996,21(19):1547-1549

[24] Smektala F,Brilland L,Chartier T,et al. Recent advances in the development of holey optical fibers based on sulphide glasses. Proceedings of the Photonic Crystal Materials and Devices IV,2006:6128:61280M

[25] Brilland L,Houizot P,Troles J,et al. Recent progress on the realization of chalcogenides photonic crystal fibers. Proceedings of the Optical Components and Materials VI,2009:7212:72120F

[26] Prudenzano F,Mescia L,Allegretti L,et al. Simulation of mid-IR amplification in Er^{3+}-doped chalcogenide microstructured optical fiber. Optical Materials,2009,31(9):1292-1295

[27] Prudenzano F,Mescia L,Allegretti L A,et al. Design of Er^{3+}-doped chalcogenide glass laser for mid-IR application. Journal of Non-Crystalline Solids,2009,355(18-21):1145-1148

[28] El-Amraoui M,Gadret G,Jules J C,et al. Microstructured chalcogenide optical fibers from As_2S_3 glass:Towards new IR broadband sources. Optics Express,2010,18(25):26655-26665

[29] Traynor N J,Monteville A,Provino L,et al. Fabrication and applications of low loss nonlinear holey fibers. Fiber and Integrated Optics,2009,28(1):51-59

[30] Fatome J,Fortier C,Thanh-Nam N,et al. Linear and nonlinear characterizations of chalcogenide photonic crystal fibers. Journal of Lightwave Technology,2009,27(11):1707-1715

[31] Katsuyama T,Satoh S,Matsumura H. Fabrication of high-purity chalcogenide glasses by chemical vapor deposition. Journal of Applied Physics,1986,59(5):1446-1449

[32] 任和,陶光明,杨安平,等. 碲基硫系长波红外传输光纤的研究进展. 红外,2014,35(4):7-12,30

[33] 许彦涛,郭海涛,闫兴涛,等. 低损耗 As-S 玻璃光纤的制备与应用研究. 无机材料学报,2015,30(1):97-101

[34] Yang Z Y,Luo T,Jiang S B,et al. Single-mode low-loss optical fibers for long-wave infrared transmission. Optics Letters,2010,35(20):3360-3362

[35] Sanghera J S,Aggarwal I D,Busse L E,et al. Development of low-loss IR transmitting chalcogenide glass fibers. Proceedings of the Biomedical Optoelectronic Instrumentation,1995,2396:71-77

[36] Hewak D W,Moore R C,Schweizer T,et al. Gallium lanthanum sulphide optical fibre for

active and passive applications. Electronics Letters,1996,32(4):384-385

[37] Blanchetière C,le Foulgoc K,Ma H L,et al. Tellurium halide glass fibers:Preparation and applications. Journal of Non-Crystalline Solids,1995,184:200-203

[38] Maurugeon S,Boussard-Plédel C,Troles J,et al. Telluride glass step index fiber for the far Infrared. Journal of Lightwave Technology,2010,28:3358-3363

[39] 许彦涛,郭海涛,陆敏,等. 低损耗芯包结构 Ge-Sb-Se 硫系玻璃光纤的制备与性能研究. 红外与激光工程,2015,44(1):182-187

[40] Zhang B,Guo W,Yu Y,et al. Low loss,high NA chalcogenide glass fibers for broadband mid-infrared supercontinuum generation. Journal of the American Ceramic Society,2015,98(5):1389-1392

[41] 郭威,张斌,翟诚诚,等. 小芯径硫系玻璃光纤的制备及其非线性光学应用. 无机材料学报,2016,31(2):180-184

[42] Itoh K,Miura K,Masuda I,et al. Low-loss fluorozirco-aluminate glass fiber. Journal of Non-Crystalline Solids,1994,167(1):112-116

[43] Furniss D,Seddon A B. Extrusion of gallium lanthanum sulfide glasses for fiber-optic preforms. Journal of Materials Science Letters,1998,17(18):1541-1542

[44] Furniss D,Seddon A B. Towards monomode proportioned fibreoptic preforms by extrusion. Journal of Non-Crystalline Solids,1999,256-257:232-236

[45] Tang Z Q,Shiryaev V S,Furniss D,et al. Low loss Ge-As-Se chalcogenide glass fiber,fabricated using extruded preform, for mid-infrared photonics. Optical Materials Express,2015,5(8):1722-1737

[46] Savage S D,Miller C A,Furniss D,et al. Extrusion of chalcogenide glass preforms and drawing to multimode optical fibers. Journal of Non-Crystalline Solids,2008,354(29):3418-3427

[47] Tao G M,Stolyarov A M,Abouraddy A F. Multimaterial fibers. International Journal of Applied Glass Science,2012,3(4):349-368

[48] Tao G M,Ebendorff-Heidepriem H,Stolyarov A M,et al. Infrared fibers. Advances in Optics and Photonics,2015,7(2):379-458

[49] Jiang C,Wang X S,Zhu M M,et al. Preparation of chalcogenide glass fiber using an improved extrusion method. Optical Engineering,2016,55(5):056114

[50] Tang J Z,Liu S,Zhu Q D,et al. $As_{40}S_{59}Se_1/As_2S_3$ step index fiber for 1-5μm supercontinuum generation. Journal of Non-Crystalline Solids,2016,450:61-65

[51] Sun Y N,Dai S X,Zhang P Q,et al. Fabrication and characterization of multimaterial chalcogenide glass fiber tapers with high numerical apertures. Optics Express,2015,23(18):23472-23483

[52] Zhang X H,Ma H L,Fonteneau G,et al. Improvement of tellurium halide glasses for IR fiber optics. Journal of Non-Crystalline Solids,1992,140:47-51

[53] Sanghera J S,Busse L E,Aggarwal I D. Effect of scattering centers on the optical loss of

As_2S_3 glass fibers in the infrared. Journal of Applied Physics,1994,75(10):4885-4891

[54] Sanghera J S,Nguyen V Q,Pureza P C,et al. Fabrication of long lengths of low-loss IR transmitting $As_{40}S_{(60-x)}Se_x$ glass fibers. Journal of Lightwave Technology,1996,14:743-748

[55] Busse L,Moon J,Sanghera J,et al. Chalcogenide fibers enable delivery of mid-infrared laser radiation. Laser Focus World,1996,32:143-150

[56] Sanghera J S,Aggarwal I D. Development of chalcogenide glass fiber optics at NRL. Journal of Non-Crystalline Solids,1997,213-214:63-67

[57] Sanghera J S,Aggarwal I D. Active and passive chalcogenide glass optical fibers for IR applications: A review. Journal of Non-Crystalline Solids,1999,256-257:6-16

[58] Sanghera J S,Aggarwal I,Shaw L,et al. Applications of chalcogenide glass optical fibers at NRL. Journal of Optoelectronics and Advanced Materials,2001,3(3):627-640

[59] Nguyen V Q,Sanghera J S,Pureza P C,et al. Effect of heating on the optical loss in the As-Se glass fiber. Journal of Lightwave Technology,2003,21(1):122-126

[60] Mossadegh R,Sanghera J S,Schaafsma D,et al. Fabrication of single-mode chalcogenide optical fiber. Journal of Lightwave Technology,1998,16(2):214-217

[61] le Neindre L,Smektala F,le Foulgoc K,et al. Tellurium halide optical fibers. Journal of Non-Crystalline Solids,1998,242(2-3):99-103

[62] Smektala F,le Foulgoc K,le Neindre L,et al. TeX-glass infrared optical fibers delivering medium power from a CO_2 laser. Optical Materials,1999,13(2):271-276

[63] Churbanov M F,Snopatin G E,Shiryaev V S,et al. Recent advances in preparation of high-purity glasses based on arsenic chalcogenides for fiber optics. Journal of Non-Crystalline Solids,2011,357(11-13):2352-2357

[64] Lines M E. Scattering losses in optic fiber materials. II. Numerical estimates. Journal of Applied Physics,1984,55(11):4058-4063

[65] Nishii J,Morimoto S,Inagawa I,et al. Recent advances and trends in chalcogenide glass fiber technology: A review. Journal of Non-Crystalline Solids,1992,140:199-208

[66] Churbanov M F. Recent advances in preparation of high-purity chalcogenide glasses in the USSR. Journal of Non-Crystalline Solids,1992,140:324-330

[67] Churbanov M F. High-purity chalcogenide glasses as materials for fiber optics. Journal of Non-Crystalline Solids,1995,184:25-29

[68] Churbanov M F,Plotnichenko V G. Optical fibers from high-purity arsenic chalcogenide glasses. Semiconductors and Semimetals,2004,80:209-230

[69] Churbanov M F,Scripachev I V,Snopatin G E,et al. High-purity glasses based on arsenic chalcogenides. Journal of Optoelectronics and Advanced Materials,2001,3(2):341-349

[70] Churbanov M F,Shiryaev V S,Scripachev I V,et al. Optical fibers based on As-S-Se glass system. Journal of Non-Crystalline Solids,2001,284(1-3):146-152

[71] Shiryaev V S,Churbanov M F. Trends and prospects for development of chalcogenide fi-

bers for mid-infrared transmission. Journal of Non-Crystalline Solids,2013,377:225-230
[72] Shiryaev V S, Troles J, Houizot P, et al. Preparation of optical fibers based on Ge-Sb-S glass system. Optical Materials,2009,32(2):362-367
[73] Shiryaev V S, Ketkova L A, Churbanov M F, et al. Heterophase inclusions and dissolved impurities in $Ge_{25}Sb_{10}S_{65}$ glass. Journal of Non-Crystalline Solids,2009,355(52-54):2640-2646
[74] Vlasov M A, Devyatykh G G, Evgenii M D, et al. Glassy As_2Se_3 with optical absorption of 60dB/km. Soviet Journal of Quantum Electronics,1982,12(7):932-933
[75] Churbanov M F, Shiryaev V S, Suchkov A I, et al. High-purity As-S-Se and As-Se-Te glasses and optical fibers. Inorganic Materials,2007,43(4):441-447
[76] Dianov E M, Plotnichenko V G, Devyatykh G G, et al. Middle-infrared chalcogenide glass fibers with losses lower than 100dB/km. Infrared Physics,1989,29(2):303-307
[77] Vasil'ev A V, Devyatykh G G, Evgenii M D, et al. Two-layer chalcogenide-glass optical fibers with optical losses below 30dB/km. Quantum Electronics,1993,23(2):89-90
[78] Devyatykh G G, Churbanov M F, Scripachev I V, et al. Recent developments in As-S glass fibres. Journal of Non-Crystalline Solids,1999,256-257:318-322
[79] Nguyen V Q, Sanghera J S, Pureza P, et al. Fabrication of arsenic selenide optical fiber with low hydrogen impurities. Journal of the American Ceramic Society,2002,85(11):2849-2851
[80] Troles J, Shiryaev V, Churbanov M, et al. $GeSe_4$ glass fibres with low optical losses in the mid-IR. Optical Materials,2009,32(1):212-215
[81] Shiryaev V S, Adam J L, Zhang X H, et al. Infrared fibers based on Te-As-Se glass system with low optical losses. Journal of Non-Crystalline Solids,2004,336(2):113-119
[82] Shiryaev V S, Boussard-Plédel C, Houizot P, et al. Single-mode infrared fibers based on Te-AsSe glass system. Materials Science and Engineering: B—Advanced Functional Solid-State Materials,2006,127(2-3):138-143
[83] Bureau B, Boussard C, Cui S, et al. Chalcogenide optical fibers for mid-infrared sensing. Optical Engineering,2014,53(2):027101
[84] Houizot P, Boussard-Plédel C, Faber A J, et al. Infrared single mode chalcogenide glass fiber for space. Optics Express,2007,15(19):12529-12538
[85] Chiaruttini I, Fonteneau G, Zhang X H, et al. Characteristics of tellurium-bromide-based glass for IR fibers optics. Journal of Non-Crystalline Solids,1989,111(1):77-81
[86] Zhang X H, Ma H L, Blanchetière C, et al. Low loss optical fibres of the tellurium halide-based glasses, the TeX glasses. Journal of Non-Crystalline Solids,1993,161:327-330
[87] Danto S, Houizot P, Boussard-Pledel C, et al. A family of far-infrared-transmitting glasses in the Ga-Ge-Te system for space applications. Advanced Functional Materials,2006,16(14):1847-1852
[88] Photonics F. Chalcogenide infrared (CIR). http://fibrephotonics.com/page/139/Chalco-

genide-Infrared-CIR-. htm. [2016-8-2]

[89] Monro T M, West Y D, Hewak D W, et al. Chalcogenide holey fibres. Electronics Letters, 2000,36(24):1998-2000

[90] Brilland L, Smektala F, Renversez G, et al. Fabrication of complex structures of holey fibers in chalcogenide glass. Optics Express,2006,14(3):1280-1285

[91] Aggarwal I D, Shaw L B, Sanghera J S. Chalcogenide glass fiber-based mid-IR sources and applications. Proceedings of the Fiber Lasers IV: Technology, Systems, and Applications, 2007,6453:645312

[92] Charpentier F, Nazabal V, Troles J, et al. Infrared optical sensor for CO_2 detection. Proceedings of the Optical Sensors,2009,7356:735610

[93] El-Amraoui M, Fatome J, Jules J C, et al. Experimental observation of infrared spectral enlargement in As_2S_3 suspended core microstructured fiber. Proceedings of the Photonic Crystal Fibers IV,2010,7714:771409

[94] Désévédavy F, Renversez G, Troles J, et al. Chalcogenide glass hollow core photonic crystal fibers. Optical Materials,2010,32(11):1532-1539

[95] Lian Z G, Li Q Q, Furniss D, et al. Solid microstructured chalcogenide glass optical fibers for the near- and mid-infrared spectral regions. IEEE Photonics Technology Letters,2009, 21(24):1804-1806

[96] Sanghera J S, Brandon Shaw L, Aggarwal I D. Chalcogenide glass-fiber-based mid-IR sources and applications. IEEE Journal of Quantum Electronics,2009,15(1):114-119

[97] Troles J, Brilland L, Smektala F, et al. Chalcogenide microstructured fibers for infrared systems, elaboration modelization, and characterization. Fiber and Integrated Optics,2009, 28(1):11-26

[98] Toupin P, Brilland L, Trolès J, et al. Small core Ge-As-Se microstructured optical fiber with single-mode propagation and low optical losses. Optical Materials Express, 2012, 2(10):1359-1366

[99] Désévédavy F, Renversez G, Brilland L, et al. Small-core chalcogenide microstructured fibers for the infrared. Applied Optics,2008,47(32):6014-6021

[100] Désévédavy F, Renversez G, Troles J, et al. Te-As-Se glass microstructured optical fiber for the middle infrared. Applied Optics,2009,48(19):3860-3865

[101] Coulombier Q, Brilland L, Houizot P, et al. Casting method for producing low-loss chalcogenide microstructured optical fibers. Optics Express,2010,18(9):9107-9112

[102] Coulombier Q, Brilland L, Houizot P, et al. Fabrication of low losses chalcogenide photonic crystal fibers by molding process. Proceedings of the Optical Components and Materials VII,2010,7598:75980O

[103] Zhu M M, Wang X S, Pan Z H, et al. Fabrication of an IR hollow-core Bragg fiber based on chalcogenide glass extrusion. Applied Physics A: Materials Science & Processing, 2015,119(2):455-460

[104] Cheng T L, Kanou Y, Deng D H, et al. Fabrication and characterization of a hybrid four-hole AsSe$_2$-As$_2$S$_5$ microstructured optical fiber with a large refractive index difference. Optics Express, 2014, 22(11): 13322-13329

[105] Brilland L, Charpentier F, Troles J, et al. Microstructured chalcogenide fibers for biological and chemical detection: Case study: A CO$_2$ sensor. The 20th International Conference on Optical Fibre Sensors, 2009, 7503: 750358

[106] Brilland L, Troles J, Houizot P, et al. Interfaces impact on the transmission of chalcogenides photonic crystal fibres. Journal of the Ceramic Society of Japan, 2008, 116(1358): 1024-1027

[107] Smektala F, Desevedavy F, Brilland L, et al. Advances in the elaboration of chalcogenide photonic crystal fibers for the mid infrared. Proceedings of the Photonic Crystal Fibers, 2007, 6588: 658803

[108] Troles J, Coulombier Q, Canat G, et al. Low loss microstructured chalcogenide fibers for large non linear effects at 1995nm. Optics Express, 2010, 18(25): 26647-26654

[109] Adam J L, Trolès J, Brilland L. Low-loss mid-IR microstructured optical fibers. Optical Fiber Communication Conference, 2012: OM3D. 2

[110] Perfos. Chalcogenide microstructured optical fiber. http://www.photonics-bretagne.com/perfos. [2016-8-2]

[111] Ebendorff-Heidepriem H, Monro T M. Extrusion of complex preforms for microstructured optical fibers. Optics Express, 2007, 15(23): 15086-15092

[112] Gibson D J, Harrington J A. Extrusion of hollow waveguide preforms with a one-dimensional photonic bandgap structure. Journal of Applied Physics, 2004, 95(8): 3895-3900

[113] 祝清德, 王训四, 张培晴, 等. 硫系 As$_2$S$_3$ 悬吊芯光纤制备及其光谱性能研究. 光学学报, 2015, 35(12): 1206004

[114] Hart S D, Maskaly G R, Temelkuran B, et al. External reflection from omnidirectional dielectric mirror fibers. Science, 2002, 296(5567): 510-513

[115] Temelkuran B, Hart S D, Benoit G, et al. Wavelength-scalable hollow optical fibres with large photonic bandgaps for CO$_2$ laser transmission. Nature, 2002, 420(6916): 650-653

[116] Hill K, Fujii Y, Johnson D C, et al. Photosensitivity in optical fiber waveguides: Application to reflection filter fabrication. Applied Physics Letters, 1978, 32(10): 647-649

[117] Erdogan T. Fiber grating spectra. Journal of Lightwave Technology, 1997, 15(8): 1277-1294

[118] Mihailov S J. Fiber Bragg grating sensors for harsh environments. Sensors, 2012, 12(2): 1898-1918

[119] Woyessa G, Nielsen K, Stefani A, et al. Temperature insensitive hysteresis free highly sensitive polymer optical fiber Bragg grating humidity sensor. Optics Express, 2016, 24(2): 1206-1213

[120] Zang Z G, Zhang Y J. Analysis of optical switching in a Yb^{3+}-doped fiber Bragg grating by using self-phase modulation and cross-phase modulation. Applied Optics, 2012, 51(16):

3424-3430

[121] Ricchiuti A L, Barrera D, Sales S, et al. Long fiber Bragg grating sensor interrogation using discrete-time microwave photonic filtering techniques. Optics Express, 2013, 21(23):28175-28181

[122] Liao C R, Wang D N. Review of femtosecond laser fabricated fiber Bragg gratings for high temperature sensing. Photonic Sensors, 2013, 3(2):97-101

[123] 江超,王东宁. 飞秒激光脉冲刻写光纤布拉格光栅的研究进展. 激光与光电子学进展, 2008,(6):59-66

[124] Ahmad R, Rochette M. Raman lasing in a chalcogenide microwire-based Fabry-Perot cavity. Optics Letters, 2012, 37(21):4549-4551

[125] Bernier M, Fortin V, Caron N, et al. Mid-infrared chalcogenide glass Raman fiber laser. Optics Letters, 2013, 38(2):127-129

[126] Asobe M. Nonlinear optical properties of chalcogenide glass fibers and their application to all-optical switching. Optical Fiber Technology, 1997, 3(2):142-148

[127] Zakery A, Elliott S. Optical properties and applications of chalcogenide glasses: A review. Journal of Non-Crystalline Solids, 2003, 330(1):1-12

[128] 姜中宏,刘粤惠,戴世勋. 新型光功能玻璃. 北京:化学工业出版社, 2008

[129] Dai S X, Chen F F, Xu Y S, et al. Mid-infrared optical nonlinearities of chalcogenide glasses in Ge-Sb-Se ternary system. Optics Express, 2015, 23(2):1300-1307

[130] Tanaka K, Toyosawa N, Hisakuni H. Photoinduced Bragg gratings in As_2S_3 optical fibers. Optics Letters, 1995, 20(19):1976-1978

[131] Asobe M, Ohara T, Yokohama I, et al. Fabrication of Bragg grating in chalcogenide glass fibre using the transverse holographic method. Electronics Letters, 1996, 32(17):1611-1613

[132] Meneghini C, Villeneuve A. As_2S_3 photosensitivity by two-photon absorption: Holographic gratings and self-written channel waveguides. Journal of the Optical Society of America B, 1998, 15(12):2946-2950

[133] Pudo D, Mńgi E C, Eggleton B J. Long-period gratings in chalcogenide fibers. Optics Express, 2006, 14(9):3763-3766

[134] Brawley G, Ta V, Bolger J, et al. Strong photoinduced Bragg gratings in arsenic selenide optical fibre using transverse holographic method. Electronics Letters, 2008, 44(14):846-847

[135] Florea C, Sanghera J, Aggarwal I. Direct-write gratings in chalcogenide bulk glasses and fibers using a femtosecond laser. Optical Materials, 2008, 30(10):1603-1606

[136] Nguyen H C, Yeom D I, de Sterke C M, et al. Nonlinear long-period gratings in As_2Se_3 chalcogenide fiber for all-optical switching. Quantum Electronics and Laser Science Conference, 2008:QTuL4

[137] Ahmad R, Rochette M, Baker C. Fabrication of Bragg gratings in subwavelength diameter

As$_2$Se$_3$ chalcogenide wires. Optics Letters,2011,36(15):2886-2888

[138] Bernier M,Fortin V,El-Amraoui M, et al. 3.77μm fiber laser based on cascaded Raman gain in a chalcogenide glass fiber. Optics Letters,2014,39(7):2052-2055

[139] Hill K,Meltz G. Fiber Bragg grating technology fundamentals and overview. Journal of Lightwave Technology,1997,15(8):1263-1276

[140] Vengsarkar A M, Lemaire P J, Judkins J B, et al. Long-period fiber gratings as band-rejection filters. Journal of Lightwave Technology,1996,14(1):58-65

[141] Candiani A,Margulis W,Sterner C, et al. Phase-shifted Bragg microstructured optical fiber gratings utilizing infiltrated ferrofluids. Optics Letters,2011,36(13):2548-2550

[142] Wang C,Yao J P. Large time-bandwidth product microwave arbitrary waveform generation using a spatially discrete chirped fiber Bragg grating. Journal of Lightwave Technology,2010,28(11):1652-1660

[143] Antelius M,Gylfason K B,Sohlström H. An apodized SOI waveguide-to-fiber surface grating coupler for single lithography silicon photonics. Optics Express, 2011, 19(4): 3592-3598

[144] Lin C Y,Chern G W,Wang L A. Periodical corrugated structure for forming sampled fiber Bragg grating and long-period fiber grating with tunable coupling strength. Journal of Lightwave Technology,2001,19(8):1212-1220

[145] Liu Q,Ye Q,Pan Z Q, et al. Design of all-optical temporal differentiator using a Moire fiber grating. Chinese Optics Letters,2012,10(9):092301

[146] Westbrook P,Strasser T,Erdogan T. In-line polarimeter using blazed fiber gratings. IEEE Photonics Technology Letters,2000,12(10):1352-1354

[147] Statkiewicz-Barabach G,Tarnowski K,Kowal D,et al. Fabrication of multiple Bragg gratings in microstructured polymer fibers using a phase mask with several diffraction orders. Optics Express,2013,21(7):8521-8534

[148] Zhang Q M,Lin H,Jia B H,et al. Nanogratings and nanoholes fabricated by direct femtosecond laser writing in chalcogenide glasses. Optics Express,2010,18(7):6885-6890

[149] Florea C,Sanghera J,Shaw B, et al. Fiber Bragg gratings in As$_2$S$_3$ fibers obtained using a 0/−1 phase mask. Optical Materials,2009,31(6):942-944

[150] Thomas J,Voigtlaender C,Becker R G, et al. Femtosecond pulse written fiber gratings:A new avenue to integrated fiber technology. Laser & Photonics Reviews,2012,6(6):709-723

第 9 章 硫系光纤红外激光导能

近年来,随着红外激光技术的不断发展,用于传输红外激光的各类特种红外光纤在工业激光加工、激光医疗及军事等方面的应用日益广泛。例如,在 $3\mu m$ 波段,红外导能光纤可用于 Er^{3+}:YAG($2.94\mu m$)、Er^{3+}/Cr^{3+}:YSGG($2.78\mu m$)激光器及可调谐中红外光参量振荡器(OPO)的输出耦合光学系统,它们在手术切割治疗、牙科皮肤病治疗、工业切割、激光雷达、激光测距等方面均发挥着重要作用。在 $3\sim5\mu m$ 中红外波段,红外光纤可用于军事上红外对抗(IRCM)、激光制导和激光威胁预警系统等方面,可方便操作、且大幅度减轻激光器重量和减小激光器自身体积,非常适合用于机载。在 $5\mu m$ 以上波段,红外光纤可用于 $5.0\mu m$ CO 和 $10.6\mu m$ CO_2 激光器的能量传输,包括低功率(功率数瓦)的激光打码,中等功率激光手术(功率约数十瓦)、较高功率工业材料切割以及激光打孔(功率数十瓦至数百瓦)等领域。为了满足不同场合的红外激光导能应用,研究者在近四十年内相继开发了不同基质材料及结构的红外激光导能光纤。依据光纤材质的不同,红外导能光纤的种类主要包括:卤化银多晶光纤、硫系玻璃光纤、氟化物玻璃光纤、单晶蓝宝石光纤、管内 Ag/AgI 镀膜空芯光纤等[1]。

硫系玻璃光纤具有宽的红外透过光谱范围、优良的化学稳定性,不易被潮解,低制造成本、高的制造效率,且光纤柔韧性较好等优点,可传输各类红外信号和中低功率红外激光,可应用于液体、固体、大气和特定气体的化学成分的远程远红外光谱分析、红外测温、低温测温,医疗手术以及工业加工等领域[2-4]。1984 年 Ge-As-Se 硫系光纤首次被报道用于传输 CO 激光,随即 30 年来各类硫系材料组成的光纤,包括 As-S、As-Se、Ge-Se-Te 以及 Ge-As-Se-Te 等,相继被开发并得以发展[3],并应用于 CO[5,6]、CO_2[7]、FEL(自由电子激光)[8]等各类红外激光传输领域,部分商用硫系光纤进入医疗手术器械等领域。

9.1 发展历程

20 世纪 80 年代初起,随着硫系玻璃原料提纯及其光纤制备技术的提高,硫系玻璃光纤在 $3\sim5\mu m$ 区域最低损耗已降至 1dB/m 以下,研究者开始尝试将硫系光纤用于 $5.0\mu m$ CO 红外激光传输。1984 年苏联科学院物理研究所 Dianov 等[9]首次在 1.5m 长的 Ge-As-Se 硫系光纤尾端获得了 $6\sim7W$ 功率的激光输出,激光功率密度约为 $2kW/cm^2$。随即,日本庆应义塾大学、日本防卫医科大学、日本创新研究所、美国海军实验室纷纷开展了硫系光纤的 CO 激光导能研究，1993 年日本创新研究所 Sato 等[5]在 As_2S_3 光纤中获得了 226W 的激光输出，功率密度为 $29kW/cm^2$。而对于硫系玻璃光纤在 CO_2 激光导能研究则从 20 世纪 80 年代末期开始，这主要是因为 CO_2 激光的工作波长位于 $10.6\mu m$ 附近，需要红外透过区域更远的硒化物或者碲化物硫系玻璃光纤。日本非氧化物玻璃研究公司在此领域开展了卓有成效的研究工作，发展了以 Ge-Se-Te、Ge-As-Se-Te 玻璃体系为代表的硫系玻璃光纤，由于碲化物和硒化物玻璃在长波受红外多声子吸收影响较大，光纤在 $10.6\mu m$ 处损耗最低降至 $1.4\sim 2dB/m$[10,11]。Nishii 等[10]在端面镀有 PbF_2 减反膜的 Ge-Se-Te 光纤中获得了 10.7W 的 CO_2 激光输出，功率密度为 $6.7kW/cm^2$。20 世纪 90 年代中期以来，美国海军实验室、法国雷恩第一大学等单位在制备出低损耗（<1dB/m）As-S-Se 光纤中开展了 $2\mu m$ Ho^{3+}:YLF、$3\sim 4\mu m$ OPO 脉冲激光传输实验，研究发现光纤可承受功率密度最高可达 $50MW/cm^2$ 的脉冲激光辐照[6]。硫系光纤对自由电子激光的导能应用研究也相继被报道[8,12]。

9.2 红外激光导能硫系光纤种类和性能

硫系玻璃的玻璃体系众多，主要分为硫化物、硒化物和碲化物三大类玻璃，其红外截止波长分别可达 $11\mu m$、$15\mu m$ 和 $20\mu m$，能完全覆盖第二和第三大气透明窗口波段，但适合于光纤拉制的硫系玻璃体系种类不多，主要有硫化物的 As-S、As-S-Se，硒化物的 As-Se、Ge-Se、As-Se-Te，碲化物的 Ge-As-Se-Te、Ge-Te-Se 和 Ge-Te 等体系，其中硫化物光纤透过范围为 $2\sim 6\mu m$，碲化物光纤透过范围为 $3\sim 12\mu m$。表 9.1 列出了系列适合于拉制硫系光纤的代表性硫系玻璃组成及其参数[3]，这些玻璃抗析晶特性好，具有良好的成纤性能，且提纯工艺相对容易，其中 As_2S_3、As_2Se_3 是目前最常见的两种光纤基质材料。

表 9.1 典型的硫系玻璃光纤组成及其参数

玻璃组分	透过范围/μm	$\rho/(g/cm^3)$	$T_g/℃$	$T_c-T_g/℃$	n
As_2S_3	$0.62\sim 9.5$	3.2	185	—	2.42
As_2Se_3	$0.85\sim 17.5$	4.62	178	147	2.83
$As_{40}S_{30}Se_{30}$	$0.75\sim 12.5$	3.92	180	—	2.61
$As_{30}Se_{50}Te_{20}$	$1.23\sim 18.52$	5.07	140	—	2.9
$GeSe_4$	$0.75\sim 18$	4.372	163	—	2.48
$Ge_{25}Sb_{10}S_{65}$	$0.65\sim 11.0$	3.4	315	>200	2.25
$Ge_{30}As_{10}Se_{30}Te_{30}$	$1.2\sim 17.0$	4.88	260	225	2.8
$Ge_{21}Te_{76}Se_3$	$2\sim 20$	5.65	160	>113	3.4
$Ge_{15}Ga_{10}Te_{75}$	$2\sim 25$	5.525	172	107	3.98

注：ρ 为密度，T_g 为转变温度，T_c 为析晶开始温度，n 为折射率。

损耗是影响硫系光纤红外激光导能效率最关键性的因素。硫系玻璃在短波区有两个特有特征吸收,一个是厄巴奇(Urbach)端吸收、一个是弱吸收端吸收(WAT)。此外,在红外长波区还有多声子吸收,其他还有瑞利(Rayleigh)散射(图9.1[13])以及杂质引起的吸收。微量杂质的存在引起吸收会对红外透过特性产生很大影响。硫系玻璃中杂质吸收大致可分两种,一种是$1585\sim3600cm^{-1}$的氢杂质吸收,对应的杂质吸收基团包括OH⁻、S—H、Se—H、Ge—H、As—H、P—H等;另一种是$650\sim1340cm^{-1}$的氧杂质吸收,对应的杂质吸收基团主要包括H_2O、Ge—O、P—O、As—O、Se—O等。商用的硫系玻璃原料其杂质含量普遍较高,O含量一般为10^{-6}量级,Si杂质为$2\times10^{-6}\sim10\times10^{-6}$,金属杂质为$5\times10^{-6}\sim100\times10^{-6}$,C杂质为$10\times10^{-6}\sim500\times10^{-6}$,经过特殊的提纯工艺处理,这些杂质含量可降至$0.5\times10^{-6}$以下。硫系光纤制备方法主要有双坩埚法和管棒法两种,但管棒法制出的光纤损耗普遍较高,主要因为纤芯棒和包层套管之间的界面容易产生各类缺陷。20世纪90年代美国海军实验室拉制的硫化物光纤在$4.8\mu m$处最低损耗为0.65dB/m,带有Teflon涂层的硫化物光纤最低损耗可以达到0.098dB/m,碲化物光纤在$6.6\mu m$处最低损耗为0.7dB/m[6],但其光纤基质玻璃熔点低,传输红外激光功率有限。Ge-Se-Te光纤在$10.6\mu m$最低损耗为$1.8\sim2.2dB/m$[10]。没有提纯的硫系光纤其损耗普遍偏高,一般高于$2\sim3dB/m$[14]。图9.2为提纯的As-S和As-S-Se硫系玻璃光纤的透过光谱[4],可看出其杂质吸收主要归属于$2.9\mu m$的O—H、$4.1\mu m$的S—H和$4.5\mu m$的Se—H基团,这几种氢杂质可用S_2Cl_2气体提纯降低[14]。

硫系玻璃与氧化物玻璃相比,其黏度-温度曲线陡峭,光纤拉制工作温度范围窄,以Ge-Se-Te玻璃光纤为例,合适的拉丝温度范围在10℃以内[15]。为了减少激光作用功率密度高造成的损伤破坏,用于导能的硫系光纤的纤芯直径普遍大于$500\mu m$,常见的光纤直径为$400\sim700\mu m$。裸硫系光纤机械强度较低,可在光纤拉

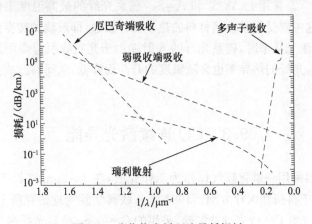

图9.1 硫化物光纤理论最低损耗

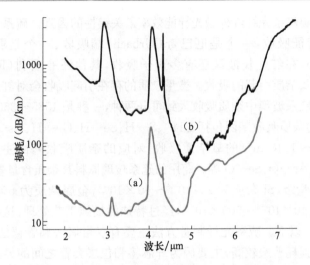

图 9.2 多模 As-S(a)和 As-S-Se(b)硫系光纤损耗图

制过程中涂覆聚合物(一般为聚四氟乙烯或聚丙烯酸酯,氟化乙烯丙烯共聚物-FEP)使其强度增加,但聚四氟乙烯等有机涂层在 7.5~11μm 波段存在较高吸收,涂覆后的硫系光纤的工作波长被限于 7.5μm 以下,且有研究表明,含有聚四氟乙烯涂层的硫系光纤在湿热环境中(温度为 40~85℃,相对湿度为 85%)存放 24h 后,水分子会侵入塑料包层导致光纤损耗增加 3~4dB/m[14]。

此外,由于硫系玻璃折射率高($n>2$),硫系光纤端面未镀膜情况下,两个光纤端面的菲涅尔反射损耗高达 30%~40%,以 As_2S_3 和 $Ge_{30}As_{10}Se_{30}Te_{30}$ 硫系光纤为例,其折射率分别为 2.4 和 2.8,单个光纤端面的反射损耗约分别为 17%和 22%,因此为提高硫系光纤红外激光导能效率,需要在光纤前后端面镀减反膜,可使反射率降低至 1%[16]。常用的 As_2S_3 和 As_2Se_3 硫系光纤的最高温度工作范围一般为 100~150℃,这主要受限于玻璃材料的热学特性参数,即玻璃的转变温度和软化温度。在传输高激光功率时,硫系光纤的入射端由于光吸收引起端面温度的升高极易产生热堆积,光纤的热导率也会随温度的升高而降低,从而易造成光纤端面的熔融损伤。

9.3 CO 连续激光导能

CO 激光器采用一氧化碳气体作为工作介质,在 4~5μm 波长产生激光输出,目前主要应用于科研和医疗方面。1984 年苏联科学院物理研究所 Dianov 等[9]率先开展了硫系光纤 CO 激光导能实验,采用的 Ge-As-Se 硫系光纤在 5.3μm 处的损耗为 0.8~1.0dB/m,纤芯直径为 400~800μm,用长度为 1.5m 的光纤对 10~12W

的 CO 连续激光进行了传输实验,在光纤尾端获得了 6～7W 功率的激光输出,并且在此状态下连续工作 7～8h,光纤端面未出现损伤。同年 7 月,日本庆应义塾大学 Hattori 等[17]利用纤芯直径分别为 500μm 和 1000μm、长度分别为 130cm 和 420cm 的 As_2S_3 裸光纤进行了 5.3μm 的 CO 激光传输实验,该光纤在 5.3μm 处损耗为 0.3dB/m,光纤输出端获得的最大功率分别为 19.7W 和 39W,对应的激光功率密度分别为 10kW/cm^2 和 5kW/cm^2,光纤端面的激光损伤阈值为 10kW/cm^2;随即,同课题组的 Arai 等[18]用 200μm 纤芯的 As_2S_3 光纤进行了 CO 激光导能实验,获得了 4W 的连续激光输出,激光功率密度为 12.8kW/cm^2,由于激光在多模光纤导能过程中侧散射原因导致光纤的输出端容易受到损伤,光纤的最大输出功率受光纤端面激光损伤特性限制。1988 年日本庆应义塾大学 Sato 等[19]利用含聚四氟乙烯塑料(FEP)包层的 As_2S_3 光纤对 5μm 的 CO 连续激光进行了传输实验,所用硫系光纤的参数为:纤芯直径 700μm,塑料包层直径 900μm,光纤在 5.2～5.5μm 区域的损耗 0.6～0.9dB/m,光纤的长度 55cm,当入射激光功率 100W 时,光纤输出端显示的激光功率为 62W,对应的激光功率密度为 16kW/cm^2。实验中也研究了光纤的弯曲半径对输出激光功率的影响,当弯曲半径从 15cm 缩减到 7.5cm 时,激光输出功率基本不变,当弯曲半径为 4cm 时,激光输出功率为 40W,并能持续几十秒不出现光纤端面损伤。

在医疗应用领域,红外激光导能光纤所需长度一般为 1～2m,能传输激光的输出功率为 10～20W[20]。日本防卫医科大学 Arai 等[20]报道了利用纤芯直径为 400μm、塑料包层厚度为 75μm、长度为 155mm 的 As_2S_3 光纤传输 CO 激光,获得了 15.3W 的激光输出,对应的激光功率密度为 12.2kW/cm^2,持续工作 214s 没有出现损伤;当采用同样规格的光纤,长度为 437mm 时,输出端激光功率密度为 13.5kW/cm^2,光纤输出端开始出现损伤。1993 年日本创新研究所 Sato 等[5]实验了 $As_{40}S_{60}$ 和 $Ge_{10}As_{30}S_{60}$ 硫系光纤对 5.4μm 波长 CO 红外激光传输实验,光纤纤芯直径为 1000μm,长度为 1m,损耗分别为 0.54dB/m 和 0.45dB/m,在光纤端面未镀减反膜情况下,分别获得了 226W 和 180W 的激光输出,功率密度分别为 29kW/cm^2 和 23kW/cm^2,传输效率分别 54.5% 和 51.4%。这是迄今为止在硫系光纤中传输的最高激光功率。美国海军实验室[6]利用纤芯直径为 200μm、长度为 1m 的低损耗 As-S 硫化物光纤(在 4.8μm 处的损耗为 0.75dB/m)进行了 CO 激光导能实验,在入射激光功率为 6.2W 时,输出功率为 3.2W,传输效率大于 60%,对应的激光功率密度为 126kW/cm^2。Busse 等实验证明了低损耗、小纤芯直径(<150μm)的硫系光纤可承受 CO 和 CO_2 激光作用功率密度分别达 124kW/cm^2 和 54kW/cm$^{2[16]}$。

9.4 CO_2 连续激光导能

CO_2 激光是最常用的分子气体激光,中心波长位于 $10.6\mu m$,它被广泛应用于激光加工、材料处理和外科医疗等领域。人体的细胞组织对 CO_2 激光有强烈的吸收作用,其吸收效率是 Nd:YAG($1.064\mu m$)激光的 104 倍,CO_2 激光外科手术创伤面积小和伤口深度浅,能封闭小血管及减少出血,能在基本上无热损伤的情况下精确地切除病变组织[21]。在激光医疗器械系统中往往需要对 CO_2 激光进行空间操控,常用的操控手段是关节式导光臂。然而,关节式导光臂的操控灵活性有限,极大地限制了 CO_2 激光的应用可操作性。因此,具有一定柔性的能传输 $10.6\mu m$ CO_2 激光的红外导能光纤成为迫切需求。

硫系光纤要传输 $10.6\mu m$ CO_2 激光,需要采用红外透过区域更远的硒化物或者碲化物光纤基质材料。在硫系光纤的 CO_2 激光传导方面,日本非氧化物玻璃公司开展了系列卓有成效的研究工作。Nishii 等[22]制备了纤芯和包层玻璃体系分别为 Ge-Se-Te、Ge-As-Se-Te 的硫系玻璃光纤,其纤芯和包层直径分别为 $340\mu m$ 和 $440\mu m$,在 $10.6\mu m$ 处损耗 1.8dB/m,利用长度为 1.5m 的光纤进行了 CO_2 激光的导能实验,在光纤输出端得到最大激光功率约 1.8W。随即,Nishii 等[10]用双坩埚法制备 GeSeTe 和 GeAsSe 硫系玻璃光纤,在 $10.6\mu m$ 处最低的损耗为 1.8~2.2dB/m 和 5.2~5.5dB/m,包层和纤芯直径分别为 $450\mu m$ 和 $560\mu m$,将光纤用于 $10.6\mu m$ CO_2 激光导能实验,在光纤长度为 1m 的情况下,Ge-Se-Te 和 Ge-As-Se 硫系玻璃光纤输出端可最大输出激光功率分别为 4.6W 和 2.2W,激光功率密度分别为 $2.9kW/cm^2$ 和 $1.4kW/cm^2$,光纤若两端镀 PbF_2 减反膜,且在水循环冷却工作条件下(光纤损耗会随工作温度的增加而增大,如图 9.3 所示),最大可输出 10.7W 激光,功率密度为 $6.7kW/cm^2$。美国海军实验室[6]利用细纤芯(直径为 $162\mu m$)、长度为 1m 的低损耗 Ge-As-Se-Te 碲化物光纤(在 $6.6\mu m$ 处的损耗为 0.7dB/m)进行了 CO_2 激光导能实验,在入射激光功率为 1.73W 时(对应激光功率密度为 $27kW/cm^2$)光纤输出功率 0.6W。法国雷恩第一大学 Zhang 等[7]制备了组成分别为 $Te_{20}As_{30}Se_{40}I_{10}$ 和 $Ga_5Sb_{10}Ge_{25}Se_{60}$、纤芯直径为 $500\mu m$、长度为 1m 的硫系玻璃光纤(在 $3.5\mu m$ 处的损耗分别为 1.2dB/m 和 3.5dB/m),进行了 $9.3\mu m$ CO_2 连续激光实验,实验结果显示,两种光纤激光损伤阈值分别为 $10kW/cm^2$ 和 $22kW/cm^2$。虽然硒化物和碲化物玻璃光纤(以 Ge-Se-Te、Ge-As-Se-Te 玻璃为代表)可用于 $10.6\mu m$ CO_2 连续激光导能实验,但这两种体系玻璃的折射率温度系数(dn/dT)(8×10^{-5}~$14\times10^{-5}K^{-1}$)相对于 As_2S_3($<1\times10^{-5}K^{-1}$)、Ge-As-Se($3\times10^{-5}K^{-1}$)玻璃高很多,易产生自聚焦效应[14],因此光纤激光损伤阈值也较低,不适合大功率的 CO_2 激光传输。以色列、俄罗斯、日本、德国等国家都先后开展了深入

的基础研究和光纤式 CO_2 激光手术刀的应用研究,已有商品进入市场。图 9.4 为日本非氧化物公司研制的带有操作手柄的医用激光导能 Ge-Se-Te 硫系光纤。

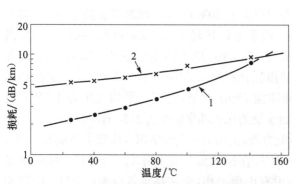

图 9.3 光纤损耗随工作温度的变化关系
1-Ge-Se-Te 光纤;2-Ge-As-Se 光纤

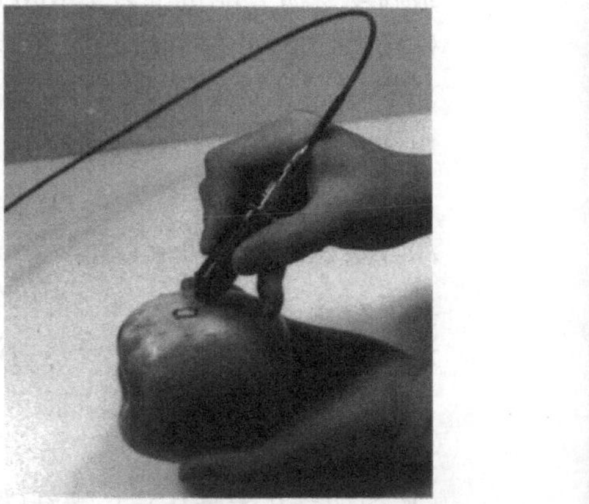

图 9.4 带有操作手柄的 Ge-Se-Te 硫系光纤

表 9.2 汇总了已报道的部分硫系光纤的 CO 和 CO_2 红外连续激光导能实验结果。

表 9.2 部分硫系光纤的 CO 和 CO_2 红外连续激光导能结果

传输激光	纤芯材料	纤芯直径/μm	光纤长度/cm	最大输入功率/W	最大输出功率/W	传输效率/%	输出端功率密度/(kW/cm²)	光纤输出端减反膜	文献
CO	As_2S_3	1000	480	—	40	—	5.0	无	[17]
	As_2S_3	1000	100	415	226	54.5	29	无	[5]
		700	100	131	100	76.3	26	镀 PbF_2	
	$Ge_{10}As_{30}S_{60}$	1000	100	350	180	51.4	23	无	
		700	100	154	105	68.2	27	镀 PbF_2	
CO_2	Ge-Se-Te	340	150	—	2	—	2.2	无	[22]
	Ge-Se-Te	450	100	24.8	5.9	23.7	3.7	无	[14]
		450	100	21.8	9.5	43.5	6.0	镀 PbF_2	

9.5 自由电子激光等脉冲激光导能

自由电子激光器(FEL)产生的红外激光可在医学上对人眼角膜进行切削,这种激光对应蛋白质吸收的中Ⅱ段 6.5μm 波长附近,非常适于软组织切削,间接热损伤可以小于 10μm。医学上自由电子激光对骨骼切削和软组织切削一般分别需要最低 30mJ 和 10mJ 的激光能量[23]。日本自由电子激光研究所 Awazu 等[12]利用 Ge-As-Se-Te/Ge-As-Se 硫系光纤锥传输 5~7μm 的 FEL 激光,实验结果表明,最高承受激光能量可达 10MW/脉冲,这种锥形硫系光纤在医疗应用领域的某些特殊场合,如狭小空间激光导入等方面,非常有利。用硫系光纤可以传输每个飞秒脉冲下高于 10MW 功率的激光(平均功率大于 10W)[24],美国海军实验室 Shaw 等[8]用 800μm 芯径的 As_2S_3 和 As_2Se_3 硫系光纤传输了 6.1μm 和 6.5μm 的 FEL 激光,激光器重复频率为 30Hz,脉宽为 17000ps,最大输出能量为 43mJ。As_2S_3 和 As_2Se_3 光纤在 6.1μm 和 6.5μm 的损耗分别为 1.5dB/m 和 0.35dB/m。实验结果显示,As_2S_3 和 As_2Se_3 光纤中均能传输 43mJ 能量(对应于平均功率为 1.3W),且光纤端面无损伤,此时光纤入射端面承受的激光功率密度为 1.2GW/cm^2。

在其他红外波段的脉冲激光导能方面,美国海军实验室深入研究了 $As_{40}S_{60-x}Se_x$ 光纤中对红外脉冲激光的传输特性[6],在传输低重复频率(1~100Hz)脉冲激光(平均功率几十毫瓦)时,光纤端面没有出现损伤,而在高重复频率(10^4Hz)的脉冲激光(平均功率几百毫瓦)辐照几分钟后,也没有观察到损伤;1m 长的 As-S-Se/As-S 硫系光纤对 2μm Ho^{3+}:YLF、3.3μm KTP OPO 脉冲激光的传输时,光纤的损伤能量阈值分别为 0.75J/cm^2 和 0.13J/cm^2,可承受最大峰值功率分别为 49.8MW/cm^2 和 9.0MW/cm^2。Sanghera 等[25]用芯径为 620μm 的 As_2S_3 光纤实现了 18mJ 的 2.94μm Er^{3+}:YAG 脉冲激光输出;他们还发现 As_2S_3 光纤可承受峰值功率为 16.9kW(对应的激光功率密度为 1.07GW/cm^2)的 2~5μm 脉冲激光作用 1.5×10^7 次不出现损伤[16]。

9.6 存在的问题

在红外激光导能方面,硫系光纤已经取得了很大进展,实现了 200W 以上的连续 CO 激光、10W 以上的连续 CO_2 激光传输,可承受的激光功率密度为 20~30kW/cm^2。在脉冲激光导能方面,硫系光纤也可承受功率密度为每平方厘米几百兆瓦以上的激光作用。但硫系光纤在红外激光导能方面也面临着一些瓶颈,主要包括:①硫系玻璃光纤目前主要以 As_2S_3 和 As_2Se_3 两种玻璃为基质材料,其玻璃软化温度较低(低于 220℃),工作时产生的热积累易使光纤端面出现热熔损伤,需要发展新型高软化温度的硫系光纤基质材料,相应的玻璃提纯制备和光纤拉制技术也必须完善和提高;②硫系玻璃的折射率随温度变化大,易导致热透镜引起自聚焦效应,从而造成光纤内部和端面损伤,需要发展新型低折射率温度系数的硫系光纤基质材料;③需要采取一些特殊措施降低自聚焦效应。

未来的红外导能光纤发展的重要方向之一必然要求其能够胜任在狭小空间和宽温度范围内传输高功率能量,因此要求光纤在保证低传输损耗和高损伤阈值的前提下,能够实现低弯曲附加损耗以及耐高低温的传输特性。

参 考 文 献

[1] 肖春,任军江,戎亮. 典型红外传能光纤的传能特性及其应用. 光纤与电缆及其应用,2011,4:1-6

[2] Tao G, Ebendorff-Heidepriem H, Stolyarov A M, et al. Infrared fibers. Advances in Optics and Photonics,2015,7(2):379-458

[3] Shiryaev V S, Churbanov M F. Trends and prospects for development of chalcogenide fibers for mid-infrared transmission. Journal of Non-Crystalline Solids,2013,377:225-230

[4] Snopatin G E, Shiryaev V S, Plotnichenko V G, et al. High-purity chalcogenide glasses for fiber optics. Inorganic Materials,2009,45:1439-1460

[5] Sato S, Igarashi K, Taniwaki M, et al. Multihundred-watt CO laser power delivery through chalcogenide glass fibers. Applied Physics Letters,1993,62(7):669-671

[6] Busse L E, Moon J A, Sanghera J S, et al. Mid-infrared power delivery through chalcogenide glass cladded optical fibers. Proceedings of SPIE—The International Society for Optical Engineering,1996:211-221

[7] Zhang X, Ma H, Lucas J. Evaluation of glass fibers from the Ga-Ge-Sb-Se system for infrared applications. Optical Materials,2004,25:85-89

[8] Shaw L B, Busse L E, Nguyen V, et al. Delivery of FEL laser energy at 6.1μm and 6.45μm with chalcogenide fibers. Pacific Rim Conference on Lasers and Electro-Optics. Technical Digest,2000:502

[9] Dianov E M, Masychev V J, Plotnichenko V G, et al. Fibre-optic cable for CO laser power transmission. Electronics Letters,1984,20(3):129-130

[10] Nishii J, Inagawa I, Morimoto S, et al. Chalcogenide glass fibers for power delivery of CO_2 laser. Proceedings of SPIE—The International Society for Optical Engineering,1990:224-232

[11] Katsuyama T, Matsumura H. Light transmission characteristics of telluride-based chalcogenide glass for infrared fiber application. Journal of Applied Physics,1994,75(6):2743-2748

[12] Awazu K, Ogino S, Nagai A, et al. Midinfrared free electron laser power delivery through a chalcogenide glass fiber. Review of Scientific Instruments,1997,68(12):4351-4352

[13] Aggarwal I D, Sanghera J S. Development and applications of chalcogenide glass of optical fibers at NRL. Journal of Optoelectronics & Advanced Materials,2002,4(3):665-678

[14] Nishii J, Morimoto S, Inagawa I, et al. Recent advances and trends in chalcogenide glass fiber technology: A review. Journal of Non-Crystalline Solids,1992,140:199-208

[15] 金杰,张巍,石立超,等. 用于 CO_2 激光传输的 10.6μm 波段空心布拉格光纤. 中国激光,2012,39(8):103-107

[16] Sanghera J S, Aggarwal I D. Active and passive chalcogenide glass optical fibers for IR applications: A review. Journal of Non-Crystalline Solids,1999,256:6-16

[17] Hattori T, Sato S, Fujioka T, et al. High-power CO laser transmission through As-S fibers. Electronics Letters, 1984, 20(20): 811-812

[18] Arai T, Kikuchi M. Carbon monoxide laser power delivery with an As_2S_3 infrared glass fiber. Applied Optics, 1984, 23(17): 3017-3019

[19] Sato S, Watanabe S, Fujioka T, et al. High power, high intensity CO infrared laser transmission through As_2S_3 glass fibers. Applied Physics Letters, 1986, 48(15): 960-962

[20] Arai T, Kikuchi M, Saito M, et al. Power transmission capacity of As-S glass fiber on CO laser delivery. Journal of Applied Physics, 1988, 63(9): 4359-4364

[21] 江源, 陈莉, 朱云青, 等. 光纤在激光医学治疗上的应用. 激光杂志, 2007, 28: 9-11

[22] Nishii J, Yamashita T, Yamagishi T. Chalcogenide glass fiber with a core-cladding structure. Applied Optics, 1989, 28(23): 5122-5127

[23] 任海萍, 刘爱珍, 徐金强. 自由电子激光器在医学中的应用. 北京生物医学工程, 2003, 22(2): 147-150

[24] Sanghera J S, Shaw L B, Aggarwal I D. Applications of chalcogenide glass optical fibers. Comptes Rendus Chimie, 2002, 5: 873-883

[25] Sanghera J S. Development and infrared applications of chalcogenide glass optical fibers. Fiber and Integrated Optics, 2000, 19: 251-274

第 10 章 硫系光纤红外传感

硫系玻璃光纤具有优良的中远红外透过特性以及抗腐蚀、抗析晶、对微波不敏感等优点,在液体、气体监测以及生物化学、微生物学、医疗诊断等领域引起了研究者的广泛关注[1]。本章首先回顾硫系玻璃光纤在传感领域的研究历程,介绍其工作原理,并对其在传感领域的应用研究进展进行概述。

10.1 研 究 历 程

硫系光纤在传感领域的应用是随着硫系玻璃提纯及光纤制备技术不断提高而发展起来的。从 20 世纪 80 年代起,研究者开始探索硫系玻璃光纤在红外传感和检测等方面的应用。1988 年美国富斯特-米勒(Foster-Miller)公司 David 等[2]首次报道了将 As-Ge-Se 红外硫系玻璃光纤用于液体中甲基乙基酮溶剂含量浓度检测,并成功对热塑性聚酰亚胺复合材料固化反应过程进行了实时监测,采用的光纤纤芯直径为 $120\mu m$,包层(硅树脂)厚度为 $90\mu m$,在 $10.6\mu m$ 处损耗为 $10\sim15dB/m$。从 1988 年起,对红外硫系玻璃光纤传感器的研究更多地集中于液体、气体监测以及生物化学、微生物学、医疗诊断等领域。1991 年 Jong 等[3]成功地用 $Ge_{27}Se_{18}Te_{55}$ 硫系玻璃光纤对丙酮、乙醇、硫酸等多种液体进行了红外光谱检测,并对氟利昂(CCl_2F_2)气体检测记录了红外光谱图。2000 年以来有关硫系光纤在液体污染物检测[4-6]、气体检测[7-9]、生物医学检测[10-12]等领域应用的研究相继被大量报道。2003 年法国雷恩第一大学 Karine 等[13]验证了 $Te_2As_3Se_5$(TAS)硫系光纤检测水源中四氯乙烯(C_2Cl_4)污染物的可行性。2003 年法国的 David 等[14]报道了一种新型拉锥后的 Te-As-Se 含包层硫系玻璃光纤(图 10.1),并成功检测出空气中含 0.5vol%浓度的乙醇和三氯甲烷微量气体。2004 年法国 Bruno 等[15]用 TAS 硫系玻璃光纤成功检测了健康人体肺细胞红外特征谱,并跟踪检测了毒剂对健康肺细胞的影响。近期有研究者用微结构硫系光子晶体光纤成功检测了 0.5vol%极低浓度的 CO_2 气体[16]。

我国在 20 世纪 80 年代末零星开展了红外硫系玻璃光纤在传感领域的研究。1989 年中国科学院上海光学精密机械研究所杨佩红等[17]用直径 2mm 的 As-Se 光纤进行了测温传感实验。但后来国内红外硫系光纤应用主要集中在红外传像束成像领域[18,19],在传感研究方面报道甚少。

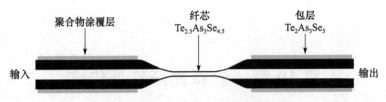

图 10.1 拉锥的 TAS 硫系玻璃光纤

表 10.1 列出了近年来用于传感领域的红外硫系玻璃光纤种类和性能参数,从表中可以看出,光纤基质主要有硒基 Se-As-Ge、Se-Ge、Se-As 和碲基 Te-As-Se、Te-Ge-Se 玻璃系统。碲基硫系玻璃光纤红外工作波段可达 18μm,而硒基硫系玻璃光纤则到 12μm,研究者更倾向将碲基硫系玻璃光纤用于红外传感。

表 10.1 已报道用于传感应用的硫系玻璃光纤

光纤基质玻璃	传输波段/μm	损耗/(dB/m)	光纤直径/μm	光纤长度/cm	参考文献
As-Ge-Se	1～8	10～15@6～10μm	120	3～6	[2]
$Ge_{27}Se_{18}Te_{55}$	6～12	1～5@5～11μm	380	5,10,15	[3]
$Te_2As_3Se_5$	2～18	1@6～10μm	100	20	[4]
$As_6Se_{10}Te_2$	2～18	1@6～10μm	100	10～20	[5]
$Te_2As_3Se_5$	2～12	1@8～9μm	40	4	[10]
$Te_2As_3Se_5$(包层) $Te_{2.5}As_3Se_{4.5}$(纤芯)	2～12	1.7@6.5～9.5μm	40	20	[13]
$Te_2As_3Se_5$	2～12	1@6～9μm	100	20	[20]
$GeSe_4$	2～10	0.5@2～8μm	400	—	[9]
$As_{40}Se_{60}$	1～8	3@1.55μm	125	100	[15]
$Ge_{21}Se_3Te_{76}$	4～16	10@11μm	—	11,21,50	[21]
$Ga_5Ge_{25}Sb_{10}Se_{60}$	2～14	2@7μm	100	—	[22]

10.2 硫系玻璃光纤红外传感工作原理

硫系玻璃光纤红外传感工作原理主要基于光纤倏逝波(fiber evanescent wave,FEWS)和全内反射(total internal reflection,TIR)原理。倏逝波是指光线以适当角度进入光纤时会以全反射方式在光纤中传播,产生一种横贯光纤的波,通过光纤与其他介质的交界处传出光纤,这种波随着传播距离快速衰减,因而被称为倏逝波。当光纤与待测样品接触时,红外光被相应特征频率的化学键吸收使得光谱上出现了特征吸收峰。根据红外硫系玻璃光纤表面倏逝波与物质接触得到的吸收光谱,不仅能够检测出待测样品中所含的化学物质及其浓度,并且能够分析生物组织变化和跟踪化学反应或者生物化学反应。这项技术不仅不会破坏物质本质,还能实现对远距离或者不可接触区域的传感。此外,光是根据全内反射在光纤中传播的,只要包围在光纤周围的待测样品是弱吸收剂,当光线射入纤芯的入射角大于临界角时就会在光纤纤芯与包层的接触界面上发生全内反射。当化学物质与光纤接触时,红外光就会在纤芯与包层的界面按照衰减全反射(attenuated total reflection,ATR)原则被部分吸收。

此外,近年来研究者将光子晶体光纤结构的硫系玻璃光纤也用于传感尝试[16]。光子晶体光纤是一种包层中包含空气孔的新型微结构光纤,通过把样品填充进光子晶体光纤包层的气孔里,使通过纤芯的激光产生的倏逝波与气孔中的样品发生相互作用,从而避免了因光纤表面粗糙导致的光强损失。由于这种光子晶体光纤中倏逝波与材料的相互作用区几乎是重合的,所以只要增加光纤的长度,就能提高光与物质的作用,检测到样品的微小变化。如当传输光波与气体吸收谱重叠时会产生吸收,输出光强会发生变化。由于气体吸收产生光强衰减,所以可以根据朗伯-比尔(Lamber-Beer)定律进行气体浓度的计算。此外,如果采用光子带隙型(PBG)光子晶体光纤进行吸收传感则更有优势。在这种光纤构成的传感器中,检测样品处于纤芯区内,由于芯区的光功率分布很高,同样是基于光强损耗原理的吸收型 PBG 光纤传感器具有极高的检测灵敏度,可大大缩小传感器的尺寸。

10.3 硫系玻璃光纤红外传感应用

中远红外区域($4000\sim600\text{cm}^{-1}$,即 $2.5\sim16.6\mu\text{m}$)覆盖了化合物的基本振动区域(表 10.2[23]),不同分子结构化合物的红外光谱的差异主要表现在第四峰区($600\sim1500\text{cm}^{-1}$),每种振动模式对每个分子都是独一无二的,因此又称指纹区。在指纹区基本振动的吸收峰强度比可见区域和近红外区域的振动要强 3~5 个数量级[24]。由于不同的物质具有独特的红外特征吸收峰,可以借助红外硫系玻璃光纤,通过红外光与化学物质相互作用的方式采集待测样品的红外吸收光谱来实现对材料成分的定性和定量分析。而硫系玻璃光纤具有很宽的红外透过范围,且具备优良的抗水、抗腐蚀、不受电磁干扰等优点,不仅可以在高温、电磁干扰、有毒等恶劣的环境中进行原位、远距离实时物质监测和鉴定,也可以实现具有红外特征吸收谱的特殊水溶液、有毒液体、生物组织、固体和气体物质的检测。

表 10.2 常见化合物的化学键振动

波数/cm^{-1}	常见的化学键振动
600~1500	单键的拉伸和弯曲振动,如 C—O,C—N,O—H,C—C,C—H 等
1500~2000	双键伸缩振动,如 C=C,C=O 等
2000~2500	三键和积累双键的伸缩振动,如 C=C=O,C≡C=N,C≡C 等
2500~4000	X(第Ⅵ元素)—H 伸缩振动,如 O—H,N—H,C—H 等

10.3.1 生物检测

生物传感器可对各种细胞新陈代谢异常进行在线原位监测,有体积小、简便、快速、灵敏度高、重现性好等优点,在医学、微生物学中有十分广阔的应用前景。不同组织细胞及同种类型但在不同状态下的细胞红外特征是不同的,因此可以通过检测其红外特征谱的变化而获得病变信息,这种技术可应用于医疗上肿瘤和癌症形成的早期快速诊断。

2003年法国雷恩第一大学Keirsse等[11]用拉锥后的$Te_2As_3Se_5$(TAS)硫系玻璃光纤、傅里叶红外光谱仪和Hg-Cd-Te探测器搭建了光纤传感装置(图10.2),利用光纤倏逝波工作原理对在不同新陈代谢(饥饿和正常喂养)条件下老鼠肝组织进行红外光谱测量(图10.3),有效检测出了病变组织细胞。

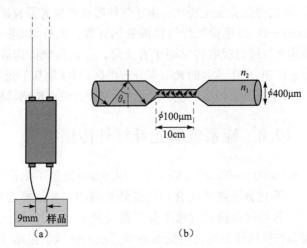

图10.2 (a)光纤传感探头示意图;(b)光在拉锥光纤传播示意图

2004年法国雷恩第一大学Bruno等[15]联合美国亚利桑那州材料实验室用TAS硫系玻璃光纤构成的装置(图10.4)成功检测了健康人体肺细胞红外特征谱,并跟踪了三重氢核(Triton X-100)毒剂对健康肺细胞影响产生的光谱特征变化情况(图10.5)。

2005年美国亚利桑那大学Pierre等[24]用TAS硫系玻璃光纤成功检测了肺上皮组织细胞暴露在Triton X-100毒剂下在$2800\sim3000cm^{-1}$波段范围内由甲基和亚甲基碳氢化合物振动引起的红外光谱变化,验证了硫系玻璃光纤用于基于细胞的生物光纤传感器的可行性。

2014年Bruno等[25]基于FEWS原理(图10.6)研究了Se基硫系光纤应用于诊断人体新陈代谢疾病,检测人体血清中是否含有肝硬化病变特征(图10.7)。硫系光纤对生物物质不敏感的特性,可以将其应用于各种不同病理的诊断。

第10章 硫系光纤红外传感

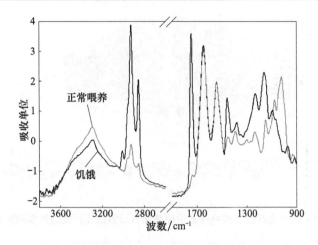

图 10.3 饥饿和正常喂养的小鼠肝组织的红外光谱图

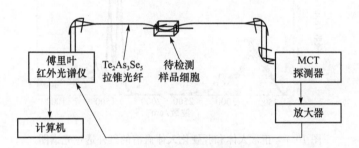

图 10.4 光纤倏逝波测试实验图

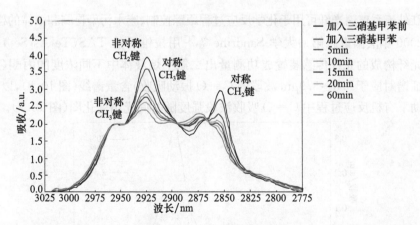

图 10.5 用 TAS 光纤测量的人体肺细胞红外光谱变化图（另见文后彩插）

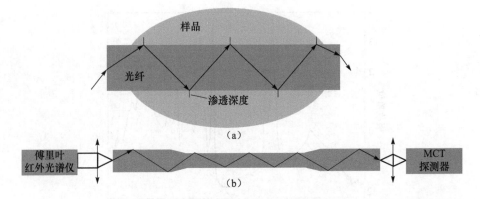

图 10.6 (a)硫系光纤红外传感倏逝波原理图；(b)锥形光纤倏逝波实验装置原理图

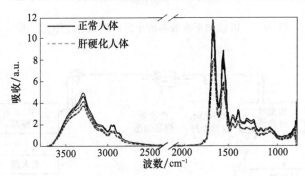

图 10.7 正常人体和肝硬化人体血清的红外透过光谱图

10.3.2 液体监测

红外硫系玻璃光纤可用于化学反应过程跟踪控制、废水污染检测和液体的检测。

2000 年法国雷恩第一大学 Sandrine 等[4]用拉锥后的 TAS($Te_2As_3Se_5$)硫系玻璃光纤构成的光纤传感装置成功测量出二氯甲烷液体中不同浓度的丙酮(其红外特征谱对应于 5.8~5.9μm 波段的 C=O 振动吸收)含量谱线(图 10.8)，以及微波辅助下有机反应过程中 C=O 吸收波段强度随时间光谱变化图(图 10.9)。

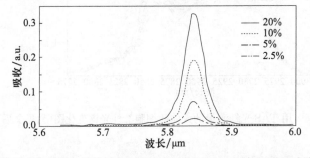

图 10.8 检测二氯甲烷中不同浓度丙酮下 C=O 键吸收强度谱

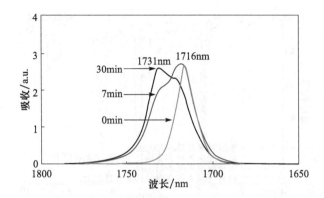

图 10.9　微波辅助下有机反应过程中 C═O 键吸收强度随时间变化谱

2003 年法国法国雷恩第一大学 Karine 等[13]将长度为 20cm 的 TAS 硫系玻璃光纤置于人造蓄水系统中,成功检测到 C_2Cl_4 有机污染物的存在,污染物最低浓度检测值为 $1×10^{-6}$(图 10.10)。

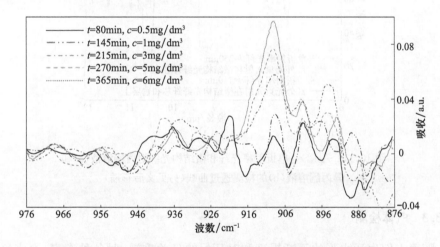

图 10.10　当光纤与 C_2Cl_4 液体接触长度为 20cm 时,在不同时间、
不同浓度下吸收光谱在 908cm^{-1} 处的变化

2004 年 Karine 等[20]还用特殊金属和塑料装置保护的 TAS 硫系玻璃光纤对巴黎工业休耕地和慕尼黑技术大学的自然蓄水系统地下水中易挥发性的 C_2Cl_4、C_2HCl_3、$C_6H_4Cl_2$ 等有机污染物进行了实地检测,获得了理想结果。

2013 年 Perrine 等[26]制备了两种不同直径(250μm 和 110μm)的 $As_{38}Se_{62}$ 单折射率光纤和微结构光纤,对比研究两种硫系玻璃光纤检测丙酮溶液和异丙醇溶液的灵敏性(图 10.11),实验结果表明,$As_{38}Se_{62}$ 硫系微结构光纤检测灵敏度要优于其单折射率光纤检测灵敏度。

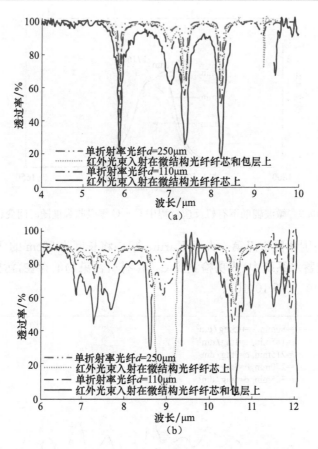

图 10.11 $As_{38}Se_{62}$ 单折射率光纤和微结构光纤对丙酮溶液(a)和
异丙酮溶液(b)的检测透过曲线(另见文后彩插)

10.3.3 气体检测

随着人们生活水平的不断提高和对环保的日益重视,对各种有毒、有害气体的探测和对大气污染、温室效应、工业废气的监测以及对食品和居住环境质量的检测等都对气体传感器提出了需求。利用不同分子结构的气体在不同能级会吸收不同频率的光子原理,可通过测量气体分子的吸收光谱来测量其浓度。硫系玻璃光纤用于气体传感主要类型为红外区域光谱吸收型,一般用来测量 CO_2、CCl_2F_2 等气体,其中 CO_2 气体的分子振动吸收峰位于 $4.2\mu m(2350cm^{-1})$ 和 $15\mu m(666cm^{-1})$。

1991 年 Jong 等[3]用日本的非氧化物玻璃公司长度为 15cm、直径为 $380\mu m$ 的 $Ge_{27}Se_{18}Te_{55}$ 硫系玻璃光纤组建的光纤传感器对丙酮、乙醇、硫酸多种液体进行了光谱检测,最低可检测浓度分别达 5vol%、3vol% 和 2vol%,并可检测到氟利昂

(CCl_2F_2)气体的存在,证明了硫系玻璃光纤传感器检测气体的可行性。

2009 年法国 Frédéric 等[7]第一次用两根直径为 $400\mu m$、$2\sim 8\mu m$ 区域平均损耗为 0.5dB/m 的 $GeSe_4$ 硫系玻璃光纤构成的光纤传感装置(图 10.12)检测出 0.5vol% 极低浓度 CO_2 气体的存在(图 10.13),响应时间和恢复时间均低于 1min。随即,他们[9]研制出蜂窝状结构 $GeSe_4$ 硫系玻璃光纤(图 10.14),并成功应用于 CO_2 气体测量,证明了微结构光纤用于 CO_2 气体检测的可行性。

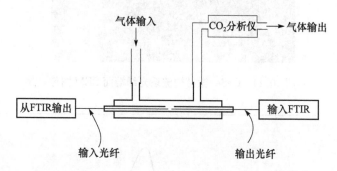

图 10.12 CO_2 气体玻璃光纤传感器实验装置图

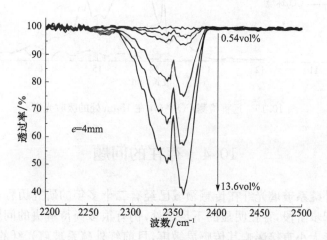

图 10.13 浓度为 0.54vol%、1.13vol%、4.2vol%、8.3vol% 和 13.6vol% CO_2 气体下对应的透过光谱

2011 年法国雷恩第一大学 Sébastien 等[21]制备了无砷环保型 $Ge_{21}Se_3Te_{76}$ 硫系玻璃光纤,光纤的红外透过范围为 $4\sim 16\mu m$,成功实现了对 $12\sim 16\mu m$ 具有特征吸收峰的 CO_2 远程测量(图 10.15),为欧洲航天局达尔文计划的实现进一步提供了保障。

图 10.14　GeSe$_4$ 微结构硫系光纤端面 SEM 图像

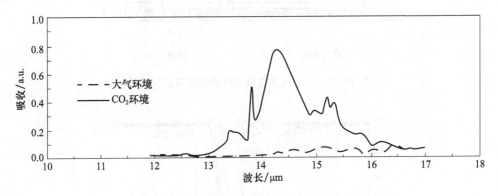

图 10.15　远程检测 CO$_2$ 气体在 15μm 处的吸收光谱

10.4　存在的问题

虽然红外硫系玻璃光纤在传感领域已经有二十多年的研究历程,但总体水平还处于实验起步阶段,存在明显的不足之处,仍有很多尚待解决的问题:①硫系玻璃光纤的损耗大小直接影响其传感灵敏度,目前红外硫系玻璃光纤的损耗还相对较高,亟须改进光纤的制备技术来不断降低其损耗;②高机械强度和高柔韧性是硫系玻璃光纤能灵活应用于各种环境下传感领域的必需条件,需进一步研制带有塑料包层的红外光纤;③目前商用硫系玻璃光纤传感器还未问世,硫系玻璃光纤传感器整机设计、集成和封装关键技术还需要解决。

参 考 文 献

[1] Bruno B,Sébastien M,Frederic C,et al. Chalcogenide glass fibers for infrared sensing and space optics. Fiber and Integrated Optics,2009,28(1):65-80

[2] David A C, Stephen L H, Norman A W, et al. In situ FT-IR analysis of a composite curing reaction using a mid-infrared transmitting optical fiber. Applied Spectroscopy, 1988, 42(6): 972-979

[3] Jong H, Monica R, Steven J S, et al. Remote fiber-optic chemical sensing using evanescent-wave interactions in chalcogenide glass fibers. Applied Optics, 1991, 30(27): 3944-3951

[4] Sandrine H, Catherine B P, Gilles F, et al. Recent developments in chemical sensing using infrared glass fibers. Journal of Non-Crystalline Solids, 2000, 274(1): 17-22

[5] Sandrine H, Catherine B P, Gilles F, et al. Chalcogens based glasses for IR fiber chemical sensors. Solid State Sciences, 2001, 3(3): 279-284

[6] Jean L A. Non-oxide glasses and their applications in optics. Journal of Non-Crystalline Solids, 2001, 287(1): 401-404

[7] Frédéric C, Bruno B, Johann T, et al. Infrared monitoring of underground CO_2 storage using chalcogenide glass fibers. Optical Materials, 2009, 31(3): 496-500

[8] Won J Y, Jong K S, Dong H C, et al. Chalcogenide optical fiber based sensor for non-invasive monitoring of respiration. Industrial Electronics & Applications, Kuala Lumpur, 2009: 617-619

[9] Frédéric C, Virginie N, Johann T, et al. Infrared optical sensor for CO_2 detection. Optical Sensors, 2009, 7356(10): 1-11

[10] David L C, Karine M, Julie K, et al. Infrared glass fibers for in-situ sensing, chemical and biochemical reactions. Comptes Rendus Chimie, 2002, 5(12): 907-913

[11] Keirsse J, Boussard-Plédel C, Loreal O, et al. IR optical fiber sensor for biomedical applications. Vibrational Spectroscopy, 2003, 32(1): 23-32

[12] Keirsse J, Boussard-Plédel C, Loreal O, et al. Chalcogenide glass fibers used as biosensors. Journal of Non-Crystalline Solids, 2003, 326: 430-433

[13] Karine M, Bruno B, Catherine P, et al. Development of a chalcogenide glass fiber device for in situ pollutant detection. Journal of Non-Crystalline Solids, 2003, 326: 434-438

[14] David L C, Catherine P, Gilles F, et al. Chalcogenide double index fibers: Fabrication, design, and application as a chemical sensor. Materials Research Bulletin, 2003, 38(13): 1745-1754

[15] Bruno B, Zhang X, Frederic S, et al. Recent advances in chalcogenide glasses. Journal of Non-Crystalline Solids, 2004, 345: 276-283

[16] Laurent B, Frédéric C, Johann T, et al. Microstructured chalcogenide fibers for biological and chemical detection: Case study: A CO_2 sensor. The 20th International Conference on Optical Fibre Sensors, 2009, 7503: 750358

[17] 杨佩红,毛锡赉,刘建蓉. 测温用硫系玻璃红外光纤. 玻璃与搪瓷, 1989, 1: 2

[18] 杨克武,魏国盛. As-S玻璃红外光纤传像束. 应用光学, 1999, 20(1): 32-35

[19] 张振远,凌根华. 硫系玻璃红外光纤. 玻璃纤维, 2005, 2: 22-28

[20] Karine M, Bruno B, Catherine P, et al. Monitoring of pollutant in waste water by infrared spectroscopy using chalcogenide glass optical fibers. Sensors and Actuators B: Chemical, 2004, 101(1): 252-259

[21] Sébastien M, Bruno B, Catherine P, et al. Selenium modified GeTe₄ based glasses optical fibers for far-infrared sensing. Optical Materials, 2011, 33(4):660-663

[22] Marie L A, Eric S, Bruno B, et al. Polymerisation of an industrial resin monitored by infrared fiber evanescent wave spectroscopy. Sensors and Actuators B: Chemical, 2009, 137(2): 687-691

[23] Animesh J, Xin J, Joris L, et al. Recent advances in mid-IR optical fibres for chemical and biological sensing in the 2-15μm spectral range. Photonics North, 2009, 7386:73860V

[24] Pierre L, David L C, Christophe J, et al. Evaluation of toxic agent effects on lung cells by fiber evanescent wave spectroscopy. Applied Spectroscopy, 2005, 59(1):1-9

[25] Bruno B, Catherine P, Shuo C, et al. Chalcogenide optical fibers for midinfrared sensing. Optical Engineering, 2014, 53(2):1-7

[26] Perrine T, Laurent B, Catherine P, et al. Comparison between chalcogenide glass single index and microstructured exposed-core fibers for chemical sensing. Journal of Non-Crystalline Solids, 2013, 377:217-219

第 11 章 硫系玻璃光纤的中红外超连续谱输出

超连续(supercontinuum)谱,简称 SC 谱,是指当窄带脉冲在非线性光学介质(如固体、液体、气体和半导体等)中,经过一系列非线性效应与色散的共同作用,使脉冲频谱得到极大展宽的一种光谱。由于石英材料在中红外区域的较强红外吸收限制了其 SC 谱向中红外波段的扩展。目前中红外乃至远红外区域($8 \sim 14 \mu m$)SC 谱的研究主要以非石英玻璃光纤为主,包括氟化物、碲酸盐和硫系玻璃光纤等。后两种光纤具有较高的非线性系数、优良的中红外透过特性,非常适合中红外 SC 谱的产生,特别是硫系光纤不仅能透中红外和远红外波段,而且非线性系数极高,是目前唯一可产生覆盖中红外到远红外波段的高非线性光纤。

11.1 发展历程

硫系光纤的 SC 谱研究始于 2005 年,加拿大拉瓦尔大学 Wei 等[1]采用波长为 $1.55 \mu m$、脉宽为 20fs(平均功率为 26mW)的激光脉冲泵浦长度为 1.5m 的传统结构单模 As_2S_3 光纤,获得了 $1.5 \mu m$ 波段的 SC 谱输出,但平坦度为 15dB 的带宽仅为 310nm,这主要是因为传统结构的硫系光纤零色散点(ZDW)受材料色散影响往往位于长波区域($>4.5 \mu m$),在正常色散区泵浦下光纤中的级联自发拉曼散射(SRS)和自相位调制(SPM)非线性效应受限,采用近红外激光泵浦传统结构硫系光纤很难获得平坦且宽的 SC 谱输出。

一般地,光纤中要获得高质量的宽 SC 谱输出,须满足两个条件:①泵浦波长与光纤的 ZDW 接近,且处于反常色散区域;②光纤须有较高的非线性系数 γ。因此,为了在硫系光纤中获得宽的红外 SC 谱输出,研究者需要设计新型结构的光纤,使 ZDW 点蓝移,同时使纤芯变细,从而使模场面积变小,光纤非线性系数增大。硫系微结构光纤和拉锥光纤因此成为研究者的首选。2005 年 12 月美国海军实验室 Sanghera 等[2]首次报道了用波长为 $2.5 \mu m$、脉宽为 100fs 的激光泵浦 1m 长的 As_2Se_3 微结构光纤,产生了 $2.1 \sim 3.2 \mu m$ 的 SC 谱,从此真正开启了硫系光纤中红外 SC 谱产生的研究。

早期的硫系光纤 SC 谱输出研究主要集中在拉锥光纤和微结构光纤中,这是因为早期的泵浦源大多为商用光纤激光器,其输出波长为近红外波段,且单脉冲能量低,更适合泵浦 ZDW 波长短、有效模场面积小、非线性系数高的光纤来实现 SC 谱的输出。随着 2014 年丹麦科技大学 Christian 等[3]利用长波工作的高峰值功率的

OPA 作为泵浦源,在阶跃型 As₂Se₃ 光纤中获得了 1.4~13.3μm 的 SC 谱后,传统结构硫系光纤中的超宽红外 SC 谱输出得到飞速发展。

近年来国内外众多的知名研究机构如美国海军实验室、英国南安普顿大学、丹麦科技大学、悉尼大学、日本丰田工业大学等,纷纷开展了硫系光纤的 SC 谱输出的研究,并取得了很好的进展。表 11.1 汇总了各类硫系光纤 SC 谱输出实验研究结果,可以看出硫系光纤的基质材料目前主要以 As₂S₃ 或 As₂Se₃ 玻璃为主,硫系微结构光纤和拉锥光纤的 SC 谱已分别扩展到 7.5μm 和 5μm,传统阶跃型光纤的 SC 谱宽度已经达到了 15.1μm,光纤长度普遍短于 10cm,最大平均输出功率已达百毫瓦量级。

表 11.1 各类硫系光纤 SC 谱输出

类型	年份	基质材料	光纤长度/cm	泵浦波长/μm	峰值功率/kW	SC 谱宽/μm	参考文献
硫系微结构光纤	2012	As₂S₃	4.5	2.3	28	1.0~3.2	[4]
	2014	As₂S₅	4.8	2.3	1.55	1.37~5.56	[5]
	2015	As₃₈Se₆₂	18	4.4	5.2	1.7~7.5	[6]
	2016	AsSe₂	2	2.7	5.2	2.2~3.3	[7]
硫系拉锥光纤	2012	As₂Se₃	5.0	1.55	3.5	0.85~2.35	[8]
	2013	As₂S₃	0.21	2.04	—	1~3.7	[9]
	2014	As₂Se₃	10	1.94	—	1.1~4.4	[10]
	2015	As₂Se₃	15	3.4	500	1.5~4.8	[11]
硫系阶跃型光纤	2012	Ge-Sb-Se	200	1.95	—	1.85~2.95	[12]
	2014	As₂Se₃	8.5	6.3	2290	1.4~13.3	[3]
	2015	Ge-As-Se	11	4.0	3	1.8~10	[13]
	2016	As₂Se₃	3	9.8	2890	2.0~15.1	[14]

11.2 硫系光纤非线性效应产生机理

光纤中 SC 谱的产生是一个非常复杂的物理过程,涉及众多的线性和非线性效应之间的相互作用。要详细分析每一种效应在光谱展宽过程中所起的作用是一项困难的工作。尤其是在不同的光纤参数和泵浦激光参数下,引起光谱展宽的主要机制有显著差别,甚至出现多种效应之间的相互竞争。然而,脉冲光在光纤中传输时频域和时域的演化可由广义非线性薛定谔方程(GNLSE)来表示,利用该方程,光纤中 SC 谱产生的物理现象可以得到很好的分析和理解。本节首先讨论时域和频域的 GNLSE 及其数值解法;其次简述 SC 谱产生中涉及的色散和各种非线性效应;最后对在不同实验条件下 SC 谱产生的主要机理进行总结[15]。

11.2.1 时域 GNLSE 及其数值解法

非线性光纤光学的发展已经十分成熟,时域 GNLSE 的推导过程在很多文献和专著中都可以查阅到,这里直接给出该方程的具体形式。但是为了能够更好地理解该方程中各个物理量的意义和具体表达形式,以便能准确而有效地应用该方程,有必要对该方程推导过程中所涉及的简化条件和适用范围进行简要说明。最后详细介绍该方程的数值求解方法及相关技术。

1. 时域 GNLSE

光纤中光脉冲传输由 GNLSE 来表征,该方程可由麦克斯韦方程组推导而得到,其具体形式为

$$\frac{\partial A}{\partial z} + \frac{\alpha}{2}A - \sum_{k \geqslant 2} \frac{i^{k+1}}{k!} \beta_k \frac{\partial^k A}{\partial T^k}$$
$$= i\gamma \left(1 + \tau_{\text{shock}} \frac{\partial}{\partial T}\right) \left[A(z,T) \int_{-\infty}^{+\infty} R(T') |A(z, T-T')|^2 dT'\right] \quad (11.1)$$

下面对时域 GNLSE 进行介绍和说明:

(1) 在推导该方程时假设:电场在光纤中传输时,偏振方向沿 x 方向不变;光场是准单色的,即对中心频率为 ω_0 的频谱,其谱宽为 $\Delta\omega$,且 $\Delta\omega/\omega_0 \ll 1$;采用慢变包络近似,把电场的快变部分分离,并且忽略慢变包络的二阶导数。所以电场可表示为

$$\widetilde{E}(r,t) = \frac{1}{2}\hat{x}F(x,y)\{A(z,t)\exp[-i(\omega_0 t - \beta_0 z)] + \text{c.c.}\} \quad (11.2)$$

式中,$\hat{x}$ 为单位偏振矢量,$F(x,y)$ 为光纤中的横向模分布,$A(z,t)$ 表示复电场的慢变包络,β_0 为传输常数。

(2) β_k 表示传输常数 $\beta(\omega)$ 在中心角频率 ω_0 处泰勒级数展开的第 k 阶系数。

$$\beta(\omega) = \beta_0 + \beta_1(\omega - \omega_0) + \frac{1}{2}\beta_2(\omega - \omega_0)^2 + \frac{1}{6}\beta_3(\omega - \omega_0)^3 + \cdots \quad (11.3)$$

式中,$\beta_k = \left(\frac{d^k \beta(\omega)}{d\omega^k}\right)_{\omega=\omega_0}$,$k = 1, 2, 3, \cdots$。

(3) $R(t)$ 是归一化的拉曼(Raman)响应函数,即 $\int_{-\infty}^{+\infty} R(t) dt = 1$,具体形式为

$$R(t) = (1 - f_R)\delta(t) + f_R h_R(t) \quad (11.4)$$

式中,f_R 表示延时拉曼响应对非线性极化 P_{NL} 的贡献,$h_R(t)$ 为拉曼响应函数。

(4) 方程(11.1)右边的时间导数项与自陡和光学冲击形成有关,τ_{shock} 可表示为

$$\tau_{\text{shock}} = \tau_0 + \frac{d}{d\omega}\left[\ln \frac{1}{n_{\text{eff}}(\omega) A_{\text{eff}}(\omega)}\right]_{\omega_0}$$
$$= \frac{1}{\omega_0} - \left[\frac{1}{n_{\text{eff}}(\omega)} \frac{dn_{\text{eff}}(\omega)}{d\omega}\right]_{\omega_0} - \left[\frac{1}{A_{\text{eff}}(\omega)} \frac{dA_{\text{eff}}(\omega)}{d\omega}\right]_{\omega_0} \quad (11.5)$$

式中，$n_{\text{eff}}(\omega)$ 表示模式的有效折射率；$A_{\text{eff}}(\omega)$ 称为有效模场面积，定义为

$$A_{\text{eff}} = \frac{\left(\iint_{-\infty}^{+\infty} |F(x,y)|^2 \mathrm{d}x\mathrm{d}y\right)^2}{\iint_{-\infty}^{+\infty} |F(x,y)|^4 \mathrm{d}x\mathrm{d}y} \tag{11.6}$$

(5) 二阶极化率 $\chi^{(2)}$ 对应于二次谐波产生以及和频等非线性效应，在某些分子结构呈反演对称的介质中才不为零。光纤中最低阶非线性效应起源于 $\chi^{(3)}$，自相位调制(SPM)、交叉相位调制(XPM)和四波混频(FWM)等非线性效应起源于 $\text{Re}(\chi^{(3)})$，而受激布里渊散射(SBS)和受激拉曼散射(SRS)起源于 $\text{Im}(\chi^{(3)})$。

(6) α 表示损耗，单位为 dB/m；γ 表示非线性系数，定义为

$$\gamma = \frac{n_2 \omega}{c A_{\text{eff}}} \tag{11.7}$$

在方程(11.1)中引入以群速度 v_g 随脉冲向前移动的参考系，即

$$T = t - \frac{z}{v_g} \equiv t - \beta_1 z \tag{11.8}$$

2. 时域 GNLSE 数值解法

方程(11.1)所表示的 GNLSE 是非线性偏微分方程，一般情况下没有解析解。当忽略高阶色散、自陡和延迟拉曼散射时，方程才有解析解，如孤子解。由于上述高阶色散和非线性效应在 SC 谱产生中起着极其重要的作用，所以必须考虑在内，这就需要对方程(11.1)进行数值求解。目前广泛采用的求解方法是分步傅里叶法(split-step Fourier method, SSFM)[15,16]。

GNLSE 可以改写成如下形式：

$$\frac{\partial A}{\partial z} = (\hat{D} + \hat{N}) A \tag{11.9}$$

式中，$\hat{D}$ 表示色散算符，$\hat{N}$ 表示非线性算符，这两个算符的具体表达式分别为

$$\hat{D} = \sum_{k \geqslant 2} \frac{i^{k+1}}{k!} \beta_k \frac{\partial^k}{\partial T^k} - \frac{\alpha}{2} \tag{11.10}$$

$$\hat{N} = i \frac{\gamma}{A(z,T)} \left(1 + \tau_{\text{shock}} \frac{\partial}{\partial T}\right) \left[A(z,T) \int_{-\infty}^{+\infty} R(T') |A(z, T-T')|^2 \mathrm{d}T' \right] \tag{11.11}$$

由卷积定理，非线性算符可改写为

$$\hat{N} = i \frac{\gamma}{A(z,T)} \left(1 + \tau_{\text{shock}} \frac{\partial}{\partial T}\right) \{ A(z,T) F^{-1} [\widetilde{R}(\omega) F(|A(z,T)|^2)] \} \tag{11.12}$$

式中，F 表示傅里叶变换，F^{-1} 表示傅里叶逆变换，$\widetilde{R}(\omega) = F[R(T)]$。

光场在光纤中传输时,色散和非线性效应是同时作用的。分步傅里叶法的思想是:对于足够短的传输距离 h,色散和非线性效应分别作用,从而得到近似结果。即从 z 传输到 $z+h$ 分两步进行,第一步只有非线性效应作用,第二步只有色散作用。在数学上可表示为

$$A(z+h,T) \approx \exp(h\hat{D})\exp(h\hat{N})A(z,T) \tag{11.13}$$

当只考虑色散算符时,由于 $\hat{D}$ 与 z 无关,在傅里叶域下按式(11.14)计算:

$$\exp(h\hat{D})A(z,T) = F^{-1}\{\exp[h\hat{D}(-i\omega)]F[A(z,T)]\} \tag{11.14}$$

式中,$\hat{D}(-i\omega)$ 由式(11.10)将 $\partial/\partial T$ 用 $-i\omega$ 代替得到,ω 为傅里叶域中的频率。

当只考虑非线性算符时,由于 $\hat{N}$ 与 z 有关,严格来说,在计算 $\hat{N}$ 时需要将 $\hat{N}$ 在步长 h 范围内对 z 进行积分。但当 h 足够小时,可以用 $\hat{N}h$ 来近似表示积分。所以,非线性步可以按式(11.15)计算:

$$\exp\left(\int_z^{z+h}\hat{N}(z')\mathrm{d}z'\right)A(z,T) \approx \exp(h\hat{N})A(z,T) \tag{11.15}$$

为了提高计算精度,可以采用对称 SSFM[17]:对于足够短的传输距离 h,在 $h/2$ 的距离内,只考虑色散的作用,得到 $A(z+h/2,T)$。然后利用 $A(z+h/2,T)$ 求非线性算符 $\hat{N}$,再考虑 $z\sim z+h$ 范围内非线性作用。最后考虑剩下 $h/2$ 段的色散作用。上述过程完成了从 z 到 $z+h$ 的传输(图 11.1)。经过长为 L 的光纤传输,整个过程可以用数学表示为

$$A(L,T) \approx \exp\left(-\frac{h}{2}\hat{D}\right)\left[\prod_{m=1}^{M}\exp(h\hat{D})\exp(h\hat{N})\right]\exp\left(\frac{h}{2}\hat{D}\right)A(0,T) \tag{11.16}$$

式中,$M=L/h$,步长 h 不必为等间距的。由式(11.16)可知,除第一步和最后一步的色散处理在 $h/2$ 的步长上进行,所有中间步都在步长 h 上进行。所以,采用对称 SSFM 时,计算量也几乎不会增加,可以将误差由 h 的二次项降低到 h 的三次项。

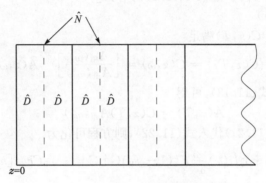

图 11.1 对称分步傅里叶法示意图

11.2.2 频域 GNLSE

虽然时域 GNLSE 被广泛应用于研究光纤中的非线性现象,但是在模拟光纤中 SC 谱产生时,主要是讨论入射光在频域的极大展宽,频域 GNLSE 更能直观地表示与频率有关的物理量,如色散、损耗以及有效模场面积等。特别重要的是,当光纤色散、损耗以及非线性效应与频率密切相关时,频域 GNLSE 能更方便地引入这些与频率有关的物理量。

光纤中脉冲演化的频域 GNLSE 具体形式为

$$\frac{\partial \widetilde{A}'}{\partial z} = i\bar{\gamma}\exp(-\hat{L}(\omega)z)F\left[\overline{A}(z,T)\int_{-\infty}^{+\infty}R(T')\mid\overline{A}(z,T-T')\mid^2 dT'\right] \tag{11.17}$$

式中,$\overline{A}(z,T)$ 与输入场包络的关系为

$$\overline{A}(z,T) = F^{-1}\left[\frac{\widetilde{A}(z,\omega)}{A_{\text{eff}}^{1/4}(\omega)}\right] \tag{11.18}$$

$\bar{\gamma}(\omega)$ 的定义为

$$\bar{\gamma}(\omega) = \frac{n_2 n_{\text{eff}}(\omega_0)\omega}{cn_{\text{eff}}(\omega)A_{\text{eff}}^{1/4}(\omega)} \tag{11.19}$$

需要注意的是,$\bar{\gamma}(\omega)$ 与非线性系数 $\gamma(\omega)$ 量纲并不相同。线性算符 $\hat{L}(\omega)$ 的具体表达式为

$$\hat{L}(\omega) = i[\beta(\omega) - \beta(\omega_0) - \beta_1(\omega_0)(\omega - \omega_0)] - \frac{\alpha(\omega)}{2} \tag{11.20}$$

$\widetilde{A}'(z,\omega)$ 与输入场包络的关系为

$$\widetilde{A}'(z,\omega) = \widetilde{A}(z,\omega)\exp[-\hat{L}(\omega)z] \tag{11.21}$$

将式(11.4)代入式(11.17)并应用卷积定理,该方程可化解为

$$\frac{\partial \widetilde{A}'}{\partial z} = i\bar{\gamma}(\omega)\exp[-\hat{L}(\omega)z]\cdot F\{\overline{A}(z,T)[(1-f_R)\mid\overline{A}(z,T)\mid^2 \\ + f_R F^{-1}(\widetilde{h}_R F(\mid\overline{A}(z,T)\mid^2))]\} \tag{11.22}$$

式中,$\widetilde{h}_R = F(h_R(t))$。

定义新的变量 $C(z,T)$ 满足

$$F\{C(z,T)\} = \widetilde{C}(z,\omega) = \left[\frac{A_{\text{eff}}(\omega)}{A_{\text{eff}}(\omega_0)}\right]^{-1/4}\widetilde{A}(z,\omega) \tag{11.23}$$

将式(11.23)代入式(11.18),可得

$$\overline{A}(z,T) = C(z,T)A_{\text{eff}}(\omega_0)^{-1/4} \tag{11.24}$$

将式(11.24)和式(11.21)代入式(11.22),则方程可化为

$$\frac{\partial \widetilde{C}}{\partial z} = \hat{L}(\omega)\widetilde{C} + i\gamma\hat{L}(\omega)\frac{\omega}{\omega_0}F\{(1-f_R)C\mid C\mid^2 + f_R CF^{-1}[\widetilde{h}_R F(\mid C\mid^2)]\} \tag{11.25}$$

式中，$\gamma(\omega)$ 的表达式为

$$\gamma(\omega) = \frac{n_2 \omega_0 n_{\text{eff}}(\omega_0)}{c n_{\text{eff}}(\omega)\sqrt{A_{\text{eff}}(\omega)A_{\text{eff}}(\omega_0)}} \tag{11.26}$$

如果进一步引入变量 $\widetilde{C}_\text{I}(z,\omega)$ 满足

$$\widetilde{C}_\text{I}(z,\omega) = \exp[-\hat{L}(\omega)z]\widetilde{C}(z,\omega) \tag{11.27}$$

则方程(11.25)可进一步化解为

$$\frac{\partial \widetilde{C}_\text{I}}{\partial z} = \text{i}\gamma(\omega)\frac{\omega}{\omega_0}\exp[-\hat{L}(\omega)z]F\{(1-f_\text{R})C|C|^2 + f_\text{R}CF^{-1}[\tilde{h}_\text{R}F(|C|^2)]\} \tag{11.28}$$

方程(11.25)和(11.28)均可以在频域中直接进行求解。在求解时域 GNLSE (11.1)时，如果考虑到非线性色散，需要求解式(11.5)中的导数，这容易引入数值误差，而频域 GNLSE(11.22)、(11.25)和(11.28)能够很方便地将频率有关的色散、损耗、有效模场面积以及非线性系数引入数值模拟中而无需在有限的采样点上求数值导数。另外，在用时域 GNLSE(11.1)处理非线性传输时，需要在时域上求数值导数，这也容易引入数值误差，而频域 GNLSE 是在频域中处理非线性传输步，无需进行数值求导，这也是频域 GNLSE 的另一个优点。

11.2.3 SC 谱产生中的色散和非线性效应

SC 谱产生中的光谱展宽是色散和非线性效应相互作用的结果，要理解光谱展宽的物理机制，需要对各种非线性效应有深入的理解。色散对各种非线性效应相互作用都有影响，所以本节从色散开始，介绍 SC 谱产生中涉及的各种效应，并结合 SC 谱的产生介绍各种效应导致光谱展宽的物理机制[15]。

1. 色散

色散起源于光在光纤中的传播速度，与波长和模式有关。色散的类型包括材料色散、波导色散、模式色散和偏振模色散。其中模式色散与多模传输有关，偏振模色散来源于两种不同的偏振态在光纤中的传输。这里不考虑多模传输和双折射光纤，所以不讨论模式色散和偏振模色散，主要讨论材料色散和波导色散。

材料色散起源于材料折射率随波长的变化。波导色散起源于纤芯和包层之间光分布的变化。波导色散较小，但是很重要，在很多时候需要利用光纤的波导色散来改变总色散以及 ZDW。

通常将传输常数 $\beta(\omega)$ 在中心角频率 ω_0 处展开成泰勒级数来解释色散，如式(11.3)所示。β_1 与群速度 v_g 的关系为

$$\beta_1 = \frac{1}{v_\text{g}} = \frac{n_\text{g}}{c} \tag{11.29}$$

式中，n_g 表示群折射率。β_2 表示群速度色散(GVD)，由于脉冲包络以群速度传输，GVD 来自于脉冲中不同波长分量具有不同的传输速度。$\beta_2 > 0$ 的波长范围称为正常色散区，光脉冲的红移分量比蓝移分量传输得快；$\beta_2 < 0$ 的波长范围称为反常色散区，光脉冲的蓝移分量比红移分量传输得快；$\beta_2 = 0$ 的波长称为零色散波长(ZDW)。在实际应用中，还经常用到色散参量 D，它和 β_2 及 n_{eff} 的关系为

$$D = -\frac{2\pi c}{\lambda^2}\beta_2 = -\frac{\lambda}{c}\frac{\mathrm{d}^2 n_{\text{eff}}}{\mathrm{d}\lambda^2} \tag{11.30}$$

在 SC 谱产生中，色散除了导致脉冲展宽和脉冲畸变，更重要的是它与非线性效应相互作用，对非线性频谱展宽和非线性频率转换有着重要的影响[18]。例如，相位匹配的 FWM、孤子形成、高阶孤子分裂及色散波产生等。在本节后续内容中可知群速度失配会限制相互作用长度，影响脉冲间的 XPM，群速度匹配在孤子对色散波的捕获方面也至关重要[19]。

2. 自相位调制(SPM)和交叉相位调制(XPM)

SPM 和 XPM 起源于与光强有关的折射率。

$$n = n_L + n_2 I \tag{11.31}$$

式中，n_L 表示线性折射率。SPM 是指光脉冲在光纤中传输时，光自身的强度对折射率调制而引起非线性相移。如果考虑光纤损耗 α，定义光纤的有效长度 L_{eff} 为

$$L_{\text{eff}} = [1 - \exp(-\alpha L)]/\alpha \tag{11.32}$$

式中，L 为光纤长度。则自相位调制引起的非线性相移可表示为

$$\phi_{\text{NL}} = \frac{2\pi}{\lambda} n_2 L_{\text{eff}} I \tag{11.33}$$

非线性相移导致频率偏离中心频率或形成频率啁啾。相对于中心频率 ω_0 的频率变化 δ_ω 可表示为

$$\delta_\omega(T) = -\frac{\partial \phi_{\text{NL}}}{\partial T} = -n_2 k_0 L_{\text{eff}} \frac{\mathrm{d}I}{\mathrm{d}T} \tag{11.34}$$

δ_ω 的时间相关性称为频率啁啾。由式(11.34)可知，SPM 导致频率啁啾随传输不断增大，即新的频率分量不断产生，意味着 SPM 使光谱展宽。展宽效率依赖于光强在时域上的分布。频率啁啾在脉冲前沿为负、后沿为正，分别对应于光谱的红移和蓝移。

当两束或多束不同波长的光在光纤中共同传输时，折射率不仅与光束自身的光强有关，而且还与共同传输的其他光波有关。后者就是 XPM 的起源。当假设两个线偏振的脉冲在单模光纤中传输，频率分别为 ω_1 和 ω_2，在准单色近似的条件下，电场可以表示为

$$E(r,t) = \frac{1}{2}\hat{x}[E_1 \exp(-\mathrm{i}\omega_1 t) + E_2 \exp(-\mathrm{i}\omega_2 t)] + \text{c.c.} \tag{11.35}$$

假设不满足相位匹配条件，可以得到一个与强度有关的非线性相移

$$\phi_j^{NL} = \frac{2\pi}{\lambda_j} n_2 L_{eff}(|E_j|^2 + 2|E_{3-j}|^2) \tag{11.36}$$

式中，$j=1$ 或 2。其中第一项表示 SPM，第二项为 XPM。由式(11.36)可知，对于相同的光强，XPM 的作用是 SPM 的 2 倍。将式(11.36)对时间求导，会出现 dI/dt 的项，此项表明 SPM 和 XPM 对短脉冲更为有效。

上述讨论是在忽略色散的情况下进行的，实际上色散是不能忽略的。由于 SPM 和正常 GVD 都在脉冲前沿产生负的频率啁啾，在脉冲后沿产生正的频率啁啾，会使脉冲在时域和频域同时展宽[20]。而 SPM 和反常 GVD 共同作用，则会产生光学孤子。在 SC 谱产生中，XPM 相当复杂，一般情况下，共同传输的两脉冲不仅群速度不同，而且 GVD 也不同，它们将以不同的速度传输，导致两脉冲之间的走离，限制 XPM 的作用，所以群速度匹配很重要。

3. 四波混频(FWM)

与 SPM 和 XPM 相同，FWM 也是三阶非线性效应。由于光纤中的 FWM 能有效产生新的光波，人们对它进行了广泛的研究，其主要特点可通过三阶极化项来理解：

$$P_{NL} = \varepsilon_0 \chi^{(3)} \vdots E^3 \tag{11.37}$$

假设所考虑的 4 个光场同向传输，而且沿光纤传输保持线偏振态不变，总电场 E 可表示为

$$E = \frac{1}{2}\hat{x}\sum_{j=1}^{4} E_j \exp[i(\beta_j z - \omega_j t)] + c.c. \tag{11.38}$$

式中，$\beta_j = n_j \omega_j/c$（n_j 是相应光波的模式有效折射率），将式(11.38)代入式(11.37)，同时将 P_{NL} 表示成与 E 相同的形式，有

$$P_{NL} = \frac{1}{2}\hat{x}\sum_{j=1}^{4} P_j \exp[i(\beta_j z - \omega_j t) + c.c.] \tag{11.39}$$

可以发现，$P_j(j=1\sim4)$ 由许多包含三个电场积的项组成。例如，P_4 可表示为

$$P_4 = \frac{3\varepsilon_0}{4}\chi_{xxxx}^{(3)}\{[|E_4|^2 + 2(|E_1|^2 + |E_2|^2 + |E_3|^2)]E_4$$
$$+ 2E_1 E_2 E_3 \exp(i\theta_+) + 2E_1 E_2 E_3^* \exp(i\theta_-) + \cdots\} \tag{11.40}$$

式中，θ_+ 和 θ_- 定义为

$$\theta_+ = (\beta_1 + \beta_2 + \beta_3 - \beta_4)z - (\omega_1 + \omega_2 + \omega_3 - \omega_4)t \tag{11.41}$$

$$\theta_- = (\beta_1 + \beta_2 - \beta_3 - \beta_4)z - (\omega_1 + \omega_2 - \omega_3 - \omega_4)t \tag{11.42}$$

式(11.40)中，含 E_4 的项对应于 SPM 和 XPM 效应，其余项对应于 FWM。这些项中有多少项在 FWM 中起作用，取决于由 θ_+ 和 θ_- 等相位失配量所支配的 E_4 和 P_4

之间的相位失配。这就需要频率以及波矢之间的匹配,后者通常被称为相位匹配。从量子力学的观点来看,一个或几个光波的光子湮灭,同时产生几个不同频率的新光子,且在这过程中,能量和动量是守恒的,这个过程就称为FWM过程。

在方程(11.40)中,有两类FWM项。含θ_+的项对应于三个光子将能量转移给一个光子ω_4,当$\omega_1=\omega_2=\omega_3$时,对应于三次谐波的产生。通常,在光纤中很难满足使这些过程高效发生的相位匹配条件。含θ_-的项表示最有效的FWM过程,对应于两个光子湮灭,同时产生两个新光子。能量守恒和相位匹配条件可以写为

$$\omega_3 + \omega_4 = \omega_1 + \omega_2 \tag{11.43}$$

$$\Delta k = \beta_3 + \beta_4 - \beta_1 - \beta_2 = (n_3\omega_3 + n_4\omega_4 - n_1\omega_1 - n_2\omega_2)/c = 0 \tag{11.44}$$

当$\omega_1 \neq \omega_2$时,需要入射两束泵浦波。当$\omega_1=\omega_2$时,满足$\Delta k=0$相对要容易一些,光纤中的FWM大多数属于这种部分简并FWM。在物理上,它用类似于SRS的方法来表示。频率为ω_1的强泵浦波产生两对称的边带,频率分别为ω_3和ω_4,其频移为

$$\Omega = \omega_1 - \omega_3 = \omega_4 - \omega_1 \tag{11.45}$$

假定$\omega_3 < \omega_4$,直接与SRS类比,频率为ω_3和ω_4的光分别称为斯托克斯(Stokes)光和反斯托克斯(anti-Stokes)光。

上述讨论是基于准连续光或连续光条件,对于短脉冲,要有效产生FWM,不仅需要相位匹配条件,而且要求泵浦光,斯托克斯光和反斯托克斯光群速度匹配。

4. 受激拉曼散射(SRS)与孤子自频移(SSFS)

在任何分子介质中,自发拉曼散射将一小部分入射光功率由一光束转移到另一频率下移的光束中,频率下移量由介质的振动模式决定,此过程称为拉曼效应。用量子力学描述为:一个能量为$\hbar\omega_p$的入射光子被一个分子散射成为另一个能量为$\hbar\omega_s$的低能量光子,称为斯托克斯光,同时分子跃迁到一个更高的振动态。对于很强的泵浦场,一旦斯托克斯光产生,它将作为种子,泵浦光迅速将能量不断转移到斯托克斯光,产生SRS。SRS只发生在泵浦脉冲和斯托克斯脉冲的走离长度内。

在连续或准连续情况下,斯托克斯波的初始增长可描述为

$$\frac{I_s}{dz} = g_R I_p I_s \tag{11.46}$$

式中,I_s是斯托克斯光强,I_p是泵浦光强。拉曼增益系数$g_R(\Omega)$($\Omega \equiv \omega_p - \omega_s$)是描述SRS最重要的量。在光纤中,$g_R$一般与光纤纤芯的成分有关,且随掺杂的不同而变化很大,它还受泵浦光与斯托克斯波是否是同偏振或正交偏振影响。g_R可以由$\text{Im}[\tilde{h}_R(\Omega)]$获得

$$g_R(\Omega) = \frac{\omega_0}{cn(\omega_0)} f_R \chi^{(3)}_{xxxx} \text{Im}[\tilde{h}_R(\Omega)] \tag{11.47}$$

式中,$\tilde{h}_R(\Omega)$为拉曼响应函数$h_R(t)$的傅里叶变换。

多振动模式模型能很好地表示实际的拉曼增益谱[21],拉曼响应函数为

$$h_R(t) = \sum_{i=1}^{13} \frac{A_i'}{\omega_{v,i}} \exp(-\gamma_i t) \exp(-\Gamma_i^2 t^2/4) \sin(\omega_{v,i} t) \theta(t) \quad (11.48)$$

式中,$A_i = A_i'/\omega_{v,i}$,$\Gamma_i = \pi c \times$ 高斯 FWHM,$\gamma_i = \pi c \times$ 洛伦兹 FWHM,$\omega_{v,i} = \pi c \times$ 分量位置,$\theta(t)$为单位阶跃函数。

对于脉冲宽度小于 0.1ps 的孤子,有足够宽的光谱与拉曼增益谱叠加。通过拉曼效应,光谱中的高频分量作为泵浦,将能量不断地转移到低频部分,该过程称为脉冲内拉曼散射。脉冲内拉曼散射使得孤子中心频率不断红移,该过程称为孤子自频移(SSFS)。在忽略损耗的情况下,基态孤子红移速率可表示为

$$\frac{dv_0}{dz} = \begin{cases} -\dfrac{8|\beta_2|}{2\pi \cdot 15 T_0^4} T_R, & T_0 \gg 76\text{fs} \\ -\dfrac{0.09|\beta_2|\Omega_R^2}{2\pi T_0}, & T_0 \approx < 76\text{fs} \end{cases} \quad (11.49)$$

式中,T_0是孤子脉冲宽度;T_R与拉曼增益谱的斜率有关。需要指出的是,在这里忽略了β_3以上的高阶色散,三阶色散对 SSFS 速率的影响已经被详细研究过,另外,自陡效应也会影响 SSFS 速率[22]。

5. 光孤子与色散波

光孤子是一种特殊的波包,它由色散和非线性效应相互作用而形成,可以传输很长的距离而不变形。SPM 使脉冲前沿红移,脉冲后沿蓝移,而在正常 GVD 区,红移分量比蓝移分量传输得快,所以正常 GVD 与 SPM 相互作用,使得脉冲不断展宽;在反常 GVD 区,红移分量比蓝移分量传输得慢,SPM 实际上延迟了反常 GVD 区的脉冲展宽,此时如果 SPM 和 GVD 相互平衡,脉冲在传输过程中将不改变形状。

从数学上来讲,只考虑 SPM 和 GVD,GNLSE 简化为非线性薛定谔方程(NLSE),该方程具有解析解

$$A(z,T) = \sqrt{P_0} \operatorname{sech}\left(\frac{T}{T_0}\right) \exp\left(\frac{i\gamma P_0}{2} z\right) \quad (11.50)$$

式中,峰值功率P_0和脉冲宽度T_0满足条件$N=1$,N表示孤子阶数,定义为

$$N^2 = \frac{L_D}{L_{NL}} = \frac{\gamma P_0 T_0^2}{|\beta_2|} \quad (11.51)$$

式中,色散长度$L_D = T_0^2/|\beta_2|$,非线性长度$L_{NL} = 1/(\gamma P_0)$。N 的物理意义是它决定了色散和非线性效应哪种起主要作用。$N \ll 1$,色散起主要作用;$N \gg 1$,SPM 起主要作用;$N \approx 1$,SPM 和 GVD 在脉冲演化过程中起同等重要的作用。由式(11.50)可知,基态孤子在传输过程中形状和光谱都不变。在 $0.5 < N < 1.5$ 范围内,基态孤子都能形成,即使入射脉冲的宽度和峰值功率在很宽的范围内改变,也

不妨碍孤子形成。

$N \geqslant 2$ 的孤子称为高阶孤子,高阶孤子在光纤中传输时,脉冲的形状和光谱都将周期性演化,周期为

$$z_0 = \frac{\pi}{2} L_D z_0 = \frac{\pi}{2} L_D \tag{11.52}$$

孤子在传输过程中会受到高阶色散的扰动[23,24],这种扰动使孤子很不稳定,并通过切伦科夫辐射(Cherenkov radiation)发射色散波[25,26]。色散波的波长由简单的相位匹配条件决定,该条件要求色散波的传播速度与孤子相同。频率为 ω 的光波相位变化为 $\phi = \beta(\omega)z - \omega t$,则色散波和孤子的相位为

$$\phi(\omega_d) = \beta(\omega_d)z - \omega_d(z/v_g) \tag{11.53}$$

$$\phi(\omega_s) = \beta(\omega_s)z - \omega_s(z/v_g) + \frac{1}{2}\gamma P_s z \tag{11.54}$$

式中,ω_d 和 ω_s 分别为色散波和孤子的频率,v_g 和 P_s 分别为孤子的群速度和峰值功率。

孤子在反常色散区传输。当 $\beta_3 > 0$ 时,色散波位于孤子的短波边;当 $\beta_3 < 0$ 时,色散波位于孤子的长波边。

色散波的群速度不需要与孤子的群速度一致,然而理论和实验都表明它们在时域上会有交叠,这种交叠与孤子俘获有关[19]。色散波和拉曼频移孤子一旦相互接近,就会通过 XPM 发生相互作用[27],这种相互作用改变了色散波的频谱,使两者以相同的速度传输。换句话说,拉曼孤子捕获色散波,拖着它一起向前传输。既然孤子和色散波在时域上叠加而且共同传输,它们也能以 FWM 的形式相互作用,这个过程进一步使 SC 谱展宽和平坦化[28]。

11.2.4 SC 谱产生的主要机理

光纤中 SC 谱的产生不仅与光纤参数有关,而且与泵浦激光的参数密切相关。对于光纤参数,通常按正常 GVD 区和反常 GVD 区来介绍 SC 谱的产生机理;对于泵浦激光参数,通常按飞秒脉冲和长脉冲来介绍 SC 谱的产生机理。因为很多非线性相互作用产生的光谱会出现在 ZDW 的两边,所以本节按泵浦脉冲宽度来分别介绍 SC 谱产生的主要机理[15]。

1. 飞秒脉冲泵浦产生 SC 谱

首先考虑在光纤反常 GVD 区用飞秒脉冲泵浦产生 SC 谱。在这种情况下,与孤子有关的传输效应是光谱展宽的主要机制[29]。主要过程依次为:高阶孤子传输演化,孤子分裂,SSFS,色散波产生,孤子俘获,其中还伴随有 XPM 和 FWM。

对于足够高峰值功率的入射脉冲所形成的高阶孤子,孤子阶数由式(11.51)决

定。在传输的初始阶段,主要机制是高阶孤子的传输演化,如果忽略高阶色散和高阶非线性效应,高阶孤子在时域和频谱上将进行周期性演化,周期由式(11.52)表示。但是,高阶色散和高阶非线性效应并不能忽略。在飞秒泵浦下,高阶色散和拉曼效应是两个扰动高阶孤子周期性演化的最重要因素。通过扰动使高阶孤子分裂,因此高阶孤子在传输中并不能周期性地恢复到初始状态,而是在经历初始阶段的时域压缩和频谱展宽后,脉冲分裂为一系列基态孤子,并且基态孤子数等于 $\bar{N}$。处于主导地位的扰动与入射脉冲宽度有关,脉宽超过 200fs 的入射脉冲,带宽足够窄,通常拉曼扰动占主导地位;对于脉冲宽度小于 20fs 的脉冲,主要是色散扰动引起脉冲分裂。

高阶孤子分裂发生的距离通常对应于其光谱达到最大带宽的位置。该距离称为分裂长度,经验表达式为 $L_{fiss} \approx L_D/N$。基态孤子从高阶孤子中一个个按次序分裂出来。越早分裂出的孤子,峰值功率越高,脉宽越短。由于孤子带宽与拉曼增益谱交叠,SSFS 使孤子不断地移向长波,频移速率由式(11.49)表示。结果,越早分裂出的孤子脉宽越短,在相同的传输距离上,频移量更大,红移速度更快。在时域上,由于位于反常 GVD 区,最早产生的基态孤子因红移到长波,有更小的群速度,随着在光纤中的传输,延迟时间 T 不断增大。

由于在红移过程中经历不断变化的 β_2,分裂的基态孤子将调节自身的脉冲宽度和峰值功率以保持 $N=1$。在高阶色散扰动下,孤子将产生色散波。孤子捕获色散波,通过 XPM 和 FWM 来产生附加的频率成分,增加了 SC 谱的光谱宽度[30]。

在正常 GVD 区,光谱展宽主要来自于 SPM 和正常 GVD 的相互作用,正如 11.2.3 节所述,它们都在脉冲前沿产生负的频率啁啾,在脉冲后沿产生正的频率啁啾,使得脉冲在时域和频域同时得到展宽。脉冲宽度越短,非线性频谱展宽越宽。由于在光谱展宽的同时,脉冲宽度也变宽,峰值功率降低,限制了非线性光谱展宽。

如果在接近 ZDW 处的正常 GVD 区泵浦,SPM 展宽的部分光谱会进入反常色散区,此时,与孤子有关的一系列效应将在光谱展宽过程中起重要作用。除 SPM 外,FWM 和 SRS 也会使部分能量转移到反常 GVD 区。

2. 长脉冲泵浦产生 SC 谱

除了采用飞秒脉冲作为泵浦源来产生 SC 谱,还可以采用长脉冲光源作为泵浦源,主要包括皮秒、纳秒甚至 CW。

首先考虑在反常 GVD 区泵浦。对于长脉冲泵浦,由式(11.51)可知,在该脉冲宽度下的高峰值功率脉冲可以形成更高阶数的高阶孤子。但事实上,随着脉冲宽度的逐渐变宽,在传输的初始阶段,孤子分裂过程越来越不重要,这是因为分裂长度随脉冲宽度增加,$L_{fiss}=L_D/N \propto T_0$。

在正常 GVD 区泵浦时,初始阶段光谱展宽的主要机制是相位匹配的 FWM 和 SRS[31]。考虑到相位匹配条件,如果级数求和在 GVD 项 β_2 处截断,相位匹配要求 $\beta_2<0$,但是很多时候高阶色散不能忽略。在考虑高阶色散的情况下,光纤正常 GVD 区也能满足相位匹配条件,这在理论和实验上都得到了证实[32,33]。FWM 和 SRS 之间会相互影响,因为相位匹配 FWM 增益比最大拉曼增益大得多,所以在满足相位匹配和群速度匹配的条件下,FWM 将起主要作用,否则 SRS 起主要作用。

在远离 ZDW 的正常 GVD 区泵浦时,相位匹配的 FWM 边带相对于泵浦频率有很大的频移。因为能量的转移需要不同的频谱分量在时域上叠加,所以该条件下相位匹配的 FMW 受群速度失配的影响较大,降低了 FWM 效率。因此,在传输的初始阶段,光谱展宽主要由级联 SRS 引起[34]。随着进一步传输,SPM 和 XPM 共同作用使各级拉曼光谱展宽进而合并成连续谱,如果级联 SRS 所产生的斯托克斯光靠近 ZDW,斯托克斯光的 FWM 也会发挥作用,使光谱得到进一步展宽。

在靠近 ZDW 的正常 GVD 区泵浦时,相位匹配的 FWM 在初始阶段起主要作用。随着进一步传输,位于正常 GVD 区的 FWM 边带将发生 SRS,导致反斯托克斯光的光谱展宽。如果斯托克斯光处于反常 GVD 区,与孤子有关的一系列效应将在光谱展宽过程中起主要作用[35]。需要说明的是,输入脉冲在泵浦波长处的光谱也会展宽,当展宽的光谱扩展到反常 GVD 区时,也会通过孤子效应使光谱进一步展宽。

11.3 传统阶跃型硫系光纤红外 SC 谱输出

传统阶跃型硫系光纤红外 SC 谱输出研究始于 2005 年,加拿大拉瓦尔大学 Wei 等[1]首次报道了采用波长为 $1.55\mu m$、脉宽为 20fs 的激光泵浦 1.5m 长的传统单模 As_2S_3 光纤,获得了如图 11.2 所示的 $1.5\mu m$ 波段 SC 谱输出。

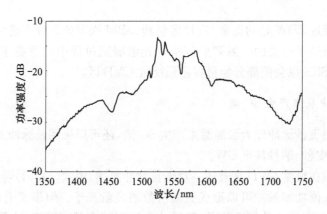

图 11.2 传统单模 As_2S_3 光纤 SC 谱输出

2012年2月,美国 AdValue Photonics 公司的 Geng 等[12]采用掺铒纳秒石英光纤激光器激发掺铥石英光纤,输出 1.95μm 飞秒脉冲(泵浦源结构如图 11.3 所示)泵浦 2m 长的 Ge-Sb-Se 多模光纤,在±20dB 的动态范围内获得了 1.85~2.95μm 的 SC 谱输出。从图 11.4 可以看出,光谱展宽的主要非线性机制是级联拉曼散射。

图 11.3 泵浦源结构示意图

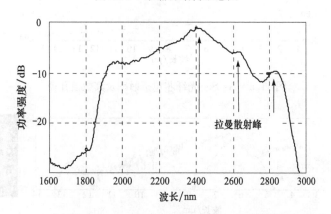

图 11.4 Ge-Sb-Se 多模光纤 SC 谱输出

虽然传统阶跃型硫系光纤结构简单,制备相对容易,但由于其 ZDW 波长受材料色散影响往往位于长波区域,采用短波长激光脉冲在正常色散区泵浦,光纤中的级联 SRS 和 SPM 非线性效应受限,很难获得平坦且宽的 SC 谱输出。因此,在传统阶跃型硫系光纤中欲获得宽的 SC 谱输出,主要采用长波红外的激光脉冲(以 OPA 或 OPO 为主)泵浦。目前常用的传统阶跃型光纤以 As_2S_3 和 As_2Se_3 玻璃光纤为主,其光谱透过范围分别为 0.7~7μm 和 1~10μm。

2014年9月,丹麦科技大学 Christian 等[3]利用挤压法制备出了纤芯为 As_2Se_3 玻璃、包层为 $Ge_{10}As_{23.4}Se_{66.6}$ 玻璃的阶跃型硫系光纤,光纤数值孔径高达 2.675,ZDW 为 5.83μm(图 11.5)。采用 OPA 激光器(工作波长为 6.3μm,脉冲宽度为 100fs,峰值功率为 2.29MW,频率为 1kHz)泵浦 85mm 长的光纤,获得了强度动态范围±40dB、覆盖 1.4~13.3μm 波段的 SC 谱输出,如图 11.6 所示。

2014年10月,澳大利亚悉尼大学 Darren 等[36]利用 OPCPA 激光脉冲(工作波长为 3.1μm,脉宽为 67fs)泵浦阶跃型 As_2S_3 光纤(纤芯/包层直径分别为 9μm/170μm,NA=0.32,ZDW=4μm)。当脉冲峰值功率达到 520kW 时,在光纤中产生了 1.59~5.89μm 的 SC 谱,其平均功率为 8mW。

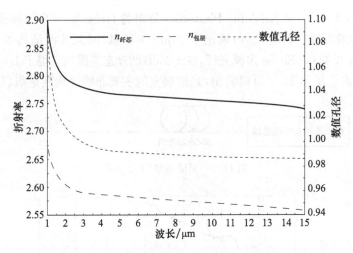

图 11.5　As_2Se_3 光纤芯包折射率及其数值孔径

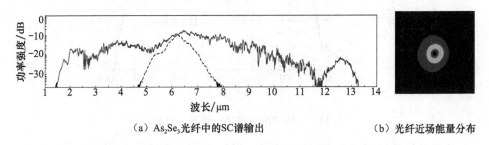

（a）As_2Se_3光纤中的SC谱输出　　　　　　　　（b）光纤近场能量分布

图 11.6　(a) As_2Se_3 光纤输出 SC 谱；(b)光纤近场能量分布

2014 年 11 月，加拿大 Francis 等[37]采用工作波长为 $4.56\mu m$、脉宽为 130fs 的 OPA 激光脉冲泵浦 70cm 长的大芯径阶跃型 As_2S_3 光纤（纤芯直径为 $100\mu m$，ZDW=$4.5\mu m$）。如图 11.7 所示，当输入脉冲能量为 $10\mu J$ 时，产生了强度动态范围±20dB、覆盖 $1.5\sim7\mu m$ 波段的 SC 谱。同时，Théberge 等还探究了在不同长度光纤中，输出能量与输入能量之间的关系，如图 11.8 所示。在较短的光纤中虽然输出能量随着输入能量的增大在不断增大，但是输出光谱的宽度并没有得到明显展宽。这是因为 As_2S_3 光纤在约 $7\mu m$ 处的损耗吸收限制了光谱向长波方向的进一步展宽。

2015 年 2 月，江苏师范大学杨志勇等采用工作波长为 $4.1\mu m$、脉宽为 320fs、峰值功率为 3.7kW、频率为 10.5MHz 的 OPA 激光秒冲泵浦 13.5cm 长的 Ge-As-Se 光纤（纤芯/包层直径分别为 $5.5\mu m/250\mu m$，NA=1.3，ZDW=$3.4\mu m$），获得了平均功率为 3mW、覆盖 $1.8\sim9.8\mu m$ 波段的 SC 谱输出[38]。

2015 年 3 月，澳大利亚国立大学 Yu 等[13]通过管棒法制备了阶跃型 Ge_{12}

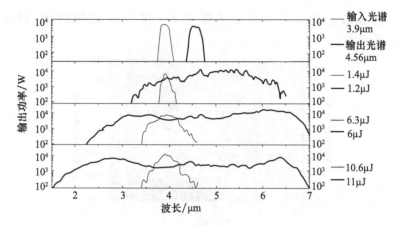

图 11.7 大芯径阶跃型 As_2S_3 光纤 SC 谱输出

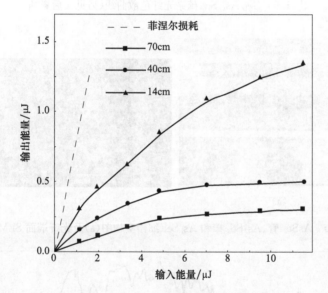

图 11.8 不同长度 As_2S_3 光纤中输出能量与输入能量之间的关系

$As_{24}Se_{64}$ 光纤,其 NA=1.3,ZDW=3.2μm,色散曲线如图 11.9 所示,色散值 D@4.0μm=21.77ps/(nm·km),非线性系数 $\gamma=0.25W^{-1}\cdot m^{-1}$。采用工作波长为 4.0μm、脉宽为 330fs、频率为 21MHz 的 OPA 激光脉冲泵浦,在较低的阈值泵浦功率(约 3000W)下获得了覆盖 1.8~10μm 波段的 SC 谱输出。

2016 年 4 月,日本丰田工业大学 Cheng 等[14]通过如图 11.10 所示的管棒法制备出了纤芯直径为 15μm 的阶跃型 As_2Se_3 光纤,其 ZDW=5.5μm。泵浦源为差频激光器输出的脉宽为 170fs、平均功率为 3.1mW、频率为 1kHz 的 9.8μm 长波长脉冲。在该波长处,群速度色散 $\beta_2=-369.3ps^2/km$,$\gamma=62.3W^{-1}\cdot km^{-1}$,且孤子数

$N=67$。在 3cm 长的光纤中获得了覆盖 $2\sim15.1\mu m$ 波段的 SC 谱输出,如图 11.11 所示。

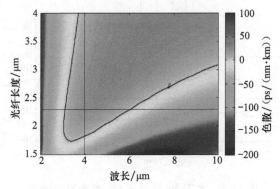

图 11.9　$Ge_{12}As_{24}Se_{64}$ 硫系光纤色散曲线(另见文后彩插)

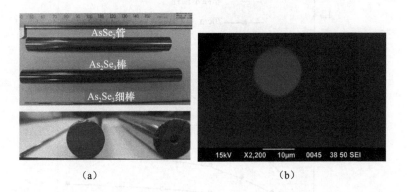

图 11.10　$AsSe_2$ 管、As_2Se_3 棒和 As_2Se_3 细棒实物图(a)及光纤端面 SEM 图(b)

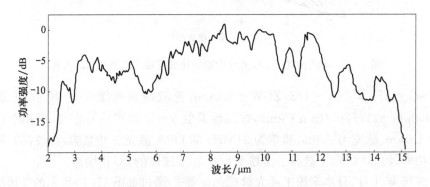

图 11.11　阶跃型 As_2Se_3 光纤 SC 谱 SRS 输出

2016 年 6 月,国防科学技术大学张斌等[39]在阶跃型 As_2S_3 光纤中获得了基于级联拉曼散射效应的中红外 SC 谱输出。As_2S_3 光纤的纤芯直径为 $9.2\mu m$,包层直径为170μm，NA＝0.3，其传输截止波长为3.5μm。采用工作波长为2050nm、脉宽为32ps、峰值功率为2kW、频率为1MHz的掺铥光纤激光器在光纤端面的不同位置泵浦1.7m长的As_2S_3光纤，得到了如图11.12(a)所示的SC光谱输出。从该光谱中可以看出，在不同位置泵浦，光纤中的级联拉曼散射效应的强度以及斯托克斯光波的形成也会不同。当采用峰值功率为11.8kW的激光脉冲在最佳位置泵浦As_2S_3光纤时，获得了覆盖2～3.4μm波段的SC谱输出，如图11.12(b)所示。

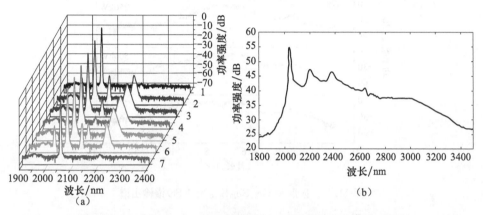

图11.12　(a)在As_2S_3光纤端面不同位置泵浦获得的SC谱输出；
(b)最佳位置泵浦获得的SC谱输出

2016年7月，宁波大学戴世勋等[40]拉制了无As环保型Ge-Sb-Se光纤，研究了其激光损伤和三阶非线性光学特性，纤芯$Ge_{15}Sb_{25}Se_{60}$玻璃在3μm飞秒激光作用下的损伤阈值为3674GW/cm^2，在1.5μm处的非线性折射率n_2为$19×10^{-18}$$m^2$/W，高出$As_2Se_3$玻璃$n_2$值($9.8×10^{-18}$$m^2$/W)和激光损伤阈值(1524GW/$cm^2$)近2倍。图11.13为$As_2Se_3$和$Ge_{15}Sb_{25}Se_{60}$玻璃在平均功率为30mW(功率密度为4408GW/cm^2)，3μm飞秒激光辐射20s后表面激光损伤形貌。通过管棒法制备了

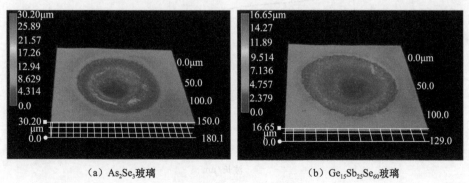

(a) As_2Se_3玻璃　　　　　　　　　(b) $Ge_{15}Sb_{25}Se_{60}$玻璃

图11.13　硫系玻璃在飞秒激光作用下的表面损伤图

纤芯直径为 23μm 的阶跃型 $Ge_{15}Sb_{25}Se_{60}$ 光纤,NA=1.0,ZDW=5.5μm,采用波长为 6μm、脉宽为 150fs、峰值功率为 750kW、频率为 1kHz 的 OPA 激光脉冲泵浦 20cm 长的光纤,获得了覆盖 1.8~14μm 波段的 SC 谱输出,如图 11.14 所示。

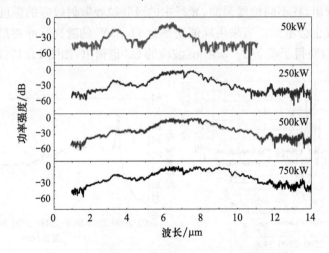

图 11.14　阶跃型 $Ge_{15}Sb_{25}Se_{60}$ 光纤 SC 谱输出谱

2016 年 8 月,江苏师范大学杨志勇等利用管棒法制备了纤芯为 $Ge_{15}Sb_{15}Se_{70}$ 玻璃、包层为 $Ge_{20}Se_{80}$ 玻璃的硫系光纤,芯包直径分别为 6μm 和 260μm,其折射率如图 11.15(a)所示,NA=1.1,ZDW≈4.2μm[41]。采用工作波长为 4.485μm、脉宽为 330fs、峰值功率为 6.9kW(平均功率为 66mW)的 OPA 激光脉冲泵浦 11cm 长的光纤,获得了如图 11.15(b)所示的平均输出功率 17mW、覆盖 2.2~12μm 波段的高亮度 SC 谱输出。

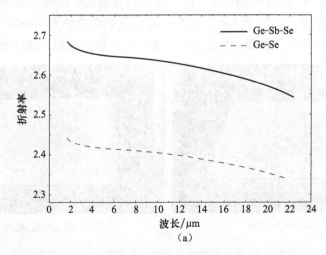

(a)

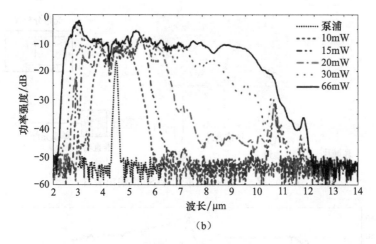

图 11.15 (a)$Ge_{15}Sb_{15}Se_{70}$ 光纤的纤芯和包层玻璃折射率随波长的变化关系；
(b)不同功率泵浦下 SC 谱输出

11.4 硫系拉锥光纤红外 SC 谱输出

硫系拉锥光纤可实现低功率激光阈值泵浦下 SC 谱的产生,这主要因为硫系拉锥光纤制备简单,还可灵活控制光纤的色散和非线性大小,当光纤拉锥区域的纤芯直径非常小,超短脉冲传输到该区域时,脉冲可以达到非常高的功率密度,可产生非常强的非线性效应,更容易在低阈值泵浦功率下产生 SC 谱。

2008 年澳大利亚悉尼大学 Dong-II 等[42]将传统结构的 As_2Se_3 光纤(纤芯和包层直径分别为 $7.7\mu m$ 和 $170\mu m$,NA=0.2)拉制成腰椎直径为 $0.95\mu m$ 的拉锥光纤(拉锥长度为 30mm),拉锥光纤 SEM 图如图 11.16 所示。采用波长 $1.55\mu m$、脉宽 1.2ps、频率 9MHz 的脉冲激光器进行激发,当峰值功率仅为 7.8W 时,产生了 $1.15\sim1.7\mu m$ 的 SC 输出。

2011 年美国中佛罗里达大学光学中心 Soroush 等[8]制备了 As_2Se_3(芯)/As_2S_3(包层)/PES 塑料(外包层)的传统结构光纤,并将其拉锥成长度为 5cm、锥腰直径 480nm 的光纤,采用 $1.55\mu m$、1ps 调 Q 激光器进行泵浦,实验装置如图 11.17 所示。当峰值功率为 3.5kW 时,获得了 $0.85\sim2.35\mu m$ 的近红外 SC 谱输出,如图 11.18 所示。

图 11.16 As_2Se_3 拉锥光纤 SEM 图

2012 年美国斯坦福大学 Alireza 等[43]用 $3\mu m$ OPO 飞秒激光器(脉宽 100fs,

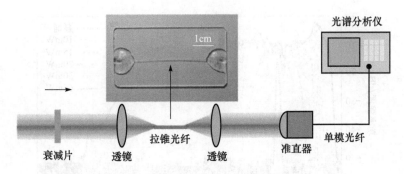

图 11.17 As_2Se_3 拉锥光纤 SC 谱输出装置

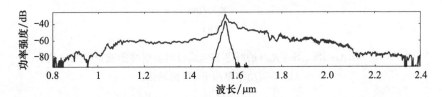

图 11.18 As_2Se_3 拉锥光纤 SC 谱输出

平均功率 47mW)激发 As_2S_3 拉锥光纤(拉锥前的纤芯和包层直径分别为 7μm 和 160μm,拉锥后光纤锥腰直径为 2.3μm,拉锥长度为 20mm)获得了 2.3~4.7μm 的 30dB 中红外 SC 谱输出,如图 11.19 所示。

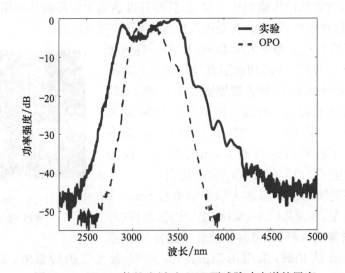

图 11.19 As_2S_3 拉锥光纤对 OPO 泵浦脉冲光谱的展宽

2013 年 4 月,加拿大麦吉尔大学 Al-Kadry 等[44]将传统结构的 As_2Se_3 光纤 (纤芯直径为 6μm)拉制成锥腰直径为 1.28μm 的拉锥光纤,其结构及色散曲线分别如图 11.20 和图 11.21 所示，ZDW 波长蓝移到 1.73μm 处。采用波长 1.55μm、脉宽 260fs、峰值功率 18.8W、频率 20MHz 的激光脉冲泵浦 10cm 长的拉锥光纤，得到了覆盖 1.26～2.2μm 的 SC 谱输出。

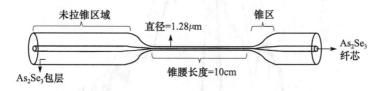

图 11.20　As_2Se_3 拉锥光纤结构

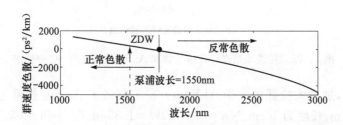

图 11.21　As_2Se_3 拉锥光纤色散曲线

2013 年 8 月，美国斯坦福大学 Charles 等[9]利用搭建的在线拉锥平台，如图 11.22(a)所示，将纤芯直径为 7μm、包层直径为 160μm、NA＝0.2 的传统结构 As_2S_3 光纤拉制成了锥腰直径为 2μm、长度为 2.1mm 的拉锥光纤，其 ZDW 为 1.95μm。采用波长 2.04μm、脉宽 100fs、平均功率 450mW 的掺 Tm^{3+} 锁模光纤激光器进行泵浦，获得了 1～3.7μm 的 SC 谱输出，如图 11.22(b)所示。

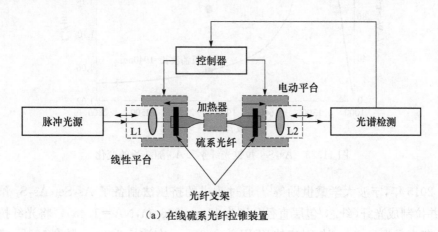

(a) 在线硫系光纤拉锥装置

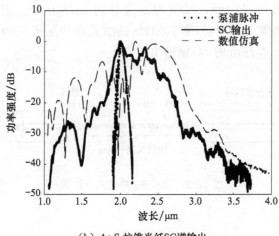

(b) As_2S_3 拉锥光纤SC谱输出

图 11.22　在线硫系光纤拉锥装置和 As_2S_3 拉锥光纤 SC 谱输出

2014 年，加拿大拉瓦尔大学 Al-Kadry 等[10]制备了 As_2Se_3 拉锥光纤，当锥腰直径为 1.6μm、长度为 10cm、NA＝0.2、ZDW＝1.85μm 时，γ 和 A_{eff} 随波长的变化如图 11.23 所示，在 1.94μm 处，$\beta_2=-130ps^2/km$，$A_{eff}=1.13\mu m^2$，$\gamma=32.2W^{-1}\cdot m^{-1}$。采用波长 1.94μm、脉宽 800fs、能量 500pJ 的掺 Tm^{3+} 锁模光纤激光器泵浦，获得了 1.1～4.4μm 的 SC 谱输出。

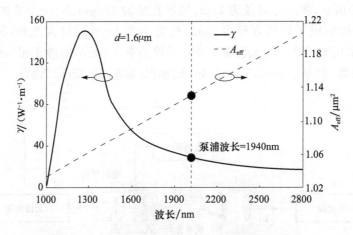

图 11.23　As_2Se_3 拉锥光纤 γ 和 A_{eff} 随波长的变化

2015 年，宁波大学戴世勋等[11]通过改进的挤压法制备了 As_2Se_3-As_2S_3 预制棒，并拉制成光纤(纤芯/包层直径分别为 11μm/246μm，NA＝1.45)。将光纤拉锥至纤芯直径为 1.9μm 时，对应的 ZDW 为 3.3μm。在波长 3.4μm、脉宽 100fs、峰值功率 500kW 的 OPA 激光泵浦脉冲作用下,获得了覆盖 1.5~4.8μm 的 SC 谱输出(4.8μm 波长以上 SC 谱受光谱仪测量范围限制),光谱输出如图 11.24 所示。

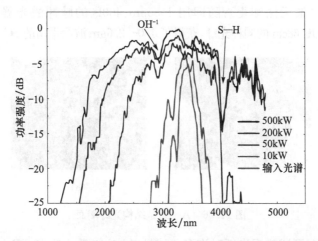

图 11.24　As$_2$Se$_3$-As$_2$S$_3$ 拉锥光纤 SC 谱输出(另见文后彩插)

11.5　硫系微结构光纤红外 SC 谱输出

硫系微结构光纤可将硫系玻璃优良的透红外和高非线性折射率特性与微结构光纤的结构设计灵活、非线性和色散可控的优势结合起来,为其在红外 SC 谱非线性应用带来了发展。

2005 年美国海军实验室 Shaw 等[2]用 2.5μm 飞秒激光器泵浦 1m 长的六边形 As$_2$Se$_3$ 微结构光纤(其光纤预制棒如图 11.25 所示),产生了 2.1~3.2μm 的 SC 谱输出。随后同实验室的 Sanghera[45]用同一激光器泵浦 1m 长的 As$_2$S$_3$ 微结构光纤,得到 2~3.6μm 的 SC 谱输出。

2009 年法国勃艮第大学 Julien[46]等利用波长 1.55μm、脉宽 8.3ps 激光泵浦 1.15m 长的六边形 As$_2$Se$_3$ 硫系微结构光纤,当平均泵浦功率为 1mW 时,产生了 1.1~1.75μm 的 SC 谱输出。

近年来,研究者采用了一种占空比大的悬吊芯硫系微结构光纤来产生 SC 谱,这种光纤的 ZDW 位于较短波长处,且 A$_{eff}$ 极小,光纤 γ 值极大,在低激光泵浦功率下容易产生 SC 谱。

2010 年法国科学研究中心 Mohammed 等[47]首次制备出悬吊芯的 As$_2$S$_3$ 微结构光纤,如图 11.26 所

图 11.25　六边形 As$_2$Se$_3$ 微结构光纤预制棒

示。光纤 ZDW 为 2.1μm，γ 值为 2750W^{-1}·km^{-1}，利用 1.5μm 的皮秒激光器泵浦 45m 长的光纤，获得了 1.45～1.7μm 波段较平坦的 SC 谱输出（受测量仪器限制，1.7μm 以上 SC 谱无法测得）；随即用 1.55μm、400fs 的脉冲激光器（峰值功率为 5.6kW）泵浦长度 68cm 的同种光纤，获得了 1.0～2.6μm 波段平坦的 SC 光谱输出[48]。

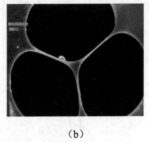

(a)　　　　　　　　　(b)

图 11.26　As_2S_3 微结构光纤端面

正常色散区泵浦硫系光纤时许多非线性效应，如孤子效应、FWM 等并不能充分发挥作用，SC 谱展宽有限。而在反常色散区近零色散点泵浦可以产生多种非线性综合效应，实现 SC 谱的极大展宽。初始脉冲传输通过 SPM 使频谱展宽，随着进一步传输，脉冲频谱扩展到拉曼增益谱区，SRS 开始起作用，频谱发生红移，大部分能量转移到长波长，形成拉曼孤子，并产生孤子自频移（SSFS）。因此，在反常色散区泵浦硫系光纤可产生较宽的 SC 谱输出。

2012 年，法国勃艮第大学 Savelii 等[4]在制备了 As_2S_3 悬吊芯光纤基础上（光纤参数：$A_{eff}=6.5\mu m^2$，$\alpha@2.3\mu m=1dB/m$，$ZDW=2.3\mu m$，$\gamma=1175W^{-1}\cdot km^{-1}$，$n_2=2.8\times10^{-18}m^2/W$），采用钛宝石泵浦的 OPO 激光器（波长 2.3μm，脉宽 200fs，平均功率 450mW）激发 45mm 长的光纤，获得了 1～4.0μm 的中红外 SC 谱输出。SC 谱产生装置及其光谱输出分别如图 11.27 和图 11.28 所示。

2013 年日本丰田工业大学 Gao 等[49]深入研究了悬吊芯的 As_2S_3 微结构光纤（纤芯和包层直径分别为 3.2μm 和 160μm，$\alpha@2.0\mu m=1.2dB/m$，在 2.5μm 处，$\gamma=894.2W^{-1}\cdot km^{-1}$，$n_2=3\times10^{-18}m^2/W$，$A_{eff}=8.43\mu m^2$，$ZDW=2.5\mu m$），光纤端面及其色散曲线分别如图 11.29 和图 11.30 所示；并研究了在 OPO 脉冲激光（脉宽为 200fs，波长调谐范围为 1.72～3.2μm，平均功率为 201mW）作用下，光纤

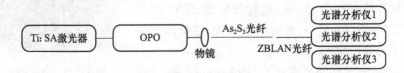

图 11.27　As_2S_3 光纤 SC 谱输出实验装置

第 11 章 硫系玻璃光纤的中红外超连续谱输出

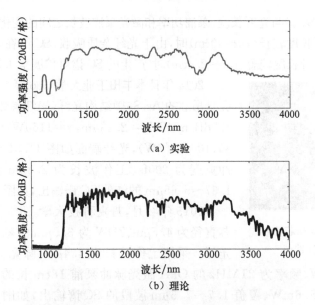

图 11.28 As_2S_3 微结构光纤的实验和理论 SC 谱输出

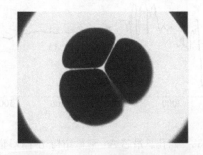

图 11.29 As_2S_3 微结构光纤端面

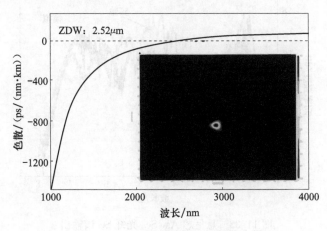

图 11.30 As_2S_3 微结构光纤色散曲线

产生的中红外 SC 谱与光纤长度、泵浦功率和激光泵浦波长之间的变化规律。实验结果发现,当光纤长度较长(20～40cm)时,由于光纤杂质吸收,SC 谱在 2.7μm 处呈现不连续性;当光纤长度较短(1.3～2.4cm)时,产生的 SC 谱可扩展至 4.5μm 以上。

图 11.31 四孔悬吊芯 As_2S_5 微结构光纤端面

2014 年日本丰田工业大学 Gao 等[5]制备了一种四孔悬吊芯的 As_2S_5 微结构光纤(光纤参数:$\alpha@2.0\mu m=1.5dB/m$,$ZDW=2.28\mu m$,$\gamma=1160W^{-1}\cdot km^{-1}$,$n_2=3\times10^{-18}m^2/W$),光纤端面如图 11.31 所示。采用脉冲宽度为 200fs、工作波长为 2.3μm 泵浦,获得了 1.37～5.65μm 的红外 SC 谱输出,如图 11.32 所示。

2015 年 2 月,丹麦科技大学 Uffe 等[6]制备了纤芯直径为 4.5μm、ZDW 为 3.5μm 的悬吊芯 $As_{38}Se_{62}$ 光纤。采用工作波长为 4.4μm、脉宽为 320fs、峰值功率为 5.2kW、频率为 21MHz 的 OPA 激光脉冲泵浦 18cm 长的光纤,获得了平均功率为 15.6mW、覆盖 1.7～7.5μm 波段的 SC 谱输出,如图 11.33 所示。

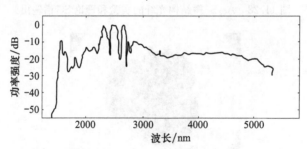

图 11.32 四孔悬吊芯 As_2S_5 微结构光纤 SC 谱输出

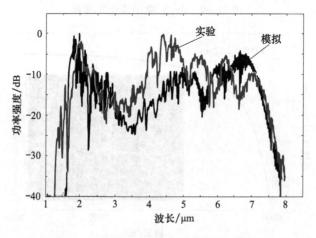

图 11.33 悬吊芯 $As_{38}Se_{62}$ 光纤 SC 谱输出

除悬吊芯微结构,研究者还通过设计和制备其他结构硫系微结构光纤来实现中红外 SC 谱输出。2009 年日本丰田工业大学 Liao 等[50]用传统的堆积法制备了一种以碲酸盐玻璃为包层、As_2S_3 玻璃为纤芯的复合微结构光纤,其端面如图 11.34 所示,光纤的 γ 值约为 $930W^{-1} \cdot km^{-1}$,ZDW 为 $1.65\mu m$,采用脉冲波长 $1.85\mu m$ 的飞秒激光泵浦,得到了 $0.8\sim2.4\mu m$ 波段平坦的 SC 谱输出。

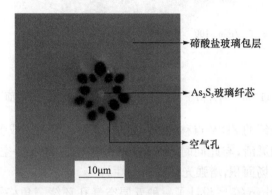

图 11.34　纤芯为 As_2S_3 玻璃的复合微结构光纤端面

11.6　新型硫系光纤结构设计及其 SC 谱仿真

硫系光纤结构设计及 SC 谱输出理论研究与实验同步发展,通过数值分析硫系光纤的光纤结构参数、非线性效应和色散效应、初始脉冲参数对硫系光纤中 SC 谱产生的影响,可对实验研究提供科学的依据。

早在 2006 年,英国南安普顿大学 Jonathan 等[51]就数值模拟了 Ga_2S_3-La_2S_3 微结构光纤在不同 A_{eff} 数值下的激光泵浦阈值及中红外 SC 谱特性,计算结果表明:当 $A_{eff}\leqslant 8\mu m^2$ 时,采用 $1.5\sim 2.0\mu m$ 脉冲激光泵浦,当脉宽为 $0.2ps$、能量为 $1nJ$ 时即可产生 SC 谱,所需光纤长度仅为 $40mm$;当 $A_{eff}\approx 100\mu m^2$ 时,采用 $2.0\mu m$ 波长以上脉冲激光泵浦(脉宽$<1ps$,能量$\geqslant 30nJ$)$40mm$ 长的硫系光纤能产生 $2.5\mu m$ 宽 SC 谱。

2009 年,印度科技研究所 Sourabh 等[52]模拟计算了如图 11.35 所示的四方格子型 As_2S_3 和 As_2Se_3 微结构光纤的 SC 谱输出特性。当 $\Lambda=4\mu m$、$d=3.6\mu m$ 时,采用峰值功率 $600W$、$200fs$ 的 $2.7\mu m$ 脉冲激光泵浦 $20cm$ 长的 As_2S_3 微结构光纤可产生 $1.90\sim 3.65\mu m$ 的 SC 谱;当 $\Lambda=5\mu m$、$d=4.5\mu m$ 时,采用 $4.1\mu m$、$200fs$ 的脉冲激光泵浦 $20cm$ 长的 As_2Se_3 微结构光纤,峰值功率为 $400W$ 时可产生 $2.95\sim 5.70\mu m$ 的 SC 谱。

在硫系微结构光纤的结构设计方面,为了获得平坦的中红外 SC 谱输出,研究

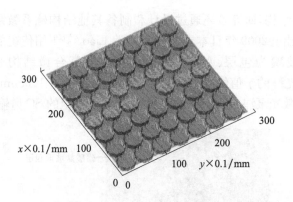

图 11.35　四方格子型 As_2S_3 和 As_2Se_3 微结构光纤端面图

者理论设计时将光纤的 ZDW 点移到短波区域，并可获得两个或多个 ZDW，使其在泵浦源选择上更加灵活；与此同时，通过设计小的纤芯和纤芯-空气高折射率差可以获得小的有效模场面积，增强光纤的非线性。

2010 年，Jonathan 等[53]设计了一种五层空气孔环绕三角格子型 As_2Se_3 微结构光纤，如图 11.36 所示，当 $d/\Lambda=0.4$，$\Lambda=3\mu m$ 时，ZDW=$2.6\mu m$ 和 $6.7\mu m$，采用 $2.5\mu m$ 脉冲激光泵浦，可产生带宽超过 $4\mu m$ 的中红外 SC 谱。该研究小组还进一步理论证明了用 $2.8\mu m$ 脉冲激光泵浦 As_2S_3 微结构光纤（光纤参数：$d/\Lambda=0.4$，$\Lambda=3\mu m$，ZDW=$1.0\mu m$ 和 $6.1\mu m$），可获得 $2.5\sim6.2\mu m$ 的红外 SC 谱。

2011 年，国防科学技术大学 Jin 等[54]理论设计了一种双零色散点的四层空气孔环绕三角格子型 As_2S_3 微结构光纤（ZDW=$1.99\mu m$ 和 $3.38\mu m$），光纤端面及其色散曲线分别如图 11.37 和图 11.38 所示。采用波长为 $2.0\mu m$、脉宽为 150fs 的激光激发，理论上在 $1.1\sim5.5\mu m$ 区域可实现 SC 谱输出。

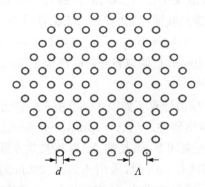

图 11.36　五层空气孔环绕三角格子型 As_2Se_3 微结构光纤端面

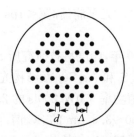

图 11.37　四层空气孔环绕三角格子型 As_2S_3 微结构光纤端面

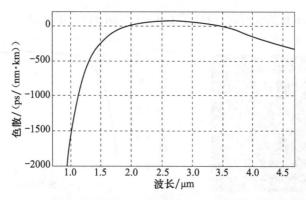

图 11.38　四层空气孔环绕三角格子型 As_2S_3 微结构光纤色散曲线

2013 年，新加坡制造技术研究院 Wu[55] 数值模拟了 $4.1\mu m$ 飞秒激光（脉宽 500fs，峰值功率 10kW）泵浦 6cm 长的五层空气孔环绕三角格子型的 As_2Se_3 微结构光纤，可在整个 $2\sim 10\mu m$ 中远红外区域产生平坦的 SC 谱。

2015 年 3 月，Hamed 等[56] 仿真设计了一种由 As_2S_3 玻璃填充最内层空气孔的 As_2Se_3 微结构光纤，如图 11.39 所示。光纤在 $5\sim 10\mu m$ 波段范围内具有超平坦的近零色散（$D\approx 5ps/(nm\cdot km)$）和较低的光纤损耗（$\alpha\approx 5dB/m$）。在工作波长为 $4.6\mu m$、脉宽为 50fs、峰值功率为 10kW 的激光脉冲泵浦下，在 50mm 长的光纤中获得了 $3.86\mu m$ 宽（$2.58\sim 6.44\mu m$）的 SC 谱输出，如图 11.40 所示。

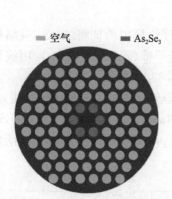

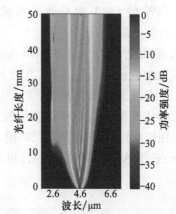

图 11.39　As_2Se_3 微结构光纤端面图　　图 11.40　As_2Se_3 微结构光纤 SC 谱输出

（另见文后彩插）

2015 年 12 月，宁波大学张培晴等[57] 仿真设计了一种近场能量分布如图 11.41 所示的四层空气孔环绕的 $Ge_{23}Sb_{12}S_{65}$ 微结构光纤（内两层空气孔直径 $d_1=1.4\mu m$，外两层空气孔直径 $d_2=1.6\mu m$，$\Lambda=4\mu m$，ZDW 为 $3.2\mu m$ 和 $7.0\mu m$）。从图 11.42 可以看出，光纤具有非常平坦的近零色散。当采用工作波长为 $3\mu m$、165W 的低功率激光脉冲泵浦 15cm 长的光纤时,得到了 $1.9\sim9.3\mu m$ 的 SC 谱输出。

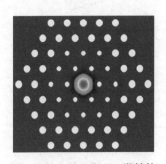

图 11.41　$Ge_{23}Sb_{12}S_{65}$ 微结构光纤近场能量分布

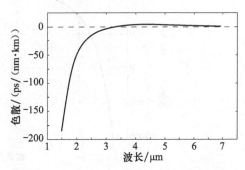

图 11.42　$Ge_{23}Sb_{12}S_{65}$ 微结构光纤色散曲线

此外,研究者也尝试理论模拟硫系光纤在长工作波长的激光泵浦下产生远红外 SC 谱的可行性。2010 年加拿大蒙特利尔工程学院 Bora 等[58]理论设计了一种四层空气孔带隙型结构的 As_2Se_3 硫系微结构光纤,使光纤的 ZDW 位移至 $9.3\sim10.6\mu m$ 区域,色散曲线平坦且具有多重 ZDW,用 $10.5\mu m$ 波长的皮秒脉冲激光泵浦 10cm 长的光纤,能产生 $8.5\sim11.6\mu m$ 远红外 SC 谱。

2016 年,Hamed 等[59]仿真设计了一种具有五层空气孔的 As_2Se_3 微结构光纤(纤芯直径为 $7\mu m, d=3\mu m, \Lambda=5\mu m$)。采用工作波长为 $12\mu m$、脉宽为 100fs、峰值功率为 50kW 的 OPA 激光脉冲泵浦,在 50mm 长的光纤获得了宽度为 $13\mu m$($7\sim20\mu m$)的 SC 谱输出。

在硫系拉锥光纤方面,2011 年 Amine 等[60]理论模拟验证将 As_2S_3 微结构光纤拉锥成束腰直径为 $1.3\mu m$、长度为 80mm 的光纤锥(ZDW=$2.0\mu m$),用波长为 $4.7\mu m$ 的 100pJ 脉冲激光泵浦下可产生 $3.14\sim6.33\mu m$ 的红外 SC 谱。

在泵浦技术方面,2014 年丹麦科技大学[61]从理论上验证了一种新的泵浦方法,此方法可在硫系光纤中获得超宽 SC 谱,即采用 ZBLAN 光纤产生的 $3\sim5\mu m$ 的 SC 谱泵浦 10cm 长的 As_2Se_3 微结构光纤,可实现 $0.9\sim9\mu m$ 的 SC 谱,如图 11.43 所示。

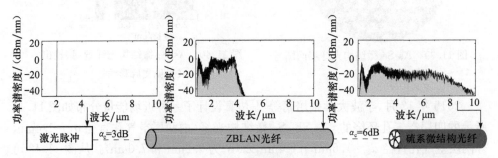

图 11.43　ZBLAN 光纤输出的中红外 SC 谱泵浦 As_2Se_3 微结构光纤的装置原理图

11.7 存在的问题

虽然硫系玻璃光纤中红外 SC 谱输出研究取得了很大的进展，但总体上还存在以下两个主要问题：①目前国际上已报道的能产生中红外 SC 谱的硫系光纤基本都以 As_2S_3 或 As_2Se_3 两种玻璃为基质材料，由于 As 元素有毒，这两种玻璃材料在制备过程以及后期的光纤拉制、测试、泵浦使用等诸多环节都存在明显的安全隐患，亟须探索新颖的无 As 环保型硫系玻璃材料，并解决其低损耗硫系光纤的提纯和制备关键技术；②国际上硫系光纤产生的超宽的中红外 SC 谱输出的研究基本上都是采用高峰值功率的 OPA 飞秒激光作为泵源，无法实现便携的全光纤化的硫系光纤中红外 SC 谱光源，而采用近红外的锁模光纤激光器泵浦却难于实现超宽的 SC 谱输出，因此开发全光纤的硫系光纤中红外 SC 谱光源需要在泵浦方案或者硫系光纤结构方面进一步深入研究，也需要解决硫系光纤与石英光纤的高效耦合封装技术。

参 考 文 献

[1] Wei D P, Galstian T V, Smolnikov I V, et al. Spectral broadening of femtosecond pulses in a single-mode As-S glass fiber. Optics Express, 2005, 13(7): 2439-2443

[2] Shaw L B, Nguyen V Q, Sanghera J S, et al. IR supercontinuum generation in As-Se photonic crystal fiber. Advanced Solid-state Photonics, 2005, 98: 884-888

[3] Christian R P, Uffe M, Irnis K, et al. Mid-infrared supercontinuum covering the 1.4-13.3μm molecular fingerprint region using ultra-high NA chalcogenide step-index fibre. Nature Photonics, 2014, 8(11): 830-834

[4] Savelii I, Mouawad O, Julien F, et al. Mid-infrared 2000-nm bandwidth supercontinuum generation in suspended-core microstructured sulfide and tellurite optical fibers. Optics Express, 2012, 20(24): 27083-27093

[5] Gao W Q, Duan Z C, Koji A, et al. Mid-infrared supercontinuum generation in a four-hole As_2S_5 chalcogenide microstructured optical fiber. Applied Physics B: Lasers and Optics, 2014, 116(4): 847-853

[6] Uffe M, Yi Y, Irnis K, et al. Multi-milliwatt mid-infrared supercontinuum generation in a suspended core chalcogenide fiber. Optics Express, 2015, 23(3): 3282-3291

[7] Liu L, Cheng T L, Kenshiro N, et al. Coherent mid-infrared supercontinuum generation in all-solid chalcogenide microstructured fibers with all-normal dispersion. Optics Letters, 2016, 41(2): 392-395

[8] Soroush S, Michael P M, Guangming T, et al. Octave-spanning infrared supercontinuum generation in robust chalcogenide nanotapers using picosecond pulses. Optics Letters, 2012, 37(22): 4639-4641

[9] Charles W R, Alireza M, Konstantin L V, et al. Octave-spanning supercontinuum generation

in in situ tapered As_2S_3 fiber pumped by a thulium-doped fiber laser. Optics Letters, 2013, 38(15):2865-2868

[10] Al-Kadry A, El-Amraoui M, Messaddeq Y, et al. Two octaves mid-infrared supercontinuum generation in As_2Se_3 microwires. Optics Express, 2014, 22(25):31131-31137

[11] Sun Y N, Dai S X, Zhang P Q, et al. Fabrication and characterization of multimaterial chalcogenide glass fiber tapers with high numerical apertures. Optics Express, 2015, 23(18): 23472-23483

[12] Geng J H, Wang Q, Jiang S B. High-spectral-flatness mid-infrared supercontinuum. Applied Optics, 2012, 51(7):834-840

[13] Yu Y, Zhang B, Gai X, et al. 1.8-10μm mid-infrared supercontinuum generated in a step-index chalcogenide fiber using low peak pump power. Optics Letters, 2015, 40(6):1081-1084

[14] Cheng T, Kenshiro N, Tong H T, et al. Mid-infrared supercontinuum generation spanning 2.0μm to 15.1μm in a chalcogenide step-index fiber. Optics Letters, 2016, 41(9):2117-2120

[15] 张斌. 光谱可控的可见光超连续谱与中红外超连续谱产生研究. 长沙:国防科学技术大学博士学位论文, 2012

[16] Robert A F, William K B. Numerical studies of the interplay between self-phase modulation and dispersion for intense plane-wave laser pulse. Journal of Applied Physics, 1975, 46(11):4921-4934

[17] Fleck J, Morris J, Feit M. Time-dependent propagation of high energy laser beams through the atmosphere. Applied Physics A: Materials Science & Processing, 1976, 10(2):129-160

[18] Gorbach A V, Skryabin D V. Light trapping in gravity-like potentials and expansion of supercontinuum spectra in photonic-crystal fibres. Nature Photonics, 2007, 1(11):653-657

[19] Norihiko N, Toshio G. Characteristics of pulse trapping by ultrashort soliton pulse in optical fibers across zerodispersion wavelength. Optics Express, 2002, 10(21):1151-1160

[20] Grischkowsky D, Balant A C. Optical pulse compression based on enhanced frequency chirping. Applied Physics Letters, 1982, 41(1):1-3

[21] Dawn H, Cyrus D C. Multiple-vibrational-mode model for fiber-optic Raman gain spectrum and response function. Journal of the Optical Society of America B, 2002, 19(12):2886-2892

[22] Aleksandr A V, Aleksei M Z. Soliton self-frequency shift decelerated by self-steepening. Optics Letters, 2008, 33(15):1723-1725

[23] Gordon J P. Dispersive perturbations of solitons of the nonlinear Schrödinger equation. Journal of the Optical Society of America B, 1992, 9(1):91-97

[24] Elgin J N, Brabec T, Kelly S M J. A perturbative theory of soliton propagation in the presence of third order dispersion. Optics Communications, 1995, 114(3-4):321-328

[25] Ilaria C, Riccardo T, Luca T, et al. Dispersive wave generation by solitons in microstructured optical fibers. Optics Express, 2004, 12(1):124-135

[26] Miro E, Goëry G, John M D. Experimental signatures of dispersive waves emitted during

soliton collisions. Optics Express,2010,18(13):13379-13384

[27] Samudra R,Shyamal K B,Kunimasa S,et al. Dynamics of Raman soliton during supercontinuum generation near the zero-dispersion wavelength of optical fibers. Optics Express,2011,19(11):10443-10455

[28] Skryabin D V,Yulin A V. Theory of generation of new frequencies by mixing of solitons and dispersive waves in optical fibers. Physical Review E,2005,72(1):016619

[29] John M D,Goëry G,Stéphane C. Supercontinuum generation in photonic crystal fiber. Reviews of Modern Physics,2006,78(4):1135

[30] Rodislav D,Fedor M,Nickolai Z. Cascaded interactions between Raman induced solitons and dispersive waves in photonic crystal fibers at the advanced stage of supercontinuum generation. Optics Express,2010,18(25):25993-25998

[31] Akheelesh K A,Clifford H. Continuous-wave pumping in the anomalous- and normal-dispersionregimes of nonlinear fibers for supercontinuum generation. Optics Letters, 2005, 30(1):61-63

[32] John D H,Rainer L,Stéphane C,et al. Scalar modulation instability in the normal dispersion regime by use of a photonic crystal fiber. Optics Letters,2003,28(22):2225-2227

[33] Stéphane P,Guy M. Experimental observation of a new modulational instability spectral window induced by fourth-order dispersion in a normally dispersive single-mode optical fiber. Optics Communications,2003,226(1-6):415-422

[34] Stolen R H,Lee C,Jain R K. Development of the stimulated Raman spectrum in single-mode silica fibers. Journal of the Optical Society of America B,1984,1(4):652-657

[35] Golovchenko E A,Mamyshev P V,Pilipetskii A N,et al. Numerical analysis of the Raman spectrum evolution and soliton pulse generation in single-mode fibers. Journal of the Optical Society of America B,1991,8(8):1626-1632

[36] Darren D H,Matthias B,Daniel W,et al. 1. 9 octave supercontinuum generation in a As_2S_3 step-index fiber driven by mid-IR OPCPA. Optics Letters,2014,39(19):5752-5755

[37] Francis T,Nicolas T,Jean-François D,et al. Multioctave infrared supercontinuum generation in large-core As_2S_3 fibers. Optics Letters,2014,39(22):6474-6477

[38] Zhang B,Guo W,Yu Y,et al. Low loss,high NA chalcogenide glass fibers for broadband mid-infrared supercontinuum generation. Journal of the American Ceramic Society,2015,98(5):1389-1392

[39] Yao J M,Zhang B,Yin K,et al. Mid-infrared supercontinuum generation based on cascaded Raman scattering in a few-mode As_2S_3 fiber pumped by a thulium-doped fiber laser. Optics Express,2016,24(13):14717-14724

[40] Ou H Y,Dai S X,Zhang P Q,et al. Ultrabroad supercontinuum generated from highly nonlinear Ge-Sb-Se fiber. Optics Letters,2016,41(14):3201-3204

[41] Zhang B,Yu Y,Zhai C C,et al. High brightness 2. 2-12μm mid-infrared supercontinuum generation in a nontoxic chalcogenide step-index fiber. Journal of the American Ceramic

Society, 2016, 99(8): 2565-2568

[42] Dong-II Y, Eric C M, Michael R L, et al. Low-threshold supercontinuum generation in highly nonlinear chalcogenide nanowires. Optics Letters, 2008, 33(7): 660-662

[43] Alireza M, Charles W R, Nick C L, et al. Mid-infrared supercontinuum generation from 2.4μm to 4.6μm in tapered chalcogenide fiber. Conference on Lasers and Electro-optics, 2012: 6325931

[44] Al-Kadry A, Baker C, El-Amraoui M, et al. Broadband supercontinuum generation in As_2Se_3 chalcogenide wires by avoiding the two-photon absorption effects. Optics Letters, 2013, 38(7): 1185-1187

[45] Sanghera J S, Florea C M, Shaw L B, et al. Non-linear properties of chalcogenide glasses and fibers. Journal of Non-Crystalline Solids, 2008, 354(2): 462-467

[46] Julien F, Coraline F, Thanh N N, et al. Linear and nonlinear characterizations of chalcogenide photonic crystal fibers. Journal of Lightwave Technology, 2009, 27(11): 1707-1715

[47] Mohammed E, Julien F, Jean-Charles J, et al. Strong infrared spectral broadening in low-loss As-S chalcogenide suspended core microstructured optical fibers. Optics Express, 2010, 18(5): 4547-4556

[48] El-Amraoui M, Gadret G, Jules J C, et al. Microstructured chalcogenide optical fibers from As_2S_3 glass: Towards new IR broadband sources. Optics Express, 2010, 18(25): 26655-26665

[49] Gao W Q, Mohammed E A, Liao M S, et al. Mid-infrared supercontinuum generation in a suspended-core As_2S_3 chalcogenide microstructured optical fiber. Optics Express, 2013, 21(8): 9573-9583

[50] Liao M S, Chitrarekha C, Qin G S, et al. Fabrication and characterization of a chalcogenide-tellurite composite microstructure fiber with high nonlinearity. Optics Express, 2009, 17(24): 21608-21614

[51] Jonathan H P, Tanya M M, Heike E, et al. Non-silica microstructured optical fibers for mid-IR supercontinuum generation from 2μm-5μm. Proceedings of the International Society for Optical Engineering, 2006, 6102: 61020A

[52] Sourabh R, Partha R C. Supercontinuum generation in visible to mid-infrared region in square-lattice photonic crystal fiber made from highly nonlinear glasses. Optics Communications, 2009, 282(17): 3448-3455

[53] Jonathan H P, Curtis R M, Brandon S, et al. Maximizing the bandwidth of supercontinuum generation in As_2Se_3 chalcogenide fibers. Optics Express, 2010, 18(7): 6722-6739

[54] Jin A J, Wang Z F, Hou J, et al. Mid-infrared supercontinuum generation in arsenic trisulfide microstructured optical fibers. Asia Communication and Photonics Conference and Exhibition, 2011: 6210601

[55] Wu Y. 2-10μm mid-infrared supercontinuum generation in As_2Se_3 photonic crystal fiber. Frontiers in Optics, 2013: FTu5B

[56] Hamed S, Majid E, Mohammad K M. Midinfrared supercontinuum generation via As_2Se_3

chalcogenide photonic crystal fibers. Applied Optics,2015,54(8):2072-2079

[57] Zhang P Q,Ma B J,Zhang J,et al. Simulation study of mid-infrared supercontinuum generation in $Ge_{23}Sb_{12}S_{65}$-based chalcogenide photonic crystal fiber. Optik,2016,127(5):2732-2736

[58] Bora U,Maksim S. Chalcogenide microporous fibers for linear and nonlinear applications in the mid-infrared. Optics Express,2010,18(8):8647-8659

[59] Hamed S,Mohammad K M,Majid E,et al. Ultra-wide mid-infrared supercontinuum generation in $As_{40}Se_{60}$ chalcogenide fibers solid core PCF versus SIF. IEEE Journal of Selected Topics in Quantum Electronics,2016,22(2):4900508

[60] Amine B S,Rim C,Mourad Z. Tapered As_2S_3 chalcogenide photonic crystal fiber for broadband mid-infrared supercontinuum generation. Frontiers in Optics/Laser Science,2011: FMG6

[61] Irnis K,Christian R P,Uffe V M,et al. Thulium pumped mid-infrared 0.9-9μm supercontinuum generation in concatenated fluoride and chalcogenide glass fibers. Optics Express,2014,22(4):3959-3967

第 12 章 硫系拉曼光纤激光器

受激拉曼散射(stimulated Raman scattering,SRS)是指超过某一阈值(拉曼阈值)的强泵浦入射光入射到非线性介质中后,被称为斯托克斯(Stokes)光的较低频率的成分急剧增加,泵浦光的能量大部分转换到斯托克斯光的现象。1972 年,Stolen[1]首次在石英玻璃光纤观察到了受激拉曼效应,并获得了其拉曼增益系数(g_R),光纤 SRS 逐渐引起了人们的广泛关注[2]。经过几十年的快速发展,基于石英拉曼效应的拉曼光纤激光器和放大器已得到长足的发展和广泛应用[3-10]。

目前,拉曼光纤激光器发展的一个重要方向是使其工作波长向 $2\mu m$ 以上拓展[11]。然而,由于石英玻璃材质的声子能量高($>1100 cm^{-1}$),波长大于 $2\mu m$ 时石英光纤的损耗急剧增大,所以很难在 $2\mu m$ 以上波段产生有效的受激拉曼效应。而 $2\mu m$ 以上的中红外相干光源在国防、医疗、传感以及激光通信等领域有着重要的应用前景[12]。为了获得波长大于 $2\mu m$ 的中红外激光,就要求光纤具有低的声子能量,并在中红外波段的传输损耗较小。因此,研究者开始尝试将非石英基质的玻璃光纤用于长波段的拉曼光纤激光器。目前,典型的两种可产生中红外激光的光纤是氟化物和硫系光纤[13],这两类光纤基质材料的声子能量很低,因此适用于制作拉曼光纤激光器[14]。尤其是硫系玻璃光纤,不仅能够透过中红外和远红外波段,而且非线性系数极大,理论上是目前所知产生可覆盖中红外到远红外波段激光的唯一非线性光纤基质材料。硫系玻璃拉曼效应最早是在 1977 年由 Nemanich 等[15]报道的,并于 2006 年[16]开始受到关注。经过近十年的研究,基于硫系光纤的拉曼光纤激光器得到了快速发展,开始出现级联拉曼光纤激光器、微纳光纤拉曼光纤激光器等各种类型的拉曼光纤激光器,且产生中红外区域激光波段范围很宽[17],目前硫系拉曼光纤激光最大波长可达 $3.77\mu m$。本章首先简要回顾硫系拉曼光纤激光器的研究历程,分别从硫系级联拉曼光纤激光器、硫系微纳光纤拉曼光纤激光器以及硫系拉曼光纤激光器的理论研究等方面总结硫系拉曼光纤激光器的研究现状,最后对其发展前景进行展望。

12.1 发展历程

硫系玻璃拉曼效应最早是在 1977 由 Nemanich 等[15]发现的,但是由于当时硫系光纤制备技术还不够成熟,对于硫系玻璃光纤 SRS 效应研究在以后的几十年都鲜有问津。直到 1995 年日本 NIT 光电实验室 Asobe 等[18]首次在单模的 As_2S_3 硫系光纤中测得其拉曼频移(Ω)为 344 cm^{-1}，g_R 约为 4.4×10^{-12} m/W。但是在 20 世纪 80~90 年代，光通信网络的飞速发展使得研究者主要关注于基于石英光纤的拉曼光纤激光器，直到 21 世纪初，研究者才开始探索应用新型特种光纤实现 2μm 以上工作波长的拉曼光纤激光器。初期，研究者研究了各类硫系玻璃光纤中的 SRS 效应。2002 年美国海军实验室 Thielen 等[19]对制备的 As_2Se_3 玻璃光纤进行了受激拉曼效应的研究，实验发现，使用 1.1m 的该种细芯单模光纤，在 1.50μm 处能够产生频移为 240 cm^{-1} 的拉曼增益峰，其相应的 g_R 为 2.3×10^{-11} m/W，是石英光纤的 300 多倍。在这之后，更多研究人员对影响硫系光纤 SRS 增益系数的相关因素进行了深入研究，主要包括泵浦波长、泵浦光与探测光的偏振态以及不同硫系光纤组分之间的关系。2008 年澳大利亚悉尼大学 Tuniz 等[20]研究了不同泵浦波长对单模 As_2Se_3 光纤增益的影响，在 1560nm、15ps 的脉冲泵浦下获得了 22dB 增益，当泵浦波长变长时，发现 g_R 线性减小。2009 年，澳大利亚悉尼大学 Xiong 等[21]在 As_2Se_3 单模光纤中发现只有在泵浦光与探测光处于平行偏振态时，拉曼增益效应才更突出，即两光束平行时 g_R 最大。表 12.1 总结了文献中报道的不同玻璃组分和光纤结构的硫系光纤拉曼增益性能参数。目前研究中采用的硫系光纤主要以含 As 的 As_2S_3、As_2Se_3、Ge-As-Se 等玻璃为基质材料。

表 12.1 不同组分和结构的硫系光纤拉曼增益性能参数

光纤组分和结构	光纤长度/m	泵浦波长/nm	泵浦激光峰值功率，脉宽和频率	拉曼频移/cm^{-1}	峰值拉曼增益/(10^{-11} m/W)	参考文献
$Ge_{20}Ga_5Sb_{10}S_{65}$，微结构光纤(MOF)	0.1	1550	200W，400fs，100MHz	317	1.5	[22]
$Ge_{15}Sb_{20}S_{65}$，MOF	1.5	1553	35W，10ns，1kHz	327	1.8	[2]
As_2Se_3，细芯光纤	1.1	1500	10.8W，8ns，10Hz	256	2.3	[19]
As_2Se_3，单模光纤	1	1503	80W，15ps，100MHz	235	2.3	[20]
As_2S_3，单模光纤	0.205	1472	34W，10ps，100MHz	350	2.78	[21]
As_2S_3，MOF	0.1	1550	200W，400fs，100MHz	339	2.78	[22]

在硫系拉曼光纤激光器的理论和实验方面，2003 年美国海军实验室 Thielen 等[23]首次数值仿真了 6.5μm 中红外硫系拉曼光纤激光器，研究了不同光纤损耗下，非级联硫系拉曼光纤激光器的性能。2006 年澳大利亚悉尼大学 Jackson 等[16]首次在实验上实现了硫系拉曼光纤激光器，从而真正开启了中红外硫系光纤拉曼

激光器研究的热潮。国内外多所知名研究机构如加拿大拉瓦尔大学[24]、加拿大麦吉尔大学[25]和电子科技大学[12,26]等都对这一类型的激光器开展了研究。尤其是近几年,相继研制出了各种类型的硫系拉曼光纤激光器,如硫系微纳光纤拉曼光纤激光器[27]和硫系级联拉曼光纤激光器[28]等,并取得了一系列研究成果。

12.2 受激拉曼散射机制和拉曼增益系数

从量子力学角度来讲,拉曼散射是泵浦光子转换成低频斯托克斯光子和分子振动模声子的低频变换过程。声子和泵浦光结合产生较高频率的光子,这样的高频变换也是可能的,但这种变换需要能量和动量合适的声子存在,因此实际上很少发生。这种频率变高的光子称为反斯托克斯光,相对于斯托克斯光的频率 $\omega_s = \omega_p - \Omega$,反斯托克斯光的频率为 $\omega_a = \omega_p + \Omega$,这里 ω_s、ω_a 和 ω_p 分别指斯托克斯光、反斯托克斯光和泵浦光的频率,Ω 指泵浦光和斯托克斯光的频率差,即斯托克斯频移。

在连续或者准连续激光泵浦条件下,斯托克斯光的初始波长增长可以描述为

$$\frac{dI_s}{dz} = g_R I_p I_s \tag{12.1}$$

式中,I_s 为斯托克斯光强;I_p 为泵浦光强;g_R 是拉曼增益系数,其中拉曼增益系数 $g_R(\Omega)$ 是描述 SRS 效应最重要的参量。

表 12.2 给出了五种不同组分的氟化物和硫系光纤的相关性能参数,包括最低损耗(所在波长位置)、截止波长、拉曼频移、$3\mu m$ 处峰值拉曼增益系数[29]。假设均在各玻璃组分的最小损耗处泵浦(即分别为 $3.2\mu m$、$2.5\mu m$、$3.4\mu m$ 和 $5\mu m$),则拉曼频移所对应的波长分别为 $3.8\mu m$、$2.9\mu m$、$3.8\mu m$ 和 $5.6\mu m$。从表中可以看出,相对于氟化物光纤,硫系光纤的红外透过范围更长,拉曼增益系数高出 2~3 个数量级,且拉曼增益系数随着波长的增加而减小,因此硫系光纤更适合用作中红外乃至远红外波段的拉曼光纤激光器工作介质。

表 12.2 五种不同氟化物和硫系光纤相关性能参数[29]

玻璃组分	最低损耗/(dB/km)	截止波长@1dB/m	拉曼频移/cm^{-1}	$3\mu m$ 处峰值拉曼增益系数/(10^{-14}m/W)
BaF_2-ZnF_2-InF_3-SrF_2-YF_3-CaF_3	<100($3.2\mu m$)	$5.2\mu m$	509	—
AlF_3-BaF_2-CaF_2-NaF-SrF_2-YF_3-ZrF_4	<100($2.5\mu m$)	$4\mu m$	—	—
ZrF_4-HfF_4-LaF_3-BaF_2-NaF_3-AlF_3	~1($2.5\mu m$)	$4.2\mu m$	572	2.2
As_2S_3	95($3.4\mu m$)	$6.5\mu m$	340	125
As_2Se_3	~200($5\mu m$)	$9.5\mu m$	230	890

12.3 硫系级联拉曼光纤激光器

级联拉曼光纤激光器具有增益介质长、噪声低、调谐范围宽、可同时实现多波长输出和与光纤耦合效率高等优点。单波长 n 级级联拉曼光纤激光器经过 n 次频移,输出第 n 级斯托克斯波的频率为

$$\omega_s = \omega_p - \sum_{i}^{n} \Omega_i \qquad (12.2)$$

式中,Ω_i 为拉曼频移,一般可认为它们都相等。单波长 n 级级联硫系拉曼光纤激光器的内谐振腔由 $n-1$ 对高反射率的布拉格光栅(FBG)构成,与第 n 级输出斯托克斯相对应的 FBG 为部分反射。近年来研究者利用硫系光纤作为增益介质相继实现了级联拉曼光纤激光器[16,28,30]。

2006 年澳大利亚悉尼大学 Jackson 等[16]首先实现了单级硫系拉曼光纤激光器,考虑自发拉曼散射,其产生的微弱信号光会与泵浦光发生 SRS 效应,泵浦源为 805nm LD 泵浦掺 Tm^{3+} 石英光纤产生的波长 2051nm、功率 10W 的激光,工作介质使用纤芯直径为 $6\mu m$、在 $2.05\mu m$ 损耗为 0.6dB/m、长度为 1m 的单模 As_2Se_3 光纤,泵浦光经一对物镜准直后以 55%~60% 的耦合效率进入硫系光纤纤芯中,光纤两端分别由双色镜和镀金反射镜构成谐振腔。由于 As_2Se_3 玻璃内部结构 $[AsSe_3]$ 基团呈三角锥层状结构,其层间振动、弯曲振动、拉伸振动产生的拉曼峰波长分别位于 2063nm、2083~2018nm 和 2166nm。图 12.1 为该激光器的激光输出功率与泵浦功率的关系图,其中 2062nm 激光最大输出功率为 0.64W,斜率效率为

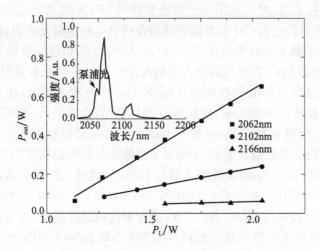

图 12.1 硫系拉曼光纤激光器的输出功率与泵浦功率关系图
插图为最大泵浦功率时激光器的输出光谱

66%，泵浦阈值为 1.06W；2102nm 激光最大输出功率为 0.2W，斜率效率为 21%，泵浦阈值为 1.08W；2166nm 激光输出最大功率 16mW，斜率效率为 3%，泵浦阈值为 1.56W。若采用 4m 长 As_2Se_3 光纤作为增益介质，发现其一级斯托克斯光泵浦阈值功率为 0.76W，斜率效率为 27%。当输入泵浦激光功率为 2.5W 时，在 2074nm 处产生了二级斯托克斯光，斜率效率为 82%（图 12.2）。

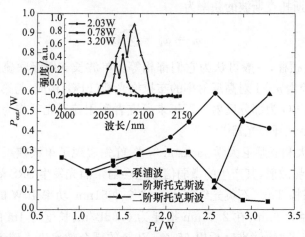

图 12.2 硫系拉曼光纤激光器一级和二级斯托克斯光输出功率与泵浦功率的关系
插图为不同泵浦功率下激光器的输出光谱

2012 年加拿大拉瓦尔大学 Bernier 等[30]报道了在硫系光纤中刻入多个 FBG 构成低损耗 F-P 腔的拉曼光纤激光器（Raman fiber laser，RFL）方案，其结构如图 12.3 所示，泵浦源采用 3.005μm 的准连续掺 Er^{3+} 氟化物光纤激光器，泵浦光经一个非球面透镜准直，然后利用长波通滤波器（LPF）滤除 2.7～2.8μm 波长范围内的杂散光，最后经过另一个非球面透镜耦合到 As_2S_3 单模光纤中，总的耦合效率为 26%。所用的硫系光纤数值孔径（NA）为 0.36，纤芯和包层直径分别为 4.0μm 和 145μm，长度为 3m。在光纤的输入端刻入在 3.340μm 波长处反射率大于 99%、带宽（半高全宽）为 2.2nm 的布拉格光栅（FBG1）作为输入腔镜，在光纤的输出端依次刻写工作波长为 3.340μm、反射率为 63%、带宽为 0.6nm 的 FBG2 和工作波长为 3.005μm、反射率为 95%、带宽为 4nm 的 FBG3，分别作为斯托克斯光的输出腔镜和泵浦光的反射腔镜。图 12.4 给出了当最大泵浦峰值功率为 2.6W 时，该激光器谐振腔 FBG 关于 3μm 泵浦激光器和 3.34μm 拉曼光纤激光器输出光谱的透过关系，可以看出，FBG1 和 FBG3 分别在 3.34μm 和 3.005μm 波长透过强度极低，而 FBG2 在 3.34μm 波长具有相对其他 FBG 光栅更高的透过强度，这与数值分析相吻合。光纤在这两个工作波长处的损耗分别为 0.1dB/m 和 1.4dB/m。实验结果表明，当泵浦激光平均功率为 245mW 时，输出 3.340μm 激光最大平均功率为 47mW，对应的峰值功率为 0.6W，斜率效率为 39%（图 12.5）。

第 12 章 硫系拉曼光纤激光器

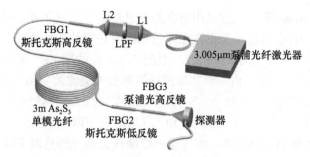

图 12.3 基于 As_2S_3 光纤的 $3.34\mu m$ 拉曼光纤激光器实验装置
PF-长波通滤波器；FBG1-斯托克斯光高反镜；FBG2-斯托克斯光低反镜；FBG3-残余泵浦光高反镜

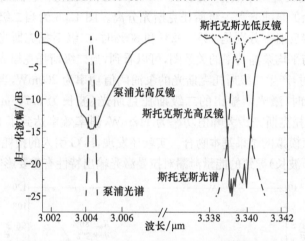

图 12.4 构成 RFL 谐振腔的 FBG 的透过光谱以及泵浦光在 $3\mu m$ 处（实线）、RFL 在 $3.34\mu m$ 处（虚线）的输出光谱

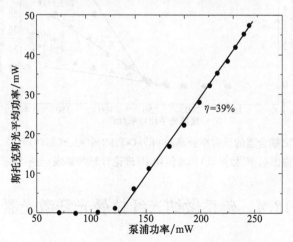

图 12.5 输出斯托克斯光平均功率与 $3\mu m$ 泵浦功率的关系图

2014年Bernier等[28]通过采用级联的F-P腔结构实现了硫系拉曼光纤激光器3.77μm激光输出,这是迄今为止在光纤激光器中获得的最长波长。激光器的结构原理图见图8.53,泵浦光为980nm LD泵浦5.2m长的掺Er^{3+}氟化物光纤所产生的3.01μm波长激光,通过由一对非球面透镜和长波通滤波器组成的准直-滤波-耦合系统后进入长度为2.8m的As_2S_3硫系光纤中,总的耦合效率为38%。硫系光纤两端刻写两对工作波长为3.34μm和3.77μm的FBG,分别作为一级和二级斯托克斯光的输入和输出耦合器。对应于一级斯托克斯光的这对FBG均具有宽带、高反特征,目的是提高腔内的一级斯托克斯光强度,以增强向二级斯托克斯光的转换。光纤输出端放置一个截止波长大于3.5μm的长波通滤波器,将产生的二级斯托克斯光与残余的泵浦光和一级斯托克斯光分离。图12.6为当二级斯托克斯光对应的输出耦合器反射率分别是98%、92%和80%时,二级斯托克斯光的平均输出功率和峰值功率与平均泵浦功率的关系图,可以看到,当二级斯托克斯光输出耦合器的反射率为80%时,产生二级斯托克斯光的泵浦阈值功率为260mW,当泵浦功率达到最大值371mW时,激光器输出的二级斯托克斯光(波长为3.766μm)平均功率为9mW,对应的斯托克斯光最大峰值功率为112mW,斜率效率达到了8.3%。实验产生的结果与数值模拟的结果基本吻合。实验还发现,FBG引入的损耗和光谱展宽(对应一级斯托克斯波长)导致的能量泄漏对拉曼激光输出特性有重要影响。

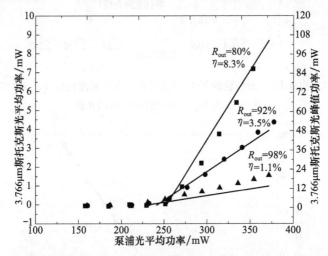

图12.6 三种输出耦合器的反射率分别是98%(▲)、92%(●)、80%(■)时,3.766μm波长斯托克斯光的平均输出功率(数据点)和峰值功率(理论计算的斜线)与平均泵浦功率的关系

12.4 硫系微纳光纤拉曼光纤激光器

微纳光纤是指横截面积与工作波长处于同一数量级的光纤波导,它拥有极高

的非线性系数,可控的色散,同时耦合损耗和传输损耗非常小,可以忽略不计。近年来,研究者开展了基于硫系微纳光纤的拉曼光纤激光器研究,取得了一系列研究成果。

2012年加拿大麦吉尔大学Ahmad等[27]将光纤耦合器(FC)、As_2Se_3微纳光纤、环形器(CIR)、FBG、光学延时线(ODL)和偏振控制器等器件组合起来构成拉曼光纤激光器谐振腔(图12.7),FC用于注入泵浦光和输出信号光,CIR和FBG组合用于滤除谐振腔内残余的泵浦光,ODL用于控制腔长、进而使腔内谐振的放大拉曼信号与注入的泵浦光信号同步,PC用于调节信号光的偏振态,谐振腔的总插入损耗为10.1dB。泵浦源采用重复频率为20MHz的掺铒飞秒光纤激光器,经过带通滤波器(BPF)、掺铒光纤放大器(EDFA)、FBG和衰减器后注入谐振腔中。增益介质采用直径为$0.55\mu m$、长度为12cm的聚甲基丙烯酸甲酯(PMMA)塑料涂层As_2Se_3微纳光纤。实验产生的L波段峰值波长约为1609nm的拉曼激光光谱宽度为6nm(信号光相对延时不为0ps),此时阈值泵浦脉冲能量为4.78pJ,峰值泵浦功率为23.4dBm,拉曼激光器的转换效率为16%(图12.8)。导致较宽光谱输出的可能原因有三个:第一,泵浦光在As_2Se_3微纳光纤中发生自相位调制引起光谱展宽(如图12.8(b)中插图所示),进而与拉曼增益光谱相互作用导致信号光光谱展宽,或者泵浦光和信号光交叉相位调制导致信号光光谱展宽;第二,由于微纳光纤中存在走离效应和色散,随着走离效应不断增加,在较小的腔往返时间内,泵浦脉冲和拉曼激光脉冲在时域上相互抵消,所以拉曼信号的某个特定波长没有充分增强来提取泵浦脉冲的大部分能量;第三,双光子吸收产生的自由载流子也能导致拉曼光谱展宽。当调节ODL使得腔内信号光和泵浦光的相对延时为0ps时,得到拉曼激光的光谱宽度为3.2nm,此时泵浦光的峰值阈值功率为23.2dBm(阈值泵浦能量为4.65pJ),转换效率为17%(图12.9)。

由于上面的激光器组件中除工作介质,大部分元件都是石英玻璃材质(如FBG、CIR、FC等),所以激光器的输出波长被限制在$2\mu m$范围内。2012年Ahmad[25]等首次使用As_2Se_3微纳光纤搭建出全硫系玻璃光纤拉曼光纤激光器(图12.10),

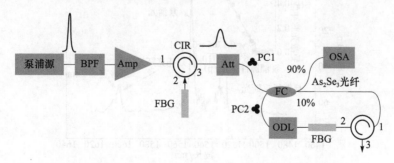

图12.7 基于As_2Se_3微纳光纤的拉曼光纤激光器实验装置

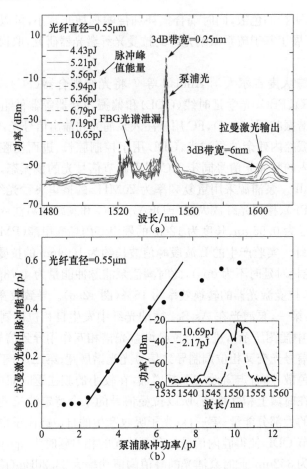

图 12.8　(a)拉曼激光器随输入峰值泵浦功率增加而改变的输出光谱;(b)拉曼激光器脉冲能量与输入泵浦脉冲能量的关系,插图为泵浦脉冲通过微纳光纤时自相位调制导致的频谱展宽

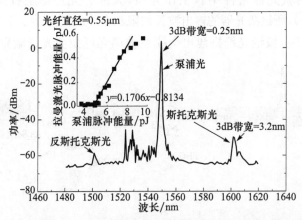

图 12.9　当延时为 0ps 时拉曼激光器的输出光谱,插图为激光器脉冲能量与泵浦脉冲能量之间的关系

从而突破了石英玻璃对波长的限制,大大减小了激光器的体积。泵浦光采用中心波长为1549.3nm的DFB激光器输出激光经过调制、放大和滤波后产生带宽为0.2nm的准连续激光。该激光器结构方案采用两种F-P腔方案,第一种方案是通过在光纤端面涂一层紫外固化凝胶,利用固化凝胶与光纤折射率差形成的反射系数$R \approx 8\%$的菲涅尔反射作为F-P腔的一个腔镜,另一端则采用一块镀银的反射镜($R > 97.5\%$)作为腔镜。As_2Se_3微纳光纤的纤芯直径为$0.95\mu m$,长度为13cm,谐振腔总的损耗为$(16.6 \pm 1.4)dB$,由于该谐振腔内拉曼增益是双向的,提供拉曼放大的增益介质长度实际为26cm,其在1603.8nm波长处的拉曼增益系数为$(3.1 \pm 0.2)cm/GM$。实验结果显示,泵浦光的阈值平均功率为0.047mW(峰值泵浦功率为0.47W),功率转换效率为0.25%,同时,随着泵浦功率的增加,该激光器输出光谱半高全宽逐渐接近3.4nm(已经和之前得到的最小值3nm相当[27]),且输出功率没有出现由于双光子吸收或其他有害效应导致的饱和现象(图12.11)。第二种方案输入腔镜与第一种方案相同,而另一端是利用光纤和空气折射率差形成的反射系数$R \approx 23\%$的菲涅尔反射作为F-P腔的一个腔镜,从而实现了全硫系玻璃光纤拉曼光纤激光器。谐振腔采用两段长度为13cm的As_2Se_3微纳光纤级联,当输入泵浦功率为-11dBm时,激光器的平均输出功率比第一种谐振腔方案多一倍(图12.12)。

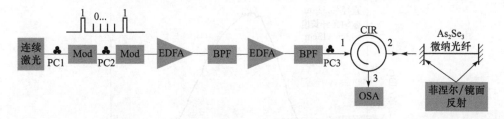

图12.10 As_2Se_3微纳光纤拉曼光纤激光器实验装置

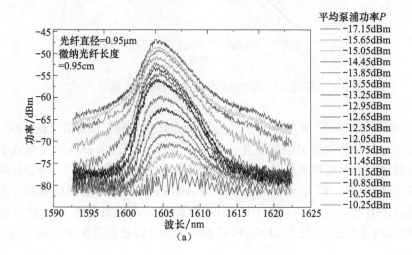

(a)

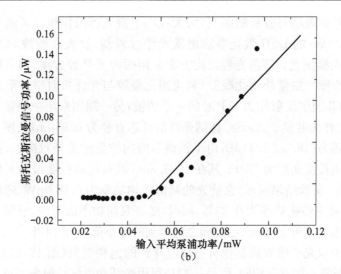

图 12.11 (a)拉曼激光器随输入峰值泵浦功率增加而改变的输出光谱(另见文后彩插);
(b)斯托克斯拉曼激光器平均功率与输入平均泵浦功率的关系

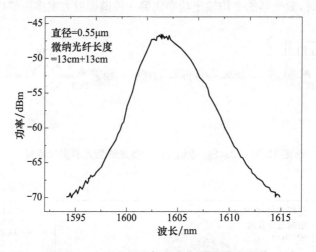

图 12.12 两个级联拉曼激光器的输出光谱

2014 年 Ahmad[31]等直接在 As_2Se_3 微纳光纤中间刻入布拉格光栅(BG),这使得非线性增益介质和谐振腔集成在一根微纳光纤上(图 12.13),极大地减小了拉曼激光器的腔内损耗和激光产生所需的阈值功率,提高了斜率效率。同时,微纳光纤中非线性增益与 BG 结合使得该设备与 As_2Se_3 玻璃的传输窗口兼容。As_2Se_3 微纳光纤的直径为 $1\mu m$、长度为 13cm,在微纳光纤两端距端面 1cm 处分别刻入 FBG,构成内谐振腔,腔长为 11cm,FBG 在 1585nm 波长的反射率分别为 90%(入射端)和60%(出射端),泵浦激光为1532nm连续激光器通过脉冲调制、放大和滤波后输出的准连续光。研究发现,在1585nm和1482nm波长附近可观察到斯托克斯和反斯托克斯激光输出,其斜率效率分别为2.15%和0.46%,阈值平均泵浦功率和峰值泵浦功率分别为52μW和207mW(图12.14)。值得强调的是,在结构如此紧凑、长度只有厘米量级的微纳光纤拉曼光纤激光器中,输入的泵浦功率只需要几十微瓦,产生的拉曼激光斜率效率就能大于2%,这一结果充分显示出其具有实际应用的前景。

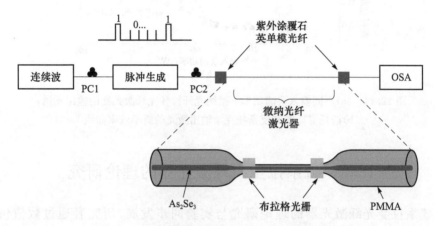

图12.13 硫系微纳光纤拉曼光纤激光器实验装置
PC-光纤偏振态控制器;OSA-光谱分析仪

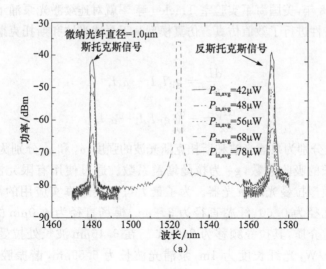

(a)

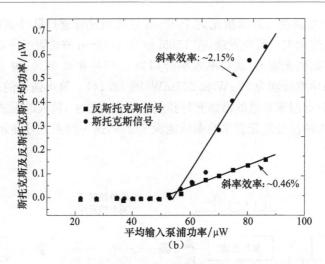

图 12.14 (a)不同输入泵浦功率下微纳光纤拉曼光纤激光器的输出光谱;
(b)斯托克斯波和反斯托克斯输出激光的斜率效率曲线

12.5 硫系拉曼光纤激光器的理论研究

硫系拉曼光纤激光器的理论研究与实验同步发展,研究者通过数值仿真分析硫系光纤损耗、光纤长度、输出耦合反射率对非级联硫系拉曼光纤激光器性能的影响,从而论证级联拉曼光纤激光器的可行性,为实验研究提供科学的依据。

早在 2003 年,美国海军实验室 Thielen 等[23]就对连续激光泵浦下硫系拉曼光纤激光器的特性进行了数值仿真。仿真模型基于泵浦光波和斯托克斯光波的演化控制方程为

$$\frac{dI_s}{dz} = g_R I_p I_s - \alpha_s I_s \tag{12.3}$$

$$\frac{dI_p}{dz} = -\frac{\omega_p}{\omega_s} g_R I_p I_s - \alpha_p I_p \tag{12.4}$$

式中,I_p 和 I_s 分别为泵浦光波和斯托克斯光波的强度,α_p 和 α_s 分别为泵浦波长和斯托克斯波长的吸收系数,g_R 为拉曼增益系数。通过使用有限元法,这两个方程可以用来模拟拉曼光纤激光器。为了最大可能接近真实应用的需求,数值计算采用数值孔径为 0.60、纤芯直径为 3.2μm、模场直径为 4.0μm 的单模 As-Se 光纤作为增益介质,其拉曼频移为 240cm^{-1},在 6.46μm 波长处拉曼增益系数为 6.2×10^{-12} m/W,光纤长度为 1m,泵浦光波长为 5.59μm,谐振腔输入腔镜在 6.46μm 波长为全反镜,输出耦合率可以调整。在数值计算过程中需忽略自发拉曼

散射和级联受激拉曼散射的影响。仿真结果表明,硫系光纤的损耗对降低泵浦激光阈值和提高激光转换效率十分重要。当光纤的损耗为 0.3dB/m,拉曼激光器的输出耦合率分别为 10%、20%、30% 和 40% 时,产生的 6.46μm 波长激光的斜率效率分别为 37%、53%、62% 和 67%,其所需的泵浦阈值功率分别 1W、1.5W、2.1W 和 2.7W;而当光纤的损耗降低到 0.1dB/m、激光器的输出耦合比不变时,激光器的斜率效率分别增加到 60%、71%、76% 和 79%,所需的泵浦阈值功率则分别降低到 0.6W、1.1W、1.6W 和 2.3W。

2010 年电子科技大学李剑锋等[26]根据 2μm 激光泵浦 As-Se 拉曼光纤激光器的模型,采用非线性耦合方程组对激光器特性(图 12.15)进行了数值仿真,数值方法主要用到四阶龙格-库塔(Runge-Kutta)法。仿真中泵浦光和斯托克斯光都被视为单一波长,2μm 泵浦光在硫化物 As-Se 光纤中产生波长为 2.101μm 的斯托克斯光。仿真参数设置如下:As-Se 光纤纤芯直径为 6μm、数值孔径为 0.19,对泵浦光和斯托克斯光的损耗系数都为 0.5dB/m,估算其在 2.101μm 处的拉曼增益系数为 1.6×10^{-11} m/W,光纤模场面积为 6.317×10^{-11} m²。FBG1 对斯托克斯光的反射率为 99%;FBG2 对泵浦光的反射率为 99%;FBG3 为输出耦合器,其反射率会影响激光器的性能,需要进行优化设计。他们还数值仿真了硫系光纤长度、泵浦功率和输出耦合器反射率等因素对拉曼激光输出特性的影响,结果表明,硫系光纤的长度和输出耦合器反射率对激光器性能的影响很大,而且是相互影响的,必须同时进行优化。图 12.16 给出了输出的拉曼激光功率随输出耦合器反射率和光纤长度变化的等高线图,从图中可以看出,输出功率较高的区域集中在光纤长度 1~1.5m 和耦合器反射率 0.15~0.5 处。同时仿真了拉曼激光输出功率与光纤散射损耗的关系,发现激光器的输出功率随光纤散射损耗的增加急剧线性下降。2011 年他们又基于热耗散方程对该拉曼光纤激光器的热产生机理与温场分布特性进行了理论分析与数值仿真[12]。数值仿真时 As-Se 光纤的基本参数设置不变,泵浦光功率为 10W,经过优化后取 As-Se 光纤的长度为 1.2m,输出耦合器的反射率为 0.2。光纤的热传导系数取 0.5W/(m·K),对流系数取 17W/(m²·K),环境空气的温度取 298K,斯蒂芬-玻尔兹曼(Stefan-Boltzmann)常数取 5.67×10^{-8} W/(m²·K⁴),发射率取 0.95。数值仿真的结果表明,温度分布沿光纤呈现出不均匀性(图 12.17),在光纤轴上,前端最高温度达到了 98.9℃,而后端的最低温度只有 27.4℃。同时,径向的温差小于轴向的温差,在光纤轴前端最大的径向温差只有 1.9℃,在这种情况下,前端的光纤涂层远远小于损伤阈值 300℃。数值仿真的结果还表明,光纤前端的最大温度随着注入泵浦功率的增加而急剧增大,当注入的泵浦功率为 21W 时,前端温度可以达到 300℃。因此,在高功率工作时硫系光纤前端必须采用冷却措施。

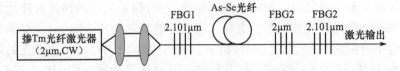

图 12.15 As-Se 拉曼光纤激光器原理图

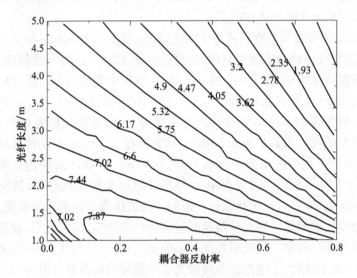

图 12.16 当泵浦功率为 10W 时,输出激光功率随光纤长度
和输出耦合器反射率变化的等高线图

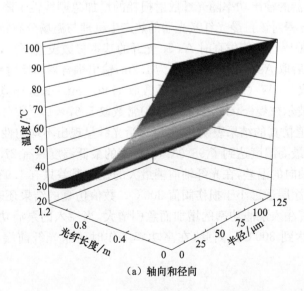

(a) 轴向和径向

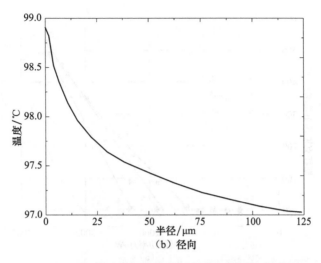

图 12.17　当泵浦功率为 10W 时，光纤前端面沿光纤轴向
和径向与光纤径向的温度演化

2013 年加拿大拉瓦尔大学 Fortin 等[24]对 As_2Se_3 拉曼光纤激光器进行了数值仿真，以展示其在整个 3～4μm 光谱带宽范围内的应用潜能。数值模型基于拉曼激光器的标准功率耦合方程，泵浦光波和斯托克斯光波（一级和二级）都被视为单频信号，且功率转换只发生在两个相邻级数之间，同时忽略偏振效应和自发拉曼散射的影响。数值方法使用有限差分法。为了使数值仿真结果更可靠，他们设计了一个基于两个 FBG 作为腔镜的拉曼光纤激光器用于验证模型的有效性，增益介质为一段长度为 1.8m 的无缺陷 As_2Se_3 光纤，其数值孔径为 0.36、纤芯直径为 4μm、截止波长为 1900nm。输出耦合器的初始反射率为 90%，通过加热 FBG，其反射率依次降至 85%、80% 和 75%，对应于四种不同的拉曼腔。泵浦光源采用波长为 3.005μm 的准连续掺铒 ZBLAN 光纤激光器。通过分析仿真激光阈值与实验激光阈值之间的差别，推断得到光纤损耗的最佳值为 0.025dB/m，g_R 为 1.65×10^{-12} m/W。然后基于得到的数值，他们又计算了斯托克斯光输出峰值功率与注入泵浦峰值功率之间的关系等其他激光曲线，得到的激光器输出特性与实验值基本相符（图 12.18）。同时，为了得到最优化激光输出的实现条件，他们运用该理论模型仿真了 3～4μm 的一级和二级拉曼光纤激光器（图 12.19），主要涉及光纤长度、输出耦合比和泵浦光波长的优化。数值仿真的结果表明，当泵浦光波长为 3.050μm 时，在最佳光纤长度和输出耦合比的条件下，对于一级斯托克斯光，激光器可获得的最大斜率效率为 66%。而对于二级斯托克斯光，激光器可获得的最大斜率效率为 46%（图 12.20）。

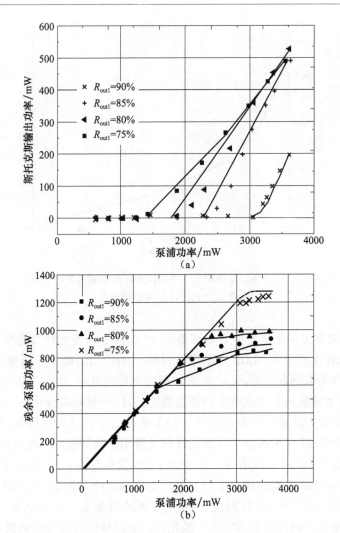

图 12.18 斯托克斯光输出功率(a)和残余的泵浦光峰值功率(b)与泵浦光峰值功率的关系
×点代表实验数据点

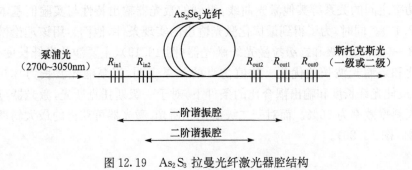

图 12.19 As_2S_3 拉曼光纤激光器腔结构

第12章 硫系拉曼光纤激光器

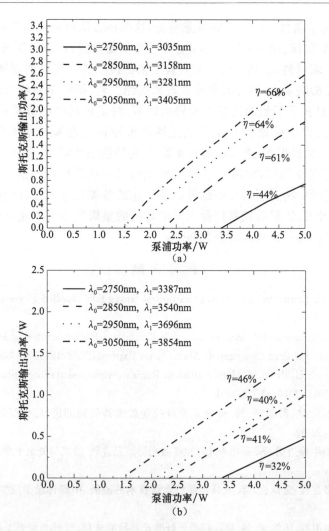

图 12.20　最佳光纤长度和输出 FBG 反射率条件下,一级斯托克斯(a)和二级斯托克斯(b)输出功率与泵浦功率的关系

12.6　存在的问题

硫系拉曼光纤激光器能桥接掺稀土激光器的发射带隙,产生任意波长的激光,具有光束质量好、体积小、转换效率高、散热效果好等优点。虽然硫系拉曼光纤激光器在最近几年内发展迅速,但是总体上还是处于理论研究和实验的起步阶段,和石英光纤拉曼激光器丰富的理论和实验研究成果相比,还存在许多问题尚待解决:
①目前国际上已报道的硫系拉曼光纤激光器的工作介质基本都以 As_2S_3 或

As_2Se_3 玻璃为基质材料,由于 As 元素有毒,这两种玻璃材料在制造过程中以及后期的光纤拉制、测试、使用等诸多环节存在严重的安全隐患,亟须探索新型的无 As 环保型硫系玻璃材料;②理论仿真和实验结果都说明硫系光纤的损耗对拉曼光纤激光器的性能影响很大,因此改善硫系玻璃提纯工艺,消除杂质特别是在 $3\sim4\mu m$ O—H 和 S—H 离子导致的明显吸收峰的影响,对实现高性能硫系拉曼光纤激光器十分重要;③由于硫系拉曼光纤激光器谐振腔内存在泵浦展宽效应,会溢出 FBG,导致腔内损耗增加,进而引起激光器光-光转换效率降低,所以需要在硫系光纤纤芯中刻写宽带 FBG,而高稳定 FBG 的刻写是一项关键技术工艺;④泵浦激光耦合到硫系光纤中需要适合于中红外波段工作的各类光学元件,现有很多元件还不成熟,尚待开发;⑤目前硫系拉曼光纤激光器的整机组装技术还有待提高,市场上尚无全光纤化硫系拉曼光纤激光器产品。

参 考 文 献

[1] Stolen R H. Raman oscillation in glass optical waveguide. Applied Physics Letters, 1972, 20(2):62-65

[2] Fortier C. Experimental investigation of Brillouin and Raman scattering in a 2SG sulfide glass microstructured chalcogenide fiber. Optics Express, 2008, 16(13):9398-9404

[3] Shi J, Alam S U, Ibsen M. Highly efficient Raman distributed feedback fibre lasers. Optics Express, 2012, 20(5):5082-5091

[4] 张在宣,刘红林,戴碧智,等. 分布式光纤拉曼放大器研制的进展. 中国计量学院学报, 2005, (2):93-99

[5] 殷科,许将明,冷进勇,等. 高功率光纤拉曼激光器研究进展. 激光与光电子学进展, 2012, (1):31-36

[6] 刘红林,张在宣,金尚忠,等. 光纤拉曼放大器技术的进展. 中国计量学院学报, 2001, (3):53-58

[7] 周晓军,秦祖军,伍浩成,等. 级联拉曼光纤激光器研究进展. 红外与激光工程, 2008, (S3):32-37

[8] 王聪,张行愚,王青圃,等. 外腔抽运 $SrWO_4$ 反斯托克斯拉曼激光器. 中国激光, 2014, (3):39-42

[9] 王泽锋,于飞. 单程高增益 $1.9\mu m$ 光纤气体拉曼激光器. 光学学报, 2014, (8):189-194

[10] 李述涛,董渊,金光勇,等. 连续腔内倍频拉曼激光器的归一化理论解析. 红外与激光工程, 2015, 44(1):71-75

[11] 王莹,罗正钱,熊凤福,等. 数值优化 $3\sim5\mu m$ 中红外 ZBLAN 光纤拉曼激光器的研究. 激光与光电子学进展, 2014, 51(6):143-150

[12] Li J F, Chen Y, Chen M, et al. Theoretical analysis and heat dissipation of mid-infrared chalcogenide fiber Raman laser. Optics Communication, 2011, 284(5):1278-1283

[13] Kohoutek T, Yan X, Shiosaka T W, et al. Enhanced Raman gain of Ge-Ga-Sb-S chalcogenide

[13] glass for highly nonlinear microstructured optical fibers. Journal of the Optical Society of America B,2011,28(9):2284-2290

[14] Abedin K S. Brillouin amplification and lasing in a single-mode As_2Se_3 chalcogenide fiber. Optics Letters,2006,31(11):1615-1617

[15] Nemanich R J. Low-frequency inelastic light scattering from chalcogenide glasses and alloys. Physical Review B,1977,16(4):1655-1674

[16] Jackson S D, Anzueto-Sánchez G. Chalcogenide glass Raman fiber laser. Applied Physics Letters,2006,88(22):221106

[17] Slusher R E, Lenz G, Hodelin J, et al. Large Raman gain and nonlinear phase shifts in high-purity As_2Se_3 chalcogenide fibers. Journal of the Optical Society of America B, 2004, 21(6):1146-1155

[18] Asobe M, Kanamori T, Naganuma K, et al. Third-order nonlinear spectroscopy in As_2S_3 chalcogenide glass fibers. Journal of Applied Physics,1995,77(11):5518

[19] Thielen P A, Shaw L B, Pureza P C, et al. Small-core As-Se fiber for Raman amplification. Optics Letters,2003,28(16):1406-1408

[20] Tuniz A, Brawley G, Moss D J, et al. Two-photon absorption effects on Raman gain in single mode As_2Se_3 chalcogenide glass fiber. Optics Express,2008,16(22):18524-18534

[21] Xiong C, Magi E, Luan F, et al. Characterization of picosecond pulse nonlinear propagation in chalcogenide As_2S_3 fiber. Applied Optics,2009,48(29):5467-5474

[22] Kohoutek T, Yan X, Shiosaka T, et al. Transient Raman response of novel chalcogenide micro-structured optical fibre. The European Conference on Lasers and Electro-Optics, 2011:CE_P30

[23] Thielen P A. Modeling of a mid-IR chalcogenide fiber Raman laser. Optics Express,2003, 11(24):3248-3253

[24] Fortin V, Bernier M, El-Amraoui M, et al. Modeling of As_2S_3 Raman fiber lasers operating in the mid-infrared. IEEE Photonics Journal,2013,5(6):1502309

[25] Ahmad R, Rochette M. Raman lasing in a chalcogenide microwire-based Fabry-Perot cavity. Optics Letters,2012,37(21):4549-4551

[26] 李剑峰,陈明,陈玉,等. $2\mu m$ 泵浦中红外硫化玻璃光纤拉曼激光器的理论分析与优化. 光散射学报,2010,(3):220-226

[27] Ahmad R, Rochette M. Chalcogenide microwire based Raman laser. Applied Physics Letters,2012,101(10):101110

[28] Bernier M, Fortin V, El-Amraoui M, et al. $3.77\mu m$ fiber laser based on cascaded Raman gain in a chalcogenide glass fiber. Optics Letters,2014,39(7):2052-2055

[29] Hendow S T, Fortin V, Bernier M, et al. Monolithic mid-infrared fiber lasers for the 2-4μm spectral region. Proceedings of the International Society for Optical Engineering, 2013, 8601:86011H

[30] Bernier M, Fortin V, Caron N, et al. Mid-infrared chalcogenide glass Raman fiber laser.

Optics Letters, 2013, 38(2): 127-129

[31] Ahmad R, Rochette M. All-chalcogenide Raman-parametric laser, wavelength converter, and amplifier in a single microwire. IEEE Journal of Selected Topics in Quantum Electronics, 2014, 20(5): 299-304

第 13 章 硫系薄膜及光波导制备技术

硫系玻璃具有宽红外透过范围（>10μm）、超快非线性响应（<100fs）、超高的三阶非线性折射率 n_2（约 20×10^{-18} m^2/W）、无自由载流子效应、可忽略的双光子吸收 β_2（约 6×10^{-15} m/W）、其波导制备与目前成熟的半导体工艺兼容等材料特点。近年来，随着集成光子学理论和技术的蓬勃发展，硫系材料与集成光子学的结合形成了一个独特的研究领域——"硫系光子学"[1]，硫系光子学已成为当前光子学的热门研究领域之一。

硫系光子学与硅基光子学一样，其研究内容是在硫系材料基质平台上实现各种光子功能器件的制作、集成和应用等。由于硫系光子学在全光信号处理及中远红外传感领域展现出重要的应用前景，近年来已引起了国际上一些知名研究机构的关注，如澳大利亚超宽带光学器件研究中心（CUDOS）、美国麻省理工学院和中佛罗里达大学光学中心、英国南安普顿大学和诺丁汉大学等。2010 年，美国光学学会 *Optics Express* 期刊专设了一期"硫系光子学"的特辑，集中介绍了硫系光子学器件制备及应用方面取得的创新性研究成果[2]，旨在推动此新兴研究领域的发展和壮大。目前基于硫系波导的光子芯片成功应用于超高速率 Tbit/s（1Tbit/s＝1024Gbit/s）的全光信号再生[3]、OTDM 信号的全光解复用[4]、自动色散监测和补偿[5]、波形分析和性能监测[6]等领域的应用，以及在高 Q 值的中远红外传感器[1]。硫系光子学的研究目前主要分以下三个内容：硫系基质材料的性能研究及优化、硫系光子器件的制备和硫系光子学的应用。三者之间内容相互紧扣，实现了材料→器件→应用的整个的工艺技术链。其中，硫系光子器件的制备应该是技术链中最关键的一环，起到了承上启下的作用。性能优异的器件是应用的前提，也是材料价值的体现。本章重点关注硫系光子器件制备技术中最重要的两个环节——硫系薄膜和硫系光波导的制备技术，通过总结近几年国内外报道的硫系薄膜和光波导制备技术上的一些优缺点，并结合宁波大学红外材料及器件实验室在该领域积累的一些制备经验，为推动该领域的研究发展提供一定参考。

13.1 硫系薄膜的制备技术

硫系玻璃薄膜基本上都可采用常规的薄膜制备技术，但由于其本身为几种元素组成的非晶玻璃，制备过程中必须考虑薄膜与靶材组分的一致性，另外考虑到薄膜的用途是光功能传输，所以制备过程中尽量减少薄膜的缺陷、结构上的同极性键等,有效降低材料的本征吸收损耗,提高光传输效率。目前文献中硫系薄膜的制备方法主要包括溶胶凝胶法、化学气相沉积法、热蒸发法、磁控溅射法和脉冲激光沉积法等。各种制备工艺的优缺点如表13.1所示,下面逐一介绍其技术特点。

表13.1 几种薄膜制备方法的比较

制备方法	优点	缺点
溶胶凝胶法	成本低、薄膜均匀性好	薄膜致密性较差,薄膜中残留溶剂组分
化学气相沉积法	薄膜均匀性好、重复性好,适合大面积薄膜的制备	通用性较差,仅适用于少数组分材料
热蒸发法	成膜速度快、操作简单、成本低	薄膜与靶材组分偏差较大
磁控溅射法	薄膜与靶材组分偏差小、薄膜均匀性好	大尺寸靶材制备困难、成膜速率较慢
脉冲激光沉积法	成分保持性良好、沉积速率高、薄膜均匀性好、兼容性好	薄膜表面较粗糙,不适合大面积薄膜的制备

(1) 溶胶凝胶法(Sol-Gel):该方法先用化学活性高的化合物作为铺垫物,在液相下将这些原料均匀混合,再经过水解、缩合等化学反应,最后生成透明、稳定的溶胶,溶胶内的颗粒通过缓慢的聚合,形成紧凑的集合空间结构网络。此时,溶剂分子被束缚在溶胶网络中然后形成凝胶。凝胶经过干燥、烧结固化,制备出纳米级的材料。该方法是将溶解在适合溶剂中的硫化合物溶液滴在旋转的基片上,形成液体薄膜,热处理会使一些有机物蒸发,再得到硫系薄膜。目前制备的硫系组分主要局限于含 As 的二元化合物材料,如 As_2S_3、As_2Se_3 和 As_2Te_3[7,8]。美国普林斯顿大学 Song 等[9]也曾用该技术制备了 $Ge_{23}Sb_7S_{70}$ 薄膜,其工艺的难题在于选取合适的溶解剂溶解硫系玻璃材料,并且在后续烘干环节有效去除残留的溶剂,使得薄膜中只剩余所需的硫系组分。Arnold 采用50%浓度的 KOH、30%的氢氧化铵、98%的丙胺或99.5%的丁胺溶解 $Ge_{23}Sb_7S_{70}$ 块状材料,旋涂结束后采用了烘干工艺。一般来说,溶胶凝胶法并不能完全去除薄膜中溶剂的残留,另外该工艺制备的薄膜致密性较差也影响了薄膜的质量。

(2) 化学气相沉积法(CVD):该方法是近几十年发展起来的薄膜制备新技术,是将一种或几种包含构成薄膜元素的化合物、单质气体引入置有基底材料的反应室,借助气相化学反应,通过改变基底材料温度、反应气压和气流速率等工艺参数来控制纳米薄膜的生长过程。利用化学气相沉积法制备薄膜的优点包括沉积温度低、薄膜原子比例容易控制、薄膜与基底黏合性强、均匀性和重复性好等。但化学气相沉积法也具有较大局限性,因为这种薄膜制备方法需要化合物工作在气态条件下,并发生化学反应,如果沉积温度比较低,那么沉积化合物和基底材料的蒸气压必须都足够低,以便反应物能顺利被引入反应室,而且除了形成固态薄膜,其余的化学反应产物都必须是挥发性的。2005年,英国南安普顿大学 Huang 等研究人员利用化学气相沉积法在 SchottN-PSK58、Si 以及 SiO_2 衬底材料上沉积了 GeS_2 薄膜[10],反应生成式为

$$GeCl_4 + 2H_2S \longleftrightarrow GeS_2 + 4HCl$$

图 13.1 给出了用 H_2S 和 $GeCl_4$ 液体制备的 GeS_2 薄膜的实验装置示意图。

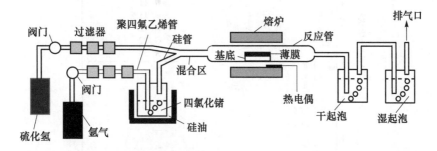

图 13.1 化学气相沉积法制备 GeS_2 薄膜的实验装置示意图

（3）热蒸发法（thermal evaporation, TE）：该方法是在真空腔体内，采用加热蒸发舟的方式将里面盛放的硫系材料汽化形成蒸气压，汽化分子在真空中运动一定的距离后冷凝在预先放置的基片上形成薄膜。电阻加热蒸发沉积装置示意图如图 13.2 所示，该工艺技术具有操作简单和沉积速率快等优点，目前已成为制备硫系薄膜最为广泛的工艺技术之一。但由于蒸发材料在不同温度下容易汽化成不同的化合物或单质的混合气体，并且它们的蒸气压具有很大的差

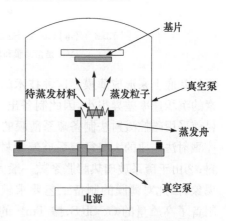

图 13.2 电阻加热蒸发沉积装置

异，导致汽化分子与实际块状玻璃材料的组分差异较大。通过调节温度（或蒸发速率）可以探索其最佳的工艺参数，如图 13.3 所示，澳大利亚国立大学在研究 Ge-As-Se 薄膜的热蒸发制备工艺时，通过调节蒸发速率，在 4nm/min 工艺参数时获得了与块状材料中 Ge 含量相近的薄膜组分[11]。此外，由于热蒸发薄膜是固体材料蒸气分子冷凝而成，薄膜与基片之间的附着力相对较弱，但同时薄膜材料结构中同极性键和缺陷形成的概率也相对较小，所以本征的材料光损耗也相对较小，适合应用于光传输的波导制备。同时通过调节蒸发舟和基片的距离，可以获得厚薄均匀的硫系薄膜。用该工艺制备了目前硫系光波导应用的大部分组分，如 As_2S_3、As_2Se_3、$Ge_{11.5}As_{24}Se_{64.5}$、$Ge_{23}Sb_7Se_{70}$ 等[12-15]。澳大利亚国立大学在 As_2S_3 薄膜上制备了硫系脊型光波导，获得的最低传输损耗仅为 0.05dB/cm（有效模场面积 A_{eff} 约为 $7\mu m^2$），是目前研究报道硫系光波导最低的传输损耗[12]。

（4）磁控溅射法（radio frequency sputtering, RF）：该方法的工作原理是利用等离子束轰击靶材的表面，使靶材中的原子或分子"溅射"出来，然后沉积在靶材附

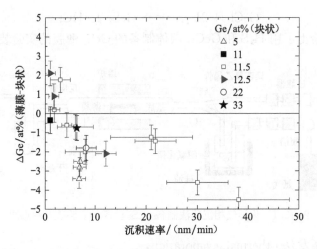

图 13.3 不同 Ge-As-Se 块状材料的蒸发速率与 ΔGe 的关系

ΔGe 是指薄膜和块状材料中 Ge 含量的差异

近的基底上来形成薄膜。这种技术的优点是对于多组分的块体玻璃靶材,其各元素的沉积速率差异很小,因此制备出薄膜的组分与靶材偏差小,且薄膜厚度均匀。目前采用磁控溅射法制备硫系薄膜的研究机构尚属少数,其可能的原因包括:①磁控溅射法需要的大口径硫系玻璃靶材制备困难,因此通常选择商用组分的玻璃材料;②由于硫系玻璃热膨胀系数一般大于 $10^{-6}℃^{-1}$,在溅射过程中靶材易发生开裂现象,因此对薄膜的制备工艺要求较高。法国雷恩第一大学利用磁控溅射技术制备了高质量的 Ge-Sb-S、掺 Tm^{3+} 的 Ge-Ga-Sb-S 和 Ge-Sb-Se 等组分的硫系玻璃薄膜[16,17]。

(5) 脉冲激光沉积法(pulsed laser deposition,PLD):该方法也被称为脉冲激光烧蚀,是指利用高功率激光脉冲对物体进行轰击,并将轰击出的物质沉积在衬底上从而得到薄膜的一种手段。采用脉冲激光沉积法制备薄膜一般需经历四个阶段:激光辐射与靶材的相互作用、熔化物质的定向局域膨胀与发射、熔化物质在基底上的沉积、薄膜在基底表面的成核与生成。该方法的优点是可以生成和靶材组分一致的多元化合物薄膜,另外在生长过程中可以原位引入多种气体,提高薄膜的质量;缺点是所沉积的薄膜存在一定的表面颗粒缺陷,引起较大的光传输损耗,且难以制备均匀的大面积薄膜,利用该技术进一步制备硫系光波导的研究报道甚少。

13.2 硫系光波导制备技术

硫系光波导的制备最早可追溯到 20 世纪 70 年代[18]。1973 年,Ohmachi 等[19]首次报道了将 As_2S_3 薄膜沉积到铌酸锂晶体上形成了一维平板波导,并验证了其声光效应。1976年Bessonov等[20]成功制备了以单晶氟化钡晶体为衬底、As-Se为膜层的硫系波导,测得波导的传输损耗为3dB/cm。1979年Zembutsu等[21]利用硫系玻璃材料的光暗特性制作了三维As-S-Se-Ge波导,通过514nm的氩激光照射,在1064nm处获得高达0.03的光致折射率改变和0.4dB/cm的波导损耗。在这些最初的报道之后,这一领域的研究没有得到较好的进展,直到20世纪90年代末随着新的波导制备工艺的出现才又重新发展起来。

1998年,Meneghini等[22]分别将氦或钕离子注入As-S薄膜,利用离子注入法制备了波导。2002年,Fick等[23]利用热处理的方法将事先印制好的Ag金属层扩散进500nm厚的As_2S_3膜层,利用Ag离子热/光渗透提高薄膜光通道上的折射率来制作条形波导。光扩散法也被用来制作As_2Se_3波导[24]和GeS_2波导[25]。这种方法获得的高折射率对比(0.3~0.4)使得制作紧凑型的波导成为可能。除了离子注入渗透法,研究者还尝试利用硫系玻璃的光暗效应,使用激光直写技术制作波导和光栅。该方法的核心思想是利用硫系玻璃的光敏特性,改变光通道上薄膜材料的折射率以形成光波导结构。Turcotte和Mairaj等利用244nm带隙波长的连续激光器分别直写As-S(-Se)[26]和Ga-La-S[27]薄膜形成波导。2001年Efimov等[28]用远离边带的850nm飞秒激光脉冲直写As_2S_3薄膜制作了波导。2004年Zoubir等[29]用飞秒激光直写As_2Se_3薄膜,制备了单通道波导和Y型耦合器。2006年Hô等[30]利用光暗效应在As基多层硫系薄膜上制作单模平面波导,获得0.5dB/cm的传输损耗。

光暗效应和离子注入扩散是改变硫系薄膜折射率形成波导结构的相对简单的方法。但用此类方法制备的光波导存在稳定性的隐患,在高光功率密度传输过程中或热作用下折射率可能会再次发生改变,导致传输损耗增加、传输模式改变,不适用于制作需要长期保持结构稳定的器件。为了解决这一问题,研究者利用硫系玻璃的半导体材料属性,开始采用与标准的半导体兼容的工艺在硫系薄膜上制作物理结构的波导。主要包括光刻(传统光学曝光、电子束曝光等)以及刻蚀(湿法或干法刻蚀)等过程。目前应用的硫系波导器件大多采用这类制备技术。

1999年Viens等[31]利用湿化学刻蚀法在$1.25\mu m$厚的$As_{24}S_{38}Se_{38}/As_2S_3$多层膜上制备了$5\mu m \times 0.4\mu m$的脊型波导,如图13.4(a)所示,获得了$1.3\mu m$波长处约1dB/cm的损耗。但湿刻技术存在着尺寸和形状难以控制、颗粒沾污以及各向同性腐蚀导致的严重底切现象等问题。为了克服这些困难,研究人员开始应用干法刻蚀制备硫系波导。2004年,英国南安普顿大学Huang等[32]利用氩离子束干法刻蚀制作了$5\mu m$宽的GeS_2条形波导,如图13.4(b)所示。但由于硫系薄膜和光刻胶之间很低的刻蚀选择比,刻蚀的波导剖面形状并不理想。为了获得更好的刻蚀效果,2004年澳大利亚国立大学Ruan等[33]分别用电子回旋共振(electron cyclotron resonance,ECR)和电感耦合等离子体(inductively coupled plasma,ICP)

刻蚀技术制备了 As_2S_3 脊型波导,如图 13.4(c)和(d)所示。其中脊宽为 $3\mu m$ 的波导在 $1.55\mu m$ 处传输损耗为 $0.5dB/cm$,而脊宽为 $4\mu m$ 和 $5\mu m$ 的波导损耗仅为 $0.25dB/cm$。2008 年,美国麻省理工学院 Hu 等[34]用 SF_6 作为刻蚀气体,采用反应离子刻蚀(reactive ion etching,RIE)技术在 $Ge_{23}Sb_7S_{70}$ 薄膜上制备了波导,如图 13.4(e)所示。但波导侧壁粗糙度达到 $17\sim20nm$,在 $1.55\mu m$ 处的光传输损耗高达 $3\sim5dB/cm$。同年,法国雷恩第一大学 Charrier 等[35]用 RIE 技术在 $Ga_xGe_{25-x}Sb_{10}S_{65}$ ($x=0,5$)薄膜上制备了 $2\sim300\mu m$ 宽的脊型波导,如图 13.4(f)所示,波导具有垂直的刻蚀侧边,测得波导在 $1.55\mu m$ 波长处损耗为 $0.6dB/cm$。

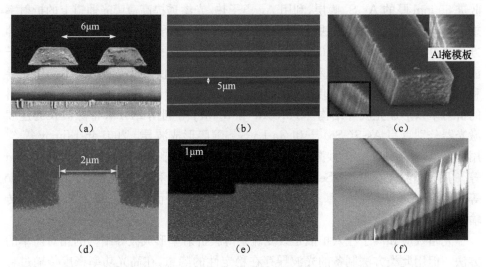

图 13.4 (a)湿法刻蚀制备的 $As_{24}S_{38}Se_{38}/As_2S_3$ 多层膜脊型波导;(b)氩离子束干法刻蚀制备的 GeS_2 条形波导;(c)ECR 等离子体刻蚀制备的 As_2S_3 脊型波导;(d)ICP 刻蚀制备的 As_2S_3 脊型波导;(e)SF_6 气体 RIE 刻蚀制备的 $Ge_{23}Sb_7S_{70}$ 波导;
(f)RIE 刻蚀制备的 $Ge_{25}Sb_{10}S_{65}$ 脊型波导

2007 年澳大利亚 CUDOS 中心 Madden 等[12]在 $2.6\mu m$ 厚的 As_2S_3 薄膜上用电感耦合等离子体反应离子刻蚀(ICP-RIE)技术制备了 $4\mu m\times2.6\mu m$ 的 $22.5cm$ 长"蛇形"脊型波导,如图 13.5(a)所示。在 $1.55\mu m$ 处的传输损耗为 $0.05dB/cm$,为迄今报道的硫系波导中最低的损耗。由于大多数硫系玻璃可溶于碱性显影剂,硫系薄膜层会受到显影液的侵蚀而使表面变得粗糙。为了解决这一问题,2008 年 Choi 等[36]将底部抗反射覆层(bottom anti-reflective coating,BRAC)涂覆于 $2.5\mu m$ 厚的 As_2S_3 薄膜上作为保护层,采用三氟甲烷(CHF_3)作为刻蚀气体,用 ICP-RIE 刻蚀法制作了脊型波导,如图 13.5(b)所示,改善了波导的线边粗糙度。但 BRAC 层的剥离会造成刻蚀表面的缺陷。2010 年 Choi 等[37]又利用 BRAC 和聚甲基丙烯酸甲酯(polymethylmethacrylate,PMMA)作为双保护层,在亚微米

(0.85μm)厚的 As_2S_3 薄膜上分别制作了 4μm 和 2μm 宽的脊型波导,如图 13.5(c)所示。在 1.55μm 处的损耗分别为 0.2dB/cm 和 0.6dB/cm,但双保护层增加了工艺的复杂度。2011 年 Choi 等[38]以 SU-8 作为保护层制备了 $2\mu m \times 850nm$ 的 As_2S_3 脊型波导,如图 13.5(d)所示,在 1.55μm 处的损耗为 0.35dB/cm。

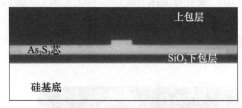
(a) $4\mu m \times 2.6\mu m$ 的 As_2S_3 "蛇形" 脊型波导

(b) BRAC 作为保护层制备的 As_2S_3 脊型波导

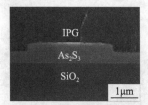
(c) 采用双保护层制备的 $2\mu m \times 0.85\mu m$ As_2S_3 脊型波导

(d) SU-8 作为保护层制备的 $2\mu m \times 850nm$ As_2S_3 脊型波导

图 13.5 ICP-RIE 刻蚀制备的硫系波导

传统光刻技术的最小线宽受光学衍射的限制,当波导尺寸缩小至深亚微米时必须使用波长更短的曝光系统,如电子束曝光(electron beam lithography, EBL)等。2010 年澳大利亚国立大学 Gai 等[13]采用 PMMA 作为光阻,利用 EBL 和 ICP-RIE 刻蚀获得 $630nm \times 500nm$ 的高非线性色散裁剪 $Ge_{11.5}As_{24}Se_{64.5}$ 纳米线波导,如图 13.6(a)所示。波导具有高的非线性系数($\gamma = 136 \pm 7 W^{-1} \cdot m^{-1}$),损耗为 2.6dB/cm。2012 年,Gai 等[39]又制备了 $584nm \times 575nm$ 的正方形端面 $Ge_{11.5}As_{24}Se_{64.5}$ 纳米线波导,如图 13.6(b)所示。波导掩埋于 SiO_2 覆层内,为对

(a) $Ge_{11.5}As_{24}Se_{64.5}$ 纳米线波导

(b) 正方形($584nm \times 575nm$) $Ge_{11.5}As_{24}Se_{64.5}$ 纳米线波导

图 13.6 电子束曝光和 ICP-RIE 刻蚀法制备的纳米线波导

称结构,损耗为 1.65dB/cm。

除了刻蚀技术,剥离法也被用来制备硫系波导。该方法经过曝光和显影后进行真空镀膜,最后利用有机溶剂溶解抗蚀胶层形成波导。2007 年,美国麻省理工学院 Hu 等[40]采用剥离法制备了 $Ge_{23}Sb_7S_{70}$ 条形和脊型波导,在 1550nm 处的光传输损耗分别为 2~6dB/cm 和<0.5dB/cm。波导端面如图 13.7(a)所示,显示波导有圆的边角,侧壁倾斜角约为 65°,而且图 13.7(b)显示波导的侧壁粗糙度(11nm±2nm)较大。利用剥离法,该研究小组还在 2007 年和 2008 年分别制作了用于光传感[41,42]的波导和环形谐振腔。

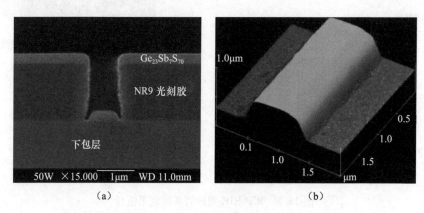

图 13.7 (a)光刻胶剥离前的 $Ge_{23}Sb_7S_{70}$ 条形波导端面图;
(b)波导侧壁和表面粗糙度测试图

13.2.1 光刻和刻蚀技术

低损耗硫系光波导的制备是制作硫系光子集成器件的关键。本节中硫系波导的制备采用与标准的半导体兼容的工艺,主要包括光刻以及干法刻蚀过程。由于硫系材料自身的特性,需要在标准的半导体工艺基础上进行一些改进。硫系波导的工艺总流程如图 13.8 所示,主要包括光刻、刻蚀、沉积氧化铝(Al_2O_3)层以及涂覆 IPG 层等。

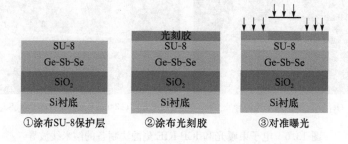

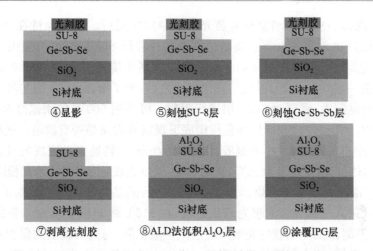

图 13.8　Ge-Sb-Se 波导制备工艺流程及图形转移过程（另见文后彩插）

光刻工艺的整个流程为：基片前处理、涂胶、软烘、对准曝光、曝光后烘、显影、后烘，流程图如图 13.9 所示。下面主要参考了宁波大学在 $Ge_{20}Sb_{15}Se_{65}$ 硫系波导上的工艺技术流程及制备经验[43,44]介绍硫系波导的工艺流程，具体如下。

图 13.9　Ge-Sb-Se 波导光刻工艺流程

（1）制作掩模板。标准光刻工艺首先需要根据设计要求制作掩模板。所谓掩模，就是把要加工的图形制作成透光衬底上的金属膜图形。紫外光刻的掩模衬底通常是石英玻璃，上面的金属膜为铬膜，它可以对紫外光起遮挡作用。掩模板是光刻复制图形的基准和蓝本，掩模板上的任何缺陷都会对最终图形精度产生严重的影响，因此需要严格避免掩模板的污染和损坏。光刻前掩模板需要用重铬酸钾和浓硫酸的混合溶液浸泡 2min，然后用去离子水冲洗干净，以避免掩模板在光刻过程中增加附加的沾污。

（2）基片清洁。洁净、干燥的基片表面能与光刻胶形成良好的接触，避免后续工艺中产生浮胶、钻蚀等质量问题。由于硫系玻璃比较脆弱，水和丙酮都对其有损伤，但酒精特别是异丙酮酒精（IPA）与硫系玻璃不发生反应。可用 IPA 对基片表面进行清洁，清除表面污染，以增强基片与光刻胶之间的黏附力，清洁完成后用氮气枪吹干备用。

（3）SU-8 和光刻胶的涂布及软烘。无论是 SU-8 还是 AZ MiR701 正胶，均对光照敏感,涂覆一般要在暗室或者黄光的超净室中进行。温度保持在 20~25℃,相对湿度保持在 30%~40%。将清洁好的基片进行 SU-8 旋涂,可先用 500r/min 的较慢转速旋转 5s,接着用 4000r/min 的转速高速旋转 30s,在片子表面留下约 200nm 厚的一层均匀的 SU-8 胶。旋涂完成之后,为了增强 SU-8 层与其下硫系薄膜层之间的黏附性,需要对 SU-8 层进行固化。可采用 500W 的汞氙灯对 SU-8 进行紫外固化,固化后的 SU-8 层在显微镜底下观察其表面是否有缺陷。随后继续在 SU-8 层上涂布 AZ MiR701 光刻胶,以 3000r/min 的转速自动完成匀胶。之后基片进入软烘热板,温度设定为 90℃,烘烤 60s。软烘完成后基片进入冷却板降温。

(4)对准曝光及曝光后烘。软烘并冷却之后的基片进入光刻机对准曝光,曝光后的基片进入显影导轨的曝光后烘热板,在 110℃的热板上烘 60s,目的是减少驻波效应,同时激发光刻胶的光致产酸剂产生酸扩散,与光刻胶上的保护基团发生反应并移除基团,使之能溶解于显影液。烘完之后基片进入冷却板冷却。

(5)显影。曝光后烘的样片紧接着进入显影台,用 AZ MIF300(2.38%)显影液在 23℃温度下进行 60s 浸入式显影,从而在光刻胶上形成与掩模板对应的图形,且获得垂直的光刻胶侧壁。

(6)显影后烘。显影完成后,基片进入显影后烘热板进行后烘,以便除去显影时胶膜所吸收的显影液和残留的水分,使图形更加稳定,不易变形,还可提高胶膜的黏附性,增强胶膜的抗腐蚀能力,以作为掩模层进入后面的刻蚀工艺。后烘的温度和时间要适当选择。若后烘不足,胶膜的黏附性和抗蚀性都会变低;后烘过度,则会使光刻胶熔化,分辨率变差。后烘好的基片应进行检查,如果胶膜发生翘曲、发皱、剥落等现象,则应剔除并返工,后烘完成后基片进入冷却板冷却。

刻蚀工艺是光刻后用化学或者物理方法有选择地去除不需要的材料,将转移到光刻胶上的掩模图形结构复制到待刻蚀膜层上的工艺过程。通常分为湿法刻蚀和干法刻蚀两种。湿法刻蚀操作简单,成本低廉,刻蚀速度快。但由于湿法刻蚀是将显影后的基片浸泡在腐蚀液中直接利用化学溶剂进行化学腐蚀和剥离,刻蚀是各向同性的,存在底切现象,刻蚀图形和尺寸较难控制,难以形成细线条和陡直的侧壁。干法刻蚀是将待刻蚀薄膜层暴露于刻蚀气体产生的等离子体中,等离子体通过光刻胶所开的窗口与薄膜层发生化学或物理反应,从而去掉暴露的材料。与湿法刻蚀相比,干法刻蚀具有较好的各向异性、均匀性和端面清洁度,更高的分辨率,可提供更紧凑的尺寸控制。特别是在微米、亚微米、纳米级的图形加工方面,干法刻蚀有着不可替代的优越性。

干法刻蚀分为三类:物理刻蚀、化学刻蚀以及物理+化学刻蚀。物理刻蚀的原理是利用离子轰击待刻蚀物表面激发出材料分子,有很好的方向性,属于各向异性刻蚀,可获得陡直度较好的刻蚀剖面,缺点是刻蚀选择比低。化学刻蚀是利用等离子体将刻蚀气体解离,从而产生带电离子、分子、电子及反应性很强的原子团。原子团扩散到待刻蚀薄膜表面,与薄膜表面原子发生化学反应,形成挥发性的产物被真空设备抽离反应腔。其优点是选择比高,缺点与前述的湿法腐蚀类似,陡直度和刻蚀方向性差。目前使用最广泛的是物理+化学刻蚀方法,将物理性的离子轰击与化学反应相结合,可兼具各向异性与高选择比的优点。其中刻蚀主要由化学反应来完成,加入离子轰击的作用是将待刻蚀材料表面的原子键破坏,以加快反应速度,将再沉积于薄膜表面的产物或聚合物打掉,以便使待刻蚀膜层表面能再与刻蚀气体接触,刻蚀得以继续进行。而侧壁上的沉积物因未受到离子轰击而被保留下来,这样便可阻隔侧壁与反应气体的接触,实现各向异性刻蚀。

目前主要的干法刻蚀技术有:离子溅射刻蚀、离子铣或离子束刻蚀、反应离子刻蚀(RIE)、电子回旋共振(ECR)和电感耦合等离子体(ICP)刻蚀等。其中离子溅射刻蚀属于物理作用,其余均为物理+化学共同作用。

(1) 电感耦合等离子体反应离子刻蚀(ICP-RIE)。RIE 是一种较为常见的干法刻蚀技术,利用反应气体离子在电场中定向运动进行刻蚀,可以在较低的离子能量和反应压强下提供合适的刻蚀速率。但传统的 RIE 的缺点是等离子体密度低、刻蚀速率慢,要得到较高的刻蚀速率,需加大功率来获得高的偏压,以增大离子轰击能量。这将导致高的等离子体引入损伤,而且不利于控制刻蚀形貌。为了同时满足各向异性刻蚀与高选择比的要求,等离子体刻蚀技术的趋势是利用相对低的功率和压强产生高密度等离子体(high density plasma,HDP)。因此,有必要在传统的 RIE 中加入 HDP 源,根据产生 HDP 的方式可分为 ICP、ECR 和电容耦合等。后面侧重介绍 ICP-RIE 工艺制备波导。ICP-RIE 是在传统的 RIE 反应室的上方加置线圈状的电极,通过电感耦合可以产生很高的等离子体密度,一般为传统 RIE 的 $10^2 \sim 10^3$ 倍。通过两个独立的射频源,等离子体密度和离子轰击能量可以分别进行调控,可在较低的功率和压强下产生 HDP。同时也可以加强离子加速能力,以获得更高的刻蚀速率和选择比以及更好的各向异性,对器件损伤小。

(2) 刻蚀设备及原理。波导刻蚀设备如典型的牛津仪器公司 OxfordPlasmalab System100 系统,组成示意图如图 13.10 所示。该设备包括两套 13.56MHz 的射频电源,两套射频源中间加入静电屏蔽层,可以有效防止频率串扰,减少对器件的电子损伤。其中一套射频电源连接缠绕腔室顶部的螺旋线圈,使螺旋线圈产生感应耦合电场,工作气体从顶部注入真空腔室内,在感应耦合电场作用下,腔室内的气体发生辉光放电反应,产生 HDP($>10^{11}\mathrm{cm}^{-3}$),以获得更高的刻蚀速率。另一套射频电源连接在腔室下方放置样片的石英平台的电极上,为等离子体提供偏置电压,用来控制等离子体的方向和能量,使等离子体电场垂直作用在待刻蚀基片上。具有强化学活性的 HDP 在电场的加速作用下,与基片表面的材料发生化学和物理反应产生可挥发性气体,在腔室内压强作用下从排气口排出。用分立的射频电源分别控制等离子体密度和离子轰击能量,可以在低气压下维持稳定的辉光放电,以保证离子轰击的方向性和刻蚀的均匀性。该设备中的 ICP 感应功率范围为 0~3000W,RIE 偏置功率范围为 0~1000W,压力范围为 1~100mTorr。

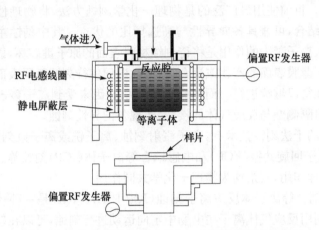

图 13.10　OxfordPlasmalab System100 系统组成示意图

（3）刻蚀气体的选择。在干法刻蚀前,选择合适的刻蚀气体是获得良好的刻蚀效果的必要过程。硫系材料的刻蚀气体通常有氩气、四氟甲烷(CF_4)和三氟甲烷(CHF_3)等。选择惰性氩气作为刻蚀气体时,氩气与硫系材料无化学刻蚀效应,主要是通过重氩离子轰击硫系材料表面产生纯物理作用的等离子体溅射效应。此时,硫系材料与光刻胶之间刻蚀选择比很差,导致波导侧壁倾斜,且尺寸难以控制[32]。由于 CF_4 和 CHF_3 等氟基气体中分离的氟(F)原子在室温下可与硫系元素发生反应生成挥发性强的化合物,且与氯基气体相比毒性低,所以在硫系波导刻蚀工艺中得到了广泛的应用。

使用氟基气体作为刻蚀气体时,分子离解产生的等离子体是电子、F 原子、CF_x 基团、离子(如 CF_x^+)和分子的混合物。其中 F 原子、$CF_x(x=1,2,3)$ 基团以及离子的相对密度共同决定刻蚀特性,三者在刻蚀中所起的作用各不相同。具有很强化学腐蚀活性的 F 原子在室温下能与硫系材料发生化学反应使之汽化,被真空系统从腔室内抽走,达到腐蚀的目的,是硫系材料刻蚀的主要作用机理[45]。同时 F 原子通过从有机聚合物中抽取氢原子,对光刻胶也有一定的侵蚀作用,因此 F 原子密度是影响刻蚀行为的主要因素,密度越大,刻蚀作用越强。而 CF_x 基团形成一种类似于特氟龙的惰性氟碳聚合物,沉积于刻蚀侧壁或者表面,形成钝化保护层,起到阻挡 F 原子进一步刻蚀的作用。CF_x 基团密度越大,则聚合物的沉积和保护作用越充分。这样保护和刻蚀过程通过同一刻蚀气体同时进行,相比保护和刻蚀过程交替进行的刻蚀工艺,不需要交替转换刻蚀气体和保护气体,可以避免由此造成的侧壁的波纹效应,使得工艺更简单易控制,可获得更高的刻蚀效率。也可以用 F/CF_x 的相对密度比值来解释硫系材料的刻蚀现象,低比值时,相对于 F 原子的刻蚀作用,聚合物的保护作用占优势;高比值时,聚合物保护层的沉积不够充分,刻蚀几乎不受阻挡,此时 F 原子的刻蚀作用占优势。除了 F 原子和 CF_x 基团的作用,等离子体中的离子密度对刻蚀过程也有重要影响。在 ICP-RIE 刻蚀过程中,离子轰击作用不等同于溅射刻蚀中的纯物理过程,它对化学反应具有明显的辅助作用,可以起到增加附着性、加速基片表面的化学反应和挥发性生成物的脱附、去除基片表面沉积的聚合物等重要作用。而且控制离子轰击的方向性也是获得陡直侧壁的决定性因素。

在两种氟基气体中,由于 CF_4 气体氟碳比高,等离子体中含有大量的 F 原子,使其具有强烈的化学刻蚀特性,此时 CF_x 基团形成的聚合物保护层的沉积并不充分,F 原子会侵蚀没有充分保护的侧壁造成各向同性的刻蚀,掩模下的侧向侵蚀会导致粗糙的侧壁以及严重的底切现象,不容易形成垂直的刻蚀侧壁。通过在 CF_4 中加入 O_2 进行稀释,可优化刻蚀速率,减小各向同性刻蚀造成的底切程度和侧壁粗糙度[46]。但这需要精确优化和控制混合气体浓度比例及其他各种工艺参数。

与 CF_4 相比,CHF_3 的氟碳比降低,具有较低的 F 原子密度和增强的聚合物沉积。增强的聚合物沉积可在侧壁和表面上形成充分的钝化保护层[47]。F 原子的刻蚀和 CF_x 形成的聚合物沉积都是各向同性的,但方向性强的离子轰击使垂直方向去除聚合物的速率快于侧向的刻蚀速率,加强了刻蚀的各向异性,减弱了侧向刻蚀和侧壁的底切现象,从而获得光滑垂直的刻蚀侧壁。同时由于离子轰击的作用,聚合物优先沉积于颗粒之间的凹谷里,保护该区域免受进一步的侵蚀,使刻蚀表面钝化,变得更光滑。此外,相对较低的 F 原子密度也减小了对光刻胶掩模的侵蚀,可获得更高的刻蚀选择比和更低的刻蚀偏差。因此,选用 CHF_3 作为刻蚀气体,通过控制刻蚀参数可获得接近垂直的波导侧壁。

(4) 刻蚀参数优化。衡量刻蚀质量的指标主要有:刻蚀选择比、刻蚀速率、均匀性、各向异性、刻蚀剖面形貌以及侧壁和表面粗糙度等,而这些指标又与刻蚀过程中的工艺参数有很大关系,在具体刻蚀过程中应综合考虑这些因素,以获得较佳的工艺组合。在 ICP-RIE 刻蚀中,工艺参数主要包括 RIE 偏置功率 RF1、ICP 感应功率 RF2、反应腔室压力 P、CHF_3 刻蚀气体流速 FR 等。要获得合适的刻蚀工艺参数,需要深入研究等离子体产生机制和刻蚀机理,通过分析不同工艺参数下 F 原子、CF_x 基团和离子的相对密度以及 F/CF_x 比值的变化来理解工艺参数对刻蚀特性的影响。

① ICP 感应功率 RF2 对刻蚀性能的影响。RF2 的大小决定了等离子体的产生速率和效率。当 RF2 增大时,等离子体中的 F 原子、CF_x 基团以及离子的相对密度均增大,导致 F 原子的刻蚀作用、聚合物的沉积保护作用以及离子的轰击作用均增强。增强的离子轰击加强了对表面沉积的聚合物的去除作用,使得 F/CF_x 的

比值随之增大，此时 F 原子的侵蚀相对于聚合物层的保护占优势，刻蚀速率随之迅速增加。同时随着 F 原子密度和离子轰击能量的增加，两者共同作用也使光刻胶的刻蚀速率迅速增加，相应的刻蚀选择比也随之增大。在刻蚀过程中，若 RF2 过低，等离子体密度的降低会导致刻蚀很难进行；但如果 RF2 过高，硫系材料处于高刻蚀速率区，此时的刻蚀是各向同性的，很难获得垂直的侧壁。而且由于光刻胶的抗轰击能力限制，在过高的 RF2 下很容易碳化[45]。

② 刻蚀气体流速 FR 对刻蚀性能的影响。在刻蚀过程中，气体的停留时间，即抽离之前停留在反应腔室内的平均时间，在恒压下由气体流速 FR 决定，可表示为 $\tau = V/S = PV/Q$，其中 V、S、P 和 Q 分别为反应腔室容积、抽运排放速率、气压和气体流速。在小的 FR（即长的停留时间 τ）下，CF_x 密度较小，而且此时较高的离子密度对表面沉积的聚合物的轰击去除作用较强，因此在刻蚀表面很难沉积聚合物，此时 F 原子的刻蚀作用占优势，刻蚀速率较高。当 FR 增加时，在恒压下高的气体流速意味着高的抽气速率，这使可加强电离效应的中性粒子快速消耗，离子密度减小，减少了自由基与低密度离子的复合，CF_x 和 F 原子的密度都增加。但此时离子轰击对去除聚合物的作用很小可以忽略，导致聚合物的沉积增强，此时聚合物的沉积占优势，在刻蚀表面形成一层保护膜，对 F 原子的进一步刻蚀有抑制作用。因此，硫系材料的刻蚀速率随 FR 增加而迅速减小。刻蚀速率的变化趋势使得 FR 极大地影响刻蚀的边缘轮廓、表面粗糙度以及微掩模的形成。当 FR 较小时，由于 F 原子的刻蚀占优势，刻蚀速率较高，没有得到充分保护的侧壁造成刻蚀边缘呈各向同性，所以难以形成垂直的剖面，同时侧壁很粗糙，呈颗粒状。随着 FR 的增大，聚合物的沉积占优势。由于侧壁上增强的聚合物保护，刻蚀剖面由各向同性逐渐变得垂直，此时的钝化也可使侧壁变得光滑。随着流速进一步增大，过量的聚合物沉积会导致出现正斜率的侧壁，并生成密集的微掩模，形成杂草状的刻蚀表面，刻蚀选择比变小[45]。

③ 偏置功率 RF1 和腔压 P 对刻蚀性能的影响。在 4 个工艺参数中，刻蚀行为受 RF2 和 FR 的影响最显著，二者也是影响材料刻蚀速率的决定性参数。但腔压 P 和偏置功率 RF1 同样影响刻蚀行为。硫系材料的刻蚀速率几乎不随 RF1 和 P 而变化。这是因为随着 P 的加大，F 原子和 CF_x 基团密度均增大，刻蚀和保护都增强，但腔压的增加减小了碰撞前的平均自由程，因此离子密度和能量都降低。此时由于离子轰击对聚合物的去除作用很小，F 原子的侵蚀和聚合物的保护之间可达到某种平衡，使刻蚀速率几乎不受腔压的影响。但随着腔压继续升高，聚合物沉积进一步增强，在刻蚀表面会形成非常密集的微掩模，这会导致刻蚀几乎停滞，刻蚀选择比变差。

偏置功率 RF1 关系到离子加速和轰击能量，RF1 增大使离子轰击作用增强，此时激发的离子轰击方向性较强，在垂直方向上增强的离子作用能有效去除聚合物形成的微掩模效应,使刻蚀顺利进行,而在侧向相对较弱的离子轰击可使侧向的刻蚀得到抑制,获得各向异性的刻蚀剖面[45]。但增强的离子轰击能量也会增强对光刻胶的侵蚀,使光刻胶的刻蚀速率变大,刻蚀选择比变差。在硫系材料的刻蚀过程中,若 RF1 过低,则离子轰击在垂直方向的动能减弱,各向同性刻蚀的本质就会显现出来。若 RF2 过高,由于对光刻胶的刻蚀作用加强,则刻蚀选择比变差,刻蚀图形会存在较大偏差。

④ 刻蚀工艺参数的确定。硫系材料的刻蚀是上述各个工艺参数共同作用的过程,需要综合加以考虑,对刻蚀工艺进行优化,选取最佳的工艺参数来制备波导。以期获得合适的刻蚀速率、高选择比以及各向异性的刻蚀,得到光滑垂直的侧壁。

将 RF1、RF2、P 和 FR 四个参数的范围分别限定在 20～40W、200～400W、5～15mTorr 和 10～30sccm(cm^3/min)。研究表明,刻蚀形貌受 RF2 和 FR 的影响最显著。在过高的 RF2 和过低的 FR 下,刻蚀处于高速率区域,F 原子的刻蚀相对于聚合物的沉积占优势,此时观察到的刻蚀是各向同性的。但过低的 RF2 和过高的 FR 又会导致刻蚀速率和选择比降低,此时观察到正倾斜侧壁,刻蚀表面还会因出现微掩模而变得粗糙。因此,在这里选择 RF2 = 300W,FR = 25sccm。气压和 RF1 同样影响刻蚀行为。在低气压或者高 RF1 作用下增强的离子作用能有效去除聚合物形成的微掩模,且离子轰击的方向性使侧壁得到保护和钝化,可获得光滑的各向异性的侧壁。但 RF1 过高会使刻蚀选择比变小,图形出现偏差。

(5) 刻蚀工艺流程。波导刻蚀的具体步骤如下:

① 将经过显影后烘的基片放置于 ICP-RIE 腔体中,腔体温度为15℃。如图 13.8 中⑤和⑥所示,刻蚀过程包括对 SU-8 保护层和底部硫系材料层的刻蚀,首先对 SU-8 保护层进行刻蚀。SU-8 保护层的刻蚀可用纯氧气,氧气对下面的硫系材料无化学刻蚀作用,但硫系材料会和氧气作用发生氧化,在刻蚀表面形成圆形的缺陷。通过在氧气中混入少量 CHF_3,可在硫系薄膜表面形成保护膜,防止氧化,消除该缺陷。通过各自独立的流量控制器向真空腔中通入流速分别为 30sccm 和 2sccm 的 O_2/CHF_3 混合气体。调节腔体内 RF2 为 200W,RF1 为 20W,P 为 10mTorr,在此条件下 SU-8 层的刻蚀速率与光刻胶刻蚀速率相近,因此刻蚀 SU-8 层时不会出现底切和侧壁正倾斜现象。

② 用纯的 CHF_3 刻蚀硫系材料膜层。通入 FR 为 25sccm 的 CHF_3 气体,调节腔压 P 为 10mTorr,RF1 和 RF2 分别为 30W 和 300W,在此条件下硫系膜层对光刻胶的刻蚀选择比大于 10。

③ 刻蚀完成后,用美国 AZElectronic Materials 公司的 AZ Kwik Stripe Remover 剥离液去除剩下的光刻胶,如图 13.8 中⑦所示。此剥离液的主要成分为乙

醚,对硫系玻璃没有损伤。为避免湿法剥离过程不完全,先通很短一段时间(约15s)的 O_2 等离子体,可以使之后的剥离更彻底。在剥离过程中刻蚀表面沉积的聚合物也会被去除。

④ 光刻胶剥离后,在 SU-8 层上涂覆一层 Al_2O_3 薄膜,如图 13.8 中⑧所示。之所以要涂覆这一层,主要是因为 SU-8 层和 IPG 层之间的黏合度很低,如果直接在 SU-8 膜层上涂覆 IPG,在后面的解理过程中,IPG 会从表面剥落。这里采用 Cambridge NanoTech 公司的 Savannah 设备,利用原子层沉积(atomic layer deposition,ALD)方法在 SU-8 和 IPG 两层之间沉积 2nm 厚的一层 Al_2O_3,以提高两层之间的黏合度。Al_2O_3 在近红外线区域没有吸收峰,不会带来额外的损耗。ALD 生长过程的最大特点是每个步骤仅生长一个单原子层,是生长理想高介电常数薄膜的新型外延技术,但沉积速度较低。

⑤ Al_2O_3 层沉积完成后,将基片置于 SVG8600 系统的涂胶导轨中,以 250r/min 的转速旋转 50s,涂覆 15μm 厚的覆层,如图 13.8 中⑨所示。覆层采用美国 RPOPty 公司的 IPGTM,此材料具有稳定的热学和光学性能、低应力和高度均匀性。在 1550nm 处的折射率为 1.51。作为覆层既可减小波导芯层与外界的折射率差,从而减少波导中传输的高阶模式,又可防止波导暴露在空气和日光中因光分解和氧化而在表面发生析晶现象,还可在后面的解理和端面处理过程中保持波导的完整性,避免波导图形的边角出现空洞。完成 IPG 涂覆后用汞氙灯对 IPG 进行紫外固化。

图 13.11 解理后的 $Ge_{20}Sb_{15}Se_{65}$ 波导芯片

⑥ 最后用金刚刀沿着硅片的{110}解理面进行手工解理,并对端面进行相应的处理,得到如图 13.11 所示的长 7.5cm 的硫系波导芯片,实验中采用了 $Ge_{20}Sb_{15}Se_{65}$ 的硫系薄膜。

(6) 波导刻蚀性能测试及表征。刻蚀剖面形貌和表面粗糙度是集成光波导的关键参数。对于光波导器件,较高的表面粗糙度会引起光散射损耗,从而降低器件性能。波导的刻蚀剖面形貌采用 Hitachi 公司的 S4500 扫描电镜进行观测和表征,其 SEM 图如图 13.12 所示。从图 13.12(a)和(b)可以看出,波导具有陡直的剖面(倾斜角为 92°~93°),保证了图形转移的分辨率;也没有出现 RIE 中经常遇到的侧向扩蚀现象以及杂草状的微掩模,解理后的波导端面光滑平整。同时从图 13.12(c)中可以看出,波导侧壁光滑平整,没有明显的颗粒物。以上说明采用的刻蚀工艺具有良好的各向异性、较高的刻蚀速率和刻蚀选择比。

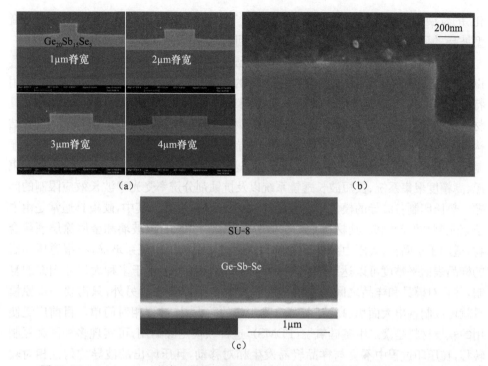

图 13.12 (a)1~4μm 宽脊型波导刻蚀端面 SEM 图;(b)刻蚀端面放大的 SEM 图;
(c)刻蚀侧壁 SEM 图

本节详细介绍了硫系波导的制备过程,主要包括与标准的半导体工艺兼容的紫外接触式光学光刻和 ICP-RIE 刻蚀。在光刻前,在薄膜上涂覆 200nm 厚的 SU-8 作为保护层可以有效防止薄膜受到碱性显影液的侵蚀。利用光刻机和 SVG 涂胶/显影综合系统自动完成涂胶、曝光和显影等光刻工艺。之后采用 ICP-RIE 技术刻蚀波导,选用 CHF_3 作为刻蚀气体使刻蚀过程中保护和刻蚀同时进行,利用其增强的聚合物沉积获得各向异性的刻蚀和合适的刻蚀速率。研究波导的刻蚀性能与工艺参数之间的关系和机理,选择合适的工艺条件完成了波导的制备。测试结果表明,制备的硫系光波导具有垂直的刻蚀剖面,侧壁和刻蚀表面光滑,解理后的波导端面光滑平整。

13.2.2 热压印技术

热压印(又称纳米压印),是由华裔科学家 Chou 等[48]在 1995 年首次提出的一种新型的基于表面图案复制的光刻技术。该技术可以制备出结构复杂的光子器件,甚至不需要经过化学处理,只需一步就可以得到纳米级尺寸的光学元件[49-52]。此外,它还可以适用于任何具有合理软化特性的玻璃组分,这意味着它不必随着材料组成的不同而改变其处理步骤。与传统光刻技术相比,热压印技术过程更加快捷、成本更加低廉、分辨率更高,符合未来光电子器件制备工艺的"简易化"和"微型化"的发展方向,显示出了广阔的应用前景[53-59]。本节主要回顾热压印制备硫系脊型波导的研究进展,并讨论其目前存在的问题以及相应的解决方案。

热压印制备光波导的原理可简单地概述为:利用硫系玻璃在玻璃转化温度 T_g 以上一定温度的软化特性,将充分退火后的薄膜加热至 T_g 以上一定温度后,采用特制的模具压入薄膜材料并持续一段时间后进行速冷,利用硫系薄膜材料和模具材料的巨大热膨胀系数差实现后期薄膜和模具的分离,进而制备出所需的波导结构,原理图如图 13.13 所示。制备出的波导样品会精确复制模具表面图案,并且复制精确度是由模具表面图案质量决定的,这避免了传统光刻与刻蚀对特殊曝光束源、高精度聚集系统、极短波长透镜系统以及抗蚀剂分辨率受光半波长效应限制的问题。热压印制备波导的模具主要有两种:硬模具和软模具。其中,硬模具通常是由电子束光刻和湿刻制成,其材料主要包括金属(镍等)、硅、石英玻璃和金属涂层硬聚合物,适用于小面积、大压力条件下的压印。通过硬模具压印硫系玻璃,有报道压印后的样品表面平整度可以达到约±30nm[52,53]。软模具可适用于多种大尺寸图案的复制,并且对模具和样品之间的对准程度没有太多的要求[60]。另外,只需要一块原模具就可以制备出大面积、高精度、可重复制作的软模具,过程相对简单。目前广泛使用的软模材料是聚二甲基硅氧烷(PDMS),这种软模足够耐用,可实现多种图案复制转移,在压印过程中不会与样品轻易发生相对移动,且压印出的波导均匀性相对较好。目前报道的利用 PDMS 软模压印聚合物薄膜,测得的横向分辨率接近 50nm[61]。

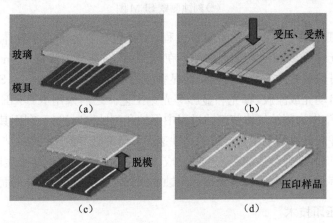

图 13.13 热压印过程的原理图

热压印制备硫系光波导主要有两种压印方法:硬压法与软压法。硬压法所用的装置主要由真空腔、两个平整且平行的铝板以及加热平台构成。上面的铝板是固定的,下面的铝板可以随着施加的力向上升。首先,模具放置在下铝板上,有图案的一面朝上,再将样品放到模具上面,并使沉积的薄膜朝下,当两个铝板都加热到压印温度,下铝板会升起完成压印,如图 13.14(a)所示。硬压法的缺点是在压印过程中模具和样品之间容易发生相对位移、样品整体受力不均、压力的大小不易实现精密的控制。软压法的装置主要包括被弹性膜隔开的真空腔和加热平台。样品和模具放置在下腔体内、加热平台的上面,模具在样品上面。当加热平台被加热到压印温度时,下腔体会泄压,上下腔体的压强差使得压印过程在恒压的条件下完成,如图13.14(b)所示。软压法的缺点在于压印温度还会受到弹力膜的限制,这就要求弹力膜必须采用耐高温的材料。

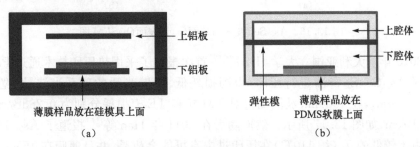

图 13.14　硬压法(a)和软压法(b)示意图

2008年英国诺丁汉大学Pan等[55]首次报道了热压印法制备$As_{40}Se_{60}$光波导,但该实验没有用硬模具直接压印硫系薄膜,而是选取了玻璃上压印光纤的方法(fibre on glass,FOG),先将$As_{40}Se_{60}$光纤整齐地放置在硅模具的凹槽里,如图13.15(a)所示,并确保它们之间保持足够的距离,将表面平整的$Ge_{17}As_{18}Se_{65}$衬底薄膜放到模具的上面,加热后采用硬压法压印,形成了$As_{40}Se_{60}$为芯层、$Ge_{17}As_{18}Se_{65}$为包层的光波导结构,波导端面尺寸为$5\mu m \times 1.7\mu m$,如图13.15(b)所示,在1550nm处测得对TE模的最低损耗为2.2dB/cm,这与数值模拟的结果相一致,近场光强分布证明波导满足单模输出,见图13.15(c)。类似的波导结构出现在2009年英国诺丁汉大学Lian等[56]的报道中,但样品是在以$Ge_{17}As_{18}Se_{65}$薄膜为衬底的基础上再用热蒸发镀上一层$As_{40}Se_{60}$薄膜,压印的波导尺寸为$5\mu m \times 1.9\mu m$,其端面和表面SEM图分别如图13.16(a)和(b)所示。压印过程中,腔体被加热到245℃,略微高于衬底材料的T_g(纤芯$Ge_{17}As_{18}Se_{65}$玻璃与衬底$As_{40}Se_{60}$玻璃的T_g分别为(236 ± 2)℃和(178 ± 2)℃),这样处理有利于使压印更加均匀。测得的传输损耗稍微偏高,达到(2.9 ± 0.1)dB/cm,可能的原因是波导端面不够平滑,使得其端面反射造成往返损耗[56]。

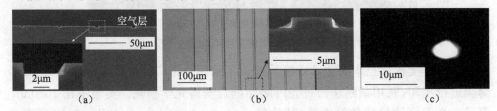

图 13.15　(a)硅模具截面SEM图;(b)$As_{40}Se_{60}$波导的表面SEM图及端面SEM图;
(c)在$1.55\mu m$处的近场强度分布图

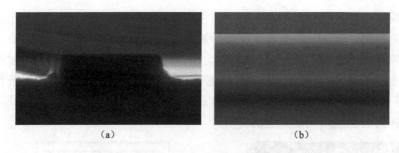

图 13.16 $As_{40}Se_{60}$ 波导的端面(a)和表面(b)SEM图

2010年澳大利亚国立大学Han等[57]首次报道了采用热压印技术通过PDMS软模对$As_{24}Se_{38}S_{38}$薄膜进行压印,得到损耗低、侧壁光滑的硫系光波导(宽2～5μm,高1μm),在1550nm波段测得对TM模和TE模损耗分别为0.26dB/cm和0.27dB/cm,如图13.17所示。然而随后在2011年Han等[58]报道了$As_{24}Se_{38}S_{38}$材料由于较低的T_g(约110℃)在压印过中有可能会析晶,并且薄膜在1550nm处表现为光敏性。为了克服上述问题,在加热压印之前可在$As_{24}Se_{38}S_{38}$薄膜表面再通过热蒸发镀上一层50nm厚的$Ge_{11.5}As_{24}Se_{64.5}$薄膜,以防止压印过程中出现表面损伤。虽然这种处理可以得到结构更加稳定的硫系波导,但波导的传输损耗也有所增大,在1550nm处TM模和TE模的损耗分别为0.41dB/cm和0.52dB/cm,其中波导的端面大小为3.8μm×1μm[58]。

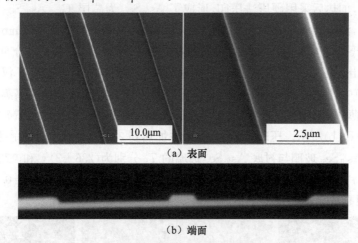

图 13.17 $As_{24}Se_{38}S_{38}$ 波导表面和端面 SEM 图

2013年美国特拉华大学Zou等[62]报道了采用热压印技术对热蒸发的As_2Se_3薄膜进行压印,利用截断法通过光纤端面耦合测得光学损耗。实验中在1550nm测了三个不同波导的传输损耗,其均值为(0.8±0.3)dB/cm,如图13.18所示。2015年Abdel-Moneim等[59]报道采用热压印法对磁控溅射沉积的As_2Se_3薄膜进行压印,制备出低损耗的单模硫系脊型波导,脊宽为 4～6μm,脊高为(1.9±0.1)μm,其中衬底为 $Ge_{17}As_{18}Se_{65}$ 薄膜,如图 13.19 所示。根据 F-P 法在 1550nm 处计算出的对 TM 模和 TE 模的损耗分别为<0.81dB/cm 和<0.78dB/cm,这要比 Lian 等采用热蒸发镀膜所得到损耗低一些[56]。为了更好地比较,表 13.2 中列举了近年来热压印法制备硫系光波导报道的波导结构、薄膜沉积方法以及最低损耗。

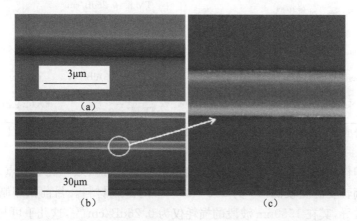

图 13.18 As_2S_3 波导:(a)侧向 45°SEM 图;(b)表面 SEM 图;
(c)对(b)某一处的放大图,展示了脊型侧壁底部的粗糙度

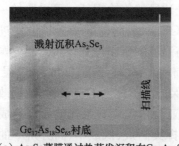
(a) As-Se 薄膜通过热蒸发沉积在 Ge-As-Se 衬底的截面 SEM 图

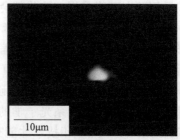
(b) 在 1550nm 波段观察到的近场强度分布图

(c) 波导的表面 SEM 图

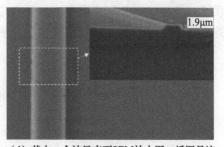
(d) 其中一个波导表面 SEM 放大图,插图是该波导的端面 SEM 图

图 13.19 采用热压印技术在 Ge-As-Se 衬底上通过磁控溅射沉积 As-Se 薄膜制备波导

表 13.2 硫系脊型光波导在 1550nm 处最低波导损耗总结

波导结构：上包层/纤芯/下包层	纤芯层薄膜的沉积方法	最低损耗(1550nm)	波导侧面尺寸：宽×高/μm	参考文献
空气/$As_{40}Se_{60}$/$Ge_{17}As_{18}Se_{65}$	As-Se 光纤(FOG)	2.2dB/cm	5×1.7	[55]
空气/$As_{40}Se_{60}$/$Ge_{17}As_{18}Se_{65}$	热蒸发	2.9dB/cm	5.5×1.9	[56]
空气/$As_{24}S_{38}Se_{38}$/Si 氧化层	热蒸发	TM 模：0.26dB/cm TE 模：0.27dB/cm	5×1	[57]
$Ge_{11.5}As_{24}Se_{64.5}$/$As_2S_3$/Si 氧化层	热蒸发	TM 模：0.41dB/cm TE 模：0.52dB/cm	3.8×1	[58]
空气/As_2Se_3/Si 氧化层	热蒸发	(0.8±0.3)dB/cm	—	[62]
空气/As_2Se_3/$Ge_{17}As_{18}Se_{65}$	磁控溅射	TM 模：<0.81dB/cm TE 模：<0.78dB/cm	6×(1.9±0.1)	[59]

注：这些脊型波导是采用 FOG 方法，或热蒸发或磁控溅射的 As-Se 或 As-S-Se 硫系薄膜上通过热压印技术制备而成。

热压印作为一种新型制备技术，具有低成本、周期短、效率高等优点，尤其是其适用于玻璃转变温度较低(T_g 为 100～350℃)的薄膜材料。目前压印制备的低损耗硫系光波导，其在 1550nm 波段的损耗仅为 0.26dB/cm[57]，这几乎可与干刻法制备光波导最低损耗值相比拟，说明该工艺具有很好的技术成长性。然而，该技术在实际应用中还存在一些问题：①在压印过程中薄膜易分解、结晶、表面蒸发等；②脱模时波导侧壁有可能受损。这些都会影响光波导的传输损耗。可采取的一些措施如表面再沉积一层保护膜，如几纳米的 Al_2O_3 层，以防薄膜表面扩散促进晶体生长，另外通过优化制备工艺，尽可能缩短在高温下的压印过程。澳大利亚国立大学 Han 等[57]也提出在用 PDMS 软模压印前可在软模表面再沉积一层薄的硬 h-PDMS 层，这可以增加软模的局部硬度并保持其整体上的灵活性，从而改善波导的外部形态。另外随着硫系光子学的发展，亚微米尺度硫系光波导已然成为研究的重点，在该尺度下热压印技术才能充分发挥其高效、低成本、高分辨率的优势特点，有效地避免了传统光刻与刻蚀对特殊曝光束源、高精度聚集系统、极短波长透镜系统以及抗蚀剂分辨率受光半波长效应限制的问题，可以预见，亚微米乃至纳米级的硫系光波导的热压印技术将成为今后的研究关注重点。

参 考 文 献

[1] Eggleton B J, Luther-Davies B, Richardson K. Chalcogenide photonics. Nature Photonics, 2011, 5(3):141-148

[2] Eggleton B J. Chalcogenide photonics: Fabrication, devices and applications introduction. Optics Express, 2010, 18(25):26632-26634

[3] Ta'eed V G, Shokooh-Saremi M, Fu L, et al. Integrated all-optical pulse regenerator in chalcogenide waveguides. Optics Letters, 2005, 30(21):2900-2902

[4] Vo T D, Hu H, Galili M, et al. Photonic chip based transmitter optimization and receiver demultiplexing of a 1.28Tbit/s OTDM signal. Optics Express, 2010, 18(16): 17252-17261

[5] Erps J V, SchrÖder J, Vo T D, et al. Automatic dispersion compensation for 1.28Tbit/s OTDM signal transmission using photonic-chip-based dispersion monitoring. Optics Express, 2010, 18(24): 25415-25421

[6] Vo T D, Schröder J, Corcoran B. Photonic-chip-based ultrafast waveform analysis and optical performance monitoring. IEEE Journal of Selected Topic in Quantum Electronics, 2012, 18(2): 834-846

[7] Chern G C, Lauks I. Spin coated amorphous chalcogenide films: Thermal properties. Journal of Applied Physics, 1983, 54(8): 4596-4601

[8] Chern G C, Lauks I. Spin coated amorphous chalcogenide films: Structural characterization. Journal of Applied Physics, 1983, 54(5): 2701-2705

[9] Song S S, Carlie N, Boudies J, et al. Spin-coating of $Ge_{23}Sb_7S_{70}$ chalcogenide glass thin films. Journal of Non-Crystalline Solids, 2009, 355(45-47): 2272-2278

[10] Huang C C, Hewak D W. High-purity germanium-sulphide glass for optoelectronic applications synthesized by chemical vapour deposition. Electronics Letters, 2004, 40(13): 863-865

[11] Bulla D, Wang R P, Prasad A, et al. On the properties and stability of thermally evaporated Ge-As-Se thin films. Applied Physics A, 2009, 96(3): 615-625

[12] Madden S J, Choi D Y, Bulla D A, et al. Low loss etched As_2S_3 chalcogenide waveguides for all-optical signal regeneration. Optics Express, 2007, 15(22): 14414-14421

[13] Gai X, Madden S, Choi D Y, et al. Dispersion engineered $Ge_{11.5}As_{24}Se_{64.5}$ nanowires with a nonlinear parameter of $136W^{-1} \cdot m^{-1}$ at 1550nm. Optics Express, 2010, 18(18): 18866-18874

[14] Spälter S, Hwang H Y, Zimmermann J, et al. Strong self-phase modulation in planar chalcogenide glass waveguide. Optics Letters, 2002, 27(5): 363-365

[15] Lin H, Li L, Zou Y, et al. Demonstration of high-Q mid-infrared chalcogenide glass-on-silicon resonators. Optics Letters, 2013, 38(9): 1470-1472

[16] Nazabal V, Jurdyc A M, Němec P, et al. Amorphous Tm^{3+} doped sulfide thin films fabricated by sputtering. Optical Materials, 2010, 33(2): 220-226

[17] Nazabal V, Charpentier F, Adam J L, et al. Sputtering and pulsed laser deposition for near- and mid-infrared applications: A comparative study of $Ge_{25}Sb_{10}S_{65}$ and $Ge_{25}Sb_{10}Se_{65}$ amorphous thin films. International Journal of Applied Ceramic Technology, 2011, 8(5): 990-1000

[18] Zigel V V, Litvinenko A A, Ulyanov G K, et al. Ultrasonic dispersive waveguide with a layer of chalcogenide glass on lithium-niobate. Soviet Physics Acoustics-USSR, 1975, 21(1): 77

[19] Ohmachi Y. Acoustooptical light diffraction in thin-films. Journal of Applied Physics,

1973,44(9):3928-3933

[20] Bessonov A F,Gudzenko A I,Deryugin L N,et al. Thin film chalcogenide glass waveguide for medium infrared range. Soviet Journal of Quantum Electronics,1976,6(10):1248-1249

[21] Zembutsu S,Fukunishi S. Waveguiding properties of (Se,S)-based chalcogenide glass films and some applications to optical waveguide devices. Applied Optics,1979,18(3):393-399

[22] Meneghini C,Foulgoc K L,Knystautas E J,et al. Ion implantation: An efficient method for doping or fabricating channel chalcogenide glass waveguides. Proceedings of SPIE 3413,in Materials Modification by Ion Irradiation,1998,3413:146-153

[23] Fick J,Nicolas B,Rivero C,et al. Thermally activated silver diffusion in chalcogenide thin film. Thin Solid Film,2002,418(2):215-221

[24] Bryce R M,Nguyen H T,Nakeeran P,et al. Direct UV patterning of waveguide devices in As_2Se_3 thin films. Journal of Vacuum Science & Technology A,2004,22(3):1044-1047

[25] Huang C C,Hewak D W. Silver-doped germanium sulphide glass channel waveguides fabricated by chemical vapour deposition and photo-dissolution process. Thin Solid Films,2006,500(1-2):247-251

[26] Turcotte K,Laniel J M,Villeneuve A,et al. Fabrication and characterization of chalcogenide optical waveguides. Integrated Photonics Research,2000:305-308

[27] Mairaj A K,Fu A,Rutt H N,et al. Optical channel waveguide in chalcogenide (Ga:La:S) glass. Electronics Letters,2001,37(19):1160-1161

[28] Efimov O M,Glebov L B,Richardson K A,et al. Waveguide writing in chalcogenide glasses by a train of femtosecond laser pulses. Optical Materials,2001,17(3):379-386

[29] Zoubir A,Richardson M,Rivero C,et al. Direct femtosecond laser writing of waveguides in As_2S_3 thin films. Optics Letters,2004,29(7):748-750

[30] Hô N,Phillips M C,Qiao H,et al. Single-mode low-loss chalcogenide glass waveguides for the mid-infrared. Optics Letters,2006,31(12):1860-1862

[31] Viens J F,Meneghini C,Villeneuve A,et al. Fabrication and characterization of integrated optical waveguides in sulfide chalcogenide glasses. Journal of Lightwave Technology,1999,17(7):1184-1191

[32] Huang C C,Hewak D W,Badding J V. Deposition and characterization of germanium sulphide glass planar waveguides. Optics Express,2004,12(11):2501-2506

[33] Ruan Y,Li W,Jarvis R,et al. Fabrication and characterization of low loss rib chalcogenide waveguides made by dry etching. Optics Express,2004,12(21):5140-5145

[34] Hu J,Tarasov V,Carlie N,et al. Exploration of waveguide fabrication from thermally evaporated Ge-Sb-S glass films. Optical Materials,2008,30(10):1560-1566

[35] Charrier J,Anne M L,Lhermite H,et al. Sulphide $Ga_xGe_{25-x}Sb_{10}S_{65}$ ($x=0,5$) sputtered films:Fabrication and optical characterizations of planar and rib optical waveguides. Journal of Applied Physics,2008,104(7):073110

[36] Choi D Y,Madden S,Rode A,et al. A protective layer on As_2S_3 film for photo-resist pat-

terning. Journal of Non-Crystal Solids,2008,354(47-51):5253-5254

[37] Choi D Y, Madden S, Bulla D A, et al. Submicrometer-thick low-loss As_2S_3 planar waveguides for nonlinear optical devices. IEEE Photonics Technology Letters, 2010, 22(7):495-497

[38] Choi D Y, Madden S, Bulla D, et al. SU-8 protective layer in photo-resist patterning on As_2S_3 film. Physica Status Solidi C,2011,8(11-12):3183-3186

[39] Gai X, Choi D Y, Madden S, et al. Polarization-independent chalcogenide glass nanowires with anomalous dispersion for all optical processing. Optics Express,2012,20(12):13513-13521

[40] Hu J, Tarasov V, Carlie N, et al. Si-CMOS-compatible lift-off fabrication of low-loss planar chalcogenide waveguides. Optics Express,2007,15(19):11798-11807

[41] Hu J, Carlie N, Petit L, et al. Cavity-enhanced IR absorption in planar chalcogenide glass microdisk resonators: Experiment and analysis. Journal of Lightwave Technology, 2009, 27(23):5240-5245

[42] Hu J, Tarasov V, Agarwal A, et al. Fabrication and testing of planar chalcogenide waveguide integrated microfluidic sensor. Optics Express,2007,15(5):2307-2314

[43] Li J, Shen X, Sun J, et al, Fabrication and characterization of $Ge_{20}Sb_{15}Se_{65}$ chalcogenide glass rib waveguides for telecommunication wavelengths. Thin Solid Films,2013,545:462-465

[44] Li J, Chen F, Shen X, et al, Sub-micrometer-thick, and low-loss $Ge_{20}Sb_{15}Se_{65}$ rib waveguides for nonlinear optical devices. Optoelectronics Letters,2015,11(3):203-206

[45] Choi D Y, Madden S, Rode A, et al. Dry etching characteristics of amorphous As_2S_3 film in CHF_3 plasma. Journal of Applied Physics,2008,104(11):113305

[46] Li W, Ruan Y, Luther-Davies B, et al. Dry-etch of As_2S_3 thin films for optical waveguide fabrication. Journal of Vacuum Science & Technology A,2005,23(6):1626-1632

[47] Choi D Y, Madden S, Rode A, et al. Fabrication process development for AS_2S_3 planar waveguides using standard semiconductor processing. Melbourne, VIC,2007:1-3

[48] Chou S, Krauss P, Renstrom P, Imprint lithography with 25-nanometer resolution. Science, 1996,272(5258):85-87

[49] Guo L. Recent progress in nanoimprint technology and its applications. Journal of Physics D: Applied Physics,2004,37(11):R123-R141

[50] Schift H. Nanoimprint lithography: An old story in modern times? A review. Journal of Vacuum Science & Technology B,2008,26(2):458-480

[51] Chou S, Krauss P, Renstrom P. Nanoimprint lithography. Journal of Vacuum Science & Technology B,1996,14(6):4129-4133

[52] Yoon K, Choi C, Han S. Fabrication of multimode polymeric waveguides by hot embossing lithography. Japanese Journal of Applied Physics,2004,43(6A):3450-3451

[53] Seddon A, Pan W, Furniss D, et al. Fine embossing of chalcogenide glasses—A new fabri-

cation route for photonic integrated circuits. Journal of Non-Crystalline Solids, 2006, 352(23-25): 2515-2520

[54] Pan W, Furniss D, Rowe H, et al. Fine embossing of chalcogenide glasses: First time sub-micron definition of surface embossed features. Journal of Non-Crystalline Solids, 2007, 353(13-15): 1302-1306

[55] Pan W, Rowe H, Zhang D, et al. One-step hot embossing of optical rib waveguides in chalcogenide glasses. Microwave and Optical Technology Letters, 2008, 50(7): 1961-1963

[56] Lian Z, Pan W, Furniss D, et al. Embossing of chalcogenide glasses: Monomode rib optical waveguides in evaporated thin films. Optics Letters, 2009, 34(8): 1234-1236

[57] Han T, Madden S, Bulla D, et al. Low loss Chalcogenide glass waveguides by thermal nanoimprint lithography. Optics Express, 2010, 18(18): 19286-19291

[58] Han T, Madden S, Debbarma S, et al. Improved method for hot embossing As_2S_3 waveguides employing a thermally stable chalcogenide coating. Optics Express, 2011, 19(25): 25447-25453

[59] Abdel-Moneim N, Mellor C, Benson T, et al. Fabrication of stable, low optical loss rib-waveguides via embossing of sputtered chalcogenide glass-film on glass-chip. Optical and Quantum Electronics, 2015, 47(2): 351-361

[60] Viheriälä J, Niemi T, Kontio J, et al. Fabrication of surface reliefs on facets of singlemode optical fibres using nanoimprint lithography. Electronics Letters, 2007, 43(3): 150-151

[61] Bender M, Plachetka U, Ran J, et al. High resolution lithography with PDMS molds. Journal of Vacuum Science & Technology B, 2004, 22(6): 3229-3232

[62] Zou Y, Lin H, Li L, et al. Thermal nanoimprint fabrication of chalcogenide glass waveguide resonators. CLEO: Science and Innovations, 2013: CThIJ. 5

第 14 章 硫系集成光子器件

14.1 概 述

近些年来,在光传感以及光通信领域,光子集成的巨大应用前景已经得到了人们的普遍认可。人们在光子集成方面所进行的各项努力,使得光子器件或系统在紧凑性、成本、性能、产量等方面得到极大的改善[1-5]。为了实现光操作的不同功能,如复用或解复用、路由、上传下载、光衰减、探测或激光等,往往需要各种类型的无源和有源光子器件。典型的无源光子器件包括光波导、光分束器、阵列波导光栅、微环谐振器等。而重要的有源光子器件包括光调制器、光放大器、光探测器、光开关等。范围如此宽广的集成光子器件种类,并且每一类型器件都有各自特殊的要求,使得要在一种材料平台上完成所有的集成变得不太现实。这也是目前几种材料平台共同存在的原因。这些材料平台包括二氧化硅(SiO_2)、绝缘体硅(silicon-on-insulator)、氮氧化硅(silicon oxynitride)、铌酸锂(lithium niobate)、磷化铟(indium phosphide)及硫系玻璃(chalcogenide glass)等光子材料。

表 14.1 列出了几种常见的光波导基质材料及其相关参数。铌酸锂波导有很高的线性电光系数(Pockels 效应)和高阶非线性系数(如 Kerr 系数),非常适合应用于高速光调制,但由于其必须掺杂金属离子才能形成折射率差,并且铌酸锂波导的损耗较大。硅基二氧化硅波导和磷化铟波导是目前商用光子集成器件的主要波导形式,前者因为损耗小而主要用来制作无源器件,后者则因为优异的有源性能而通常用来制作有源器件。但这两者的芯层-包层折射率差都不大,因此器件尺寸往往在毫米量级。采用聚合物波导制作的集成光子器件比较适合用于实验室研究,因为其成本低廉、制作工艺简单且电光、热光系数大,但聚合物波导容易老化,稳定性差。

表 14.1 主流集成光波导基质材料及特征参数[6]

波导种类	芯层折射率 (@1550nm)	损耗 /(dB/cm)	弯曲半径 /μm	优点	缺点
铌酸锂波导	2.3($Ti:LiNbO_3$)	0.5	10^4	工艺简单,电光系数和高阶非线性系数大	损耗大
硅基二氧化硅波导	1.45($Ge:SiO_2$)	0.02	$10^3 \sim 10^4$	损耗小,与光纤耦合效率高	尺寸大,适合无源器件
磷化铟基波导	3.2(GaInAsP)	0.2	$10^2 \sim 10^3$	直接带隙半导体材料,适合做有源器件	价格高,工艺复杂

续表

波导种类	芯层折射率(@1550nm)	损耗/(dB/cm)	弯曲半径/μm	优点	缺点
聚合物波导	1.57(SU-8)	0.1	$10^3 \sim 10^4$	成本低,工艺简单,热光、电光系数大	稳定性差,易老化
硅基纳米线波导	~3.45(Si)	0.1	1	尺寸小,易于集成	间接带隙
硫系波导	2~4(Chalcogenide)	0.5	10^2	超宽中红外透明、高三阶非线性	易受强碱腐蚀

光电子材料发展至今,仍没有一种衬底材料能适于所有器件的设计。因此,人们需要在各种材料之间形成妥协,将不同材料键合或黏合在一起,最优地发挥出各自的特性,进而实现不同材料的混合集成。最近的研究表明,就单片集成角度,硅是最有可能实现大规模光电集成的材料。主要是因为其具有较高的折射率差,可掺杂,兼容CMOS工艺等优势,从而能够大规模、高密度集成各种主被动器件,并已实现商业化生产。虽然绝缘硅基片在通信波段具有绝对优势,但是由于材料透光性的限制,如硅在1100nm以下不透明,二氧化硅在3.5μm以上不透明,使得其在中远红外波段的应用受到很大限制。

硫系玻璃具有极佳的中红外透过性能和优良的非线性品质因子、超快的非线性响应(<200fs)等特点[7]。此外,硫系玻璃还具有高折射率、稀土掺杂能力、极大的光学非线性和光敏特性。这些特点使硫系玻璃在集成光学领域引起了科研人员的极大兴趣。本章主要介绍硫系集成光子器件及其应用。

14.2 硫系集成光传感器

进入新世纪,人们对医疗保障、环境检测、食品安全等方面的要求日益增高,运用先进的科学技术手段开发快速、高灵敏度、低成本的生化分析仪器已经成为生物学、材料学、光学、微电子学等领域的主要研究目标。过去的工作大部分依赖于台式分析仪,而如果能在片上实现,如图14.1所示,将在能耗、成本、便携性上具有非常大的优势,将会为万物互联中的化学物监控网络、个体测试提供重要手段。

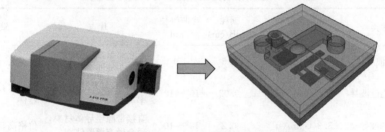

图14.1　台式分析仪和片上传感器示意图

在目前的集成光子传感器研究中,所工作的波段大都集中于近红外波段(1.50~1.80μm),这在一定程度上限制了其应用的范围。中红外波段,一般是指 2~20μm 的波段范围[7],生物和化学中许多重要分子基团的振动或转动能级在此波段内,图 14.2 为 3~14μm 中远红外波段覆盖的部分有毒气体和危险品分子的指纹区,其中包含 CO、SO_2、TNT、Sarin 等毒害气体。因此,大部分气体分子在中红外具有很强的吸收峰,在中红外波段对毒害气体的探测具有十分重要的现实意义。硫系玻璃具有极宽的红外透明窗口(透过范围从可见至 20μm),是中远红外波段集成光传感器实现的理想平台选择。

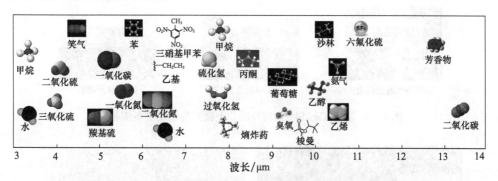

图 14.2　3~14μm 中远红外波段覆盖的部分有毒气体和危险品分子的指纹区

14.2.1　硫系光波导微流控传感器

基于平面波导结构的硫系光学传感器,主要通过测量红外光通过光波导时和不同浓度的分析物(气体或者液体)相互作用后的透过率,得到损耗随分析物浓度的变化情况,从而实现对分析物的探测。

2007 年,美国麻省理工学院 Hu[8]等首次制备了基于 $Ge_{23}Sb_7S_{70}$ 条形波导的单片集成片上微流传感器,其完整制备流程如图 14.3 所示。首先通过热蒸发装备沉积一层 400nm 厚度的 $Ge_{23}Sb_7S_{70}$ 薄膜,再通过传统光刻并结合六氟化硫(SF_6)气体等离子体刻蚀技术,得到宽 6μm、高 400nm 的条形波导图形。为了实现微流通道和储液器,在刻蚀的波导上再通过套刻 25μm 厚的 SU-8 固化胶来定位微流通道,然后在 SU-8 固化胶上覆盖一层 PDMS(聚二甲基硅氧烷)来封合。其过程是采用氧等离子体法来实现各层之间的不可逆封合。

图 14.4(a)是 $Ge_{23}Sb_7S_{70}$ 条形波导的扫描电镜显微图[8],插图是所示部分的放大。从放大的显微图中可以看到,通过曝光刻蚀法得到的波导端面形状良好,侧壁表现出较好的波导垂直度。图 14.4(b)是制作得到的微流控芯片的整体照片,其中包含液体进口和出口管道。为了实现传感性能的测试,需要向微流通道中注入甲基苯胺和四氯化碳的混合溶液。由于甲基苯胺中存在的 N—H 键在 1550nm 附近有较强的吸收峰,可作为探测甲基苯胺指纹吸收的依据。

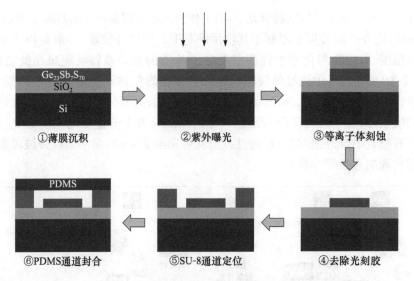

图 14.3　基于 $Ge_{23}Sb_7S_{70}$ 波导的片上微流传感器制备流程图

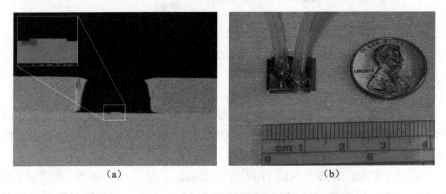

图 14.4　(a) $Ge_{23}Sb_7S_{70}$ 波导的端面扫描电镜显微图；
(b) 微流控芯片的整体照片,其中包含液体进口和出口管道

图 14.5(a)是光通过倏逝波传感器得到的光谱曲线,在 1496nm 处出现一个明显的吸收峰,这与采用传统光谱仪得到的甲基苯胺吸收峰完全符合,如图 14.5(b)所示,同时在图中也可以看到四氯化碳在近红外波段是透明的。

图 14.6 为在 1496nm 处随甲基苯胺摩尔浓度变化的混合溶液(甲基苯胺和四氯化碳)的峰值吸收变化[8],可以看出其变化规律呈良好的线性关系,表明此微流传感器件对测试样品拥有良好的线性响应,这对于传感上的应用无疑是十分有利的。此外,由图 14.6 可得甲基苯胺体积浓度为 33% 的混合溶液在 1496nm 处的吸收损耗为 14.3dB,在对图 14.6 的讨论中,已经提到器件良好的线性传感性能,因此峰值吸收随着浓度呈正比关系。因此,对于一定体积的浓度 x,吸收(dB)为 $14.3\times(x/0.33)$。

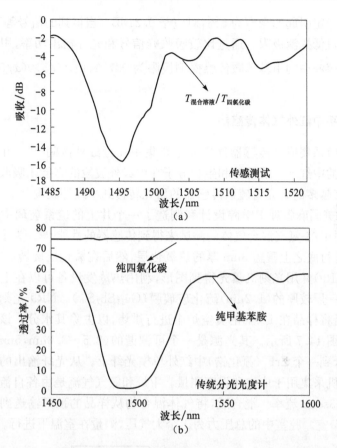

图 14.5 (a)浸润在甲基苯胺溶液中的 $Ge_{23}Sb_7S_{70}$ 波导的吸收光谱；
(b)利用传统分光光度计测得的纯甲基苯胺和纯四氯化碳的透过谱

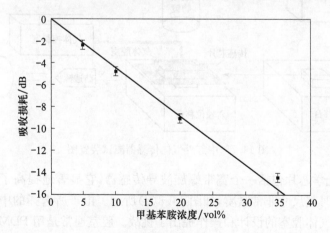

图 14.6 不同甲基苯胺体积浓度的混合溶液在 1496nm 处的峰值吸收

由于功率不稳定引起的噪声为5%,对应于0.21dB。当得到的信号等于噪声时,可认为信号是最低探测极限。通过比较吸收峰信号和光纤输出功率,甲基苯胺和四氯化碳混合溶液中的甲基苯胺传感探测极限为0.7%(由$14.3\times(x/0.33)=\sqrt{2}\times0.21$得到)。

14.2.2 硫系中红外气体传感器

早期的硫系集成光传感器件研究主要集中在近红外区间[9,10],并没有发挥硫系玻璃优异的中红外透明性能和生物分子在中红外波段的官能团吸收效应。近几年来,有越来越多的研究将硫系传感器的研究转移到中红外波段[11]。

2016年美国麻省理工学院设计和制造了一个片上的硫系玻璃中红外气体传感器,通过对甲烷-氮气混合气体的测试来得到传感器的性能[12]。为了制造这个器件,需要在硅衬底之上覆盖3nm厚的热氧化层,然后在氧化层旋转涂布1.8μm厚的光刻胶(NR9)并用光刻机曝光得到图形,利用热蒸发设备可以在上一步图形的衬底上沉积一层较厚的(1.2μm)硫化玻璃膜($Ge_{23}Sb_7S_{70}$)。NR9光刻胶在丙酮中被剥离,最后将样品在120℃的真空炉中进行烘烤,以去除其水分。该设备的特性组合方法如图14.7所示。其光源是一个可调谐的(2.5~3.8μm,5nm线宽)激光器,它被耦合到一个ZrF_4(氟化锆)中红外单模光纤上。从光纤输出的光被中红外(MIR)摄像机采集用于成像和强度测量。甲烷和氮气气流是由各自流量控制器控制在典型的3sccm流率。混合后,将气体混合物从样品的顶部输送到聚二甲基硅氧烷(PDMS)室。腔室中的总压力为1个大气压,测量在室温下进行。

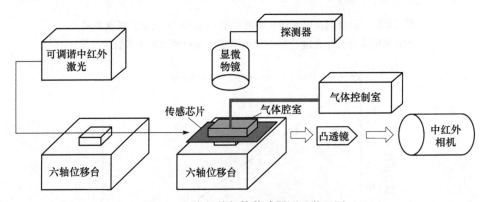

图14.7 中红外气体传感器测试装置图

设计的光学芯片包括一个宽带螺旋波导传感器,它显著地提高了损耗波相互作用长度,同时其尺寸非常紧凑,如图14.8(a)所示。由于所选择的中红外波长范围,对聚合物气体腔室的设计和操作提出了挑战。腔室通常是用PDMS(聚二甲基硅氧烷)或者其他聚合物制成来实现气密密封。然而,这样的聚合物含有大量的

C—H键,这些 C—H 键将导致 PDMS 聚合物在 MIR 波段的强吸收特性,特别是在甲烷气体的吸收峰附近。传感器内的波导模式与 PDMS 腔室壁的直接接触会急剧降低发送强度和降低信噪比。为了克服这个问题,将与 PDMS 壁交界处的波导宽度增加到 $15\mu m$,然后在腔室内将宽度减到 $2\mu m$ 以保持单模工作,如图 14.8(b)所示。根据数值模拟可知,在 PDMS 壁区域,光被很好地限制在更宽的波导中,与 PDMS 的相互作用时泄漏了不到 1‰ 的波导光模(倏逝场)。当宽度变回到 $2\mu m$ 时,倏逝场增加至 8‰。这样的设计增加了传感器的灵敏度。在腔室内 $2\mu m \times 1.2\mu m$ 波导的横截面如图 14.9 所示。

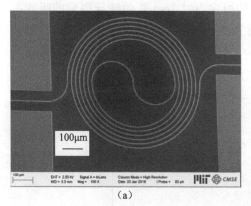
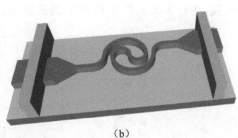

图 14.8 (a)构成中红外传感器的螺旋线型硫系波导扫描电子显微镜图(俯视图);
(b)螺旋线型波导和耦合区以及 PDMS 气体通道的结构示意图

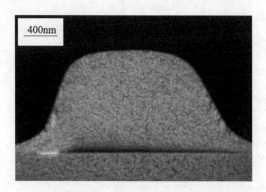

图 14.9 硫系 $Ge_{23}Sb_7S_{70}$ 波导扫描电子显微镜(截面图)
其中宽为 $2\mu m$,高为 $1.2\mu m$

纯甲烷的吸收光谱是通过波导测定的,如图 14.10(a)所示。对于此传感器,在腔室中光与气体混合物之间的总相互作用长度为 2cm(包括螺旋部分之前和之后约 1cm 长的直线波导)。波导损耗约为 7dB/cm(原因主要是侧壁粗糙),每个端面耦合损耗约为 5dB。将传感器通氮气气流时不同波长的透过光强作为基准。然后关掉氮气，并向腔室注入 100% 的甲烷。根据比尔-朗伯定律 $T=\exp(-\alpha C\Gamma L)$，其中，$T$ 是传输透过率，定义为浸润在气体混合物氛围中的波导的输出光强度，并且可以用纯氮气时的输出强度将其标准化；α 是 100% 甲烷的吸收系数（局部压力 1 个大气压）；C 是甲烷的体积浓度；Γ 是约束因数，它表示该气体分析物和光模（渐逝场）之间的重叠；L 是波导的总长度。从图 14.10(a) 可以发现吸收峰在 3310nm 处。在 3310nm 处，从实验数据计算得出，每厘米甲烷的吸收率为 1.9，这与 NIST 光谱数据库中的值相匹配。根据 NIST 的数据库，20% 的甲烷气体通过 5cm 长的路径时，3310nm 处的吸收率约为 1.6（这与 100% 的甲烷通过 1cm 长的波导得到的吸收率是相等的）。随后用不同的甲烷浓度进行实验，监控在 3310nm 处的透射变化，其结果显示在图 14.10(b) 中。在图 14.10(b) 中观察到的数据与 100% 甲烷的透过率一致，约有 3dB 的损耗和 50% 的透射率。

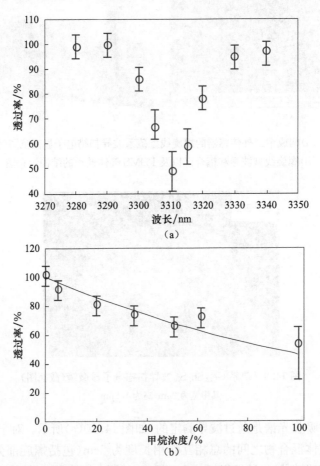

图 14.10　(a)纯甲烷气体氛围下的传输透过谱；(b)传感器随甲烷浓度变化在 3310nm 处的透过率

正如所预期的,随着甲烷浓度的升高,传输透过率会减小,如图 14.10(b)所示。图中的误差棒是根据多个测量值的标准误差得到的。误差的主要来源是激光功率的波动。通过增加波导的总长度或者减小腔室内部波导的宽度,可以进一步提高设备的灵敏度。在同一检测设置中,在到达探测器的噪声底线之前,有效波导的最大长度是 4cm 左右。当前设置的探测极限为 2.5% 左右。主要的限制是光源的性能,以及在波导的传送损耗。如果波导损失下降到 1dB/cm(如使用光刻胶回流或电子束曝光等制备技术),最大有效长度可以增加到约 30cm,并且检测极限将降低到约 0.4%。相比于自由空间测量使用相同的光源、检测器,其探测极限可以达到 0.2%。

14.3 硫系非线性光子器件及其应用

硫系玻璃的高材料非线性及其在光波导中的强限制和色散调控性质,使其在快速非线性光子器件的实现中极具吸引力。硫系光波导正成为超高速非线性光学和未来高速光通信的关键技术平台选择之一[7]。对于光波导,非线性响应强弱通过非线性系数 $\gamma = \omega n_2/(c A_{\text{eff}})$ 来表征,其中 A_{eff} 为传输模式的有效模场面积,c 为光速,ω 为频率。由克尔效应引起的非线性相位移动可以表示为 $\Delta\Phi = \gamma P L_{\text{eff}}$,其中 P 为波导中的光功率,L_{eff} 为波导传输长度,其受到波导损耗和脉冲走离效应限制。FOM$= n_2/(\beta\lambda)$ 是非线性材料的品质因子,其中 β 代表双光子吸收系数。通常用于全光信号处理的光波导器件其品质因子需要大于 1。表 14.2 列出了各种硫系光波导的非线性系数,并且与非线性石英光纤和硅纳米线波导进行了比较。不难发现,与硅基波导相比,硫系波导器件可以提供更高的非线性系数 γ,并且同时其双光子吸收可以忽略。这使得硫系基质可以拥有很高的品质因子并且没有自由载流子效应,这些特点使其可以成为超高比特信号处理的理想平台,从而得以突破现代电子通信极限。此外,硫系纳米线还可以进行色散调控,提供通信波段的零色散或者反常色散。超高的非线性系数 γ 意味着较短的器件长度,结合色散调控得到的近零色散,可以使相关的非线性器件拥有高达几太赫兹的带宽。

表 14.2　用于全光信号处理光波导的非线性系数

波导种类	n_2 /(m²/W)	非线性系数 γ /(W^{-1}·km^{-1})	色散系数 /(ps/(km·m))	损耗 /(dB/m)	双光子吸收 /(m/W)	FOM	参考文献
As$_2$S$_3$ 脊型波导	2.9×10^{-18}	1700	-342	5	6.2×10^{-15}	304	[13]
色散调控 As$_2$S$_3$ 脊型波导	3×10^{-18}	9900	29	60	6.2×10^{-15}	312	[14]
Ge$_{11.5}$As$_{24}$Se$_{64.5}$ 纳米线	9×10^{-18}	136000	70	250	10^{-13}	60	[15]

续表

波导种类	n_2 /(m²/W)	非线性系数 γ /(W⁻¹·km⁻¹)	色散系数 /(ps/(km·m))	损耗 /(dB/m)	双光子吸收 /(m/W)	FOM	参考文献
Ag-As₂Se₃ 光子晶体波导	7×10^{-17}	26×10^6	—	1000	$<4.1\times10^{-12}$	>11	[16]
Si 纳米线波导	6×10^{-18}	1.5×10^5	非正常色散	400	5×10^{-12}	0.77	[17]

14.3.1 高速全光信号处理

硫系光波导的高瞬时克尔非线性效应使其在全光信号处理时拥有高传输带宽。全光信号处理使得光通信系统中单信道的传输速率可以远远超过使用电子电路时的速率极限,从而使得波分复用网络变得更加简单而有效率。在过去 5 年中,已经有相当一部分工作得以报道,其中包括全光再生、波长转换、四波混频增益等[18-22]。

这里介绍一种利用硫系光波导平台实现的高速全光信号处理技术[7,20]。所涉及的全光时分复用技术将 128 个基础带宽为 10Gbit/s 的 300fs 脉冲信道进行交叉存取从而得到 1.28Tbit/s 的单信道带宽,这种技术比当今传统商用的电时分复用技术快 20 倍以上。在全光时分复用技术的支路信号末端,电子技术也将用于解复用时分复用信号来得到基础信道信号。整个系统的装置图如图 14.11 所示。其中最关键的信号处理器件是 7cm 长的色散调控的 As₂S₃ 脊型平面波导,其相应的波导非线性系数为 $\gamma=9900\text{W}^{-1}\cdot\text{km}^{-1}$,零色散波长接近 1550nm。这个关键的波导器件部分在系统中有两方面主要作用:在发射端主要起光性能监视器的作用,从而有利于实现信号复用和超短脉冲压缩;在接收端主要起解复用 1.28Tbit/s 高比特速率信号到基础速率信号的作用。

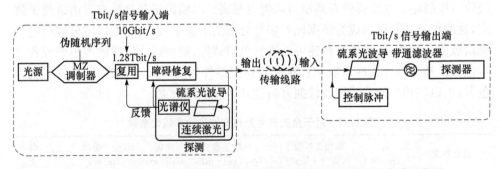

图 14.11 Tbit/s 带宽信号发射端优化及解复用时分复用信号接收端示意图

光性能监视器持续不断地监测从发射端出来的输出信号质量,并且生成错误信号反馈给输出端,从而优化调制器和减少由信号漂移引起的信号障碍,如温度不稳定引起的信号漂移。其工作原理如图 14.12 所示。当高速时分复用(OTDM)信号和连续型探测光共同传播时,由于硫系光波导的交叉相位调制,在探测光附近将产生新的频率分量。这个频率分量代表信号的射频谱,所以可以提供信号质量的详细信息。因此,通过探测射频谱的变化,可以很有效地监测信号障碍。这种全光射频谱的分析带宽取决于非线性响应时间(~fs)以及信号和探测光之间的群速度走离效应。这里最关键的器件是色散可调且紧凑的硫系光波导,其可以提供高达3THz的带宽[23]。

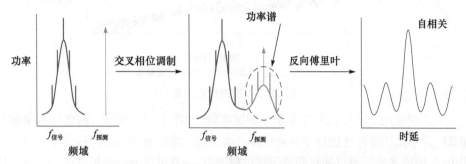

图 14.12　Tbit/s 带宽信号发射端优化示意图

图 14.13(a)~(c)分别展示了基于自相位调制射频谱分析器得到的射频谱样。图 14.13(a)中的 640GHz 谐波峰表示多通道时分复用的对准偏差;而图 14.13(b)中的 1.28THz 信号则表示由色散引起的信号串扰;图 14.13(c)表示经过优化输出 1.28Tbit/s 信号时所对应的射频谱。

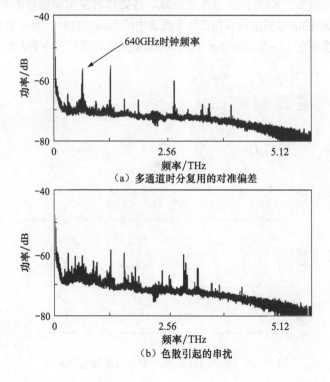

(a) 多通道时分复用的对准偏差

(b) 色散引起的串扰

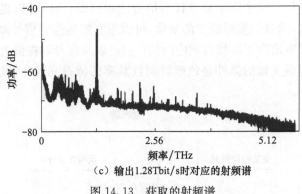

(c) 输出1.28Tbit/s时对应的射频谱

图14.13 获取的射频谱

全光解复用的工作原理主要基于四波混频,如图14.14所示。高比特速率信号和基础速率泵浦脉冲在波导中共同传播。当泵浦脉冲调制到与高比特速率信号时间同步时,闲频光波长可以通过四波混频过程产生,并且可以进一步通过频谱过滤而从输出信号中提取出来。图14.15(a)是波导输入端的1.28Tbit/s信号以及波导输出端的10GHz控制脉冲所对应的光谱。较高的四波混频转化效率(约60%)可以保证高质量闲频信号的产生,这可以从图14.15(b)的眼图和误码率测试中得到验证。输出端光谱中的闲频信号显得较弱,这主要是由于解复用输出信号的重复频率是输入源信号的1/128,相当于25dB的信号强度衰减。这更显得输出端信号的表现十分优异,其中包括可忽略的信号质量减弱和比特率测试中的无误差台阶。有一点需要重点强调的是,当工作功率在10~20MW/cm² 区间时,硫系光波导器件工作非常稳定。

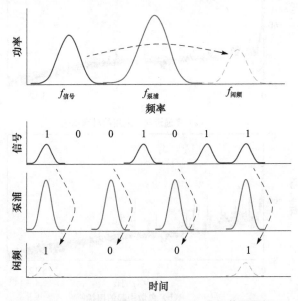

图14.14 基于四波混频的Tbit/s高速信号解调

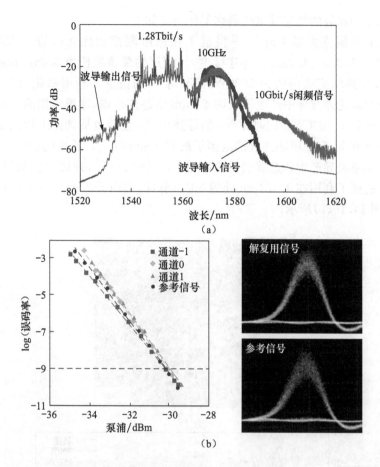

图 14.15 (a)硫系波导芯片输入输出端的光谱;(b)解复用高速 1.28Tbit/s 信号得到基础速率 10Gbit/s,其中三个相邻通道和参考通道的信号误码率测试,右图为对应眼图

14.3.2 中红外超连续谱光源

超连续谱是指当脉冲激光在非线性光学介质中传输时,经过一系列非线性效应与色散的共同作用,使脉冲频谱得到极大展宽的一种光学现象。超连续谱具有光谱范围宽、空间相干性好和亮度高等特点[24]。由于中红外波段位于大气传输窗口内,覆盖了许多重要的分子特征谱线,大量分子在这一波段经历强烈的特征振动跃迁,使得中红外光谱在一定条件下成为识别和量化分子种类(包括同位素)的唯一手段。近年来,中红外超连续谱光源产生越来越成为一个新的研究热点。国内外的研究小组陆续报道了一些实验和理论研究工作,其中包括基于硫系平面波导及光纤、单晶蓝宝石光纤、绝缘体上硅、氟锆酸玻璃和氟化物光纤的超连续谱产生。

基于硫系平面波导的超连续谱的研究工作主要如下。

澳大利亚国立大学 Gai 等[25]报道了在色散调控的硫化砷脊型波导中(约 6.6cm)产生为 2.9~4.2μm 的超连续谱,其使用的泵浦波长为 3.26μm,脉冲宽度为 7.5ps,泵浦峰值功率约为 2000W。Yu 等[26]则报道了利用氟化钙为基底,在 4.7cm 长的硫化砷波导中产生了长达 4.7μm 的超连续谱,这里采用的泵浦方案中的峰值功率仅为 1000W。同时在 Yu 的综述中[26],他们也从理论上指出了利用全硫系的波导方案,有望将超连续谱范围扩展到 10μm 以上。随后他们在 2016 年采取这种全硫系波导产生超连续谱的方案(图 14.16(a))[27],并优化色散设计,最终从实验上验证了利用在 4.184μm 处的 330fs 脉冲,实现了 2~10μm 的中红外超连续谱,如图 14.16(b)所示。

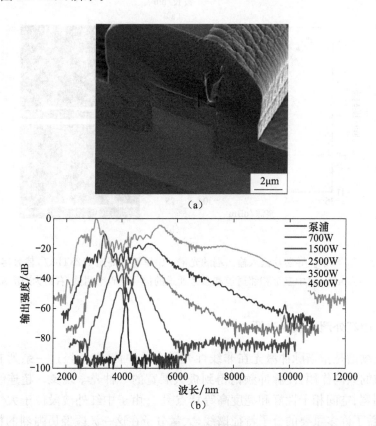

图 14.16 (a)全硫系光波导的截面图;(b)不同泵浦功率下产生的超连续谱(另见文后彩插)

14.4 硫系全光存储器

晶态和非晶态之间较大的光学性质差异及纳秒级的转变速度使硫系材料在全

光存储器中的应用中具有巨大的潜力。德国卡尔斯鲁厄理工学院 Pernice 和 Bhaskaran[28]于 2012 年首次在理论上提出了基于硫系相变材料 $Ge_2Sb_2Te_5$(GST)的全光子存储器。图 14.17(a)给出了该存储器的原理图。在谐振腔的一小段微环上沉积 GST 薄膜,通过附近波导传输的可见光倏逝场耦合作用加热 GST 至结晶温度或者熔点以上,使其在晶态和非晶态之间转变。两态之间不同的吸收系数导致微环谐振器的透过性质发生显著的变化。通过在 Si_3N_4 波导上施加探测光来测试器件的透过率,即可读取 GST 的状态,即实现数据位"0"和"1"的读取操作。此外,通过改变波导和微环谐振器的耦合间隙可调控器件的热传输效率,如图 14.17(b)所示。这种方法可有效控制 GST 的编程体积,因而可实现多态存储。GST 相变引起折射率和吸收系数的变化使波导具有不同的光传输模式(图 14.17(c)),模式主要限制在 Si_3N_4 波导内。由于 GST 在非晶态的吸收系数比晶态小,所以 GST 由晶态向非晶态转变后光学模式损耗减小,因而器件的透过率增大。图 14.17(d)给出了 GST 的折射率随波长的变化关系。当波长在通信波段的 1550nm 时,折射率在晶态和非晶态具有较大的差异。采用 1550nm 为探测光,利用耦合模式理论(CMT)和时域有限差分法(FDTD)分析了器件的透过性质,结果如图 14.17(e)所示。模拟中器件各部分的尺寸分别为:环形谐振器的半径 $10\mu m$,波导横截面 $700nm \times 300nm$,GST 长度 $0.5\mu m$。从图中可以看出,CMT 和 FDTD 的结果非常一致。在晶态和非晶态转变时,器件的透过率发生了显著的变化,消光比超过 10dB。通过控制 GST 的结晶分数,器件的透过率可以调控为不同的级数,因而可以实现多级存储。数值结果表明,在波长为 700nm 的光脉冲作用下,使 GST 晶化的脉宽短至 600fs,消耗能量仅为 5.4pJ。施加一个能量稍强的光脉冲能使 GST 返回到非晶态,因而可实现器件的写操作。

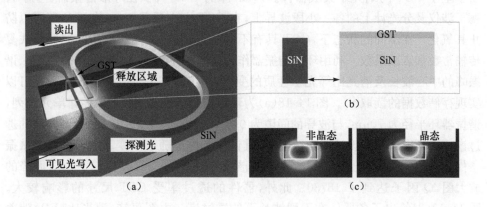

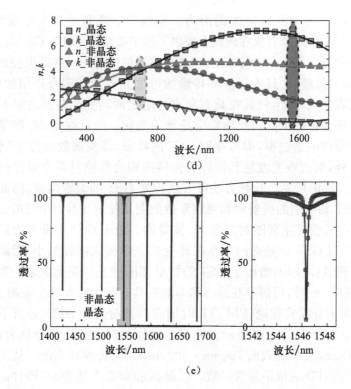

图 14.17 （a）器件结构示意图；（b）耦合波导与谐振环的横截面结构图；
（c）器件的模拟光学模式分布图；（d）GST 在非晶态和晶态下折射率随波长的变化关系；
（e）器件的透过谱，插图为其中透过峰的放大图（另见文后彩插）

这种理论上的器件模型在实验上得以验证。通过刻蚀、曝光等半导体工艺制备了基于 GST 的纳光子集成器件。10nm 厚的 GST 沉积在环形谐振器、马赫-曾德干涉仪及分光计上的各一小段波导上，在 GST 上方覆盖 5nm 的 ITO 薄膜以防止其氧化。在不同的状态下，GST 具有不同的、影响器件光学性质的波导模式复传输常数和衰减系数。利用环形谐振器作为存储元件，通过监测器件的 Q 因子、谐振峰的中心波长及消光比等光学性质的变化，可追溯 GST 的存储状态，因而可以实现存储数据的读取[29]。图 14.18（a）为环形谐振器构成的 25 个存储单元阵列，谐振器环半径为 $70\mu m$，与波导的间隙为 $0.5\sim1.5\mu m$。图 14.18（b）为该器件的透过谱。当环形谐振器设计参数改变时，其谐振条件也随之改变。由于不同的谐振条件，使环形谐振器出现不同消光比的谐振峰。图 14.18（c）为其中一谐振峰的放大图，Q 因子达到了 18780。此外，器件的透过率受 GST 尺寸的影响较大。图 14.18（d）给出了各器件在不同波长下的透过谱。由图可知，消光比（ER）随着 GST 宽度的增加而线性增加，且在晶态下较非晶态大，这源于晶态较大的吸收系数。光学谐振器的性质，如 ER，随着 GST 相变而发生显著变化。结果表明，ER 变化最大的是间隙为 1.5μm，环半径为 40μm、70μm 和 100μm 的器件，如图 14.18(e)所示。在这样的参数设计下，当 GST 从非晶态转至晶态时，ER 总是减小，因而可以利用 ER 的变化来监测 GST 的状态。因此，GST 相变引起透过率由低到高或由高到低的变化都是可能的。通过结合透过率和 ER 的变化，利用多个存储元件可执行逻辑操作。此外，谐振的最小波长移动也可用来探测翻转的状态。对宽度大于 5μm 的器件，波长移动尤其显著，达到了 0.4nm。通过测试这些谐振峰的位置，GST 的状态可以被明确读出。类似于硅基光谐振器，这些器件适合做光学可调的片上集成功能器件。

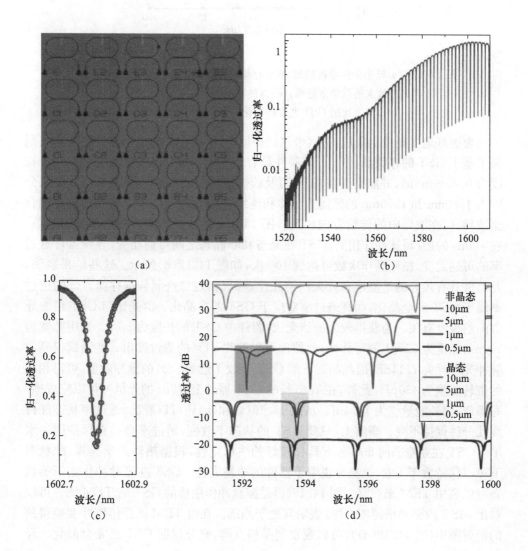

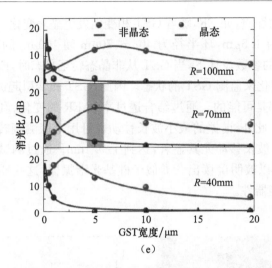

图 14.18 (a)环形谐振器构成的 25 个存储单元阵列;(b)单元器件的透过谱;
(c)放大的单个谐振峰;(d)器件在不同尺寸下的透过谱;
(e)消光比随 GST 宽度的变化关系(另见文后彩插)

为更好地实现片上集成,德国卡尔斯鲁厄理工学院 Pernice 等直接在波导上制备了基于 GST 的存储器件[30]。该器件具有较小的尺寸(GST 厚度仅为 10nm,长度为 0.25~5μm),并能完成在线擦、写及读操作,有利于实现高密度集成。波长分别为 1560nm 和 1570nm 的泵浦光脉冲和连续探测光均经由布拉格光栅垂直耦合至波导,但在波导中的传输方向相反。图 14.19(a)为该器件的透过率读出结果。在 100ns 的擦/写脉冲作用下,GST 在晶态和非晶态之间可逆相变,导致器件透过率的可逆跳变,循环操作次数可达到 100 次,如图 14.19(b)所示。这些结果表明,此器件具有较好的重复性和较大的消光比,可以实现二进制数据存储。低的透过率缘于 GST 完全晶化,而高透过率对应于 GST 的非晶化。消光比与 GST 沿波导方向的长度有关。为获得较大的消光比,器件中 GST 的长度为 5μm。采用脉宽为 100ns、能量为 533pJ 的写脉冲,此器件可以获得 21% 的透过读出。经测试得到的脉冲光损耗为 7.14dB,因此晶态下的 GST 吸收了近 80.7% 的脉冲能量,可得相应的翻转能量为 430pJ。此外,在 1μm 长的 GST 器件上,10ns 的光脉冲可以完成擦/写操作,消耗能量仅为 13.4pJ。从图 14.19(a)和(b)还可以看出,透过率状态能持续几分钟保持不变。事实上,只要 GST 的状态不改变,透过率会一直保持同一水平。GST 在亚稳态的非晶态下具有较好的热稳定性,根据热动力学推算,此状态下可以保持数年不变,这充分说明了器件的非易失性。GST 在光脉冲作用下的状态可以利用 TEM 来观察。图 14.19(c)是擦脉冲作用后的 GST 的 TEM 图。可以看出,GST 内部晶格清晰有序,表明其处于晶态。在由 TEM 图经傅里叶变换得到的衍射图中(图 14.19(d)),可以观察到晶格点阵,充分说明 GST 已完全晶化。经过写脉冲作用后,GST 的状态转变为非晶态。图 14.19(e)给出了此时 GST 的 TEM 数据的傅里叶衍射图。图中衍射环呈弥散状,表明 GST 回到非晶态。

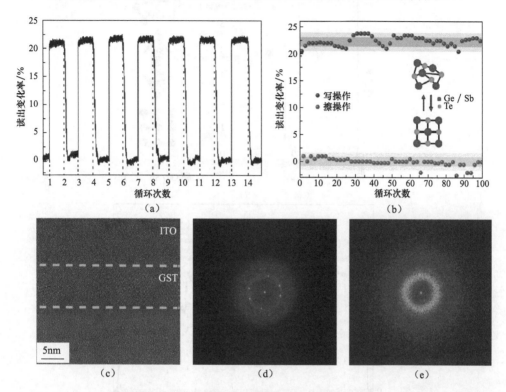

图 14.19 (a)器件在擦/写操作下的透过率读出结果;(b)循环操作次数;(c)器件横截面的 TEM 图;TEM 数据经过傅里叶变换后,GST 在擦(d)和写(e)脉冲作用下的衍射图
(另见文后彩插)

利用光近场效应,GST 能在集成非易失光子存储器中实现多达 8 级位存储[30],存储原理如图 14.20(a)所示。GST 的结晶分数受写脉冲功率的调控,而存储器件因 GST 不同的结晶分数而对探测光具有不同的吸收,因而其透过率也受写脉冲功率的调控。通过精确选择写脉冲的功率可以实现透过率在不同级数上的跳变。图 14.20(b)是器件单元在 100ns 脉宽、不同功率(372~601pJ)光脉冲作用下的多级测试结果。透过率的每一台阶分别对应着不同的结晶分数。可以看出,器件能在 8 级不同的透过率水平之间任意跳变,即在一个单元上实现了多达 3 位的存储。实际上,存储的最大级数主要取决于消光比以及可调制的中间态间隔。消光比的提高可以通过增加 GST 的尺寸来实现,而中间态间隔与选取的输入光脉冲的功率有关。

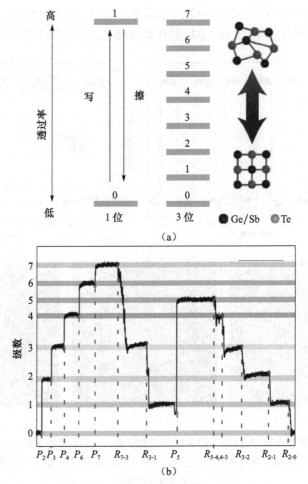

图 14.20　(a)多级存储原理图;(b)器件单元在 100ns 脉宽、不同功率光脉冲作用下的多级存储测试结果

基于 GST 的多个环形谐振器还可实现多波长选择的多个位存储。图 14.21(a)给出了器件的 SEM 图。将 3 个不同直径的环形谐振腔集成在同一中心波导上,谐振腔与中心波导的距离均为 300nm。通过探测器件的透过率可以读取位的状态。对于波长位于 1560.1nm、1561.5nm 和 1563.35nm 的 3 个空腔谐振模,单个 10ns 脉冲和一系列连续的 50ns 脉冲分别完成了器件的写和擦操作,如图 14.21(b)所示。器件在某一指定波长光脉冲作用下的擦/写操作并不影响其他波长的状态,也表明这些存储位的操作都是独立的(图 14.21(c))。

总之,硫系相变材料的特征是晶态和非晶态之间巨大的光学性质(如折射率)差异、纳秒级的转变速度和超好的微缩性。特别是在非晶态下较高的热稳定性满足了存储器的非易失性要求。这些优点使得硫系相变材料成为光存储器的理想候

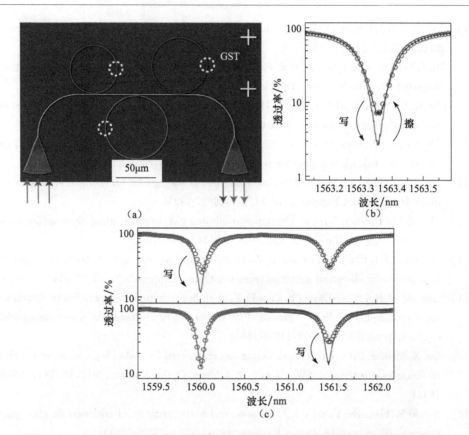

图 14.21 (a)基于 GST 多个环形谐振器的 SEM 图;在光脉冲作用下,器件在波长为 1563.35nm(b)、1561.5nm(c)及 1560.1nm 下的透过率变化

选材料。此外,与 CMOS 技术兼容的特点拓展了硫系相变材料在光子集成器件中的应用领域。基于 GST 的光子存储器具有较低的能量和较快的操作速度,为片上全光集成系统提供了选择方案。

参 考 文 献

[1] Miller S E. Integrated optics:An introduction. Bell System Technical Journal,1969,48(7):2059-2069
[2] Jenkins A. The road to nanophotonics. Nature Photonics,2008,2(5):258-260
[3] Jalali B,Fathpour S. Silicon photonics. Journal of Lightwave Technology,2007,24(12):4600-4615
[4] Hunsperger R G. Integrated Optics,Theory and Technology. Berlin:Springer-Verlag,1984
[5] Eldada L,Shacklette L W. Advances in polymer integrated optics. IEEE Journal of Selected Topics in Quantum Electronics,2000,6(1):54-68
[6] 何赛灵. 微纳光子集成. 北京:科学出版社,2010

[7] Eggleton B J, Luther-Davies B, Richardson K. Chalcogenide photonics. Nature Photonics, 2011,5(3):141-148

[8] Hu J, Tarasov V, Agarwal A, et al. Fabrication and testing of planar chalcogenide waveguide integrated microfluidic sensor. Optics Express,2007,15(5):2307-2314

[9] Charrier J, Brandily M L, Lhermite H, et al. Evanescent wave optical micro-sensor based on chalcogenide glass. Sensors & Actuators B Chemical,2012,173(12):468-476

[10] Hu J, Carlie N, Feng N N, et al. Planar waveguide-coupled, high-index-contrast, high-Q resonators in chalcogenide glass for sensing. Optics Letters,2008,33(21):2500-2502

[11] Ma P, Choi D Y, Yu Y, et al. Low-loss chalcogenide waveguides for chemical sensing in the mid-infrared. Optics Express,2013,21(24):29927-29937

[12] Han Z, Lin P, Singh V, et al. On-chip mid-infrared gas detection using chalcogenide glass waveguide. Applied Physics Letters,2016,108(14):201-210

[13] Madden S J, Choi D Y, Bulla D A, et al. Long, low loss etched As_2S_3 chalcogenide waveguides for all-optical signal regeneration. Optics Express,2007,15(22):14414-14421

[14] Lamont M R, Luther-Davies B, Choi D Y, et al. Supercontinuum generation in dispersion engineered highly nonlinear (gamma = 10/W/m) As_2S_3 chalcogenide planar waveguide. Optics Express,2008,16(19):14938-14944

[15] Gai X, Madden S, Choi D Y, et al. Dispersion engineered $Ge_{11.5}As_{24}Se_{64.5}$ nanowires with a nonlinear parameter of $136W^{-1} \cdot m^{-1}$ at 1550nm. Optics Express,2010,18(18):18866-18874

[16] Suzuki K, Hamachi Y, Baba T. Fabrication and characterization of chalcogenide glass photonic crystal waveguides. Optics Express,2009,17(25):22393-22400

[17] Foster M A, Turner A C, Lipson M, et al. Nonlinear optics in photonic nanowires. Optics Express,2008,16(2):1300-1320

[18] Pelusi M D, Ta'eed V G, Fu L, et al. Applications of highly-nonlinear chalcogenide glass devices tailored for high-speed all-optical signal processing. IEEE Journal of Selected Topics in Quantum Electronics,2008,14(3):529-539

[19] Ta'eed V G, Shokooh-Saremi M, Fu L, et al. Self-phase modulation-based integrated optical regeneration in chalcogenide waveguides. IEEE Journal of Selected Topics in Quantum Electronics,2006,12(3):360-370

[20] Vo T D, Hu H, Galili M, et al. Photonic chip based transmitter optimization and receiver demultiplexing of a 1.28Tbit/s OTDM signal. Optics Express,2010,18(16):17252-17261

[21] Lamont M R, Luther-Davies B, Choi D Y, et al. Net-gain from a parametric amplifier on a chalcogenide optical chip. Optics Express,2008,16(25):20374-20381

[22] van Erps J, Luan F, Pelusi M D, et al. High-resolution optical sampling of 640Gbit/s data using four-wave mixing in dispersion-engineered highly nonlinear As_2S_3 planar waveguides. Journal of Lightwave Technology,2010,28(2):209-215

[23] Pelusi M D, Luan F, Vo T D, et al. Photonic-chip-based radio-frequency spectrum analyser

with terahertz bandwidth. Nature Photonics,2009,3(3):139-143

[24] Schliesser A, Picqué N, Hänsch T W. Mid-infrared frequency combs. Nature Photonics, 2012,6(7):440-449

[25] Gai X, Choi D Y, Madden S, et al. Supercontinuum generation in the mid-infrared from a dispersion-engineered As_2S_3 glass rib waveguide. Optics Letters,2012,37(18):3870-3872

[26] Yu Y, Gai X, Ma P, et al. A broadband mid-infrared supercontinuum generated in a short chalcogenide glass waveguide. Laser & Photonics Review,2014,8(5):792-798

[27] Yu Y, Gai X, Ma P, et al. Experimental demonstration of linearly polarized 2-10μm supercontinuum generation in a chalcogenide rib waveguide. Optics Letters, 2016, 41(5):958-961

[28] Pernice W H P, Bhaskaran H. Photonic non-volatile memories using phase change materials. Applied Physics Letters,2012,101(17):171101

[29] Rios C, Hosseini P, Wright C D, et al. On-chip photonic memory elements employing phase-change materials. Advanced Materials,2014,26(9):1372-1377

[30] Rios C, Stegmaier M, Hosseini P, et al. Integrated all-photonic non-volatile multi-level memory. Nature Photonics,2015,9:725-732

第 15 章 硫系微纳光子器件

微纳光子器件是指尺寸在微米、纳米量级的光子器件,它具有体积小、可靠性高、耦合效率高、重量轻、设计灵活、可实现阵列化和易于批量制备等优点。同时,由于其制造工艺可方便利用现有半导体生产工艺加以拓展,光学功能和其他功能可集成在同一流程中完成,或者多个光学功能可集成在同一芯片中完成,因而在光子器件、集成光子学、新型光显示、光通信领域有着巨大的前景和研究价值[1-3]。2003 年 Koonath 等[4]和 Tong 等[5]分别制备出硅纳米线波导和石英纳米光纤。在 20 余年的发展中,对微纳光子器件的研究也从讨论其模式的理论分析转为器件应用和理论分析并重的阶段,尤其是在低阈值激光器、非线性光学、极高灵敏度传感器等方面微纳光子器件得到了深入的研究和应用。目前硅基和石英基材料广泛用于制作微纳光子器件,这两类材料的微纳光子器件能与单模光纤很好地实现模式匹配,并且耦合损耗较低。但是石英材料红外截止波长较短(最长透过波长约为 $3.5\mu m$),在极为重要的大气透明第二窗口(包含许多重要的分子特征谱线的 $3\sim 5\mu m$ 波段)和第三窗口($8\sim 12\mu m$ 波段),石英材料无法导光,而且硅基和石英基受到本身低非线性特性的限制[6],在非线性应用上也受到了限制。

与硅材料和石英玻璃相比,硫系玻璃具有优良的中远红外透过性能、高的折射率和非线性折射率 n_2、较小的双光子吸收系数 α_2[6]和超快的非线性响应(小于 200fs,其中光克尔效应的响应时间小于 50fs,拉曼散射的响应时间小于 100fs[7])。优良的中远红外透过性能可以使硫系玻璃用于制成近中红外低阈值激光器和放大器、中红外生物与化学传感器等微纳器件;极高的非线性折射率和微纳器件极小的体积,使得硫系玻璃微纳光子器件更容易产生超连续谱和受激拉曼激光[8-11]。优良的非线性特性也使硫系玻璃可用于波导光栅、全光再生器和波长转换器等微纳器件。以上诸多硫系玻璃微纳光子器件可广泛用于生物传感、新光源产生和全光网络器件等前沿研究领域。因此,硫系微纳光子器件近年来受到国际上众多知名光电子研究机构的关注,英国南安普顿大学、美国麻省理工学院、澳大利亚国立大学、悉尼大学等科研机构均已经展开对此种器件的研究工作。本章将主要介绍基于硫系玻璃的微球腔和硫系光子晶体两种微纳器件。

15.1 硫系微球腔

2003 年美国加州理工学院 Vahala[12]根据微腔限制光方式的不同,将腔大致分为三类:回音壁模式微腔(whispering gallery mode,简称 WGM 模式,又称回廊模[13])、F-P 微腔和光子晶体微腔。本节将介绍硫系回音壁模式微腔。虽然其他介质回音壁模式微腔的研究已经开展了很长时间,但是由于硫系玻璃制备工艺较为复杂,所以硫系微球腔的研究要远晚于其他介质微腔。

15.1.1 微球腔特征参数

微球腔的品质因数定义为 $Q \approx \lambda/\Delta\lambda$,其中 λ 为谐振腔波长,$\Delta\lambda$ 为发光谱谐振峰半高全宽(FWHM),主要由以下因素决定[14]:

$$Q^{-1} = Q_{mat}^{-1} + Q_{surf}^{-1} + Q_{curv}^{-1} + Q_{coupl}^{-1} \tag{15.1}$$

式中,Q_{mat}^{-1} 为材料吸收导致的损失;Q_{surf}^{-1} 为表面散射损失,包括由介质的不均匀性和污物引起的损失以及微球表面附近空气中的水汽导致的损失,可基于瑞利散射的模型估算;Q_{curv}^{-1} 为微球表面曲率导致的本征辐射损失,又称 WGM 损失;Q_{coupl}^{-1} 为谐振腔与耦合器件之间的连接损失。

微球腔中本征辐射损失随微球直径上升呈指数下降,当 $D/\lambda \geqslant 15$ 时(D 为微球直径,λ 为激光波长),$Q_{curv} > 10^{11}$,Q 主要由散射损失和材料吸收损失决定。而对于小尺寸微球($D/\lambda \leqslant 10$),Q 主要由本征辐射损失决定[14]。

微球腔模式体积 V_m 定义为[13]

$$V_m = \frac{\int \frac{1}{2}\varepsilon(r)E^2(r)dr}{\left[\frac{1}{2}\varepsilon(r)E^2(r)\right]_{max}} \tag{15.2}$$

即玻璃微球腔中的光场总能量等于腔中能量密度的最大值与此时能量分布所占有的空间体积的乘积。微腔中存在着径向多阶回音壁模式,其中一阶模式有最高品质因数和最小的模式体积。由于微腔本身体积很小,在回音壁基模(一阶)下,微腔中光波能量在径向和极向角方向都有一个极大值。能量集中在赤道面上紧贴球面的大圆环这一狭小区域[13]。

15.1.2 玻璃微球制备方法

用于光学微腔的玻璃微球制备方法主要有玻璃粉料漂浮高温熔融法[15-18]、CO_2 激光加热光纤芯熔化法[19,20]两种。玻璃粉料漂浮高温熔融法制备工艺流程(图 15.1[18])如下:首先将制备好的特定组分的玻璃研磨成玻璃粉末,并过一定尺寸孔径筛(视制备微球尺寸而定),将玻璃粉末从熔炉或者火焰上部的加料系统中经充分雾化后引入炉体,实验温度根据所制备的材料而定。为了使玻璃粉在炉内能充分熔化,一般通过增加炉膛加热区长度来延长粉末在炉内停留的时间,同时利用熔体的表面张力使其成为玻璃微球。一般需要控制加料风压和收集微球系统的负压,调整炉内压力,使粉料在炉内停留时间适当延长,使粉料充分熔化,保证形成微球的圆度。玻璃粉料漂浮高温熔融法的优点在于可以一次性批量制备尺寸在一定数值区间分布的玻璃微球,极大地提高了制备效率。

Ward 等[15]改进设计了一种短加热区(仅 133mm)垂直管式炉装置(图 15.2),用玻璃粉料漂浮高温熔融法制备 Er^{3+}/Yb^{3+} 共掺磷酸盐玻璃微球,装置底部旋转的培养皿用于收集制备的玻璃微球。玻璃微粉从进料口进入后,用注射器将其吹入加热炉内,同时在整个加热过程中,氩气被缓慢吹入炉内以抑制烟囱效应,阻止热气流将微球从炉口吹出。利用该装置可成功一次批量制备直径为 $10\sim400\mu m$ 的磷酸盐玻璃微球,并在 978nm 泵浦光激光下获得了高腔品质因数($Q>10^5$)的 WGM 模式。

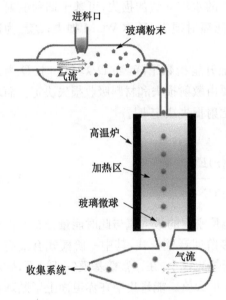
图 15.1　玻璃粉料漂浮高温熔融法制备微球工艺流程

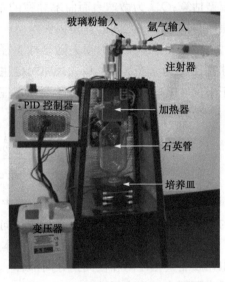
图 15.2　竖直短的管式加热炉装置图

CO_2 激光加热光纤芯熔化法主要用于高熔点的石英玻璃基质微球的制备,其主要流程(图 15.3[21])如下:将光纤的包层去除后,用 CO_2 激光会聚产生的高温将光纤芯一端局部熔融,在液态表面张力作用下形成较标准的球形,冷却后便是一个带光纤柄的微球。虽然已不再是完整的球形,但对于能量集中于赤道部分的基本 WG 模式影响很小,而且由于有光纤柄,对微球的操纵方便很多。CO_2 激光加热光纤芯熔化法制备玻璃微球时往往需要 CCD 监视熔化成球过程。这种方法的缺点是一次只能制作一个玻璃微球,而且微球尺寸受光纤尺寸限制。

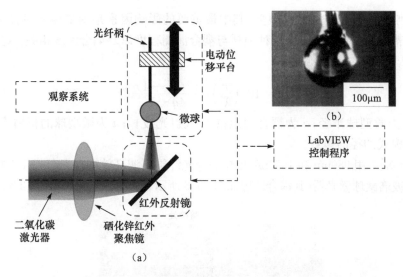

图 15.3 （a）CO_2 激光制备微球装置；（b）制备的微球实物

15.1.3 微球腔耦合

泵浦激光与玻璃微球之间的耦合效率将直接影响输出激光功率大小。虽然微球腔处于 WGM 模式下具有很高的腔品质因数，但模式所对应的球外光场分布却是一倏逝波，而不像 F-P 谐振器那样对应为传播波。因此，当用平面波直接照射微球时，由于很大部分光穿过微球腔而没有耦合到 WGM 模式中，所以耦合效率很低。微球腔较高效的耦合方式是通过其他电介质物体产生的倏逝波耦合，即近场耦合。近场耦合主要有光纤耦合（fiber taper coupling）和棱镜耦合（prism coupling）[13,16]两种，光纤耦合方式有锥形光纤耦合（图 15.4[22]）和一定倾角端面的光纤耦合（图 15.5[23]），其中锥形光纤耦合是使用最多的方法。对于锥形光纤和微球，倏逝场的重叠程度将随着光纤与微球之间的间距而改变，并影响它们之间的耦合效率。

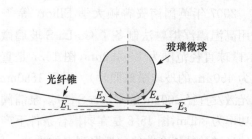

图 15.4 锥形光纤微球耦合原理图

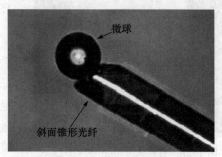

图 15.5 斜面锥形光纤微球耦合实物图

影响耦合效率的参数有很多,其中最重要的影响因素是用来描述回音壁模式损耗的耦合品质因数 Q_c,而这种损耗与耦合泄漏程度以及耦合深度相关。Q_c 的表达式为[24]

$$Q_c = 102\left(\frac{r}{\lambda}\right)^{\frac{5}{2}} \frac{n^3(n^2-1)}{4q-1} e^{2rd} \tag{15.3}$$

式中,r 为微型球半径;d 为耦合间距;λ 为入射光波长;n 为微型球的折射率;q 为回音壁模式的径向模数。

Cai 等[25]用 980nm 和 1550nm 单模混合光纤锥泵浦高效耦合 Er^{3+}/Yb^{3+} 共掺的磷酸盐玻璃微球激光器(其耦合原理如图 15.6 所示),微分量子效率约为 12%。

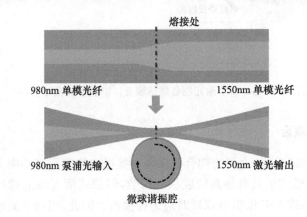

图 15.6　混合光纤锥耦合微球激光器

棱镜耦合方式比较灵活,但其缺点是体积过大,而且与光纤一起使用时需要光学校准器件,特别是激光从微球耦合到棱镜的效率仅为 5%,并且探测路上的能量损失为 90%[13]。除上述两种方法,研究者也采用传统的显微物镜耦合(microscope objective coupling)[26,27],但这种方式耦合效率较低。

15.1.4　无源硫系微球腔

2007 年英国南安普顿大学 Elliott 等[28]采用高温漂浮熔融法制备了 Ga-La-S 玻璃微球,微球直径范围为 1～450μm(图 15.7 是直径为 450μm 的玻璃微球照片)。采用 1550nm 激光激发直径 100μm 的 Ga-La-S 微球,泵浦阈值功率为 8dBm,图 15.8 是在弱耦合条件下产生的光谱及其拟合曲线。根据测得的谱线,可

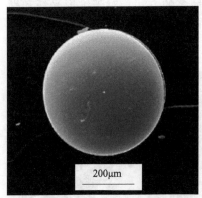

图 15.7　直径为 450μm 的 Ga-La-S 玻璃微球

计算出该微球腔的品质因数 Q 为 8×10^4，比理论计算的 Q 值 7×10^9 低 5 个数量级，其原因归结于材料吸收损耗和微球表面散射损耗，他们还理论计算得出在 $3\mu m$ 波长下该微球的 Q 值高达 4×10^{10}。

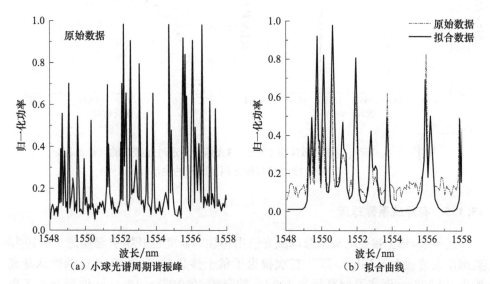

图 15.8　$100\mu m$ 直径的微球在弱耦合条件下产生的光谱及其拟合曲线

2008 年澳大利亚悉尼大学 Grillet 等[29]用连续激光熔融 As_2Se_3 微纳光纤获得了直径为 $9.2\mu m$ 的硫系微球，实验测得其 Q 值为 2×10^4（理论值为 1.3×10^5）。2009 年美国康奈尔大学 Broaddus 等[30]使用电阻加热 As_2Se_3 光纤锥的方法制备了微球，采用石英纳米线与玻璃微球进行耦合，克服了相位不匹配的难题，测得 1550nm 波长下 Q 值为 2×10^6，比先前报道的硫系微球 Q 值要高出两个数量级。实验中还发现当激光功率超过 1mW 时，As_2Se_3 玻璃微球由于材料热稳定性较差其 Q 值会下降。2012 年英国南安普顿大学 Wang 等[31]采用高温陶瓷表面加热 As_2S_3 光纤锥新方法制备了直径为 $74\mu m$ 的微球，测量其 Q 值为 1.1×10^5。为了减少微球与光纤锥耦合不稳定性因素，2013 年 Wang 等[32]用聚合物对制备的 As_2S_3 微球进行了包裹封装，实验测得在直径 $110\mu m$ 聚合物包裹的微球中也能实现高 Q 值模式有效激发，其 Q 值高达 1.8×10^5，比裸玻璃球（1.1×10^5）高。研究表明，聚合物包层不仅增强了微球与光纤锥的耦合稳定性，而且还起到了模式滤波器的作用，可以滤除高阶回廊模式（WGM），并且封装过后其光敏特性仍然可被调制。图 15.9(a)展示了在经过波长为 405nm 的激光辐射 1800s 后，微球在位于 1549nm 附近的一处回廊模式吸收峰出现了约 682pm 的红移，表明激光辐射引起了微球基质材料折射率的提升。图 15.9(b)展示了微球吸收峰的移动距离与激光辐射时间之间存在着明显的指数变化关系。

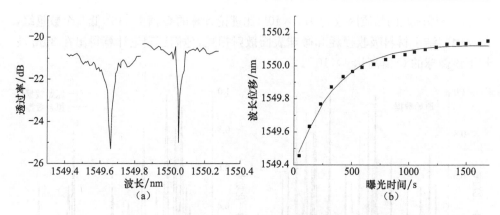

图 15.9　(a)聚合包裹的微球在 405nm 激光照射后透过光谱物的红移情况；
(b)吸收峰红移与激光辐射时间的关系

15.1.5　有源硫系微球腔

近年来,稀土掺杂的硫系微球激光输出特性的研究也开始引起注意。2010 年英国南安普顿大学 Elliott 等[23]首次报道了稀土掺杂 Ga-La-S 硫系玻璃微球激光输出,用 808nm 激光泵浦直径为 $100\mu m$ 的微球,在 1075~1086nm 波段获得了单模和多模激光输出(图 15.10)。

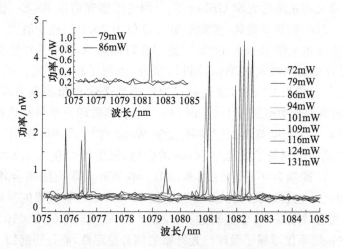

图 15.10　微球激光输出光谱与泵浦功率关系图(另见文后彩插)
内嵌图为泵浦阈值功率 80mW 附近激光输出光谱图,激光峰的出现表明了模式的变化

2012 年意大利巴里理工大学 Mescia 等[8]用数值模型模拟了基于光纤锥耦合的掺铒硫系玻璃微球放大器的可行性,研究了耦合间距、铒离子掺杂浓度、光纤锥角度以及泵浦功率等对微球激光放大特性的影响。研究结果表明,当微球模型的

掺杂区域网格划分精度(sector number)q等于30,且掺杂区域分布的最大极角θ_{max}等于$\pi/10$时,该数值模型可在实现较高计算精度的同时不对运算时间产生太大的影响。数值仿真结果显示,当输入微球的泵浦功率高于80mW时,微球放大器可对输入信号实现较好的放大效果,最大的光信号增益可达到约7dB。图15.11(a)展示了信号增益与掺杂区域厚度在不同最大极角条件下的关系。具体仿真参数为:输入泵浦功率100mW,输入信号功率-50dBm,光纤锥角0.03rad,光纤锥与微球间距560nm,铒掺杂浓度0.5wt%,光纤锥腰椎半径700nm。从图15.11(a)可见,信号增益不仅随着微球表面稀土掺杂区域厚度的增加而增加,同时也随着最大掺杂区域最大极角的增加而增加。但是从图中可见,当最大极角从$\pi/10$增加到$\pi/5$时,信号增益基本不变,维持在7dB左右,表明当掺杂区域的最大极角为$\pi/10$时,微球放大器的信号增益已经达到了一个最优值(约为7dB),进一步增大掺杂区域最大极角并不会引起信号增益的显著提升。图15.11(b)展示了在三个不同的输入信号功率(-30dBm、-40dBm、-50dBm)条件下,信号增益与泵浦功率之间的关系。从图中可见,在所有情况下,信号增益随着泵浦功率的增加而线性增大,直到达到一个泵浦阈值点。当信号功率为-30dBm时,泵浦阈值约为67mW;当信号功率为-40dBm和-50dBm时,泵浦阈值约为78mW。由此可见,当信号功率大于-50dBm时,只要泵浦功率大于约80mW时,微球放大器都可为输入信号提供一个较为稳定的增益。

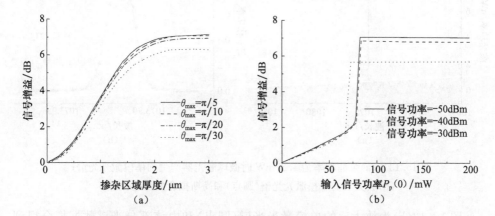

图15.11 (a)不同最大极角下的信号增益与掺杂区域厚度的关系;
(b)不同输入信号强度下信号增益与泵浦功率的关系

Ga-La-S玻璃虽然具有优异的光学性能,但是La原料价格昂贵,且该玻璃熔制工艺复杂,宁波大学戴世勋等[33]制备了0.5wt% Nd_2S_3掺杂的$75GeS_2$-$15Ga_2S_3$-$10CsI$(mol%)的硫系玻璃微球,微球腔直径为75μm,拉制了用于耦合的石英光纤锥,其锥腰直径为1.77μm,泵浦源激光波长为808nm。图15.12为微球

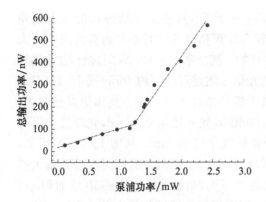

图 15.12 硫系玻璃微球腔总输出功率随入射泵浦功率的变化

腔发射的总功率随入射泵浦功率变化的关系图,在入射泵浦功率到达临界值 1.39mW 前,微球腔输出光随泵浦光缓慢增加,并且在此过程中,无激光谐振的发生。当入射泵浦功率超过临界值 1.39mW 后,输出功率随即明显随入射泵浦功率快速增加,而且在入射泵浦功率的临界值 1.39mW 处,输出光谱开始变为稳定的单模激光光谱(图 15.13(a)),这一阈值要比文献[23]报道的利用自由空间耦合、直径相类似(约 90μm)的 Ga-La-S 玻璃微球激光器 84mW 的阈值低得多。在阈值泵浦功率处,测量到的激光峰值功率接近 10nW,这比文献[17]中报道的自由空间耦合硫系玻璃微球激光器在阈值泵浦功率处 1nW 的激光峰值功率大一个数量级。

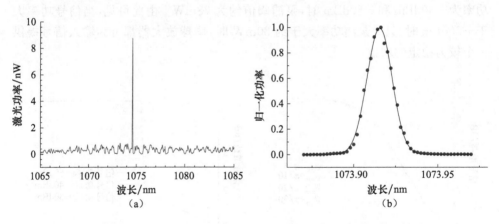

图 15.13 (a)泵浦功率为 1.39mW 时微球激光器产生的单模激光光谱;
(b)放大后的单模激光光谱(圆点)和高斯拟合曲线(实线)

图 15.13(b)为放大后的单模激光光谱(圆点)和由该部分光谱数据拟合得到的高斯拟合曲线(实线)。由高斯拟合曲线,计算得到该单模激光峰的峰值半高宽为 0.018nm,并由该值可计算得到在该波长处整个系统的品质因数 Q_T 约为 $6×10^4$。实验中所使用的光谱分析仪在该激光波段的分辨率为 0.015nm,由于实验测得的激光光谱的半高宽非常接近这一分辨率,所以很有可能由于受到光谱分析仪分辨率的限制,实验中硫系玻璃微球激光器实际发出的半高宽更窄的激光峰无法测量到。这表明实际的激光峰的半高宽很有可能会比实验测得的激光峰的半

高宽更窄,同时也表明整个系统的实际品质因数 Q_T 也可能要比实验测量得到的更大。利用厚度为 2.1mm 的微球基质玻璃片测得实验所用玻璃的吸收损耗值 α 约为 $0.0298mm^{-1}$。根据这一损耗值,并利用相关公式[34]可计算得到由该微球本征品质因数 Q_{int} 约为 4×10^5。

在超过阈值功率后,随着泵浦功率的增加,硫系玻璃微球激光器的输出功率会进一步增强。然而在这一增强的过程中,微球激光器输出的激光由单模激光变为了多模激光。图 15.14 为实验中测量得到的一个典型多模激光光谱,其在泵浦功率为 1.56mW 时测得。这种由单模激光向多模激光的转变在其他基质制成的玻璃微球激光器中也有报道[35,36],引起这种现象的原因可能是较高泵浦功率下玻璃微球腔的热膨胀和硫系玻璃材料的三阶非线性效应[37]。当泵浦功率大于阈值约 0.2mW 后微球激光器输出的激光开始变为多模。这种较快的由单模激光向多模激光的转变可归因于硫系玻璃与石英玻璃较大的折射率差,这种折射率差导致硫系玻璃微球腔中有高阶模式的出现,即腔中有多种模式。随着泵浦功率的不断加大,原来没有形成激光谐振的腔内模式开始成为激光谐振,使得输出的激光模式增多。而且由于实验所使用的 808nm 半导体激光器也非单模激光器,其发出的多波长的泵浦光很有可能与多个不同角模数 l 的回廊模式的谐振峰相匹配,从而会激发出硫系玻璃微球腔中多个不同的回廊模式,一旦激发出这些模式的泵浦功率达到了阈值,其相应的激光谐振就会形成,微球激光器也会输出多模激光。

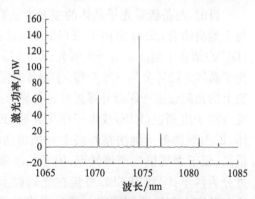

图 15.14 微球激光器产生典型的多模激光光谱

表 15.1 列出了部分已报道的硫系玻璃微球腔的相关性能参数。

表 15.1 部分已报道的硫系玻璃微球腔的相关性能参数

玻璃基质	微球直径/μm	掺杂离子	泵浦波长/nm	Q 值	年份
Ga-La-S	100	—	1550	8×10^4	2007[28]
As_2Se_3	9.2	—	1619	20000	2008[37]
As_2Se_3	—	—	1550	2×10^6	2009[30]
Ga-La-S	100	Nd^{3+}	808	—	2010[23]
$Ga_5Ge_{20}Sb_{10}S_{65}$	50	Er^{3+}	980	—	2014[38]
As_2S_3	74	—	1550	1.1×10^5	2012[31]
As_2S_3	110	—	1549.5	1.8×10^5	2013[32]
$75GeS_2$-$15Ga_2S_3$-$10CsI$	75	Nd^{3+}	808	6×10^4	2015[34]

15.2 硫系光子晶体

光子晶体(PC)的概念是 1987 年由 John 和 Yablonovitch 分别提出的[39,40]，它是一种介电常数在空间呈周期性排布的新型微结构材料。光子晶体由于具有光子带隙结构而被称为光半导体，可用于制作光子晶体微波天线(PCMA)、光子晶体光纤(PCF)、光子晶体微谐振腔(PCMR)和光子晶体波导(PCW)等[41-43]，在全光信息处理方面具有广阔的应用前景。

与硅基等传统材质光子晶体相比，硫系光子晶体借助硫系玻璃材料本身性能的特殊性，在自相位调制、四波混频和三次谐波等光学非线性效应方面[44-47]更具吸引力和优势，近年来备受研究者关注。

15.2.1 硫系光子晶体制备方法

目前，制备硫系光子晶体的主要方法有两种[48]：①传统的光刻或电子束曝光与干刻法结合；②聚焦离子束(FIB)刻蚀法。第一种方法又可分为深紫外曝光(DUV)结合干刻法和电子束曝光(EBL)结合干刻法。DUV 结合干刻法制备二维光子晶体光波导分为三个步骤：①制备所需图案的掩模板；②透过掩模板对涂在基底上的光刻胶进行深紫外曝光并进行显影处理，在光刻胶上得到掩模图形；③利用反应离子束刻蚀(RIE)或电子回旋共振(ECR)等离子体刻蚀或感应耦合等离子体(ICP)刻蚀等干刻法在基底上刻蚀出所需的图案结构。这种制备方法具有产量高、便于大规模生产等优点，但工艺烦琐、精度低、成本较高。EBL 结合干刻法可分为两步：①利用 EBL 直接在光刻胶上刻蚀出掩模图形；②利用 RIE 等干刻法在基底上刻蚀所需图案。相对于前者，EBL 结合干刻法虽然速度较慢、生产率低，但省去了掩模板制备和显影等操作，步骤简洁，从而有利于降低图形复制过程中的偏差，精度较高，且成本较低，是目前实验室制备硫系光子晶体通常采取的方法。

15.2.2 硫系光子晶体特性

2000 年以色列班古里昂大学 Feigel 等[49]首次提出用热蒸发沉积技术和全息直写技术制备 $As_{45}Se_{45}Te_{10}$ 三维光子晶体(图 15.15)。他们首先采用 647nm 激光干涉在 $As_{45}Se_{45}Te_{10}$ 薄膜中通过全息光刻获得一维光栅结构，然后旋涂光刻胶填充光栅的空隙，接着在获得的样品上重复沉积一层 $As_{45}Se_{45}Te_{10}$ 薄膜，继续采用 617nm 激光干涉再制备一组垂直方向的光栅，之后再旋涂一层负性光刻胶，从而获得一层光子晶体单元。重复此步骤，他们制备了 4 层堆积结构光子晶体，遗憾的是，他们并没有对所制备的光子晶体特性进行深入研究。

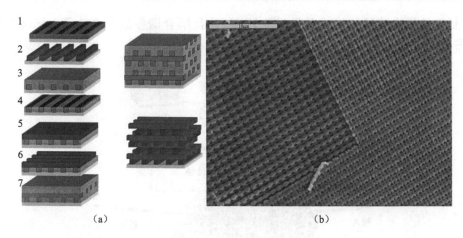

图 15.15　采用逐层沉积和光刻法制备三维硫系光子晶体原理图(a)及制备的光子晶体结构(b)

2005 年澳大利亚国立大学 Freeman 等[50]用聚焦离子束刻蚀法在 300nm 厚度的 $Ge_{33}As_{12}Se_{55}$ 薄膜上制备了二维平面光子晶体,其晶格周期为 500nm,三角晶格孔直径为 300nm(图 15.16(a)),通过测量该结构的光响应,发现了比较清晰的法诺谐振现象。2006 年 Grillet 等[51]使用 FIB 法制备了薄膜悬浮型 $Ge_{33}As_{12}Se_{55}$ 硫系光子晶体波导(图 15.16(b)),采用锥腰直径为 800nm 的石英光纤纳米线进行耦合(图 15.17),其耦合效率高达 98%,这为今后实现基于全光开关和逻辑门器件的纳米腔提供了一种新的技术途径。

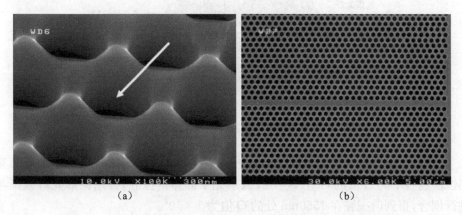

图 15.16　(a)二维硫系光子晶体结构;(b)硫系玻璃光子晶体波导结构

2007 年澳大利亚悉尼大学 Lee 等[52]首次对 $Ge_{33}As_{12}Se_{55}$ 光子晶体波导的感光特性进行了研究。他们利用光刻的方法制备了硫系光子晶体波导结构,波导宽度为 1μm,实验测得其 Q 值高达 125000。利用功率密度为 $1.3W/cm^3$、波长为 633nm 的激光选择性地照射所制备波导特定的位置,使其折射率发生改变,从而控制光子晶体波导的模式色散发生改变,并且耦合谐振波长产生了5nm偏移(图15.18)。

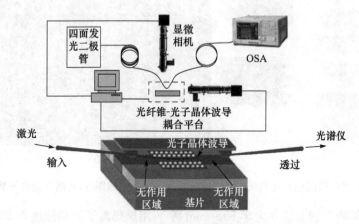

图15.17 石英纳米线与硫系光子晶体波导的倏逝波耦合原理

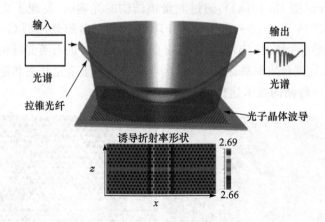

图15.18 激光照射硫系光子晶体波导实现其谐振波长的改变

2007年澳大利亚阿得雷德大学Ruan等[53]用电子束刻蚀与化学辅助离子束刻蚀法制备了高Q值的$Ge_{33}As_{12}Se_{55}$硫系光子晶体谐振腔,并用锥形光纤倏逝场进行耦合,得到谐振腔在1550nm处的Q值为$1×10^4$。

2008年澳大利亚斯温伯尔尼理工大学Nicoletti等[54]采用激光直写的方式首次在As_2S_3厚薄膜中制备了木堆积结构三维硫系光子晶体(图15.19)。样品的厚度为20μm,光子晶体的周期为150nm。除了低阶带隙,实验中还观察到了位于近红外区域的高阶带隙,其研究结果表明,高非线性高折射率的硫系光子晶体也可用做通信波段的光子器件。

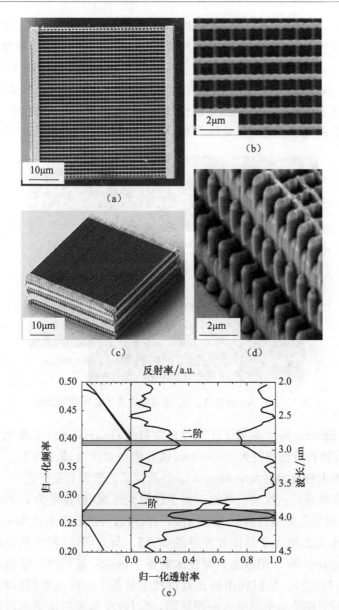

图 15.19 采用激光直写技术制备的木堆积三维硫系光子晶体(a~d)及其反射光谱(e)

2009 年日本横滨国立大学 Suzuki 等[44]用电子束曝光和 ICP 刻蚀方法制备了薄膜悬浮型掺 Ag 的 As_2Se_3 二维光子晶体波导(图 15.20),在 400μm 长的波导中,非线性相位改变 1.5π 所需的 1550nm 泵浦光入射峰值功率为 0.78W,其有效非线性系数为 $2.6×10^4 W^{-1}·m^{-1}$。随即,Suzuki 等[45]又设计并制备了 Ag-As_2Se_3 慢光二维光子晶体波导,研究了其自相位调制和四波混频等非线性效应,测试结果显示，其性能均优于硅基线波导，且非线性相位改变 1.5π 所需泵浦光入射峰值功率仅为 0.42W，比之前报道的要低，波导的有效非线性系数高达 $6.3\times 10^4 W^{-1}\cdot m^{-1}$，比已报道的 As_2Se_3 脊型波导的有效非线性系数高 4000 多倍。同年，澳大利亚悉尼大学 Lee 等[55]首次研究了 $Ge_{33}As_{12}Se_{55}$ 硫系光子晶体谐振腔在 $1.5\mu m$ 通信波段的光敏特性和热非线性效应，指出具有低双光子吸收效益和高结构稳定性的硫系玻璃基质材料是硫系光子晶体谐振腔非线性应用的关键。

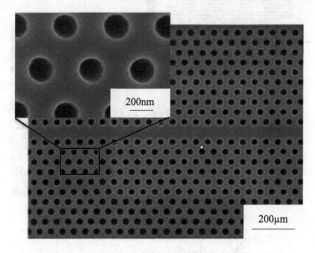

图 15.20　Ag 掺杂 As_2Se_3 硫系玻璃光子晶体波导结构

2011 年 Spurny 等[56]制备了不同晶格常数的 $Ge_{33}As_{12}Se_{55}$ 二维光子晶体光波导，在 $1.5\mu m$ 波长最低损耗为 21dB/cm，该数值与常规硅基二维光子晶体光波导相当。同年澳大利亚悉尼大学 Monat 等[47]研究了色散调节型慢光 $Ge_{33}As_{12}Se_{55}$ 硫系光子晶体光波导的三次谐波特性。由于在慢光区域（群速度为 $c/30$），其损耗和色散比较低，再结合基质材料的高非线性，三次谐波转换效率高达 $1.4\times 10^{-8}/W^2$，是同种结构 Si 基二维光子晶体光波导的 30 倍。与此同时，澳大利亚斯温伯尔尼理工大学 Nicoletti 等[57]用激光直写技术制备了 As_2S_3 基质的三维硫系玻璃光子晶体微腔（图 15.21）。他们利用激光直写技术制备了三维木堆积结构光子晶体，并通过激光照射在结构中间引入一层缺陷，通过改变激光的功率可以控制该平面谐振微腔的长度，从而调制光子晶体中的缺陷模式。伊朗沙赫尔库尔德大学 Ebnali-Heidari 等[46]也在同一年报道了 $Ge_{33}As_{12}Se_{55}$ 硫系光子晶体光波导中四波混频现象的产生。

为了克服有限折射率的限制，2012 年澳大利亚国立大学 Gai 等[58]设计并制备了 $Ge_{11.5}As_{24}Se_{64.5}$ 二维硫系光子晶体异质结构谐振腔，将该谐振腔完全掩埋于折射率为 1.44 的包层中，如图 15.22 所示。由于折射率差为 1.21，基于 W_1 波导的异质结构腔无法获得高 Q 值的谐振模式。进一步研究表明,减小波导的宽度可以提高光的限制能力,从而可以在异质结构腔中获得高 Q 值的谐振模式,并测得该谐振腔的 Q 值为 7.5×10^5。随后,印度国立邓巴学院 Suthar 等[59]研究了 As_2S_3 一维硫系光子晶体光子带隙的调制特性。研究表明,渐变堆积的光子晶体结构既可以用来拓宽光子带隙又可以调制光子带隙,该结构既可以用来设计满足频率要求的一维光子晶体结构,也可以用来设计宽带反射器、谐振腔等光子器件。

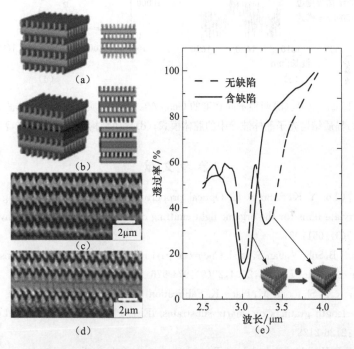

图 15.21 采用激光直写技术制备的木堆积三维光子晶体:(a)为无缺陷层结构;(b)~(d)为含有缺陷层的结构;(e)为含缺陷和无缺陷结构对应的透过光谱

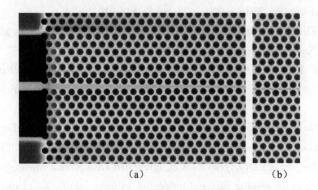

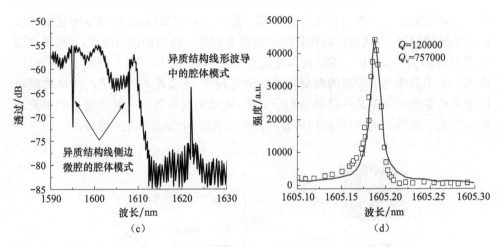

图15.22 (a)、(b)两种不同宽度的 $Ge_{11.5}As_{24}Se_{64.5}$ 异质结构光子晶体波导；(c)异质结构光子晶体波导中的腔体模式；(d)异质结构腔体中测得的 Q 值

参 考 文 献

[1] Cho Y, Choi Y K, Sohn S H. Optical properties of neodymium-containing polymethyl-methacrylate films for the organic light emitting diode color filter. Applied Physics Letters, 2006, 89(5):051102

[2] Catryss P B, Suh W, Fan S, et al. One-mode model for patterned metal layers inside integrated color pixels. Optics Letters, 2004, 29(9):974-976

[3] Kanamori Y, Shimono M, Hane K. Fabrication of transmission color filters using silicon subwavelength gratings on quartz substrates. IEEE Photonics Technology Letters, 2006, 18(20):2126-2128

[4] Koonath P, Kashima K, Indukuri T, et al. Sculpting of three-dimensional nano-optical structures in silicon. Applied Physics Letters, 2003, 83(24):4909-4911

[5] Tong L M, Gettass R R, Ashcom J B, et al. Subwavelength-diameter silica wires for low-loss optical wave guiding. Nature, 2003, 426(6968):816-819

[6] Zakery A, Elliott S R. Optical properties and applications of chalcogenide glasses: A review. Journal of Non-Crystalline Solids, 2003, 330(1-3):1-12

[7] Slusher R E, Lenz G, Hodelin J, et al. Large Raman gain and nonlinear phase shifts in high-purity As_2Se_3 chalcogenide fibers. Journal of the Optical Society of America B, 2004, 21(6):1146-1155

[8] Mescia L, Bia P, Sario M D, et al. Design of mid-infrared amplifiers based on fiber taper coupling to erbium-doped microspherical resonator. Optics Express, 2012, 20(7):7616-7629

[9] Carlie N, Musgraves J D, Zdyrko B, et al. Integrated chalcogenide waveguide resonators for mid-IR sensing: Leveraging material properties to meet fabrication challenges. Optics Ex-

press, 2010, 18(25):26728-26743

[10] Yeom D I, Magi E C, Lamont R E, et al. Low-threshold supercontinuum generation in highly nonlinear chalcogenide nanowires. Optics Letters, 2008, 33(7):660-662

[11] Ahmad R, Rochette M. Raman lasing in a chalcogenide microwire-based Fabry-Perot cavity. Optics Letters, 2012, 37(21):4549-4551

[12] Vahala K J. Optical microcavities. Nature, 2003, 424(6950):839-846

[13] 黄娆,刘之景,王克逸,等. 微球激光的最新研究进展. 强激光与离子束, 2004, 16(8):957-961

[14] 金乐天,王克逸,周绍祥. 光学微球腔及其应用. 物理, 2002, 31(10):642-646

[15] Ward J M, Wu Y, Krimo K, et al. Short vertical tube furnace for the fabrication of doped glass microsphere lasers. Review of Scientific Instruments, 2010, 81(7):073106

[16] Ameur K A, Poulain M. Whispering-gallery-mode Nd-ZBLAN microlasers at 1.05μm. Proceeding of SPIE on Infrared Glass Optical Fiber and Their Applications, 1998:150-156

[17] 王吉有,郝伟,赵丽娟,等. 掺 Nd^{3+} 玻璃微球发射光谱研究. 光谱学与光谱分析, 2005, 25(4):499-501

[18] 吕昊,刘爱梅,吴芸,等. 磷酸盐玻璃微球的制备. 光学技术, 2009, 35(5):712-714

[19] Cai M, Painter O, Vahala K J. Observation of critical coupling in a fiber taper to a silica-microsphere whispering-gallery mode system. Physical Review Letters, 2000, 85(1):74-77

[20] Bianucci P, Fietz C R, Robertson J W, et al. Polarization conversion in a silica microsphere. Optics Express, 2007, 15(11):7000-7005

[21] 严英占,吉喆,王宝花,等. 锥形光纤倏逝场激发微球腔高 Q 模式. 中国激光, 2010, 37(7):1789-1793

[22] Chen S Y, Sun T, Grattan K, et al. Characteristics of Er and Er-Yb-Cr doped phosphate microsphere fibre lasers. Optics Communications, 2009, 282(18):3765-3769

[23] Elliott G R, Murugan G S, Wilkinson J S, et al. Chalcogenide glass microsphere laser. Optics Express, 2010, 18(25):26720-26727

[24] Yeo T L, Chen S Y, Sun T, et al. Development of a microsphere laser-based sensor system. Proceedings of SPIE, 19th International Conference on Optical Fiber Sensors, 2008, 7004:70045O

[25] Cai M, Vahala K. Highly efficient hybrid fiber taper coupled microsphere laser. Optics Letters, 2001, 26(12):884-886

[26] Miura K, Tanaka K, Hirao K. CW laser oscillation on both the $^4F_{3/2}$-$^4I_{11/2}$ and $^4F_{3/2}$-$^4I_{13/2}$ transitions of Nd^{3+} ions using a fluoride glass microsphere. Journal of Non-Crystalline Solids, 1997, 213-214:276-280

[27] Fujiwara H, Sasaki K. Upconversion lasing of a thulium-ion-doped fluorozirconate glass microsphere. Journal of Applied Physics, 1999, 86(5):2385-2388

[28] Elliott G R, Hewak D W, Murugan G S, et al. Chalcogenide glass microspheres, their production, characterization and potential. Optics Express, 2007, 15(26):17542-17553

[29] Grillet C, Bian S N, Magi E C, et al. Laser induced generation of chalcogenide microspheres and their characterisation. Opto-Electronics and Communications Conference and the Australian Conference on Optical Fibre Technology, 2008: 1-2

[30] Broaddus D H, Foster M, Agha I, et al. Silicon-waveguide-coupled high-Q chalcogenide microspheres. Optics Express, 2009, 17(8): 5998-6003

[31] Wang P F, Murugan G, Senthil G, et al. Chalcogenide microsphere fabricated from fiber tapers using contact with a high-temperature ceramic surface. IEEE Photonics Technology Letters, 2012, 24(13): 1103-1105

[32] Wang P F, Ding M, Lee T, et al. Packaged chalcogenide microsphere resonator with high Q-factor. Applied Physics Letters, 2013, 102(13): 131110

[33] 李超然, 戴世勋, 张勤远, 等. 光纤耦合低阈值稀土掺杂硫系玻璃微球激光器. 中国物理 B, 2015, 24(4): 044208

[34] Gorodetsky M L, Savchenkov A A, Ilchenko V S. Ultimate Q of optical microsphere resonators. Optics Letters, 1996, 21(7): 453-455

[35] Cai M, Painter O, Vahala K J, et al. Fiber-coupled microsphere laser. Optics Letters, 2000, 25(19): 1430-1432

[36] Peng X, Song F, Jiang S B, et al. Fiber-taper-coupled L-band Er^{3+}-doped tellurite glass microsphere laser. Applied Physics Letters, 2003, 82(10): 22-29

[37] Grillet G, Magi E, Eggleton B, et al. Fiber taper coupling to chalcogenide microsphere modes. Applied Physics Letters, 2008, 92: 171109

[38] Yano T, Nazabal V, Taguchi J, et al. Design of fiber coupled Er^{3+}: Chalcogenide microsphere amplifier via particle swarm optimization algorithm. Optical Engineering, 2014, 53(7): 071805

[39] John S. Strong localization of photons in certain disordered dielectric superlattices. Physical Review Letters, 1987, 58(23): 2486-2489

[40] Yablonovitch E. Inhibited spontaneous emission in solid-state physics and electronics. Physical Review Letters, 1987, 58(20): 2059-2062

[41] 快素兰, 章俞之, 胡行方. 光子晶体的能带结构、潜在应用和制备方法. 无机材料学报, 2001, 16(2): 193-199

[42] Russell P S, Birks T A, Knight J C. Photonic crystal fibers: US, 6631243. 2003

[43] Meade R D, Devenyi A, Joannopoulos J, et al. Novel applications of photonic band gap materials: Low-loss bends and high Q cavities. Journal of Applied Physics, 1994, 75(9): 4753-4755

[44] Suzuki K, Hamachi Y, Baba T. Fabrication and characterization of chalcogenide glass photonic crystal waveguides. Optics Express, 2009, 17(25): 22393-22400

[45] Suzuki K, Baba T. Nonlinear light propagation in chalcogenide photonic crystal slow light waveguides. Optics Express, 2010, 18(25): 26675-26685

[46] Ebnali-Heidari M, Saghaei H, Monat C, et al. Four-wave mixing based mid-span phase con-

jugation using slow light engineered chalcogenide and silicon photonic crystal waveguides. Lasers and Electro-Optics Europe,2011,CD4:3

[47] Monat C,Spurny M,Grillet C,et al. Third-harmonic generation in slow-light chalcogenide glass photonic crystal waveguides. Optics Letters,2011,36(15):2818-2820

[48] 章亮,张巍,聂秋华,等. 二维光子晶体波导研究进展. 激光与光电子学进展,2013,50(3):59-68

[49] Feigel A,Kolter Z,Sfez B,et al. Chalcogenide glass-based three-dimensional photonic crystals. Applied Physics Letters,2000,77(20):3221-3223

[50] Freeman D,Madden S,Luther-Davies B. Fabrication of planar photonic crystals in a chalcogenide glass using a focused ion beam. Optics Express,2005,13(8):3079-3086

[51] Grillet C,Smith C,Freeman D,et al. Efficient coupling to chalcogenide glass photonic crystal waveguides via silica optical fiber nanowires. Optics Express,2006,14(3):1070-1078

[52] Lee M W,Grillet C,Smith C L,et al. Photosensitive post-tuning of chalcogenide photonic crystal waveguides. Joint International Conference on Optical Internet and the Australian Conference on Optical Fibre Technology,2007:1-3,53

[53] Ruan Y L,Kim M K,Lee Y H,et al. Fabrication of high-Q chalcogenide photonic crystal resonators by e-beam lithography. Applied Physics Letters,2007,90(7):071102

[54] Nicoletti E,Zhou G,Ventura M,et al. Observation of multiple higher-order stopgaps from three-dimensional chalcogenide glass photonic crystals. Optics Letters,2008,33(20):2311-2313

[55] Lee M W,Grillet C,Monat C,et al. Photosensitive and thermal nonlinear effects in chalcogenide photonic crystal cavities. Optics Express,2010,18(25):26695-26703

[56] Spurny M,O'Faolain L,Bulla D A,et al. Fabrication of low loss dispersion engineered chalcogenide photonic crystals. Optics Express,2011,19(3):1991-1996

[57] Nicoletti E,Bulla D,Luther-Davies D,et al. Planar defects in three-dimensional chalcogenide glass photonic crystals. Optics Letters,2011,36(12):2248-2250

[58] Gai X,Luther-Davies B,White T P. Photonic crystal nanocavities fabricated from chalcogenide glass fully embedded in an index-matched cladding with a high Q-factor. Optics Express,2012,20(14):15503-15515

[59] Suthar B,Kumar V,Singh K,et al. Tuning of photonic band gaps in one dimensional chalcogenide based photonic crystal. Optics Communications,2012,285(6):1505-1509

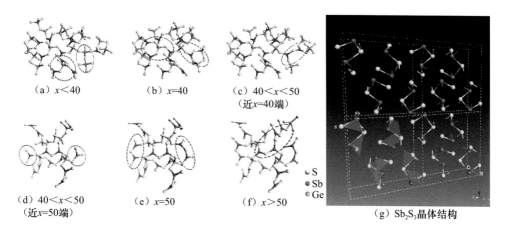

图 1.11 $(100-x)GeS_2$-xSb_2S_3 玻璃的中程序结构示意图

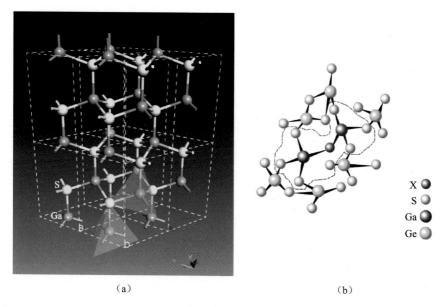

图 1.14 (a)Ga_2S_3 的晶体结构；(b)位于拓扑阈值 $85.7GeS_2 \cdot 14.3Ga_2S_3$ 的中程序结构示意图，其中 X 代表可能存在的桥 S 键

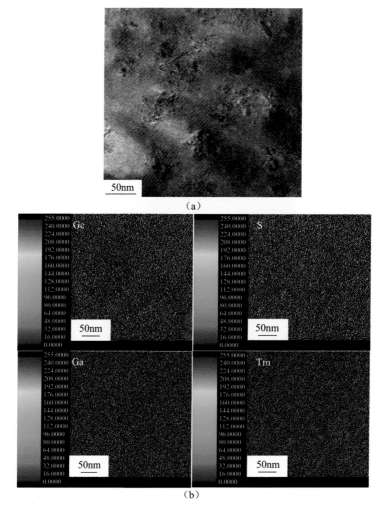

图 4.30 0.5Tm_2S_3:80GeS_2·20Ga_2S_3 玻璃样品经 458℃ 25h 处理后的高角环形暗场（HAADF）图像(a)以及 Ge、S、Ga、Tm 的元素分布电子能量损失谱（EELS）图(b)

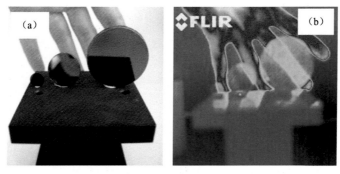

图 5.10 通过高能球磨和 SPS 制备的 80$GeSe_2$-20Ga_2Se_3 玻璃的可见光拍摄的照片(a)和热成像相机拍摄的照片(b)

图 8.7 制备光纤预制棒所使用的两种不同挤压过程对比示意图

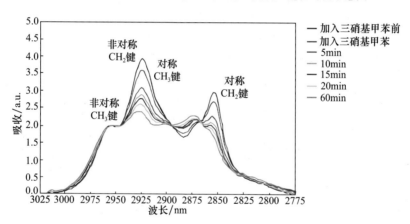

图 10.5 用 TAS 光纤测量的人体肺细胞红外光谱变化图

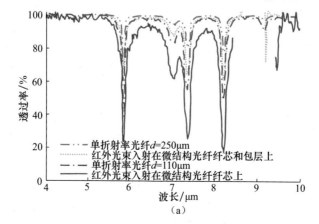

(a)

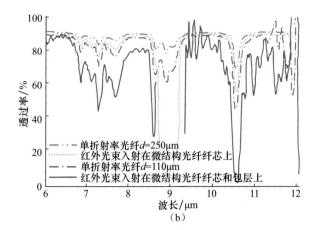

图 10.11 As$_{38}$Se$_{62}$ 单折射率光纤和微结构光纤对丙酮溶液(a)和
异丙酮溶液(b)的检测透过曲线

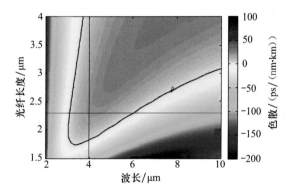

图 11.9 Ge$_{12}$As$_{24}$Se$_{64}$ 硫系光纤色散曲线

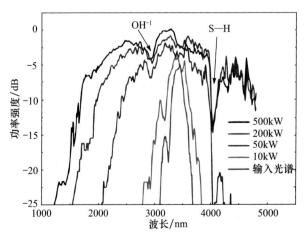

图 11.24 As$_2$Se$_3$-As$_2$S$_3$ 拉锥光纤 SC 谱输出

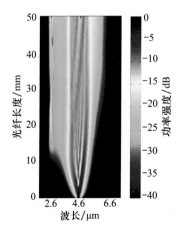

图 11.40 As$_2$Se$_3$ 微结构光纤
SC 谱输出

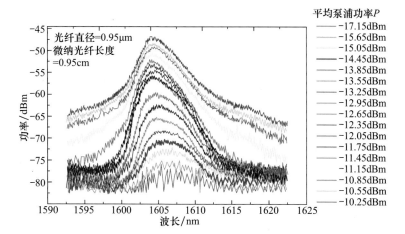

图 12.11 （a）拉曼激光器随输入峰值泵浦功率增加而改变的输出光谱

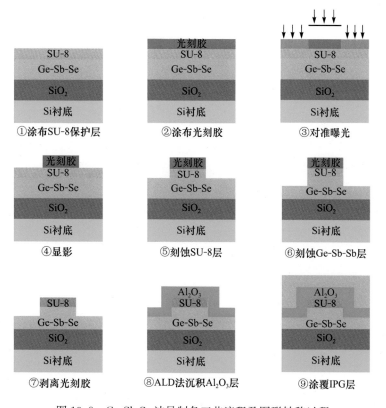

图 13.8 Ge-Sb-Se 波导制备工艺流程及图形转移过程

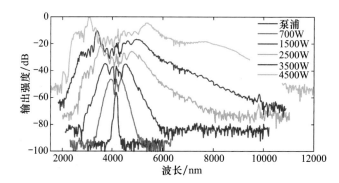

图 14.16 (b)不同泵浦功率下产生的超连续谱

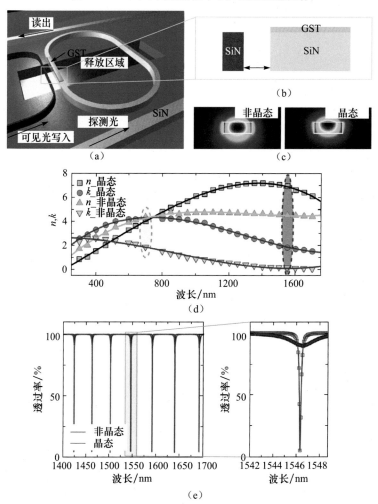

图 14.17 (a)器件结构示意图;(b)耦合波导与谐振环的横截面结构图;
(c)器件的模拟光学模式分布图;(d)GST 在非晶态和晶态下折射率随波长的变化关系;
(e)器件的透过谱,插图为其中透过峰的放大图

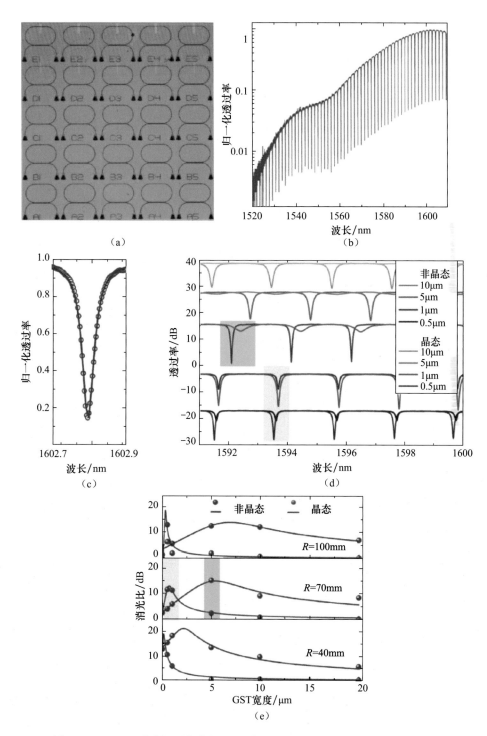

图 14.18 (a)环形谐振器构成的 25 个存储单元阵列;(b)单元器件的透过谱;
(c)放大的单个谐振峰;(d)器件在不同尺寸下的透过谱;(e)消光比随 GST 宽度的变化关系

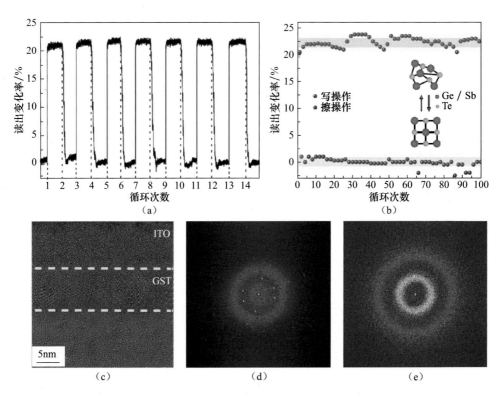

图 14.19 (a)器件在擦/写操作下的透过率读出结果;(b)循环操作次数;(c)器件横截面的 TEM 图;TEM 数据经过傅里叶变换后,GST 在擦(d)和写(e)脉冲作用下的衍射图

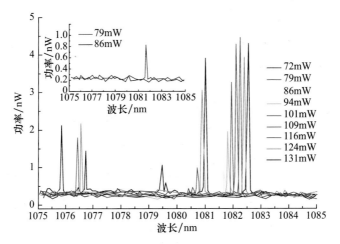

图 15.10 微球激光输出光谱与泵浦功率关系图

内嵌图为泵浦阈值功率 80mW 附近激光输出光谱图,激光峰的出现表明了模式的变化